草田耕作制度

师尚礼　祁　娟　曹文侠　编著

科学出版社

北京

内 容 简 介

    草田耕作制度在我国民间应用历史悠久，但研究少而粗浅，缺乏系统性研究与归纳总结。基于此，编者利用多年搜集的大量国内外有关草田耕作制度方面的文献和案例资料，结合自己的研究完成了本书的编写。全书共9章，内容包括草在农业可持续发展中的作用、实施草田耕作制度的意义、草田耕作制度的主要内容，草田耕作制度及其发展，草田耕作制度的基本理论与应用，草田轮作的理论与技术，草田间作、套作与复种，牧草混作，我国不同气候区草田耕作的主要模式，主栽牧草适宜耕作制度及林草复合系统等。

    本书可供从事草业、畜牧业、草地农业、土壤生态及土地管理、环境保护等方面的科技人员、大专院校师生参考。

图书在版编目（CIP）数据

草田耕作制度／师尚礼，祁娟，曹文侠编著. —北京：科学出版社，2015.4

    ISBN 978-7-03-043622-1

    Ⅰ.①草…　　Ⅱ.①师…　②祁…　③曹…　　Ⅲ. ①草地-耕作制度　Ⅳ.①S812

中国版本图书馆 CIP 数据核字(2015)第 045631 号

责任编辑：李秀伟　白　雪 / 责任校对：郑金红
责任印制：徐晓晨 / 封面设计：北京铭轩堂广告设计有限公司

科 学 出 版 社 出版

北京东黄城根北街 16 号
邮政编码：100717
http://www.sciencep.com

北京九州迅驰传媒文化有限公司印刷
科学出版社发行　　各地新华书店经销

*

2015 年 4 月第 一 版　　开本：787×1092 1/16
2025 年 1 月第二次印刷　　印张：16 1/4　插页：4
字数：368 000

定价：98.00 元

(如有印装质量问题，我社负责调换)

前　言

"如何造物开天地，到此令人放牛马"。人类起源于林缘草地，人与草、人与草地形影相随，同步发展，结下了不解之缘。

追溯历史，我国草田耕作制度的出现及演变，可谓其路漫漫，曲折发展，这种演变也是人类文明与草地关系辩证发展的过程。针对这一演变过程，任继周院士总结了我国从距今8000年伏羲时代的狩猎与游牧开始，历经秦汉以来2000多年"垦草殖谷曰农"，到20世纪后半叶以粮为纲的"耕地农业"，再到世纪之交倡导向现代草地农业的回归与转型，提出我国草地农业的发展经历了正（肯定）—反（否定）—合（肯定）三个阶段："正"，即在我国的伏羲时代，人类依赖草地而取得自身发展，随着农业的萌芽，进一步发展为种植牧草和饲养家畜以取得生活资料，这一时期是人类与自然、人类与草地和谐发展的时期；"反"，指在我国的神农时代，以剥夺草地、林地为代价，如《商君书》强调"为国之数，务在垦草"。当时"垦荒"即"垦草"，开垦草地、林地为农田，这是过去把草地作为荒地的历史根源；"合"，即到了现代，随着经济和文明的发展，我国在付出了巨大的代价和吸取了沉痛的教训后，认识到破坏草地生态系统的严重危害，以及承认草地对人类的可持续发展具有不可忽视、不可替代的重要作用，开始合理利用和保护草地，草地发挥了可观的社会效益、生态效益和经济效益。

"藏粮于草"、"藏粮于地"，引草入田，用地与养地结合，畜牧生产与作物生产结合。通过草田农作制度和耕作制度的改革，调整以往缺草少林的结构缺损系统为农草林协调发展的结构完备系统是我们的追求。

本书编写得到了国家现代牧草产业技术体系和许多草学专家的大力支持，他们为本书提供了大量的草田耕作制度模式信息和相关图片，在此表示诚挚的感谢！

尽管编著者做了较大努力，且得到许多专家的指导，但文献浩繁，且受水平所限，错误在所难免，恳望批评指正。

师尚礼

2014年11月30日于兰州

目　　录

第一章 绪 论

第一节 草在农业可持续发展中的作用

我国农业现代化发展正面临着严峻的人口、资源、环境及食品安全等一系列问题，这些问题严重制约着我国农业的可持续发展。纵观英、美、法、澳、荷等发达国家的农业发展历程，均通过大量种植豆科及优良牧草，在利用优良牧草大力发展草食畜牧业的同时进行土地改良，提高土壤肥力，进而促进农业更快的发展。借鉴国外成功的经验，以畜牧业为突破口，建立以农养牧、以牧促农、农牧结合的新型草地农业生产体系。种植业和畜牧业有机结合与协调发展是实现我国农业可持续发展的重要途径。

众所周知，畜牧业发展的基础是牧草饲料的生产，虽然粮食可作为饲料利用，但对于畜牧业生产中的重要对象——草食动物来说，牧草具有不可替代的作用。

我国农业结构调整中实行"粮-经-饲"三元种植结构，将牧草引入农业种植制度中，牧草与粮食和经济作物生产有机结合起来，种植业与畜牧业有机结合起来，用地与养地有机结合，实行耕作制度改革，有力地推动了农业及草地畜牧业的可持续发展。由此看来，草进入农业生态系统是历史的必然。

一、草进入农业生态系统的可行性

在我国传统意识中，草多以负面形象示人，如"草民"、"草根"、"草菅人命"等。人们常认为"辟土殖谷曰农"，重视作物生产而忽视动物生产，草被认为与农作物争地、争水及争肥，在农田中常被人们当作杂草而清除。重粮轻草的传统思想延续了数千年，并逐渐强化为独特的耕地农业。重农轻草观念导致人们无法认识草的真正内涵，因而草的重要性一直未能得以充分发挥。

随着社会经济及人类思想观念的不断进步与发展，人们对动物产品（肉、蛋、奶等）的需求比重不断升高，草在现代大农业、在国家社会经济发展全局中的重要地位逐步凸显，草的特殊功能日益被社会各界所共识。

为了促进种植业和畜牧业的可持续发展，就必须把牧草饲料生产作为一个长期发展战略摆上应有的位置，建立及发展粮-经-饲三元种植结构。但仅仅建立三元结构农业还不够，还要继续在发展中逐渐扩展与完善三元结构的内涵，把牧草种植纳入饲料生产，把开辟优良蛋白质资源作为饲料生产的重要内容，缓解家畜目前面临的"蛋白质饥饿"问题，保证家畜健康生长，为人们提供优质肉、蛋、奶产品。把牧草纳入传统种植制度中来，同时可以促进种植制度改革，推动畜牧业的发展，增加农牧民收入，形成新的高产、优质、高效种植模式。

牧草种植业已经成为许多发达国家国民经济中的支柱产业之一，欧美等国家畜牧业产值均占农业总产值的 60%以上，饲草和饲料作物面积占全部耕地的 50%~60%。优质高产牧草及饲料作物的广泛种植与利用是农业发展到一定阶段的必然结果。在我国，由于畜禽结构不尽合理，约 60%的粮食用作饲料，人畜争粮的矛盾日益突出，为解决这一阻碍畜牧业发展的问题，国务院在 2000 年审时度势地提出了加强农业生产结构调整，退耕还林还草，大力发展草食畜禽业，生产优质畜禽产品，满足国内、国际市场需求的发展战略。

二、草与种植业结构

世界上一些农业发达国家都非常重视农业产业结构的调整。从世界农业发展的总趋势来看，建立合理有效的农业结构的标志之一是种植业与养殖业协调高效发展。如美、法、德等国养殖业占农业总产值均在 50%以上，新西兰占 70%以上。在土地利用上，许多国家的人工草地和饲料地占草地总面积的 15%以上，有些国家甚至超过耕地面积，这说明牧草和饲料作物在种植业结构调整中占据十分重要的位置。

（一）我国传统农业中的"二元"种植结构

种植业结构是指种植业内各种作物的比例关系，它是整个农业生产的基础，建立科学而又经济的种植业结构一直是人类不断寻求的目标。

我国农业生产发展历史悠久，曾创造了举世闻名的中华农业文明。自秦汉以来，农业生产逐渐演化为以粮食生产为主的生产体系。明清以后，由于人口的快速增长，对粮食的大量需求，并受"重农轻牧"思想的影响，种植业始终占主导地位，长期以来主要实行以粮食作物和经济作物为主的"二元"结构种植模式。建国后，虽然国内一些地区试行苏联草田轮作制，进行饲草饲料与作物轮作种植的研究和生产实践，但始终未能形成大规模、持续性推广应用的局面。除牧区外，畜牧业生产在广大农区仍处于被动地位，这种趋势加剧了种植业与畜牧业的不平衡状态。

直到改革开放以后，在农业生产关系改变和农村经济发展的新形势下，受市场经济带动，人们开始自发地进行种草养畜。如在我国南方部分地区和甘肃、宁夏、内蒙古东部等以农为主的地区，人们逐渐认识到种植饲草及饲料作物的重要性，种草已初具规模，并呈逐渐上升的趋势，以草带动我国畜牧业的飞速发展。这个时期，种植业"三元"结构模式已露雏形。

（二）种植业"三元"结构的内涵及其意义

种植业三元结构是指粮食作物-经济作物-饲料作物三者共同组成的种植模式，种植业内部的各种作物也应有一定的比例关系。由于我国地域辽阔，地理环境差异较大，三元结构模式很难统一。因此，应因地制宜地来确定其种植业结构模式及比例。这一种植结构中，饲料作物不仅仅指玉米等传统的饲料作物，还包括对当地自然气候、土壤条件等适应性比较强的优良牧草。

世界上一些农业发达国家和地区种植业结构中，牧草和饲料作物均占相当大的比重。但长期以来，我国一直沿袭着"粮食作物-经济作物"的二元结构种植模式。在这种模式下，人畜共粮的种植结构不仅限制了粮食品质的提高，加剧了粮食的供需缺口，给粮食生产带来了压力，限制了粮食生产效益的提高，同时制约了草业和饲料产业的发展。实践也证明，二元种植结构已不适应现代农业生产发展的需要，甚至成为我国农业发展的障碍。这就要求调整种植结构，将饲草种植作为一个单独的产业来发展，发展"粮食作物-经济作物-饲料作物"三元种植结构。

1992 年国务院发表《我国中长期食物发展战略与对策》的报告，做出关于发展高产、优质、高效农业的决定，明确提出了"要将传统的粮食和经济作物的二元结构，逐步转变为粮食-经济作物-饲料作物的三元结构"。1993 年 2 月 9 日国务院第 220 次总理办公会议审议通过的《90 年代中国食物结构改革与发展纲要》重申了这个观点，并指出"使饲料作物形成相对的产业，走农业可持续发展道路"。2014 年，任继周院士联合 8 位科学家，向中央决策部门提交了"关于我国'耕地农业'向'粮草兼顾'结构转型的建议"，获得中共中央总书记、国家主席习近平，国务院副总理汪洋的重要批示。这些政策的出台，显示了国家改变以农作物为主的决心，主要目的是改善农业生产体系，丰富产业结构，增加畜牧业的比重和生产效率。在不影响粮食作物的前提下，鼓励及提高饲料作物种植，减缓粮食生产压力，改善人畜争粮的局面，从而形成新的、高效率的种植模式，提升经济效益。

种植业结构的调整是涉及当前粮食问题、食物结构改变及发展优质高效农业总体布局的一项举措，它将成为我国农业产业结构调整史上的一场深刻变革。随着种植业结构逐渐实现由传统粮食作物-经济作物二元结构向粮食作物-经济作物-牧草（饲料）三元结构过渡，草田耕作制度迅速在我国展开。任继周院士提出"藏粮于草"的设想，即建立草地农业系统，把草地和畜牧业加入以传统种植业为主的农业系统中，通过草田轮作，一部分农田用来种植牧草，既可提高粮食产量，又有多元化组分支持可持续发展的农业系统。

目前，生态农业建设在全国蓬勃发展，但尚未形成规模效益，其原因在于没有形成循环式生态产业链条。我国世界农业经济专家刘振邦研究员经过近 20 年的理论研究和实践探索，提出农业三元结构：人工牧草和饲料玉米、经济作物、粮食作物配套种植。它一改传统农业追求粮食、经济作物的二元结构粮食观，强调以追求蛋白质为主线从粮食作物、果蔬经济作物到饲料作物再到养殖三元结构整体粮食观，找到一条从有机生态肥到绿色食品、从生态饲料到绿色养殖，最终以食品工业为主导获取最高规模效益的道路。因此，种植业三元结构是我国农业生产发展到一定历史阶段符合客观规律的必然产物。

引草入田是现代农业的一个重要特征，它把养殖业与种植业通过草类植物有机地溶入农业生态大系统，使农作物生产、牧草种植和家畜饲养结合起来，达到畜产品和饲草的安全生产、家畜健康养殖，同时使大农业生态系统达到良性循环下的可持续发展。

第二节 实施草田耕作制度的意义

在我国过去常有两种极端的思想，一种是政府和农民都存在重农轻牧的错误思想，认为草地畜牧业是落后的生产，对优美肥沃的草地盲目地进行开垦，改种各种农作物，结果大面积草地被破坏，农作物也不能很好地生长，严重地影响了草地畜牧业的发展；

另一种是牧民只知道利用草地，放牧牲畜，只一味地向草地"索取"，不知道"回报"草地，不重视利用种植饲料作物或牧草进行补饲，来减缓草地的放牧压力，导致草地得不到恢复而发生严重退化。这两种偏向，前者重视种植业，后者重视畜牧业，种植业与畜牧业分离，其结果是畜牧业得不到很好的发展而逐渐衰落，种植业发展的可持续性也受到影响，农业生产生态环境恶化。要纠正以上两种偏向，应该学习国外关于草田耕作制度的先进经验，结合国内草田耕作制度的实际，适当地实行草田轮作，建立稳固的饲草饲料基地，充裕家畜的饲草饲料来源，提高草地生产力。

一、草田耕作制度与粮食安全

长期以来，我国农业生产都是以实现增产增收为主要目标的，因此普遍存在重用地轻养地的现象，多年长期单一种植一种作物，破坏了合理的轮作倒茬制度，致使农业土地肥力严重下降，土壤生态环境遭到严重破坏。为解决土壤贫瘠导致的减产，在农业生产过程中大量施用化肥，加剧土壤团粒结构的破坏，并致土壤养分过量累积，同时引发土壤及水体中氮素及磷素污染、农田 CO_2 排放量升高等重大环境问题。因而建立合理的种植制度显得愈发重要。

不同种植模式是土地合理利用的一种形式，反映了不同植物搭配形式、时空分布及特点。合理的种植模式不仅能充分利用土地资源、气候及光热资源，且能保持水土，提高土地生产力。因此，选择适宜的种植模式既是农业可持续发展的必然要求，也是保持可持续的农业生态环境的一项重要措施。

任继周院士通过长期的实践和研究发现，多年来单一的粮食生产系统是中国目前传统农业增长后劲不足、国家粮食安全难以保障的症结。他认为，对于现代化国家来说，粮食安全线应随着社会、人口的发展和人们的食物需求结构而浮动，按科学规律客观制定。"粮食安全"其本质上是"食物安全"。目前，我国粮食生产已基本能够满足人的口粮需求，如何解决粮食需求增加的问题，任继周院士积极倡导和推行"藏粮于草"，其实质就是实行草田轮作，把部分农田拿出来种植牧草，一旦需要粮食增产，只要做适当调整将部分草地改为粮田，粮食生产一年以内就能提高。实行草地农业的设想可以保持国家粮食安全线而又不失一定弹性，即建立草地农业系统，把草地和畜牧业加入以传统种植业为主的农业系统中。不仅把错误开垦的草地退出来，还要进一步将部分粮田改为草地，发展畜牧业，通过充足的肉、乳等畜产品的供给，解决食物安全的问题。

草田耕作制度是伴随着农业体系的建立与发展而产生的，之所以将其视为一种良好的耕作制度，是因为它是粮食安全生产的保障，有利于提高作物和牧草的产量和质量，减少病虫害和提高土壤肥力，是粮食作物、饲草饲料和经济作物安全生产的有效措施。同时草田耕作是持续性农业系统中的一个重要组成部分，尤其在水土流失、干旱、土壤瘠薄和寒冷地区，草田耕作能充分利用光、水、肥、气等环境资源，达到高效利用和环境保护的目的。草田耕作使用地和养地结合，实现由传统粮食作物-经济作物"二元"结构向粮食作物-经济作物-牧草（饲料）"三元"结构的转变。作物、牧草和家畜是农业生态系统的核心，草田耕作可使农业生态系统的核心元素有机结合，实现系统的高效平衡，故草田耕作制度也是我国生态环境保护的迫切要求，同时是我国发展高效畜牧业和促进经济发展的重要内容。

为了能更好地发挥草田耕作制度的优势，创造性地、巧妙地把它应用到农业实践中，一定要把草田耕作制度当作一种必需的农业技术来应用，当作提高作物生产量、保证作物质量、提高饲草供给量、增加畜产品的手段来运用。

二、草田耕作制度与畜牧业

畜牧业是建立在种植业基础上的第二性生产，根据饲草饲料的不同来源，大致可分为两大类：一是农区畜牧业，二是草地畜牧业。大多数地方的畜牧业发展与种植业关系极为密切，为了加快传统畜牧业向现代化畜牧业、自给半自给性生产向较大规模的商品性生产转变，改革耕作制度，已成为当前农牧业生产中一项重要课题。

（一）耕作制度改革是农业结构优化升级的必然选择

建立合理的耕作制度，是调节和管理农业生态系统，促进农业生产全面发展，加速实现农业现代化的一项重要措施，而农牧结合，又是促进农牧业生产向高产、稳产、高效率、低消耗方向发展的根本途径。

改善人们的食物结构和提高全民族的营养水平已被列为我国的一项基本国策。我国目前的食品结构不合理、缺乏科学性，一方面是由于经济水平低下，另一方面则在很大程度上是由农业产业结构的不合理造成的。日本曾提出了"一杯牛奶强壮一个民族"的口号。温家宝总理把"让每个中国人，首先是孩子，每天都能喝上一斤奶"作为自己的梦想。随着人们生活水平的日益提高，我国居民的生活需求也发生了质的变化。今后要满足小康和富裕生活对动物性产品市场的需求，必须大力发展优质饲草饲料生产，将玉米、绿肥、牧草等高产优质饲草饲料作物纳入轮作复种之中，扩大豆类、紫花苜蓿等高蛋白饲草饲料作物的种植，扩大牧草资源和农作物秸秆的利用，大力发展草食畜牧业，形成从以植物到动物再到加工业为链条的产业结构，就可以提高农业的经济效益和附加值。

（二）草田耕作制度的建立是现代畜牧业发展的需要

传统的耕作方式，也称之为谷物大田耕作制度，是以粮食作物和经济作物为主，它对解决我国众多人口温饱问题发挥过非常积极的作用。但这种耕作制仅以提高粮食产量为主要目标，没有考虑经济效益，在粮食比较效益低下的形势下，农民的生产积极性一次次受到挫伤。同时，在我国农业即将融入世界农业之中的大背景下，这种模式已不可能持续下去。因为，农业生产中的水土流失，滥用杀虫剂、除草剂、化肥等带来的环境污染、土壤板结、地下水污染等一系列生态环境问题的根源都在于这种耕作制度下粗放型的生产方式。同时将本该还田的作物秸秆焚烧，人为中断了农业生态系统的物质循环，导致土壤有机质含量降低，降低了农业生态适宜度，致使农田生态系统的生产力和稳定性下降，农业效益不能进一步提高。

在我们这个传统的农业国家，畜牧业是附属于种植业的。发展畜牧业所需要的饲草饲料，绝大部分来自农田系统，而来自天然草地、湖泊、森林等生态系统的则很少。之前，我国耕作制度的改革是以提高作物单位面积产量为主攻方向的，对某种饲料作物的种植，在计划上很少甚至未加考虑畜牧业生产所需要的饲草饲料，主要是利用廉价的自给性的农副产品。这种饲料饲草结构和传统观念束缚了畜牧业的发展。

大规模种植人工牧草和饲料玉米，在此基础上进一步发展奶业和畜产品加工业这样一条完整的产业链，建构现代农业主要模式，称之为混合饲养型耕作制度，它是"三元"种植结构的提升和延伸。

混合饲养型耕作制度有利于实现农业生态系统的稳定和良性循环。在谷物大田耕作制度下，就种植业来讲，农业生产的目的是为了收获作物的籽粒，把本应还田和进一步进行动物饲料加工的作物秸秆付之一炬，中断了农业生态系统循环。研究结果表明，我国土壤的有机质含量仅为 1%左右，远低于世界平均 2.4%、美国平均 5%的水平。我国农业生产的实践表明：以土壤为标志的我国农业生态环境恶化已经到了临界点，这种低效益的耕作制度则是恶化的根源。

根据对传统的谷物大田耕作制度和混合饲养型耕作制度的对比分析，以生态学、生态经济学原理为指导，以中国农业与世界农业接轨为出发点，以寻求我国农业可持续发展为最终目标，以追求蛋白质为主线，从改善土壤的物理化学特性、提高其肥力入手，借助于发达国家的成功经验，结合我国的具体情况，利用混合饲养型耕作制度的基本观点和技术，建构与各类生态系统相适宜的产业链，将会极大地扩展畜牧业的饲草饲料来源。

从某种意义上讲，畜牧业就是种植业的产业升级，畜牧业作为种植业的加工环节，减少了对大自然的直接依赖，更大程度上利用了人力资源（智力、技术、信息）以及人提供的资金资源。畜牧业（以及畜产品的加工和营销）比种植业需要更多的劳动投入，产业链更长，可以带动更多产业的发展。同时，畜牧业的蓬勃发展，将有力地拉动为畜牧业服务的种植业和饲料加工业，并且为食品加工业的发展提供充足的原料。

总之，以混合饲养型耕作制度改造传统的谷物大田耕作制度，提供大量优质蛋白型饲草饲料，推动畜牧业的发展，不仅是耕作制度的一次大变革，也是农业产业结构调整的切入点和突破口，是我国农业与世界现代农业接轨、实现其可持续发展的基础和前提。可以说不发展牧草就没有现代畜牧业，牧草是绿色的黄金，草田耕作制度变革是具有伟大历史意义的饲草饲料革命。

第三节　草田耕作制度的主要内容

一、耕作制度的主要类型及特点

联合国粮农组织（FAO）把耕作制度分为自然休闲耕作制、常年耕作制和草田耕作制三种类型。

自然休闲耕作制（fallow farming）指在一块土地上，第一年播种作物，下一年土地休闲，主要靠自然过程恢复地力。这种耕作制度在我国传统农业的早期阶段就已出现，并且随着人口增长、耕地紧张，撂荒地抛荒年限逐渐缩短到 1~2 年，在此基础上发展起来，同时已开始辅以人工养地措施，如少量施用有机肥等。西欧中世纪实行的一区休闲、两区分别种植不同作物的三圃制是典型的休闲耕作制。现今世界上干旱半干旱地区仍有这种耕作制，我国内蒙古、甘肃、宁夏等省区也少量分布着这种耕作制度。

由于自然休闲耕作制对土地的利用率低，不能适应农业生产发展的需要，而逐渐过渡到常年耕作制（permanent farming）。常年耕作制最初为各种形式的轮种制（rotation farming），如西欧 8 世纪以后，英国诺尔福克地区盛行的轮种形式为三叶草→冬小麦→芜菁→春谷物加播三叶草的四区轮作，这不但适应了农业发展的需要，同时适应畜牧业的发展，轮作中没有同类作物连年种植，产量比休闲制提高 1 倍多。我国盛行豆类作物与禾谷类作物轮作或与绿肥轮作，南方稻区盛行水旱轮作，在复种地区盛行复种轮作。随着人类抑制土壤养分亏损和控制病虫杂草害能力的增强，轮作的某些作用被人为措施所替代，加之对土地利用率要求的提高，连作制与自由耕作制有发展的趋势。

历史和现实都证明，长期的作物连作导致土壤有机质缺乏、微生物活动减弱及养分贫瘠等一系列问题。从长远看，土壤肥力是农业生产的基础，各地都要为此形成一套相适应的使用和培养地力的办法，它的核心是协调用地、养地的关系。B. P. 威廉斯根据自然肥力恢复过程和多年生混作牧草培肥效果的研究，提出通过草田轮作恢复肥力的建议，从而开辟了在人力干涉下缩短恢复地力过程的道路，孙渠称此为"农、林、牧三位一体的农业制"，因为它把造林、草田轮作、土壤耕作体系、施肥体系、良种选育应用和兴修水利 6 个基本环节结合起来，为农业的持续、稳定增长提供了保证，这就是草田耕作制度的最初萌芽。

草田耕作制度（pasture tillage system）又名草田农作制、草田轮作制，它最早是由苏联土壤学家 B. P. 威廉斯总结并发展了道库卡耶夫等许多学者的成就而创造的，它是苏联科学家杜库查耶夫、考斯托契夫、B. P. 威廉斯等在俄罗斯农业科学发展的历史经验基础上建立的，是一种农业合理综合经营的方法。这种耕作制度由很多互相关联的各种农业措施组合而成，主要包括草田轮作制施行、合理耕作、适当施肥、优良品种选育、种植保护林带和兴修水利等 6 项内容。这种草田耕作制度是介于休闲耕作制与常年耕作制之间的一种耕作制，在地广人稀的苏联、欧洲草原和森林草原的黑土地带应用广泛，而在澳大利亚、新西兰等畜牧业发达国家，盛行种植 2~3 年多年生牧草后再种植 5~7 年谷物。

二、草田耕作制度的主要内容与形式

草田耕作制度具有丰富的内容，主要包括草田轮作、草田间作和套作及草田混作等内容，而在这些耕作制度中，草田轮作是核心，也是农林牧结合的重要方式。所谓草田轮作就是牧草和农作物按照一定的次序和时间，有计划地轮流栽种。这种轮作制度的实施，一方面为植物生产创造优越的条件，保证高额而稳定的收获；另一方面也为动物生产建立稳固的饲草基础，保证畜牧业饲草的充分供给。实施草田轮作，对合理利用土地资源、改善土壤肥力、实现农牧业的可持续生产具有重要意义。

草田轮作形式主要有传统草田轮作、密集草田轮作和草田混种轮作。传统草田轮作方式历史悠久，是现代草田轮作的雏形。它是一种通过耕地的休闲、轮歇、压青等来恢复地力，再种植作物的轮换形式。该轮作方式可以恢复地力，容易管理，操作简单，年限短，周期快，但收益低且管理粗放。密集草田轮作是一种通过对牧草与作物间种、套种、复种等，充分利用时间、空间及水热条件，达到用地和养地结合，同时增加经济收入的轮作形式。草田混种轮作是将两种以上的牧草或作物的种子按比例均匀地混合在一起，在一定年限内根据一定轮作顺序进行同时播种的耕作方式，有一年生牧草、二年生牧草和多年生牧草与作物的混种。

草田轮作的方式按农作物和饲草的比重可分为作物轮作和饲草饲料轮作两种。作物轮作亦名大田轮作，其生产对象以农作物为主。在作物轮作中亦须轮栽一定年限的牧草，其目的除生产饲草饲料饲养家畜外，主要为改良土壤、增进地力、农作物丰产准备条件，所以种植牧草年限以足够恢复土壤的团粒结构和生产力为度。饲草饲料轮作亦为草地轮作，其生产对象以牧草饲料生产为主。在饲草饲料轮作中不仅种植牧草年限较长，即使与作物轮作，亦应扩大种植饲草饲料作物，以解决家畜饲草饲料为目的，所以在以畜牧业为主的地区应实行饲草饲料轮作制。

草田间作是将两种或两种以上生育时期相近的牧草或作物，在同一块田地上成行或成带（多行）间隔种植的一种种植方式。草田混作是指两个或两个以上不同种类或生物学类群的牧草或作物品种同时在同一块田地上混合播种的一种种植方式。

第二章 农业耕作制度及其发展

第一节 农业耕作制度的含义及功能

耕作制度是指一个地区在一定的农业发展时期,为了适应自然条件、社会经济条件和社会需求,因季节和土壤状况所做出的战略性生产措施,其目的是在低投入条件下,实现土壤生态良性循环,种植作物可持续高产、稳产、优质,实现高效益。耕作制度由三个基本要素构成,即轮作制或种植制度、土壤耕作制和施肥制,轮作制或种植制度是核心,土壤耕作制和施肥制是保证。耕作、施肥、灌溉等措施都是围绕着具体作物来安排的。

我国农业耕作制度的发展演变过程大致经历了由撂荒农作制、休闲农作制、连作农作制、轮作农作制到复种农作制的发展。日本农业耕作制度的发展演变曾分为代田制(相当于撂荒农作制)、主谷制(相当于休闲农作制)、轮作制和自由制。《欧美农业史》将农业耕作制度的发展演变划分为 6 个时期,即自然农业时期、休闲制时期、豆笠轮栽时期、草田农业时期、科学轮作时期、专门的集约农业时期。联合国粮农组织将农业耕作制度划分为自然休闲耕作制度、草田耕作制度和常年耕作制度三个类型。我国农业耕作制度按照生产方式划分,主要有:撂荒耕作制(弃耕)、休闲耕作制(全年休闲、季节休闲)、轮种耕作制、集约耕作制。撂荒耕作制和休闲耕作制土地利用效率低,不能完全利用现有土地资源,造成土地资源的浪费;常年耕作制是对土壤资源的过度索取,达不到养地的目的;集约耕作制农业投入成本高。

一、农业耕作制度的含义

耕作制度是指一个地区或生产单位的农业种植制度以及与之相适应的养地制度的综合技术体系,是在农、林、草(牧)三者有机结合的基础上,用地和养地相结合,不断提高土壤肥力,保证农业生产全面持续高产,提高劳动效率,降低农业成本的一整套农业技术措施的总称,即包括种植制度与养地制度两部分,种植制度是中心,养地制度是基础。用地与养地协调发展是耕作制度的基本原则。

"耕作制度"是我国的传统提法,国际上通用"农作制度"(farming system),两种提法既有联系又有区别。传统"耕作制度"只注重作物布局、种植方式及用地和养地制度,"农作制度"则包含了种植、养殖、加工及生产要素的合理配置。有关"农作制度"的概念已提出了数十年,目前国内外对"农作制度"内涵的理解仍存在争议。但"耕作制度"与"农作制度"的基本内容仍然包括种植制度和养地制度。

种植制度(cropping system) 即栽培制度,指一个地区或生产单位的植物组成、配置、熟制与种植方式的综合,包括种植植物种类(粮食作物、经济作物、饲料作物、草类植物、蔬菜、果树等)、种植面积、种植区域或种植布局、种植季节、种植茬数、种植方式(单作、间作、混作、套作或移栽、复种或休闲)以及不同生长季节或不同年份的种植顺序安排,即轮作或连作等,通过植物与环境、植物与植物间的相互关系,确定和设计种植制度。一个合理的种植制度能够充分利用当地自然资源与社会经济资源,促进种植业持续增产稳产、保护资源、改善环境、培肥地力,并能有效协调农户、地方与国家之间的需求关系,以种植业促进养殖业、林业、农产品加工业等的综合发展,使区域农业综合实力得到提高。

养地制度(system of soil management)　　是与种植制度相适应以提高土地生产力为中心的一整套技术体系,这是种植制度的基础与保证。不同地区不同种植制度下的技术体系内容不同。在复杂的技术体系中,其中心是围绕土地资源的保护、改造与建设。一个合理的养地制度能够保障农田较高的可持续生产能力,保护资源环境以及农产品质量安全。

随着用地水平的不断提高,养地措施也在不断发展,种植制度和养地制度相互适应,有怎样的用地水平就应该有与之相配套的养地制度。撂荒耕作制单纯地依靠土地荒弃期间自然植被的更迭,缓慢地聚集肥力因素,使地力恢复;休闲耕作制的应用开始进入人工培肥阶段,通过粪肥的施用,补偿地力的消耗,运用耕作及灌溉等措施,清除杂草,蓄存水分,使地力恢复周期大幅度缩短;轮种耕作制以引入豆类植物或绿肥作物等添加生物氮和丰富土壤有机质的方式培肥地力,生物培肥同人工施肥、灌溉与耕作措施有机结合,极大地增进了地力;集约耕作制是近代工业发展后,在轮种制的基础上,添加化学肥料强化养地手段,使有机培肥和无机培肥结合,有效地提高了耕地生产力。

为了保证耕地资源的合理和可持续利用,必须强调种植制度与养地制度的完美结合。我国具有精耕细作的优良传统,在充分用地的同时,积极实行养地制度。主要措施有:注重土壤中有机物质的积累,结合耕作制度尽量做到有机物还田;充分利用生物养地的积极因素,轮作倒茬,边用边养。善于利用自然因素,省力、省时地提高土壤耕作质量,全面实行以充分用地、积极养地、用养结合为中心的耕作制度,如粮食作物与绿肥、饲草休闲轮作、秸秆还田、测土施肥、增施有机肥等。

总之,耕作制度必须与当地生物、土壤、气候等农业自然资源以及水利设施、农产品市场、农民收益等社会经济条件相适应,以更好地提高土地利用率,促进现代农业发展。合理耕作制度必须以提高土地利用率、增加经济收入、促进农业全面持续发展为目标,重视农业生产全面布局及其相应的技术体系。在种植制度中,解决的中心问题是从全局处理好所有种植植物与环境之间的相互适应关系,植物之间的平面、空间和时间的合理关系(植物布局、种植方式),以能通过植物本身最大地促进农业全面增产。而养地制度是与种植制度相适应的培养地力的措施体系,它合理调节、保护现有土地资源,提高土地生产力,实现种植业全面增产,并为持续增产创造条件。

一个阶段的耕作制度,标志着一个国家、一个地区或一个生产单位农业发展的水平。然而,在同一个历史时期,不同国家或同一国家的不同地区,由于自然条件的差别、所处地理位置和生活习惯的不同、社会生产力发展水平的差异,形成了不同的耕作制度,也有几种耕作制度并存的局面。其中,有些耕作制度是值得直接推广的,也有一些耕作制度是有待改进的。利用农业生态平衡原理,通过改进耕作制度,以较小的投入,谋求较大的收益，利用植物之间的互作增效，进行轮作、间作、套种、混作，克服重茬对后续种植植物产量的影响，达到增产的目的。

二、农业耕作制度的主要功能

技术功能　耕作制度的技术功能是耕作制度与耕作学研究的主体，包括植物因地种植及合理布局技术、复种技术、间作及套作立体种植技术、轮作连作种植技术、农牧结合和草畜结合技术、用地养地结合技术、单元与区域耕作制度设计与优化技术等。

耕作制度的技术功能不是单项技术所能体现的，其特点往往带有较强的综合性、区域性和多目标性，具有技术体系的功能特点。综合性主要涉及多种植物的种植管理技术；区域性也称地域性，不同地区技术差异较大；多目标性指技术效果从经济效益、生态效益和社会效益的几个方面来衡量，或者考虑面更大，也可从植物与天、地、人的关系来衡量。

宏观布局功能　即对一个单位（农户或区域）土地资源利用与种植业结构进行全面安排，从种植制度的战略目标出发，根据当地自然与社会经济条件，做出土地利用布局（农林草畜配置），植物结构、配置、熟制布局，用地及养地制度分区布局方案。统筹兼顾，既考虑当前实际需要，也考虑长远目标。

宏观布局功能，首先，可以妥善处理农业生产上的各类矛盾和关系，如粮油棉生产比重关系、灌溉与旱作农业关系、农牧关系、农林关系、供求关系、低产田与高产田关系、一熟与两熟三熟关系、轮作与连作关系、用地与养地关系、多耕与少耕和免耕关系、资源利用与保护关系等。布局不当就会互相影响，轻则减产减收，重则影响农业与国民经济发展的全局。其次，可以协调利用各种资源与投入，包括自然资源以及人、财、物、科技等方面的投入。处理得当则协调发展，处理不当则造成浪费，甚至成为增产增收的限制因素。第三，有利于统筹国家、地方、集体与农牧民之间的利益（经济效益、生态效益和社会效益），调整城市与乡村、工业与农业之间的关系，促进农业与国民经济协调发展。

我国劳动人民在几千年的农业生产历史中所积累的耕作制度方面的经验是极其丰富和宝贵的，非常重视地力的使用与培养，既有一套间、混、套、复种等种植方式，又有一套轮作倒茬、施肥、耕作等调养地力的措施。从原始社会的撂荒制发展到今天以精耕细作为特点的复种轮作耕作制，总的趋势是土地利用率越来越高，复种指数越来越高，土地生产量越来越大，用地养地措施越来越多。但是，我国自然与社会经济条件的复杂性在世界上也是少见的，人类历史上的几种主要种植制度，我国现在仍在应用，如撂荒制（青藏高原地区）、休闲制（内蒙古地区、甘肃地区、东北地区西部）、旱作农业间作套作复种制（西北地区、东北地区、部分南方地区）、水浇地两熟制（华北地区、关中地区）、水田集约多熟制（南方地区）、粮草轮作制（全国各地）、禾本科-豆科轮作制（全国各地）等。或在同一地区因地形、地势等差异，以及季节、水源、劳动力等差异，往往有几种种植制度并存或搭配的情况，因而不能片面地评价不同种植制度的优劣，关键看它的适应性和经济效益。合理的耕作制度，不仅要求用地与养地结合，还要求农业与畜牧业结合，还应有利于环境保护和资源保护。建立合理的耕作制度，需要立足于农业生态观，根据自然和生产条件提出相应的具体措施。

目前，耕作制度仍存在许多问题，耕作制度今后改革的重点仍是进一步增进对植物生产要素调控的力度，提高以土地为主的农业资源利用率、增加农业产量；提高农民经济收入；保护并改善耕地资源的可更新性和可逆性，持续提高土地生产力，促进农业的可持续发展。

三、常见农业耕作制度模式

耕作制度是根据植物的生态适应性与生产条件所采用的种植方式，包括轮作、连作、间种、套种、复种、混作、单种及休闲等。与其相配套的技术措施包括农田基本建设、水利灌溉、土壤施肥与耕翻、病虫与杂草防治等。耕作制度在一定的自然经济条件下形成，并随生产力发展和科技进步而发展变化。

（一）复种制度与间作、套作种植制度

复种和间作、套作种植制度是多熟种植制度。

复种是农业生产的一种重要的耕作制度，指在同一块田地上，一年内连续种植两季或两季以上的植物的种植方式，即在一季植物播种完毕之后，在同一块田地上接着播种下一季植物，充分利用当地水热等气候资源，从而提高了播种植物产量。

复种是我国现代农业种植方式区别于国外的基本特点。我国南方水热条件充足地区，特别是热量条件优越的地区，多熟种植十分普遍，如西南丘陵地区"小麦-玉米-大豆"三熟高效复种模式、华南地区"菜-稻-菜"多熟高效复种模式、江西双季稻地区"油菜-早稻-晚稻"复种模式等都是典型的多熟复种方式，这些种植方式都是用地养地结合，经济和生态效益俱佳的复种种植模式。诸如此类多熟制复种制度，都充分利用了有限土地资源上的水热条件，并与当地的生产条件和市场要素密切结合，是合理利用土地资源和水热资源的重要手段，对农业生产的稳定发展起到了重要作用。

间作、套作种植制度在我国早已有之，间作、套作种植制度是指在同一块田地里，按照成行或成带状间隔种植的方式，种植两种或两种以上植物，而这些植物的生长周期相同或相近。间作、套作种植制度通过充分利用各种农业生产资源，如土地、水热资源等，以实现对各种农业资源在时间和空间上的集约利用，提高产出率，如广西地区的木薯与西瓜、花生、大豆等间作种植模式，东北地区的"林粮（经）"间作复合生态种植模式。

间作、套作种植制度的高秆和矮秆植物种植搭配，通过成行或成带种植，能够在田间形成通风走廊，有效改善田间的通风条件，从而使得 CO_2 来源增多，能够提高植物光合作用的效率，增加植物产量。

（二）轮作种植制度

轮作，又称倒茬、换茬，或称为轮作倒茬，是指在一块田地上有顺序地轮换种植不同的植物或轮换采用不同复种方式的耕作制度。它是一项古老的农业技术，是我国耕作制度的一个重要特点。与复种制度相比较，复种是在一年内进行的，而轮作多指在年际间进行植物种植搭配。

　　长期在同一块田地上以相同的方式种植同一种植物,一方面会使得此种植物对某种或某些特定的土壤营养元素消耗过大,不利于平衡土壤中的营养成分和保持土壤肥力,进一步会影响到种植植物的生长和农田生态平衡;另一方面长期对某一块田地采用单一的耕作方式,也会影响土壤理化特性。例如,对于某一区域的土地,长期采用漫灌方式耕作,会提高地下水位,促进土壤盐碱化,降低土壤肥力,影响植物产量和耕作土壤的微生态环境。因此,采用轮作倒茬,除具有增产增收作用外,更多地还表现在对地力的保护和对农田生态环境的改良上,是均衡利用水分和养分的有效措施,可以达到用地养地结合,促进耕地资源可持续利用的目的。轮作能够改善农田的生态环境,如水旱轮作,水田改旱地后,一些水生杂草就会明显减少。稻田里冬季轮作油菜、豆类可以改善土壤团粒结构和通气条件,且能够有效防止稻田次生潜育化。

　　不同的轮作模式对水资源的利用率差别较大,合理轮作制可以协调农业生产中存在的各种关系,如农牧、粮食生产与多种经营、土地用养、高产与优质、当年增产与持续增产、充分利用自然资源与建立农业生态系统平衡等。

　　年际间的合理轮作主要有以下几方面的优势:一是有效保护和改良土壤肥力。不同植物的生长对土壤中代换离子元素有着不同的偏好,轮作种植可以较好地平衡这种代换作用,利于保持土壤肥力。二是有效改善土壤的理化性质。不同的种植方式,如深耕、浅耕、漫灌、晒田等相互轮换有利于维护土壤的理化性质。三是减少病虫害,由于轮作倒茬能够有效地维护农田生态平衡,可使农业病虫害的发生减少,同时也降低了化肥和农药用量,有利于保护环境和人类健康。

　　我国不同地区在轮作制度改革上,把高产高效作为一项重要内容,进一步形成了一系列用地养地结合的施肥和土壤耕作方式,如黑龙江的玉米→大豆轮作,在克服了大豆连作障碍的同时,培肥了土壤地力;江西的双季稻地区的稻菜轮作,既有利于双季稻换茬,又能肥田和增加农民收入;稻田的水旱轮作,解决了连续淹水种稻造成的耕层变浅、土壤板结等问题,又达到了节水增产的目的;华南地区的水稻与甘蔗、蔬菜、香蕉轮作,既改善了土壤的性能,又提高了经济效益。

　　随着我国农业机械化的发展,形成了一批机械化的耕作制度,如黑龙江垦区大豆-玉米轮作机械化耕作制度,南方稻麦两熟的机械化耕作制度等。

　　近年来,我国各地积极发展多种形式的旱作耕作制度,如半干旱地区在强调保持水土、减少水土流失的同时,注重增加植物单产和提高农民收入的结合,还有东北地区的保护性耕作技术、内蒙古地区的粮草轮作、甘肃和宁夏地区的砂田耕作制度等。

　　我国大部分地区为旱作区,旱作区合理轮作制度的一般原则是:

　　第一,轮作制度要与当地降水条件相适应。雨水欠缺地区应种植需水少的植物,并适当安排轮作中的休闲比重;雨水较多地区,可多种植需水量较大的植物,并随年降水量的增多,增加复种的比重。同时还要考虑无霜期的长短,选择一熟还是两熟,单作还是间作、套种,以充分利用当地有利的气候资源;

　　第二,以禾谷类为基础的轮作中,必须安排一定比例的豆科植物,以提高地力,并注意前茬和后茬的搭配,以减轻病虫害及杂草为害;

　　第三,有利于提供较丰富的饲草饲料,发展草食畜牧业,实现农业与畜牧业的共赢。

第二节　农业耕作制度的特点与发展

人类社会所经历的耕作制度发展过程，是一个从简单到复杂、从不完善到逐步完善、从低级向高级发展的过程，其发展过程是有规律可循的，具有一些共同特性。

一、国外农业耕作制度的发展

国外农业耕作制度研究较早，但其系统研究始于 20 世纪中期。1950 年，隶属于联合国粮农组织（FAO）的"国际农业研究中心（IARC）"在《农作制度研究与发展——发展中国家指南》一书中，强调耕作制是一种复合管理体系，目标是合理利用资源使农民能更多地从农业生产中获得收益，这标志着耕作制度的萌芽。并且在这个时期开始研究和推广免耕法和少耕法。从 20 世纪 60 年代开始，种植制度研究在亚洲越来越受到重视。20 世纪 70 年代，大部分南亚和东南亚国家将种植制度研究摆到更重要的位置。1975 年国际水稻研究所（IRRI）组织召开了首届国际种植制度年会，逐步确定了种植制度研究的目标和方法学，少、免耕法在世界各地的研究进展很快，并大面积应用于生产。1979 年 Harwood 在《湿热带小农场发展分析及农作制度改进》一书中，将耕作制作为农业生产模式，强调农户在其中的主体地位。20 世纪 80 年代以来，世界上兴起了持续农业（sustainable agriculture）的热潮，试验和研究的共同主题是为各个地区探讨一个长期的、低投入的可持续种植制度，包括以不同投入类型和不同投入水平条件下的免耕种植制度及不同作物组成的轮作制来代替常规种植制度。1989 年 11 月，联合国粮农组织第 25 届大会通过了有关持续性农业发展活动的第 3/89 号决议。1991 年 4 月联合国粮农组织又在荷兰召开了有关农业与环境的国际会议，较全面地提出了持续性农业发展的合作计划并对其持续性做了解释：一是积极增加粮食生产；二是促进农村综合发展，开展多种经营，扩大农村劳动力就业机会，增加农业收入；三是合理利用、保护与改善自然资源，创造良好的生态环境。这个时期，许多学者关心的是种植制度带来的收益性的好坏，可持续的种植制度必须为农民提供合适的利润。2001 年 James D. Ivory 在《全球农作制度研究——东亚和太平洋地区分析》一书中把市场、政策和信息看成外部环境，强调耕作制度离不开粮食生产。同时按照"国际农作制度协会"的理解，把农作制度的主要内容界定为：在农民积极参与条件下，提出适宜的技术和方法来改善农户生产和生存基础，同时追求合理地利用资源，为全球性范围的农业可持续发展作出贡献。归纳起来，国际上对耕作制比较普遍的理解是一种复合管理体系，受自然、生物以及社会经济条件的影响，强调资源的合理利用以及系统的经济高效管理。

（一）国外农业耕作制度的特点

由于自然差异和经济发展状况的不同，不同国家或地区耕作制度相关研究的侧重点不同，耕作制度发展所走的路子各有特点。农业发达的欧美发达国家，人少地多，一般具有相对丰富的资源和较高的生产力，耕作制度往往侧重于经济效益及其资源和环境保护。例如，美国自 19 世纪开始，根据国内自然条件和其他资源条件及比较优势的原则，在种植植物布局上逐步形成了夏休闲轮作制。而人多地少的一些发展中国家，由于粮食的短缺，耕作制度研究的目的更多是为了增产，解决温饱问题。从20世纪60年代开始，一些国际研究组织和基金会开始关注以"小农经济为主体"的发展中国家种植制度的发展，耕作制度研究在亚洲越来越受重视。70年代初期，作为农作制度研究重要内容之一的种植制度研究在大部分南亚和东南亚的国家已拥有一个较为重要的位置。但很长一段时间内，迫于人口增加对食物产生的需求，在热带地区形成了农林复合种植制度。进入20世纪90年代，由于受可持续农业思潮和全球经济一体化的影响，原有种植制度的观念开始发生了改变，由追求产量增长向持续性和高效化方向转变。

（二）国外典型农业耕作制度模式

1. 美国"低耗持续农业"模式

美国在农业发展过程中，针对生产成本上升、资源消耗持续加剧、农业生态环境受到破坏等问题，提出发展"低耗持续农业"模式。注重农业资源维护和生态环境保护，减少化肥、农药等危害环境的产品的投入，使生态环境得到不断改善。同时重视开发利用生物、生态技术，强化种植业结构调整。

美国现已形成较为完善的耕作制度及配套技术体系。利用冬季农闲季节种植豆科牧草，利用具有固氮作用的豆科植物（如三叶草、苜蓿等）覆盖农田，提高土壤氮素水平。目前轮作方式主要以种植2年玉米或大麦（套播牧草）后轮种3~4年牧草、种植1~2年玉米后轮种2年大豆或小麦。

自北美洲20世纪30年代黑风暴以后，为了控制土壤侵蚀，改善生态环境，美国中西部旱区也十分重视人工种草，发展草田耕作制度。在中西部地区严格禁止乱垦滥伐，大力倡导人工种草。由于抓住了以种草为中心的水土保持和以豆科牧草为纽带的农牧结合，才给美国中西部农民真正带来了富裕的生活。

2. 以色列"节水型"模式

以色列水资源短缺，为了合理利用水资源，积极进行农业种植结构调整，减少对资源要求较高的粮食作物的种植，改进和增种对资源要求低、技术含量高、经济效益较高的经济作物，如棉花、番茄、柑橘、花卉等的种植，高耗水的养殖产品、饲草饲料主要依赖进口。在相应的配套技术体系方面，以色列开发和应用先进的精准微灌技术，已经研制出世界上最先进的喷灌、滴灌、微喷灌和微滴灌等节水灌溉技术，水肥利用率高达80%以上。另外，以色列还最大限度地开发利用当地的各类水资源，如建设集水及循环水设施等，最大限度地收集和贮存天然降水资源，同时加大循环水利用力度等。

3. 荷兰"集约高效型"模式

荷兰鼓励农民充分利用地势平坦、牧草资源丰富的优势，大力发展畜牧业、奶业和高附加值的园艺作物，使有限土地得到高效利用，进行集约化生产，避开需要大量光照和生产销售价位低的禾谷类植物的生产。并大力推行多种作物的设施农业。另外，荷兰高度重视农业科研和采用先进技术，鼓励发展可持续的农业生产体系，控制农用化学品的使用，防止水体和土壤污染，加强厩肥的无害处理，控制氨、磷的释放量等。

4. 墨西哥"协同发展"模式

在墨西哥的传统农业生态系统中，林-灌-草常常同时存在，粮食作物和园艺作物、饲料作物以各种不同的方式轮作和间套作，如玉米、豆类、瓜类、燕麦、洋葱、莴苣、萝卜、大麦、大蒜、香料作物以及苹果、杏、桃等常常在同一生态系统中存在。这种复杂的农业生态系统总是维持在高效和丰产状态，很少需要人工投入化肥和农药，很少出现病虫杂草害和营养元素不足的状态，农民可以在有限的空间和时间内以低成本获得各类农产品，增加收入。这种耕作制度主要是应用了生态系统中多种因素的协同作用和植物之间的化感协同作用。

各国农业条件不同，因此耕作制度各有不同，选择一种好的耕作制度不仅能够提高植物产量、品质，而且会利用在农业生态系统中各种植物的互作，投入不多，收入颇丰，达到整个生态系统的和谐统一。

二、国内农业耕作制度的发展

中国的农业发展始终伴随着耕作制度的不断演进。耕作制度的不断变革和发展，为我国农业发展提供了巨大的推动力。因此有人认为，我国农业的发展史，也是我国耕作制度的发展史。我国从西周开始就已经出现了复种轮作的耕作制度，到了汉朝复种轮作已经形成了体系完整的耕作制度。唐宋之前由于我国人口增长相对缓慢，耕作制度的发展也相应较为缓慢。到了宋代，随着我国经济逐步向南方发展，人口增长进入快速发展阶段，对农业耕作制度也提出了更高的要求。宋代末期，我国人口重心已经迁往长江流域及其以南地区。这些地区以水稻为主要粮食作物，人们变传统粗放的旱作农业为以稻作为主的精耕细作农业。在这一系列过程中，推广早熟品种、提高复种指数、引进耐旱高产作物、扩大灌溉面积等都是耕作制度发展的主要方面。

新中国成立以来，我国对耕作制度的研究基本上是以间套作复种技术及作物布局优化为研究的主要领域。20世纪50年代初，我国引进了苏联农学院开设的"普通耕作学"，其中心内容是从苏联引进的 B. P. 威廉斯的团粒结构与草田轮作制学说。但由于草田轮作制是在它国人少地多条件下提出的，不符合中国的实际国情，当时的耕作学没有自己独立的理论基础和技术体系。60~70年代，随着对新科学技术知识的吸收和利用，耕作学在原有的基础上，增加作物布局、间作、套种、复种等与中国国情相适应的内容，用土壤学耕层构造的原理代替了从苏联引入的团粒结构学说。耕作学工作者等提出耕作制度的目的是全面持续增产稳产，主张良种、良法、良制、良田配套，认为农田基本建设是持续发展的重要保证，强调用地与养地相结合及调整作物布局的理论，有效地促进粮食与经济作物生产的发展。80年代，又提出了与持久发展有关的若干新观点，特别是80年代以后兴起的以间套作为中心内容的多种多样的立体种植、立体养殖和种养模式，把我国间套作技术推向一个新阶段。80年代中后期，我国完成了中国农作物种植制度气候区划，并且由单纯注重产量开始结合经济效益，许多研究进行了高功能、高效益种植模式理论研究和实践探讨。90年代，逐步走向种植业结构调整与转化，从单纯追求产量转向开始重视质量与效益。进入90年代中期，高投入、高产出的集约化与可持续发展关系成为学术界研究的热点，高产、优质、高效逐渐成为该时期种植制度的主要特征。进入 90 年代后期，由于我国农产品供求关系发生了变化，解决农民增收成为突出问题，农业结构调整与农业产业化发展成为关注的热点，一些学者从宏观上提出了种植制度调整的基本方向。总体发展趋势应是省工省力、粮经饲多元结合等，以及注意资源环境的可持续利用。此后的 30 多年间，经过全国从事耕作学教学与科研工作者的共同努力，不断结合中国农业生产的实际而确立了适合中国国情的耕作学崭新体系与独立学科。明确耕作学研究对象是耕作制度，而以种植制度为主体、养地制度作基础。主要内容有：作物结构与布局，复种、间套作、轮连作，养地，土壤耕作及各地区耕作制度等。在这期间，大量的科学研究为推动我国耕作制度改革作出了积极贡献。

进入 21 世纪，随着我国农业发展新阶段的到来及与国际交流的增多，国内一些学者开始重视丰富耕作制度的内涵、特征及层次结构，对于耕作制度中的作物结构、作物品种、作物布局提出了新的要求。开始研究建立"节耗、节地、节能、节水为中心内容的资源节约型种植制度"。

第三节　农业耕作制度区划与设计

耕作制度区划是构建全国耕作制、谋划耕作制度模式及战略布局的理论依据和技术基础，耕作制度及其分区研究在农业生产中具有极其重要的地位和作用。对其进行合理分区，是为了提高研究效率，以便更科学、更合理地利用各种农业资源为生产服务。

在设计、建立一个耕作制度之前，首先从理论上要弄清楚，什么是一个合理的耕作制度？其原理是什么？实行标准是什么？怎样去达到这些标准？采用什么办法?等等。对于这些问题，不同的人有不同的见解。有的主张提高土壤肥力是建立耕作制度的主要任务，有的认为农业生态系统是耕作制度的核心，有的强调衡量耕作制度的主要标准是经济效益的提高等。不清楚耕作制度基本原理，耕作制度的合理实施就会陷入盲目性。

耕作制度作为人类主观协调生产与自然的重要手段，与农业生产的发展密不可分。农业生产也是一种生态系统，称之为农业生态系统，农业是综合性的生产。因此，为了建立合理可行的耕作制度，必须正确地认识农业生产的实质和特点，掌握农业生产的发展规律，才能因地制宜地建立合理的耕作制度。

一、农业生产的特点和基本环节

农业生产是以植物有机体作为生产工具，而植物本身又是产品，所以，植物的生长发育过程就是产品的生产过程，实质上也是太阳光能的转化过程。一切农产品都是人类生命活动所需能量的直接或间接来源。地域性、季节性和生产的连续性，是农业生产的特点。

地域性是农业生产的首要特点。作物制造产品必须吸收太阳光能，为了使作物充分接受和利用太阳光能，就不得不把它们分布在广大的土地上来进行生产。但由于不同地区的纬度、地形、地势、气候、土壤、水利等自然条件不同，再加上社会经济、生产条件、种植植物种类和技术水平的差异，就构成了农业生产的地域性。

季节性是农业生产的第二个特点。不同季节的光、热状况不同，种植植物的生长发育与季节间光、温变化及雨水多少有紧密的联系。由于农业生产活动主要在露天进行，加上生产周期比较长，不可避免地会受到季节变化的强烈影响。因此，要获得季季丰收，全年增产，必须掌握农时季节，根据作物和品种特性，做到适时播种，及时管理和收获。

生产的连续性是农业生产的第三个特点。农业生产的这一生产周期（如一年中的一个复种周期，或几年的一个轮作周期）与下一生产周期，上一茬植物与下一茬植物都是紧密相连、不能中断、互相影响、互相制约的。农业生产的这种连续性要求人们在从事农业生产活动时，不仅要考虑到这一生产周期的效果，同时要考虑到下一生产周期的效果。不仅要获得季季丰收，而且要争取连年高产。因此在安排农业生产时，要有全面的和长远的观点，从当季着手，从全年着眼，做到前季为后季，季季为全年，今年为明年，才能获得作物的全面持续增产和最大的经济效益。

另外，农业生产具有三个基本环节。植物性生产是农业生产的第一个基本环节；动物性生产是农业生产的第二个基本环节。动物不能直接利用太阳光能制造有机物质，只能利用植物生产的有机物质转化为具有更大价值的肉类、乳类、蛋类、脂肪和皮、毛等畜产品。培养地力是农业生产的第三个基本环节，为增加植物产量提供物质保证。

植物性生产、动物性生产和培养地力三个农业生产的基本环节，是相互依存、相互促进的。合理安排耕作制度，必须正确处理这三个基本环节之间的关系，使用于养地的物质可以不断增多。这样，在不断提高肥力和地力的同时，不断提高植物产量。在保证植物生产全面持续增产的基础上，人们就可以不断地得到更多的产品和能量。

由于农业生产有上述三个特点及三个环节，所以在建立合理耕作制度时，要根据各地的自然条件、生产条件和技术水平，做到因地制宜，积极稳妥。在各项措施的具体安排上，要严格掌握季节，不误农时。在前后茬的连接上，必须做到"瞻前顾后，互相照应"。

二、制约植物性生产高产稳产的因素

植物与环境是统一的。环境条件越能满足作物的要求，则植物的生长发育越好，产量就越高。因此，在农业生产上必须为植物的全面持续增产创造良好的条件，特别是植物赖以生存的土壤条件，要使土壤越种越肥，产量越来越高，建立合理的草田耕作制度就能达到这个目的。

植物的全部生长发育过程，就是同化外界环境条件合成有机物质的过程。光、热、水分、养分和空气是植物的基本生活因素，但都有各自独特的作用，只有在这些基本生活因素同时具备的条件下，植物才能正常生长发育。光、热、水分、养分和空气在植物生理上的功能是同等重要的。植物吸收养分又必须通过水分并要具备一定的温度条件。植物吸收养分的数量又取决于光合作用进行的速度和其他生产条件的配合等。因此，各种生产因素是紧密联系的，只有全部生产因素同时具备和适当配合，才能最有利于植物的生长发育，获得丰产。如果缺乏某一因素，就会降低其他生产因素的作用。

由于生产因素的来源不同、性质各异，在生产上调节的方法也就不同。只有掌握其规律，适应和利用自然，如采取选用良种、适时播种、育秧移栽、合理密植、间作、套种、增加复种等办法，才能达到最大限度地利用光、热、水分和养分等因素。通过精耕细作、正确施肥、合理灌排等耕作措施来直接控制和调节，以满足植物生长发育的需要。

三、农业耕作制度的建立与区划

（一）农业耕作制度的建立

从生态系统观点出发，在建立一种耕作制度或研究其某一环节时，必须遵循因地种植和综合平衡两个基本法则。

1. 因地种植

这里的"地"不仅是指土地，它是植物生长的综合环境条件的泛称。既包括气候、土壤、生物等自然因素，也包括与之相关的社会经济因素，如人口、劳动力、机械、水利、肥料、资金、市场、价格、政策等。在一定的地域存在着具体的环境条件和相应有机体的组合，这就决定了耕作制度的地区性和条件性差异。

2. 综合平衡

衡量一个耕作制度是否合理，不能仅看植物性产量一个指标，而要综合衡量产量、品质、地力、资源利用、农林牧结合、经济收入等指标，力求在综合平衡中找出一个较佳方案。在设计耕作制度时，许多问题要从系统观点予以综合平衡，如农林牧的关系，粮食作物、经济作物与动物性生产的关系，用地与养地的关系，各种种植方式的适宜比例与布局，轮作与连作的关系、能量投入与产出的关系等。

耕作制度是与社会经济因素不可分割的。建立一个合理的耕作制度，除了要取得全面持续增产、保护并改造环境资源外，还应该保证增加收入、提高工效、提高各种资源（包括资金、劳动力）的利用率等，这就需要有经济观点。许多地区的耕作制度本身就受制于社会经济条件，如人口、劳动力、资金、市场、农业政策等。不能单纯从产量出发，还要计算用工、成本、效益等以确定其适当的比例。所以在制定耕作制度时，把充分用地和积极养地紧密结合起来，通过绿色植物的各种组合，充分利用太阳光能，挖掘土地增产潜力，"以地力争天时"。

（二）农业耕作制度的设计

一个国家、一个地区耕作制度发展的方向，必须从该国、该地的实际条件出发，扬长避短，以充分合理利用自然资源与生产条件，满足社会各方面对各种农产品（粮、棉、油、饲草饲料、肥料等）的需要，并保持生态平衡与经济实效。我国地域广阔，气候条件复杂，耕作制度的方向也不能一概而论。

耕作制度是对农业生态系统的设计、控制和调节。首先是对植物布局的结构与组成的设计和规划，如作物种类、品种，复种程度，轮作还是连作，单作还是间作等，这些技术措施从根本上决定了这个系统的能量、物质转化循环途径与效率。其他土壤耕作制、施肥制、杂草防治、护田林带、灌溉制度等也都是对这个农业生态系统的调节、控制与管理。耕作制度本身也是一个体系，一种管理体系，耕作制度各个环节之间也是相互联系、相互制约的。所以说耕作制度是对农业生态系的管理系统。

建立合理的耕作制度，提高植物生产产量，就要研究考虑这个系统的整个链条，而植物、土壤、气候因素等都是这个链条中的各个链节。要使一个链节产量高，就要认识到这个链节所需要的能量物质是从整个链条转化循环过来的。我们要研究植物高产，获得更多的植物产品，就要研究与植物相联系的全部物质循环系统和能量转化系统的整个链条。

合理的耕作制度着眼于土壤肥力的提高，而土壤肥力的提高或降低，是全部链条中物质能量转化的结果。每块农田产量、每块土地的肥力都是长期的物质能量转化循环的结果，脱离物质能量转化，系统就不能解释产量高低的最根本原因。在耕作制度的研究中，一直存在着不断恢复和提高土壤肥力的问题。

用地养地结合是科学合理的耕作制度的基本特点之一。要把用地和养地这一对立统一的两方面很好地结合起来，使土壤肥力得到不断保持和提高，保证植物生产高产稳产。故耕作制度设计需考虑的要素如下。

土壤肥力条件　土壤因素往往是限制植物产量的主导因素。良好的土壤，首先是能充分满足植物对水、肥、气、热的要求，要能保持土壤水、肥、气、热状况的相互协调。

农田基本建设　农田基本建设应与建立合理的耕作制度紧密结合起来，在全面规划的同时，就要考虑到农田的合理划分与组织问题，要避免不合理的垦殖、或进行"广种薄收"，某些地区要适当退耕还草或还林，植树种草，种植高产农田以重新建立良好的农业生态系统。根据建立合理耕作制度的要求，因地制宜，科学地规划轮作区，实现合理轮作，为机械化耕作和管理创造条件。此外，要以治水、改土为中心，尽量减少或制止水土流失，改良土壤，培肥地力，建立起旱涝保收、高产稳产的基本农田。

充分发挥豆科植物和绿肥的作用　我国农民早就知道豆科植物的养地作用，素有种植豆科植物和绿肥的经验，形成与豆科植物轮种的耕作制度，后来又进一步发展成粮豆间套复种制度。针对我国人多地少的特点，应尽量利用间、套、复种的办法发展豆科植物和绿肥。另外，不可忽视绿肥的重要性，缩减绿肥，不仅影响下茬秋熟作物的增产，同时对土壤培肥不利，影响长远增产。有机肥料对供应作物养分、改善土壤物理性状和保肥能力、促进土壤中生物化学过程都具有重大作用。因此，即使在化肥供应较充足的条件下，秸秆还田和种植绿肥仍然是正确处理用地和养地关系的主要措施。

注重农业资源的分配　对耕作制度来讲，首先是分析所在地区的气候、地理环境的自然生态系统的稳定性，这是大范围的问题。其次要研究农、林、牧等各业相互配合的问题。第三要研究一个地区的农、林、牧各业内部的结构和布局问题。第四要研究建立什么样的种植方式，如复种、轮作、连作、间作、套作等。无论怎样，必须将农业全面发展，农、林、牧、渔各业的相互关系作为考虑的基础，规划和实施合理的耕作制度时，农、林、牧、渔必须全面发展，并举作为重要的指导方针。在规划耕作制度时，必须保证当地适宜的各业用地，尽可能在农田四周设置护田林带。在轮作制中保证饲草饲料种植或设置专门的饲料轮作及加工业与适当集中的经济作物种植带相结合。

（三）国际耕作制度区划

国际上对耕作制度区划的研究，主要是根据农作制模式及其所处气候类型进行归类，并且要限定地域边界。在分区方面，联合国粮农组织（FAO）《面向 2030 年的耕作制度》中将世界划分为十大农作制区域：非洲撒哈拉以南、北非-西亚、南亚、拉丁美洲、澳大利亚和新西兰、北美、西欧-北欧-南欧、东欧与西伯利亚、中亚、东亚。联合国粮农组织于 2001 年将东亚地区（泰国等）农作制分为：稻田农作制、林作混合农作制、旱地集约混合农作制和温带混合农作制等。

John Dixon 等为了促进类比和综合个别制度的优先权，将农作制度组合成 8 个主要的分类：①灌溉农作制度；②湿地以水稻为基础的农业灌溉制度；③潮湿地带（以及亚潮湿地带）的雨育农作制度；④陡峭地带或者高地的雨育农作制度；⑤干旱地带以及寒冷地带的雨育农作制度；⑥二元小型和大型商业混合农作制度；⑦沿海手工式渔业组成的农作制度；⑧以城市为基础的农作制度。

（四）中国农业耕作制度区划

中国农业耕作制度具备 2 个方面的特点：①气候、地形、土壤等耕作资源条件复杂多样；②在"人多地少"的大背景下，通过精耕细作，不断探索新的耕作制度，以间作、套作等方式提高复种指数，以"高投入、高产出"的方式进行生产。

在中国进行耕作制度区划，可以将众多的耕作制度按照性质、特征进行分区和分类，找出同类耕作制度的运行机制和发展规律，从而制定相应的评估方法和管理措施。

东北、内蒙古局部喜凉作物一熟区　主要包括东北平原、内蒙古东南部以及长城沿线农区。除种植喜凉的春小麦、马铃薯、甜菜外，还可种植喜温的苜蓿、玉米、高粱、大豆、谷子等。东北平原土壤肥沃，适于大规模机械化耕作。是我国重要的商品粮和大豆基地，本区以一年一作为主，多采用玉米与大豆间作。南部≥10℃积温 3000~3600℃的地区适于发展小麦与玉米半间作半套作的方式，在小麦和油菜茬地上可复种谷子、糜、向日葵、燕麦、箭筈豌豆或套种马铃薯、草木犀等。

黄土高原干旱一熟区　包括关中平原以北、太行山以西、长城以南、祁连山以东的晋、陕、甘、宁黄土覆盖的丘陵沟壑地区。植被稀少，水土流失严重，年降雨量仅250~600mm，干旱是农业生产的主要矛盾。作物以冬小麦、荞麦、玉米、谷、糜为主，牧草以苜蓿、高粱为主。大部分为一年一作，本区以抗旱与水土保持为中心，农、林、牧综合发展，适宜有休闲制和豆类、草木犀、苜蓿等植物的轮种制。

青藏高原冷凉作物一熟区　主要包括青海、西藏的农区，耕地面积不多，为 1000 万亩[①]左右，主要分布于海拔 2000~4000m 的河谷地区。年平均温度 0~7℃，无霜期 90~190 天，最热月平均温度仅 10~18℃。只能种植青稞、小麦、燕麦、莜麦、马铃薯、豌豆、油菜、胡麻、箭筈豌豆、毛叶苕子等喜凉作物，一年一熟，多撂荒轮歇。

西北灌溉一熟区　包括内蒙古河套灌区、宁夏银川灌区、甘肃河西走廊灌区以及新疆灌区等。一般年降雨量少于 200mm，主要以灌溉为主。该地以一年一作为主，作物以春小麦、冬小麦、玉米为主，其次是谷、糜、高粱、甜菜等。在小麦收获后，还有两个多月生长季，适于发展套种或复种绿肥饲草饲料、毛叶苕子、箭筈豌豆、鹰嘴紫云英、天蓝苜蓿或马铃薯等，苜蓿、草木犀为主要种植的草类植物。

新疆南疆是一个特殊类型的地区，≥10℃积温已在 4000℃以上，可以一年两作，小

---

① 1 亩 ≈ 666.7m²

麦后可复种玉米、高粱、胡麻等，但当前因水、肥、劳力不足，一年一作仍占多数。这是我国长绒棉集中产区，适于发展苜蓿与棉花轮作。

黄淮海灌溉两熟与旱地一熟区　包括黄河、淮河、海河流域中下游的京、津、冀、鲁、豫及皖北、江苏徐淮地区、汾渭谷地（陕西关中、晋中南）等地。属暖温带，年平均温度为 10~14℃，无霜期 170~250 天，年降雨量 500~800mm，集中于 6~8 月，旱涝灾害较多。本区有耕地近 4 亿亩，大部分为平原，部分为浅丘、山地、河谷。小麦、玉米等一年两熟在不断发展，复种指数已在 160% 以上。北部多套种，南部则多麦后复种。本区是我国棉花、花生、芝麻、烟草、大豆、苜蓿等作物和牧草的重要产区。棉花、花生以一年一作为主，芝麻、大豆等则以麦茬为主，玉米、小麦与苜蓿轮作间作模式及苜蓿夏季套种饲用玉米模式非常适合。

西南高原山地水旱交错两熟及一熟区　包括四川、湖北、湖南、贵州边境的山地丘陵、秦巴山区的南部、云贵高原、川西高原的大部及桂西等地。大部分为山地和高原，海拔多在 800~3000m，农业种植呈垂直分布。在同一地区，位于底部的沟谷、川地为水田稻麦（或油菜、蚕豆、绿肥）两作，位于上部旱坡山地则多甘薯、水稻、玉米一年一作，或小麦（马铃薯、油菜、蚕豆）套种玉米或甘薯。白三叶、光叶苕子非常适宜在本区域生长，可用于套作、间作。本区年平均温度 14~16℃，无霜期 200~260 天，年降雨量达 800~1200mm，已属于亚热带范围，但因地势较高，热量条件不如东南同纬度地区。

江淮平原丘陵稻麦两熟区　包括淮河以南，扬州-合肥-宜昌一线以北的地区，皖中丘陵、鄂中丘陵与鄂北岗地和信阳岗地、南阳盆地、襄阳盆地，年平均温度 14·15℃，属北亚热带。以水田稻麦（油菜）两熟为主。在人多地少地区已发展了一部分双季稻，占稻田比重的 10%~20%，但季节紧张，在丘陵岗地上多一年两作或两年三作，如小麦-花生（夏甘薯）-春玉米。多花黑麦草、鹰嘴紫云英等牧草可引草入田，冬季闲田种植或轮作。

长江中下游平原丘陵水田两熟三熟区　本区域大体包括 ≥0℃ 积温 5900℃（≥10℃ 积温 5000℃）线以南，南岭南坡以北，湖南、贵州山地以东的广大平原丘陵与山地。年平均温度 16~18℃，≥10℃ 积温 5000~7000℃，无霜期 240~330 天，年降雨量 1000~1800mm，水热资源丰富，属于中亚热带范围，耕地约 2.8 亿亩，是我国农业的精华地区。本区大致可分为两种类型区域：一是在长江中、下游两侧的平原，湖滨三角洲地区，包括太湖流域平原、洞庭湖平原、皖中南与鄱阳湖平原、江汉平原、成都平原等，是我国重要商品粮基地，以麦-稻-稻、油菜-双季稻、绿肥-双季稻等双季稻三熟制为主体，搭配部分稻麦两熟，但四川盆地目前以稻麦两熟为主。二是东南丘陵山区（包括皖南山区、浙江和福建丘陵山地、南岭山地等）。水肥条件不如上述平原地带，但大部分为绿肥-双季稻或稻麦两作。旱地则多小麦、玉米一作或玉米-甘薯两作。多花黑麦草、鹰嘴紫云英等牧草冬闲田复种或轮作，具有改良土壤、改善生态、生产饲料等多方面功效。

华南水田热三熟四熟区　包括福建南部、广东中南、海南全部、广西南部、云南西南及台湾、澳门和香港等地。年平均温度 20~24℃，≥10℃ 积温 7000~9000℃，无霜期 330 天至终年无霜，年降雨量为 1200~2500mm，属南亚热带和热带，冬季基本无霜，可种植喜温热的甘薯、玉米、花生等作物，基本上能一年三熟，故称"热三作"，也有麦-稻-稻、薯-稻-稻、麦-花生-稻、肥-稻-稻等种植方式，南部也可种植三季稻，雷州半岛、海南岛、台南、西双版纳等地≥10℃积温已在 8000℃以上，可一年四熟，但因水、肥、劳力缺乏，实际上很多地区复种指数并不高，这一带是我国少有的热带地区，应充分发挥热带经济作物的优势，如橡胶、油棕、椰子及热带水果等。近年来，引入多花黑麦草作为冬闲田填闲植物，实现了一年四熟，为多花黑麦草复种轮作最成功的区域。

第四节　农作制度的产生及其发展

国际上对"农作制度"比较公认的理解是：农作制度是一种农业经营体系，是指在特定区域（地区、农场、农户）内，以种植业生产为核心，加上相关的养殖业、相应的农产品加工贸易环节以及农村综合服务体系，受自然、生物以及社会经济条件的影响，强调资源的合理利用以及系统的经济高效管理，采取用地和养地相结合的一整套农业生产管理体系。

20 世纪 90 年代以后，受多种因素的影响，我国逐渐出现了以农作制度替代耕作制度的提法，主要原因为：第一，耕作制度只注重作物布局、种植方式和用地养地制度，而农作制度范围较广，包含了种植业、养殖业、加工业及关键生产要素的合理配置。第二，国际上通用农作制度，而我国沿用传统耕作制度不能与国际接轨，有碍于国际交流。第三，吸收国外农作制度丰富的内涵，为我国耕作制度的振兴注入新的活力。

一、农作制度发展历史

农作制度演进的历史是人类对植物生产要素不断调控的过程。以往传统农业时期，人类对植物生产要素的调控仅局限于对水、肥等因素的调控，通过施肥、灌溉、种植豆科植物等措施改善土壤肥力条件，提高植物对光、热、气等自然生态因子的利用效率，但由于科学技术水平的局限性，难以对自然生态因子实施调控。而设施农业在人工可控的条件下，可以实施生产要素的全方位调控，解决农业生物种群生长发育阶段对生产要素的需求与光、热、水、气、矿质营养季节分配不相吻合的矛盾，在一定程度上克服了传统农业难以解决的限制因素，使资源配置合理，可以增加作物产量，改善品质，延长生长季节，并能使作物在不能生长的季节和环境中正常生长，加强了资源的集约高效利用，从而大幅度增进了系统生产力。

农作制度是农业的技术核心，也是社会生产力水平在农业领域的集中体现。随着社会生产力的不断提高和生产条件的逐步改善，农作制度也在不断得到充实、提高和完善。因此，农作制度的发展具有相对的稳定性和明显的阶段性。世界农业发展史上，农作制度的发展阶段虽无统一的划分标准，但大都经过以下几个阶段。当然，因各国的自然与社会经济条件的差异，农作制度各阶段的长短与发展形式也各不相同。

（一）撂荒制阶段

氏族社会早期，原始先民们在聚居点附近选择易农的土地，通过刀耕火种，种植农作物，单纯依赖土壤自然肥力进行生产，土地连种一段时间，待地力耗竭不能继续使用时，进行撂荒以恢复地力。这种通过弃耕或撂荒任植被自然生长恢复土壤肥力的农耕方式称之为"撂荒制"。

撂荒制又分为两个亚阶段：一是"生荒制"，二是"熟荒制"。在"生荒制"阶段，先民们只选择原始生荒地（即草地）进行开发利用和农耕，几年后土壤肥力下降，弃耕另辟新的生荒地利用。农史考证认为，我国的生荒制起始于新石器时代的初中期（1562 年），当时人口稀少，土地私有制还没有发生，使"生荒制"成为可能。氏族社会后期，随着生产力的发展，人口的增加，部族逐步形成并定居，土地私有制逐渐产生，同时宜耕的未垦荒地（草地）面积不断减少，在社会对农产品需求增多的情况下，不得不重新开垦早先弃耕的土地，从而使原始的撂荒制由"生荒制"逐步转向"熟荒制"。

熟荒制的土地撂荒时间一般为 20~30 年，使用期 3~8 年。历史考证，我国熟荒制盛行于新石器时代晚期，经由夏、商奴隶制早期发展，至周开始步入休闲制阶段。我国除高寒、干旱及边远地区外，现阶段已无撂荒制。国外在东南亚、非洲、南美洲等热带人口稀少地区还存在。

（二）休闲制阶段

随着社会进一步发展及人口增加，土地世袭商业出现，对土地的利用程度要求提高，弃耕年限逐渐缩短到 1~2 年，进入了休闲耕作制。在休闲耕作制阶段，休闲时间缩短为 1~2 年，随后种植作物 1~2 年。欧洲中世纪盛行三圃制（小麦→大麦→休闲），时间长达 1000 多年。我国在夏商周时期已开始出现休闲制，比欧洲早 1500 多年，并开始出现轮作复种制，此时出现了铁犁，从人耕发展到畜耕，耕作效率大大提高。《吕氏春秋》中有"劳者欲息，息者欲劳"的记载。西汉时期的《氾胜之书》中"田，二岁不起稼，则一岁休之"，说明休闲已缩短至一年。当前，休闲制在我国半干旱地区和边远地区尚有少量存在，而在美国中西部、俄罗斯、澳大利亚等国的半干旱地区仍然不同程度地实行。

（三）轮种制阶段

随着人口增加、生产力的发展、生产条件与工具的改进，休闲耕作制进一步减少，取而代之的是以不同种类作物间的轮换种植，从而由休闲制逐渐过渡到轮种制。我国轮种制从战国时期已开始，汉及魏晋南北朝以后逐渐占据主导地位，一直盛行到 20 世纪上半叶，时至今日，仍是中国重要农作制度之一。欧洲在 17、18 世纪以后，英国的诺尔福克四圃轮栽制（谷物→芜菁→谷物→三叶草）替代了长期盛行的三圃制，进入轮种制阶段。

我国盛行禾谷类作物与豆科作物、绿肥作物轮作种植，在南方稻田则盛行水旱轮作，而在复种地区盛行复种轮作。进入轮种制以后，土壤耕作技术亦有了较大发展。《吕氏春秋·任地篇》曾指出 "五耕五耨"。东汉王充在《论衡》中提出"深耕细锄，厚加粪壤，勉致人工，以助地力"。《齐民要术·耕田》中指出"秋耕欲深，春夏欲浅"。南北朝时期，黄河流域已形成旱农保墒耕作的技术体系，出现了耙糖等工具。唐宋时，南方形成了一套干耕、深耕、耙糖结合的稻田土壤耕作技术体系。

（四）集约制阶段

集约制是生产力要素（包括肥料、作物和劳动力）高度集中以实现农田高产出、高效益的一种农作制度。大致以工业革命的全面兴起为界，可将集约制分为传统集约制和现代集约制两个时期。我国传统集约制主要包括精耕细作和多熟种植两个方面。在此两方面，我国劳动人民积累了许多先进的经验。在精耕细作方面，主要采用了多施粪肥和加强管理等措施，这些措施使单位土地面积作物产量有了极大的提高。在多熟种植方面，我国古代劳动人民更是积累了丰富的经验。主要体现在以下几个方面：①选育早熟品种，合理搭配作物种类。《齐民要术》中详细论述了早熟品种的特性与选择要点。②育苗移栽。始见于水稻，早在东汉时期的《四民月令》已有记载，唐代得到较为普遍的应用，涉及油菜、甘蓝、棉花及蔬菜等多种作物。③间作、套种。早在三国、两晋、南北朝时期，我国就有了套种的实践，《齐民要术》中有桑间种植禾豆"不失地力，田又调熟"的记述。此后经过不断实践，使以套种为主体的间作、混作、套种形式丰富多彩。间作、套种的广泛应用，在很大程度上缓解了多熟种植中作物生育期重叠的矛盾，极大地提高了单位土地面积的生产能力。④促进早熟栽培技术。对具有无限生长习性的作物，如棉花、蓖麻、甘薯等，通过整枝、摘心、控制作物生长等措施，可促进早熟。明朝徐光启在《农政全书》中对"植棉短秆"技术做了详细的论述，这些促早熟技术也广泛应用于果树、瓜类作物上。⑤增温栽培。利用天然温泉水、火室、火炕等简易设施和栽培技术栽培反季节蔬菜，在我国有悠久的历史，限于条件，这种原始的设施农业在当时虽无足轻重，却也奠定了今日现代设施农业的认识与技术基础。我国古代农业在传统集约制时期在世界上处于领先地位，在传统耕作过程中采用豆科植物与其他作物套种、轮作等手段改良土壤等环境，提高作物产量。

现代集约制始于西方较早实行工业化的国家，它以现代农业科学技术为依托，并且不断得到其他科学领域研究成果的支持与促进。人们根据需要对作物生长发育所需的许多条件进行有效的调控，使现代集约化农业已在很大程度上摆脱了自然的束缚。与传统集约制相比，现代集约制在以下几个方面有了明显的发展和突破：①植物生长条件的控制。传统的集约制主要是通过精耕细作与多熟种植来充分利用自然条件，从而获取最大收益的。而现代集约制在充分发挥这些成果的同时，随着近些年设施农业技术的发展，人类逐步对植物生长发育所需要的温、光、气等生态因子进行全方位调控，从而实现了许多作物的反季节生产和周年生产，实现了许多农产品的全年供应，极大地满足了人们的生活需要。②植物种群不断丰富。现代育种技术，特别是杂交育种技术的发展，使植物种群的生活特性有了巨大的改观。主要类型作物的早、中、晚熟品种齐全，为合理密植、多熟种植提供了良好的基础。③植物营养的充分供应。随着化肥产业的迅猛发展，植物生长的营养需要可以较为容易地得到最大限度的满足，使植物种植在较大程度上摆脱了自然土壤肥力低的影响，产量得到极大提高；随着植物营养学的不断发展和均衡营养理论的广泛应用，定量施肥、配方施肥、平衡施肥等科学的施肥方法得到了普遍的应用；现代无土栽培技术已能做到根据植物对营养的需要，配制成全营养液，随时满足植物的需要，使得沙培、水培、基质培等栽培方法得到迅速发展，极大地提高了植物的生产潜力。④机械化、自动化水平和农业的管理水平有了极大的提高。动力机械的开发和广泛应用，使耕、种、收等农事活动变得简便易行，极大地提高了耕作效率。同时，随着科学技术的不断发展，自动化技术也广泛应用于农业生产中，如自动监测土壤墒情、自动施肥、自动灌溉、病虫害的区域监测与预报、天气变化的中长期预报等，都使人们减少了对自然的依赖性，也使人们的主观能动性得到了极大的发挥，农业生产逐渐摆脱了传统集约制下的自给、封闭模式，逐步走向开放、联合、大规模的标准化生产形式。

二、我国农作制度的萌芽与发展

（一）我国农作制度的萌芽

由于我国人口多而耕地少，形成了由来已久的人畜争粮、粮饲争地的矛盾。这些矛盾，随着人口的增加和人们物质生活水平的提高，对肉、奶、蛋、皮毛等畜产品需求的增加而愈发激烈。主要体现在两个方面：一方面，人口建设用地的不断增加使人均耕地在逐渐减少，为了满足人民对粮食的需要，不得不开垦草地、林地，减少饲草饲料和生态用地；另一方面，由于粮食作物-经济作物二元农业，造成作物生产时空搭配上的不尽合理，浪费了大量的耕地和水、热、光等资源，生产效率偏低。

鉴于当时我国国情及耕作制度在向纵深综合方向发展的需要，20世纪80年代，由农学研究前辈酝酿总结提出"农作制度"概念，标志着中国耕作制度内涵进入了一个新的阶段。在此之前，国内农作制度基本上是指农作物种植技术体系。

我国初期农作制度研究，鉴于人多地少的国情，主要是以增加粮食产量和提高土地利用率为目标，以种植制度为主体、养地制度为辅助，重视作物高产种植模式和技术的研究与推广。随着农业科技的进步、我国农业发展新阶段的到来及与国际交流的日益增多，国内一些学者开始重视丰富"农作制度"的内涵、特征及层次结构的研究。如刘巽浩等指出，农作制度是指在一定区域或生产经营单位内，自然和人工环境与各类农业生物组成的多种亚系统及其直接关联的产后升级元的稳定统一体。陈阜提出，未来我国种植业系统发展的方向和目标是持续高效，其一是较高的经济效益，其二是较高的资源效率。吴大付和高旺盛（2000）提出，中国必须走适度消费、资源节约型的现代化道路，在发展中保护环境资源，在保护环境资源的基础上实现可持续，必须建立起"节耗、节地、节能、节水为中心内容的资源节约型种植制度"。

进入21世纪以来，我国农业的发展出现了新的特征，农产品已经从总量短缺向结构性、区域性、季节性过剩转变，单纯的粮食产量已经不再是我国农业生产最主要的生产目标了；农业生产由自给自足型向商品型方向发展；在农业投入上也由过去以劳动力投入为主向以资本和技术投入为主转变；农业性收入在农民收入中的比重也日益下降，我国农业正从"以粮为纲"，向着追求"高产、高效、优质"的"两高一优"的目标发展。我国农业发展的这些变化也势必影响我国农作制度的发展，对于耕作制度中的作物结构，作物品种，作物布局等都提出了更高更新的要求。

在这一时期，我国生态农业建设在全国蓬勃开展。有人提出了农业三元结构：第一是人工牧草和饲料玉米；第二是经济作物，主要是水果、蔬菜、鲜花、油料等；第三是粮食。农学家们找到了一条从有机生态肥到绿色食品、从生态饲草饲料到绿色养殖，最终以食品工业为主导获取最高规模效益的生态农业产业运作模式。以牧草和饲料种植为基础，发展畜牧业，形成从植物到动物，再到食品加工业这样一条完整的产业链，构建现代农业的主要模式。这种模式通过拉长产业链，不但能增加农产品附加值、提高农业的经济效益，而且还可以实现农业劳动力的内部转换，达到实现农业规模效益的目的；畜牧业是种植业的产业升级，减少了对自然资源的直接依赖，更大程度上利用了人力资源（包括智力、技术、信息）和物力资源。畜牧业比种植业需要更多的劳动投入，产业链更长，将有力地拉动为畜牧业服务的种植业和饲料加工业，并且为食品加工业的发展提供充足的原料。用畜禽粪便作为土地的最佳有机生态肥，保证了农业生态系统的稳定和良性循环。

综上所述，我国农作制度大致经历了多熟制、传统技术改造升级（农业现代化）、食品安全与资源可持续利用 3 个阶段。如今，我国农作制度不断向深度与广度扩展，其发展方向正经历由追求高产到实现资源高效利用、由农田农户向区域水平、由作物向农业生物、由学术研究向推广服务转变的趋势，并且日益重视在保障粮食和食品安全的基础上强调农民增收与资源高效利用，逐步实现粗放型向集约化、可持续化的转变。

（二）我国农业耕作制度的改革——农作制度的认识与实践

随着农业产业结构调整的推进，我国南方地区主要以水稻、玉米为主的间套作和轮作多熟、稻田立体种养的高产高效种植模式及保护性耕作模式为重点，探索光热资源、空间资源利用率提高机理，优化种植模式，并进一步探索轮作模式对土壤肥力、土壤碳库及温室气体的影响。南方稻区提出了免耕直播、免耕抛秧、免耕套播和免耕小苗移栽等水稻免耕栽培技术，通过稻田免耕可提高作物产量，改变土壤的理化特性和稻田生境，提高土地的产出率，具有省工、省肥、省水、高产等优点。随着探索性工作的深入，南方稻区出现了多种新型的土地利用模式，以及与这些新模式相配套而组合成的新型种植方式。其中冬季种植牧草的农牧结合种植模式已在南方稻区初具规模，而且发展势头较快。刘国栋和曾希柏（1999）研究认为，如果改变传统的耕作方式，推广营养体农业，充分利用冬闲地，将使农民额外增加一季收入，并大大地促进牧业尤其是草食畜牧业的发展。杨中艺等（1994）研究表明，利用冬闲田种植一年生的多花黑麦草，为发展大农业多种经营提供了重要的物质基础，改善了区域产业结构，促进了"三元"结构农业和节粮型畜牧业的发展，提高了土地利用率和土地单位面积的产出，改善了土壤肥力状况，为提高农田的生产力提供了有效途径，使后作水稻增加产量。冬季水田种植牧草的生态效益表明，农田种植牧草可改善土壤理化性状，提高土壤肥力。冬季种植牧草比种植粮食作物增加了土壤有机质和速效养分，特别是冬季种植冷季型牧草冬牧 70 黑麦或多花黑麦草能明显增加土壤有机质、碱解氮、速效钾和速效磷，为后季作物增产提供了可能。

为了使农作制度更快、更深的发展，提高农业效益，增加农民收入，实现农业高产、高效、优质、持续发展之目标。戴治平等（2002）在湖南双峰县根据耕作制度存在的问题，即结构单一，品质不优，效益太低，提出了多种高效种植方式，但是主要是根据市场需要和经济效益领先的原则，把瓜、菜、玉米、油料、药材纳入种植制度中来。汤少云和李逮吾（2002）分析湖南株洲耕作制度改革存在的问题时提出要因地制宜，建立高产、高效多元化的种植模式。近年来许多专家提出"调整种植结构，建立新型粮食作物、饲草饲料作物以及经济作物协调发展的三元结构",但目前以扩大生产精料为主的作物-玉米为主,各种优质牧草尚未得到应有重视。顾洪如等认为,发达国家农业的发展过程,发达的畜牧业和种植业的协调发展,是其主要标志之一。而发达的畜牧业的基础是牧草饲料的生产。虽然粮食可作为饲料利用,但对草食动物来说,牧草具有不可替代的作用。养殖业生产的蛋白质来源主要是植物性蛋白质。在相同的生长期内,牧草单位面积的营养体产量和蛋白质产量都比粮食作物高。种植牧草,可以显著提高地力和后茬作物产量,美化和保护环境,充分有效地利用各种自然资源,提供安全的天然食品,是未来能源的主要提供者。因此,把牧草纳入种植制度中来,可以促进种植制度改革,推动畜牧业的发展,增加农民收入,形成新的高产、优质、高效的种植模式。

我国北方地区围绕经济高效、光能高效利用及资源节约三个目标,重点开展了新型间作、轮作种植模式,保护性耕作模式研究及模式综合评价。目前东北垄作区的主要保护性耕作技术模式有高留茬浅旋灭茬覆盖垄作、高留茬覆盖免耕垄作、整秸覆盖少耕;华北一年两熟区形成了秸秆覆盖冬小麦免耕直播、秸秆还田少耕、秸秆还田玉米免耕直播等保护性耕作技术模式;黄土高原区形成了以充分利用天然降水、提高水分利用率、减控水土流失和培肥地力为主要目标的秸秆覆盖深松少耕、秸秆覆盖免耕和秸秆覆盖少耕技术模式。

南方地区主要以水稻、玉米为主的间套作和轮作多熟、稻田立体种养的高产高效种植模式及保护性耕作模式为研究重点,并进一步研究轮作模式对土壤肥力、土壤碳库及温室气体的影响。南方稻区提出了免耕直播、免耕抛秧、免耕套播和免耕小苗移栽等水稻免耕栽培技术,通过稻田免耕可提高作物产量,改变土壤的理化特性和稻田生境,提高土地的产出率,具有省工、省肥、省水、高产等优点。

总之,我国耕作制度自新中国成立以来,逐渐合理利用自然资源,发挥地区优势,提高复种指数,在耕地日益减少的情况下,使作物播种面积基本保持了稳定,促进了粮食和经济作物、牧草与饲料作物的全面协调发展,对我国粮食安全和生态安全、实现农业和畜牧业的可持续发展作出了巨大贡献。

可以预见,未来我国农作制度的发展目标是持续高效。只有提高经济效益,才能增加投资和保持生产的积极性;只有提高资源利用效率,才能节约资源和维护资源的可持续利用;只有高效才会持续,高效是持续的动力,持续是高效的基础。目前,我国农作制度研究正以农、牧、林与相互关联的环境作为整体系统,以保障国家粮食安全、增加农民收入、缓解资源环境压力、提高农产品市场竞争力为主要目标,向专业化、高科技化、集约化、可持续化、产业化、环境友好化的方向发展。近些年,现代耕作制度研究不断深入,研究成果不断涌现,为我国发展现代农业作出了巨大贡献。

三、农作制度的发展趋势

自 20 世纪 90 年代以后,受多方面的影响,我国出现了农作制度替代耕作制度的提法。究其原因主要为:第一,我国农学专家认为,耕作制度只注重作物布局、种植方式和用地养地制度,具有很大的局限性,而农作制度则包含了种植、养殖、加工及要素的合理配置,扩大了耕作制度的内涵与外延,将养殖加工作为重要的一部分融入耕作制度中,向传统耕作制度注入了新鲜的内容,是有利于学科发展的措施。第二,国际上通用农作制度，而我国沿用传统耕作制度提法。但从内容上我国耕作制度应从属于国际农作制度，替代将有利于国际接轨，以方便交流与合作。第三，农作制度给我国耕作制度的振兴注入了活力。中国耕作制度接轨于国际农作制度应该说找到了发展机遇，在传统耕作制度中升华旧领域与拓展新领域、新境界是中国耕作制度发展的必然。

农作制度替代耕作制度既是机遇又是挑战　耕作制度是研究一定经济条件和科学技术水平下，为农田持续高产采取的一整套用地与持续用地相结合的农业技术体系。耕作制度研究的农业技术体系的主体是农田土壤，保持农田土壤肥力的持续利用是农业生产稳定向前发展的主要目标，这一点是耕作制度的特色。替代耕作制度的农作制度涉及种植业、养殖业及农产品加工业等，内容上的扩展使耕作制度摆脱学科研究领域狭窄而发展受到抑制的难题，但随之而来的新问题是：①农作制度的特色是什么？②农作制度作为农作学核心部分如何展开研究领域？③农作学与其他相近（或相关）学科产生多少交叉？等等。这些问题是农作制度替代耕作制度推动学科发展再上新台阶的关键所在。由此可以看出这种名称上的替代乃至内容上的拓展是机遇与挑战并存、利益与风险并存，既有有利的因素，也存在不利的成分，明确学科发展的艰巨性更有利于谨慎推动耕作学向农作学的稳定发展。

农作制度与农作学能克服耕作制度与耕作学的不足　"耕作"一词的内涵过于狭窄，在《辞海》中主要指用犁把土地翻松。尽管耕作制度的建立及耕作学科的确立已经赋予耕作一词更深刻的含义，但由于学科纷杂，外行专家及普通百姓很少能正确理解耕作制度，直接导致的严重后果是耕作制度失去了与许多学科和智慧"碰撞"的机会，发展滞缓。正如耕作学界的年轻学者陈阜所讲，耕作制度面临的问题是对现代农业新技术、新理论的接纳能力不强。可能还有人固执地认为农作制度替代耕作制度只不过是名称的简单变换，实际上他们忽略了一个重要事实：学科的发展离不开环境，这里的环境可以理解为学科环境与经济环境（市场）构成的综合环境，每一学科都应遵守综合环境的规律才能发展。耕作制度与耕作学在学科环境中"门可罗雀"，在经济环境（市场）中更是"门前冷落鞍马稀"，对环境的适应能力越来越差，如果再不改变生存对策，就会面临被淘汰的危险。这迫切要求耕作制度与耕作学重新从外表与内容上"包装"自己，重新"注册"，主动推销，彻底抛弃计划经济体制下的运行方式，才能适应综合环境，最终才能发展。当然替代与发展不可避免的会产生一些新的问题。由此可见，农作制度与农作学替代耕作制度与耕作学是利多，尽管还存在一个替代后的认识过程，但毫无疑问这样做将有利于学科自身的发展与壮大。因此，应主动寻找学科发展的环境，而不是等待。寻找与探索才能有出路，一味的等待无异于等死。

农作制度发展面临第三次飞跃　替代耕作制度的农作制度已经完成了两次飞跃。第一次飞跃是耕作学的创立，以孙渠为代表的一批老一辈农学家从苏联引进，而后成为我国农业院校的农学专业课，对我国农业生产起过重要的指导作用。第二次飞跃是以刘巽浩教授为代表的一批农学家进一步完善和深化了耕作制度，提倡和推动中国农业的高产、高效、集约化和持续化的发展道路，他们的贡献是巨大的。这一阶段形成了一些理论精髓，如刘巽浩教授的集约化与持续化种植理论，代表作是《多熟种植》。王立祥教授提倡在北方旱区实施"粮-草"轮作种植制度，并提出提高有限降水资源利用效率对推动该区域农业与牧业持续发展有积极的指导意义，同时为北方农业生产和生态环境建设提供了有益的启示。第三次飞跃的重担就自然落在年轻的专家肩上,借农作制度之东风,为振兴和推动农作学再上新台阶而不懈奋斗就成为这一批人的崇高理想和目标。

农作制度的发展要发挥信息管理功能　　在信息时代,信息的功能越来越重要。农作制度的信息化管理发展趋势将成为农作学持续发展的基础,传统处理信息的手段与水平已不适应现代农业发展的要求,农作制度对信息的精确化要求同样需要提高。农作制度中引入先进的信息管理系统已经在发达国家出现和运用,如地理信息系统(GIS)、全球定位系统(GPS)和遥感(RS)技术等。美国已在20%左右的耕地面积上使用这些技术,建立区域农作制度动态信息资源管理系统,并能够提供指导、预测和决策功能。精确化管理的最终目标就在于实现对种植业、养殖业和加工业的生产要素更合理的配置。可以说对农业信息化的精确化管理就是农作制度的今天和明天,国际上称之为精准农业,在我国也如此称谓。

农作制度要适应社会发展的需要　　农作制度在任何时候的理论核心与根本宗旨是要服务于社会发展的需要,才能体现农作制度的生命力和农作学的发展优势。把农业综合体作为研究对象是农作学的特色,也是对农作制度的最大挑战,农业生产要素之间的协调与合理配置是农作制度研究的重点,因此农作制度面临着巨大的挑战。农作学具有总揽和总领农业学科发展的使命,如刘巽浩教授经过多年的研究总结出了农业持续化与集约化理论指导了中国农业发展,王立祥教授提倡的"粮-草"轮作对旱区农业的持续发展也有较大的指导作用,他们的思想和理论使农作学新增了灿烂的亮点,对整个农业学科产生了深刻的影响。目前农作制度面临的研究课题主要是粮食安全、保护性农业、精准农业、农村经济和农民利益等,满足社会多方面需求始终是农作制度发展的特色。

土地是农作制度的核心要素　　在种植业、养殖业、加工业和市场的综合体系中,种植业是基础,而养殖业、加工业及市场等都是不同水平的"激活剂"或"抑制剂",激活或抑制要依情况而定。种植业的发展水平在其他影响因素处于良好条件下取决于土地的生产能力,而土地的生产能力主要取决于用地养地和保护制度。因此合理用地、科学养地及加强农田防护仍然是目前农作制度研究的核心内容。虽然这方面已经做了许多工作,但有待深入研究的问题还很多。这里重点强调三个问题:一是养地。养地是保持农田土壤持续利用的关键措施之一,目前主要问题还是有机肥投入比例太少。二是农田防水蚀、风蚀。水蚀和风蚀都会导致土壤结构的破坏,对养分的吸纳与保持能力降低,如沙化土壤的养分输入如同"化疗患者"难以维持长久肥力,其生产力就会很快降低直至丧失养育作物的能力。三是对土地生产要素的再认识。土壤是水分与养分的载体,是作物生长的场所,变换水分与养分的载体作物能否生长呢? 无土栽培已经是毋庸置疑的事实,无土栽培形式的养分载体较多,但使用范围很有限,主要应用在温室大棚的栽培中,其生产力也比较高,能否发展成为种植作物的主要载体还有待进一步发展研究。另外设施农业对作物生产要素的综合调控能力的加强给农业生产提供了重要的启示,荷兰、以色列和日本等国家的设施农业已经证明了即使在农业资源缺乏的国家也可以实现农业的伟大发展。

我国在设施农业的发展上才刚刚开始,特别在智能化设施方面,普通的日光温室发展较快,发展的面积也较大。

农作制度对市场经济的适应和调控　　种植业是农作制度的基础,种植业的产品可以直接进入市场，表现为原料的输出，其经济效益较低，而且因市场对种植业常常产生较大的冲击和波动，农民的利益难以有效的保护，从而阻碍和削弱了农作制度对农业的调控和管理职能。因此改革和调控管理机制是农作制度应对市场经济的根本出路。农作制度引入养殖业和加工业既完善了学科的发展，又找到了农作制度应对市场的措施和途径。在市场走势好的情况下养殖业与加工业发挥其增加效益的作用；在市场走势不好的情况下，又具有缓冲市场对种植业的影响的作用。当然农作制度发挥作用离不开规范的市场经济，在市场经济的运行机制不健全的情况下，政府的引导和支持是非常重要的。制定更有利于土地经营与管理的土地政策，则更有利于农作制度发挥其调控作用。

农作制度与粮食安全　粮食安全是目前面临的主要问题，也是现阶段农作制度研究的主要内容之一，特别在发展中国家粮食安全问题更加突出，其主要原因是农作制度发展不健全。例如，对我国来讲，一是农民种粮的积极性不高，农田的投入减少甚至出现弃耕现象；二是为了发展农村经济，有些地方盲目实行农业结构调整，改种非粮食作物，直接导致粮食总产的降低；三是近几年房地产业、工业化、城镇化等快速发展，对耕地面积有一定的影响。我国是一个人口大国，粮食必须靠自己解决才能保证粮食安全，因此摆脱粮食生产的不利现状，促进粮食向稳产、丰产方向发展是农作制度研究的重大问题，建立起既有利于粮食生产的农作制度，又有利于农村经济发展壮大的农作体系的任务非常艰巨。

农作制度与保护性农业　保护性农业是在收获后不将作物残余物烧毁或翻耕于土壤，而是将其作为土壤覆盖留在原地。在下一个农季开始时，完全不用耕地，而是利用免耕播种机将种子直接播入土壤。这样做的优点是减少用于整地的时间和劳力、降低农田残留物燃烧消耗和减少空气污染、减少化学投入物需要量，并提高单产和农业收入。从 20 世纪开始，国际上就开始倡导保护性农业。在全世界，越来越多的农民采纳保护性农业，最近的研究估计全世界有 5800 万 hm^2 农业土地已经实行保护性农业，主要在北美洲和南美洲。在南部非洲和南亚，有些地区的农民也非常喜欢实施保护性农业，因为保护性农业为他们提供了保存、改进和更有效利用自然资源的手段。保护性农业对传统农业的冲击波很大，特别对我国上千年的精耕细作式农业的挑战更大，这一发展去向成为农作制度研究的又一重大课题。

四、合理农作制度的建立——草地农业生态系统及其平衡

　　一般来说，凡是长期以来能保持高产稳产的农业生产单位，都有比较合理的农业生态系统，不论是在高产地区还是在多灾低产地区都有许多把生物、环境、经济因素结合得很好的组织。我们用生态系统的观点去科学地分析这些经验，对管理农牧业资源、研究合理的农业结构、发展农业生产、探索一个地区农业发展方向以制定农业生产措施都是十分有益的。一个地区的某种农作制度的建立，是在当地自然资源和社会经济条件的背景下形成的，并且是以原耕作制度为基础不断演变和改进的，是与当时、当地的自然条件、生产条件、科学技术水平和经济条件等相适应的。而上述条件不是一成不变的，当这些条件中全部或部分发生变化，农作制度也必然相应发生某种程度的变革。所以，研究农作制度不仅直接关系到作物种植业本身的一系列问题，也涉及农、林、草、牧相

互促进，相互制约的辩证关系，即关系到能否保持整个农业生态系统的平衡这样一个根本性的战略问题。因此，正确理解和研究耕作制度，是农业工作者不可忽视的问题。

符合农业生态系统平衡的农作制度应该概括为：以种植制度（作物和牧草布局、复种、间作、套种和轮作等）为中心，以土壤管理制度（土壤耕作、施肥、排灌和防除杂草等）为保证，以农、林、草、牧相结合，建立并保持草地农业生态系统及其动态平衡为前提，以充分利用气候资源和用地养地相结合为原则，以农田基本建设为基础，以建立获得作物和牧草高产、稳产、高效率、低消耗为目的的草地农业生产技术体系，以高效养殖体系建立为提升，合理配置产业要素资源，以农业、畜牧业、草业、林业产品加工为手段，提高农业、畜牧业产品功能和价值。

（一）农作制度是一项长期的战略性措施

国内对农作制度的认识，经历了从简单的植物栽培技术与土壤耕作措施（建国以前），到学习苏联的偏重土壤耕作理论（20 世纪 50~60 年代），再到两次绿色革命后的突出植物高产栽培模式与技术（20 世纪 70~80 年代），最后发展到重视土地的用养结合（20 世纪 80~90 年代）并追踪国际农作制度发展动态（20 世纪 90 年代后期至今）。国内对农作制度的理解从特征上主要指特定种植模式或农业生产方式，特定种植模式，如一年六熟、稻麦两熟、两年三熟等；农业生产方式，如撂荒耕作制、休闲耕作制、轮种耕作制、集约耕作制。作物、牧草、饲料及经济作物的生长依赖土地，离开了土地，就谈不上种植这些植物，也就谈不上整个农业生产了。但是，在一个地方土地的条件是不同的。不但外观的地形、地貌、地势有所不同，而且内在的肥力、耕作层深浅、通透性、酸碱度等理化性状也不尽相同，有的甚至差异很大。农作物又各有其生态特征和生理特性，不同植物，甚至同一种植物的不同品种对土地的要求或适应程度也不完全相同，这就是我们经常提到的因地制宜、因地布局。农作制度是以土壤耕作管理为基础，从而获得植物高产、稳产的主要保证。建立一种合理的农作制度，必须同时搞好合理的土壤耕作管理和农、林、牧等农业生产资源要素配置，才能发挥耕作制度在生产上的最大经济效益。要创造良好的耕作层土壤环境，合理深耕和精耕细作相结合，建立合理的施肥方案，正确安排轮作、间套混作种植养地植物，改善土壤结构，是农作制度合理长期高效发展的基础。

（二）合理农作制度是保持农业生态系统平衡的基本手段

自然界中的生物与非生物之间是一个复杂的整体。在这个整体中有各种各样的生态系统，如农田生态系统（农）、森林生态系统（林）、草地生态系统（牧）、城市生态系统（副）、水域生态系统（渔）等，这些生态系统总称为农业生态系统。农业生态系统是农业生物种群与非生物环境之间通过物质循环、能量转化的生物学过程，形成具有一定结构和机能关系，能自我调节的均衡系统。人是这个系统中的组成部分，同时也是这个系统的主宰者，对系统不断地进行干预。如果这种干预是违反客观规律的，如滥伐森林、破坏草原、涸泽而渔、重用地轻养地等掠夺式经营，就会使生态系统失去平衡，甚至可导致整个生态系统陷于恶性循环，受到自然的惩罚。如果这种干预符合客观规律，会使农业生态系统向着良性循环发展，如退耕还林还草、兴修水利、合理的农作制度、精耕细作、增施肥料、选用良种等。人们利用社会资源（劳力、智力、技术、经济等），对农业自然资源（土地、水、气候、生物等）进行改造、加工和补偿，促使农业生态系统平衡，农、林、牧、环境全面发展。因此，农业生态系统是一个以人类为中心，以种植业为基础，以农作制度为基本手段，由农、林、牧、环境等多部门所组成的自然再生产和经济再生产相互结合在一起的农业生态经济系统，受自然规律和经济规律的双重制约。

自从 20 世纪 50 年代耕作学被引入我国以来，我国几代耕作学家长期致力于创建与中国农业生产实际相结合的耕作制度理论和技术体系，通过与土壤肥料学、农业气象学、作物栽培学、农业资源利用与区划学、农业生态学、农业系统工程学等有关学科的交叉融合和兼收并蓄，以农业生产的系统性、全局性和持续性思想，集成和组装了农业各相关学科的理论和技术，创建了以土地用养结合为基础、以高效种植制度为核心、以作物持续高产和畜牧业高效发展为目标的具有中国特色的农作制度和耕作学学科内容体系，特别是在作物布局、多熟种植、结构调整、农牧结合、旱地农业、培肥地力、保护性耕作等研究领域硕果累累，在我国农业生产上得到广泛应用并发挥出了巨大的增产作用。创建具有中国特色的农作制度的内容体系，可有力地促进农作制度的持续、健康、快速发展。

第三章 草田耕作制度及其发展

第一节 我国草田耕作制度及其发展

一、我国古代草田耕作制度的出现及其演变

在世界农业史上，我国作为世界农业的三大摇篮之一，远在伏羲时代，就开始"繁滋草木、疏导泉源，教民驯服野兽、渔猎畜牧"，文明肇启。几千年以前，我国劳动人民就开始利用绿肥改善土壤肥力等一系列农业技术措施来促进农业生产。在3000年前，就有因土种养的"土宜之法"，有以草养田的"草土之道"。在我国的种植业历史上，种草应该是农作物种植的先导。粮肥轮作作为草田耕作的最初形态，在我国有着悠久的历史和丰富的经验。

古代夏商周时期实行的是"撂荒休耕"制度。由于当时没有人工施肥措施，土地种植1年后地力大减，于是被撂荒，后一年的耕种则选择在已经撂荒2年或3年的土地上进行。撂荒休耕制出现的重要前提条件是地广人稀。另外，早期农业中的粗放经营以及由此而造成的土地肥力降低，在无任何人工措施追加肥力的情况下，只有通过休耕才有可能实现土地肥力的自然恢复。因此，"易田制"等轮荒性质的土地耕作形式，是与当时生产技术以及人地关系相适应的必然结果。

到了春秋战国时期，我国开始了轮作复种制，基本形成了土地连作制度。为了保证地力的恢复，人们在对土地进行施肥的同时，开始考虑农耕技术的改进与合理轮作。因此，在春秋战国时期，我国农耕制度中的轮作是伴随着土地连作制度的出现而逐渐形成的。

北魏农学家贾思勰在其所著的《齐民要术》中总结前人经验说："谷田必须岁易"；"麻，欲得良田，不用故墟"；"稻无所缘，唯岁易为良"。就是说，无论是谷田、麻田还是稻田，轮作易地都会达到减少杂草、提高产量的效果。早在《战国策》和《僮约》中，已反映出战国时的韩国和汉初的四川很可能就出现了大豆和冬麦的轮作。公元2世纪时，东汉郑玄著《周礼·幕氏》时更明确地提到，当时就有收麦后接着种粟或大豆的习惯。这说明，大豆和谷类作物之间轮作的历史很早。至6世纪时，从《齐民要术》的记载中可以看出，当时的黄河流域存在着大豆和粟、麦、黍等相当普遍的轮作。特别是宋代《陈旉农书》曾总结性地指出，收稻后种豆，可以"熟土壤而肥沃之"。在唐宋时代，我国华北形成了两年三熟制的农作物轮作模式，其作物组合模式一般为小麦-大豆-秋杂粮。

由此看来，中国古代农耕制度中的轮作是在春秋战国时期伴随着土地连作制度的出现而逐渐形成的。之后，农田轮作的方式不断发展变化、轮作地域也不断扩大。例如，明清时期晋中平川盆地两年三熟地带，有套种轮作历史，如冬小麦套种玉米、夏种谷子和移栽高粱。

绿肥作物肥田的道理很早就被我国劳动人民所认知，汉代北方轮作复种制已相当普

遍。西汉《氾胜之书》中已有瓜、薤、小豆间作和桑、黍混作的记载；东汉郑玄的《周礼》中，就有关于谷子、冬小麦和大豆轮作复种的记载，已形成禾、麦、豆的轮作复种制。

汉代以来，苜蓿就因为养马而在关中地区大量种植，此后在西北、华北、东北广为种植，种植规模不断扩大，并逐渐成为轮作牧草。据陕西三原杨秀元《农言著实》对关中地区的轮作复种制记载，当时已经有把苜蓿纳入轮作的种植制度。这种方式一般是连种五六年苜蓿之后再连种三四年小麦。由此看来，苜蓿和苕子可能是我国最早被引入草田轮作制度的牧草，在关中、天水等地苜蓿的种植也较为广泛。

魏晋南北朝是我国粮肥轮作的发端。西晋郭义恭的《广志》中就记载有："苕草，色青黄，紫花，十二月稻下种之，蔓延殷盛，可以美田"，说明早在西晋时，已有水稻与苕子的轮作。北魏时轮作制已臻成熟，其特点是广泛采用禾谷类和豆类轮作，这一时期的轮作经验集中反映在《齐民要术》中。北魏贾思勰在《齐民要术》中，对作物轮作的理论与技术进行了系统总结，称绿肥轮作为"美田之法"，确立了"以田养田"的原则，并且认为"其美与蚕矢（屎）、熟粪同"。当时的绿肥轮作已经较广泛地应用在粮田和菜田上，如实行绿豆、小豆、胡麻等绿肥作物与谷子的轮作复种。据此认为，魏晋南北朝时期，我国北方旱地农业中已经形成了比较成熟的绿肥轮作。

隋唐和南宋时代，南方的绿肥作物与粮食作物的轮作复种制有了初步发展，不仅普及了一年两熟制，而且还出现了一年三熟制，苜蓿和饲料作物种植更为广泛。在《新唐书·百官志》中有"凡驿马，给地四顷，莳以苜蓿"的记载；我国诗圣杜甫到甘肃秦州，就吟出"一县葡萄熟，秋山苜蓿多"的佳句，可见当时民间已多有苜蓿种植。到了元代，南方和北方轮作复种制都有新的发展，而且更为重视苜蓿的种植。元代王祯的《农书》中称种植绿肥为"草粪"；政府为了防饥荒灾害，还颁布了关于种植苜蓿的法律，加强苜蓿的种植，《元史·食货志》中有"至元七年颁农桑之制，令各社布种苜蓿，以防饥年"的记载，可见苜蓿不但用作饲料，进入轮作，并作为"救荒草本"。当时北方地区继承和发展了粮食作物与绿肥作物的轮作复种制。

明代是我国粮食作物与绿肥作物轮作得到全面发展的时期。不论南方还是北方，都发展了粮食作物与绿肥作物的轮作复种制，我国南方还出现了水稻与紫云英的轮作方式。在《农政全书》、《天工开物》、《沈氏农书》、《张氏补农书》等书中多处叙述了我国南方用蚕豆、大麦、黄花苜蓿作棉田绿肥，毛苕子、紫云英、黄花苜蓿作稻田绿肥的经验。有了关于大麦、裸麦和棉花套作，麦和蚕豆间作等记载。说明自明代以后，我国长江以南和黄淮流域草田轮作的种植方式已经相当广泛。这种既充分用地又积极养地的方法，逐渐成为我国草田农作制中的传统经验。

在清代又发展了粮肥轮作复种的两年三熟制和棉肥轮作复种的一年两熟制。清代对绿肥的应用比以前更加广泛，黍、稷、麦、棉、稻等，均与绿肥轮作复种，其范围之广、种类之多都是可观的。张宗法的《三农纪》中记载："苕子……稻初黄时，漫撒田中，至明年四、五月收获"，就是对清代我国长江中下游地区盛行粮肥套种经验的总结。《抚郡农产考略》也有"红花草（紫云英）比萝卜、菜子尤肥田，为早稻所必须，可以固本助苗，其力量可敌粪料一二十石"的记载。

明清时期，苜蓿已成为轮作倒茬的主要草种。《群芳谱》记载了明代苜蓿的分布情况："以三晋为盛，秦、齐、鲁次之，燕、赵又次之，江南人不识也"，并说苜蓿地"若垦后次年种谷，必倍收，为数年积叶坏烂，垦地复深，故今三晋人刈草三年即垦作田，亟欲肥地种谷也"，还介绍了苜蓿轮作的方法。清代《增订教稼书》记载有盐碱地上"宜先种苜蓿，岁夷其苗食之，四年后犁去其根，改种五谷蔬菜，无不发矣"；西北、华北地区几乎每家农户都种植苜蓿，乾隆时河南《汲县志》有"苜蓿每家种二三亩"的记载，南方个别地区也开始种植苜蓿。《农蚕经》、《民圃便览》、《农言著实》等农书都记载了苜蓿的种植方法和利用方法。这一时期，稻-草轮作也有了很快的发展，对绿肥作物与粮食作物轮作从理论和技术上都得到了丰富和发展，且用地和养地的方式方法不断完善，形式多样化，栽培的绿肥种类也增多，除红花草外，还有陵苕等，使得绿肥作物和粮食作物的轮作应用范围不断扩大。

民国时期，江南地区作物种植制度以棉稻轮作为主。轮作形式以两年三熟制为主，种植棉花后轮换种植苜蓿、紫云英等绿肥作物。肥料的匮乏和劳动力的短缺致使绿肥在江南的种植有所增加。黄河上游区域以耐干旱的农作物为主，糜、谷、豆类、燕麦、莜麦、高粱等的种植区域扩大、种植面积增加。此时的牧草轮作除养地外，主要是为了缓解人口的快速增长而引起的人地矛盾。如阴山北麓农牧交错带的草田轮作制度，是用来满足人口增加的口粮需求和饲养牲畜。而以冬小麦为核心的一年两熟制在华北地区比较普遍，轮作模式极为繁复，主要目的是恢复土壤肥力，起到养地的作用。我国东北南部是按高粱-谷子-大豆的次序换茬种植，东北北部是按大豆-谷子-小麦-高粱的次序换茬种植；西北半干旱地区按扁豆-小麦-马铃薯的次序倒茬种植。这种轮作制补偿了地力的消耗，保持了土壤肥力。当时，政府对牧草的重要性有了较高的认识，在少数民族地区设立有垦牧科的专业，课程涉及牧草、垦殖、畜牧等。民国时期对牧草轮作的研究已比较细致，叶和才和刘含莉（1948）针对华北土壤普遍缺乏氮肥及有机质的问题，进行了绿肥对土壤氮素及有机质影响的研究。

二、我国当代草田耕作制度及其发展

我国当代草地畜牧业发生了深刻的变革，牧草生产在更新观念的同时，还有新的生机和活力注入，牧草轮作也有了迅速的发展。这一时期，牧草轮作的发展主要经历了20世纪30~80年代、20世纪80年代至20世纪末和21世纪初期三个阶段。

（一）20世纪30~80年代的草田耕作制度

20世纪30~80年代这一阶段，也是我国草田耕作历经沧桑、艰难前行的阶段。20世纪30年代，苏联土壤学家B. P. 威廉斯院士创立了土壤形成学说与"草田轮作制"，推动了新的农业体系的建立。20世纪50年代初，我国在全面学习苏联经验的社会背景下，其草田轮作理论与耕作制度也被引进并在生产中应用，但是学习苏联的经验推广草田轮作在当时的我国并没有坚持下来。草田轮作制是B. P. 威廉斯院士著写的《土壤学》中"执行土壤学的生物学路线，种植多年生牧草来改良土壤结构和提高土壤肥力"学说的具体措施。苏联学者认为，实行草田轮作是建立在农牧配合基础上的，必须建立多年生牧草混合区，农区简单的作物倒茬不是真正的草田轮作。实行草田轮作的先决条件是区划土地，建立畜牧业基础，选定牧草种类，决定轮作程序。

进入 20 世纪 50 年代，我国的牧草生产发展十分迅速，牧草轮作也快速发展。政务院于 1953 年公布《关于内蒙古自治区及绥远、青海、新疆等地若干牧业区畜牧业生产的基本总结》，制定了慎重稳进、恢复发展畜牧业生产的方针；1957 年中央又召开了牧区畜牧业生产座谈会，会议指出畜牧业是国民经济的重要组成部分，号召全党动手把畜牧业发展起来；中央还转批了农业部《关于发展畜牧业生产的指示》和国家民族事务委员会《关于牧业社会主义改造的指示》，进一步完善了在牧区进行社会主义改造和发展生产的一系列方针政策，有力地促进了牧草轮作的发展。与此同时，农业部还从苏联引进了优良的牧草进行繁殖，并进行了国内野生优良牧草种子的繁育推广工作；1958 年后，各省、自治区先后建立了草原试验站和牧草种子繁殖场，开展牧草引种、资源采集和繁育试验，为小范围改良草场提供种子，还先后从澳大利亚、新西兰等国大批量进口紫花苜蓿、白三叶、小冠花、黑麦草、无芒雀麦、冰草等牧草种子，开始了牧草引种和区域试验。国家于 1962 年在北京召开了国家科学技术发展规划会议，这成为我国草地建设的新起点，这为牧草轮作的进一步发展奠定了物质基础，提供了政策支持。但 1966 年开始的"文化大革命"破坏了草地畜牧业发展的最好时期，批判"唯生产力论"，提出"牧民不吃亏心粮"，牧区生产粮食"上纲要"，批判种草种树是"资本主义"的苗，家畜改良是"洋奴哲学"，破坏了牧区"以牧为主"的方针，并且在经济上"以粮为纲"，严重阻碍了牧草轮作的发展。

1975 年，召开了全国畜牧工作座谈会，开始扭转"文化大革命"带来的噩运。国务院转批了《全国牧区畜牧业工作座谈会纪要》，重申了"以牧为主"的方针和"禁止开荒、保护牧场"、发展畜牧业生产等政策规定。同年，农林部、水利部、商业部等也召开了畜牧工作座谈会，之后草原改良工作在牧区广泛开展，并大面积建设人工草地。1979 年，农业部在内蒙古巴林右旗召开了全国牧区草原建设会议，这对当时的草地建设起了很大的推动作用，牧草轮作的发展也迎来了希望的春天。

（二）20 世纪 80 年代至 20 世纪末的草田耕作制度

农业问题是我国的头等大事，国家的方针政策是决定农业发展走向的关键，正确的政策和政策的连续性同样重要。改革开放后，党中央制定了关于抗旱防涝、流域治理、种树种草、保护生态环境等一系列政策措施，"人工种草"和"草田轮作"多次被写进国务院和农业部的重要文件中。

农业部 1979 年召开湖南城步会议后提出："要加快农区草山利用建设，草山建设要列入农田基本建设计划"。1982 年，农牧渔业部召开南方畜牧工作会议，提出："要奖励社员种草养畜，一切可以种草的地方都要尽可能种上牧草"，"畜牧部门要办好牧草种子基地，做好优良牧草种子繁育推广工作"，对于农区草业的发展和牧草轮作都起到了积极的推动作用。

在"六五"、"七五"和"八五"期间，国家启动了一系列草田轮作研究与技术推广项目，针对不同地区提出了不同的粮草轮作模式。20 世纪 80 年代，国家发出了在黄土高原"种草种树"的号召，一时间在西北地区各地掀起了种草的热潮。1984 年，由中国农业科学院土壤肥料研究所完成的中国绿肥区划，将草田轮作作为粮肥轮作的内容之一列入。1985~1987 年，甘肃先后召开了 3 次全省规模的草田轮作种草养畜试验示范现场报告会，极大地推动了甘肃全省草田轮作的发展。此时期一批科学家和政府官员提出并论证立草为业、发展草业的概念和发展战略。1984 年 6 月，钱学森在他人提出的草业概念的基础上，从理论上提升，指出"草业是作为产业的概念提出来的，它是以草原为基础，利用日光、通过生物创造财富的产业"。草产业理论促使对草地经营的认识和发展达到前所未有的新高度。1987 年，国务院在转发全国牧区工作会议纪要的批示中明确提出："立草为业，发展畜牧，草业先行"的方针。按照 1997 年任继周院士提出的草地农业理论，特别强调"引草入田、草田轮作是草地农业的重要技术环节"。20 世纪 90 年代，中山大学的杨中艺等开始进行"多花黑麦草-水稻"草田轮作系统研究。1999 年，国家开始在生态脆弱地区推行大规模退耕还林（草），同时也有针对性地倡导种草，对农区种草也起到了推动作用。

（三）21 世纪初的草田耕作制度

新时期的牧草轮作发展始于 21 世纪初，是在 20 世纪以来牧草轮作的基础上发展形成的。2000 年，中央决定实施西部大开发战略，推进草地经营进入新阶段。中央制定的西部大开发战略决策明确规定：以基础设施建设为基础，产业结构调整为关键，生态建设为根本和切入点，科技教育为条件，改革开放为动力。草地建设也引起了国家新的重视，牧草轮作也有了进一步的发展。

2002 年，国务院办公厅转发农业部《关于加快畜牧业发展的意见》中明确指出："半农半牧区实行草田轮作"。同年 9 月 18 日，国务院下发了《关于加强草原保护与建设的若干意见》，这是建国以来第一个专门针对草原工作出台的政策性文件。为了从根本上扭转天然草地退化及生态环境严重恶化的局面，我国政府根据草原退化面积不断扩大的实际情况，先后启动了退耕还林还草工程、天然草地植被恢复、草种基地建设等项目，并于 2002 年 12 月 16 日正式批准在我国西部 11 个省份实施"退牧还草"政策，于 2003 年在西部 11 个省区实施了"退牧还草"（试点）工程，退牧还草工程的启动和已垦草原退耕还草工程的策划实施，为天然退化草地的恢复及区域生态经济的发展提供了契机，并进一步推动牧草轮作进入了新的发展阶段。

2007 年 1 月《国务院关于促进畜牧业持续健康发展的意见》中指出："在牧区、半农半牧区推广草地改良、人工种草和草田轮作方式，在农区推行粮食作物、经济作物、饲料作物三元种植结构"，这为推行草田轮作奠定了政策基础。

随着近年来我国牛奶质量安全事故，三鹿奶粉事件发生后，面对优质安全畜牧业对优质饲草产业的迫切需求，包括洪绂曾、任继周、张子仪、南志标、卢欣石等在内的 14 位权威专家联合致函国务院总理温家宝，上报了《关于大力推进苜蓿产业发展的建议》，建议从优质饲草产业抓起，确保饲料来源安全达标，科学饲养奶牛，从源头上确保原料奶质量安全，以有效保障奶产品的质量安全。建议书还针对我国苜蓿产业发展存在的重要问题提出了 4 项重要建议：第一，建议将苜蓿产业纳入作物种植体系之中；第二，针对大型规模化奶牛养殖，建立 340 000hm² 苜蓿草产品产业基地，实施"苜蓿-奶业安全工程"；第三，针对小型奶牛饲养户，提供优惠政策，启动"种植苜蓿、饲喂奶牛"行动；第四，鼓励土地流转，培育龙头企业，创建"苜蓿-奶业"安全生产体系。此建议书于 2010 年 12 月 30 日得到了国务院总理温家宝的重要批示："赞成，要彻底解决牛奶质量安全问题，必须从发展优质饲草产业抓起"。并要求农业部会同发改委、财政部等有关部委尽快研究出具体实施方案，总理的批示体现了中央政府对草业发展的高度重视和支持，批示直接将草产业发展与优质畜牧业和食品安全联系起来，再次肯定了饲草产业的重要作用和苜蓿在牧草轮作体系中的地位。

2010 年，第十一届全国人民代表大会第三次会议政府工作报告中明确提出，"加快转变经济发展方式，调整优化经济结构"是 2010 年的主要任务之一。之后，中央出台一系列支持草业发展和草原生态保护的政策，实施了"草原生态保护补助奖励机制"、"振兴奶业苜蓿发展行动"等项目或工程，这是我国保护农牧业发展环境、发展可持续农业、调整农业结构及经营方式的大好机遇。"调整种植业结构、实行粮草轮作"已成为我国农业产业结构调整的重要内容。总之，新时期大力推行草田轮作已经拥有根本的政策保障。

现代农业是以种植业和畜牧业两级生产为主体组成的农业，二者之间既互相依存，又互相促进，而把两者紧密结合起来的纽带，则是草。因此，草在现代农业范畴内，已不是处于依从地位的门类，而是自成体系的草业了。正由于此，即使在 20 世纪前半期，我国农业生产在长期受封建制度和外来侵略的重压下，再生产力极度萎缩之余，一些草种如草木犀、毛苕子、箭筈豌豆、田菁、檉麻等破门而入，介入了轮作，为肥田保土、绿化河山立了功。

20 世纪 50 年代以来，党和政府十分重视种植牧草。全国农业发展纲要中就规定，"要因地制宜地发展多种绿肥作物"，"必须生产足够的饲草饲料，种植高产饲草饲料植物"，"在牧区要保护草原、改良和培植牧草"。近年，中央也再三强调种植牧草，全国各地农牧业工作者，在牧草种植上作了不少工作，培育和驯化了许多新品种发挥了重要作用，草田轮作也在原来的基础上有所开拓得到了新的进展。

第二节　国际草田耕作制度的发展

根据联合国粮农组织定义，草田耕作制是介于休闲制与常年耕作制之间的一种耕作制，是一种牧草和作物轮作、混作和间作的种植方式。草田耕作制度主要形式包括草田轮作、草田间作套作和草田混作等内容。

一、国际草田耕作制度的发展

欧洲各国在 8 世纪以前盛行一年麦类、一年休闲的二圃式轮作。中世纪后发展三圃式轮作，在欧洲历史上长期占主导地位的耕作制度是"三田制"，其本来是谷物、饲草和休闲地各占 1/3，但后来实际上谷物中的 1/3 是谷物，其余 2/3 是割草地和永久牧场。"三田制"把耕地分为 3 区，每区按照冬谷类-春谷类-休闲的顺序轮换，3 区中每年有 1 区休闲，2 区种植冬、春谷类。16 世纪末从美洲引进饲料作物玉米和块根作物马铃薯，建立起谷物、块根作物和牧草轮作，在发展谷物的同时发展畜牧业生产，称之为第一次农业革命。由于畜牧业的发展，18 世纪开始推行草田轮作。如英国的诺尔福克式轮作制（又称四圃式轮作），把耕地分为 4 区，依次轮换种植红三叶、小麦（或黑麦）、饲用芜菁或甜菜、大麦（或加播种植红三叶），4 年为一个轮作周期。以后多种形式的大田作物和豆科牧草（或豆科与禾本科牧草混作）轮作，逐渐在欧洲、美洲和澳大利亚等地推行。19世纪，李比希提出植物矿质营养学说，认为需氮肥作物、需钾肥作物和需钙肥作物的轮换可均衡的利用土壤养分。19世纪后半期以蒸汽机作动力的轮船出现，使大量廉价谷物输入欧洲市场，而工业技术和生活水平的提高，又使社会对肉乳毛皮的需求也提高了。这就有力地促进了欧洲草田轮作制的发展。从20世纪拖拉机在一些国家垄断耕作动力，打破耕作的时间性制约，加之化肥、农药和现代科学技术的支持，使专业化生产为连作制铺平了道路，但为时不久，连作制已弊端滋生，并在土地危机和石油危机双重影响下开始走下坡路。而以农牧结合的有机农业，在高涨的人口和生活需求压力下，重新显示了巨大活力，其基本保证条件就是养地用地结合的草田轮作制。20世纪前期，苏联B. P. 威廉斯认为多年生豆科与禾本科牧草混作，具有恢复土壤团粒结构、提高土壤肥力的作用。因此，一年生作物与多年生混作牧草轮换的草田轮作，既可保证作物和牧草产量，又可不断恢复和提高地力。

到了近代，世界各国的轮作都经历了曲折发展。随着现代工业的发展，化肥和农药大量用于农业生产，使作物产量得到了极大的提高，但农业产量过度依赖大量的化肥农药，传统的轮作制度一度被忽视，直到出现了一系列的严重后果，不得不重新认识轮作制度。如美国曾利用其发达的农业机械、化肥、农药等条件，在中部地区连续多年连作种植玉米，结果引起土壤有机质大量消耗，土壤肥力下降，土壤侵蚀严重，病虫草害猖獗，致使玉米产量降低，经济效益减少。为了保证农业可持续发展，保持高产出，实行强制二年轮作制。二战后的日本也出现了类似的问题，使其农业部门提出了"轮作是旱田的水"的口号。

大洋洲是世界上最干旱的大陆，以澳大利亚南部为例，大约80%的地区年降雨量低于250mm，只适宜于经营粗放畜牧业，称为牧区；15%左右的地区年降雨量在250~500mm，可以从事谷物生产和经营畜牧业，称为农牧区；只有5%的地区年降雨量超过500mm，具有灌溉条件，可以从事乳牛业和经济作物种植。与我国半干旱地区极为相似。

澳大利亚人民在与干旱的长期斗争中，根据自然条件的不同，逐步形成并发展了一种综合性的旱作农业-草地轮作制度，是一种把作物种植和草地放牧相互交替的农作制度，即把谷物生产与畜牧生产相结合，同时对喷灌系统、除草剂、硝化抑制剂和石灰的使用相当普遍。20世纪以前，在澳大利亚移民垦殖的初期，由于农业采用了连作制与休闲耕作制，草地放牧过度，风蚀和水土冲刷现象相当严重，甚至造成1930年尘土遍及南澳的大风暴，导致土壤肥力持续下降，小麦产量30年间下降43%。后来采用小麦-休闲耕作制度，增施磷肥，产量有所回升，但随着耕作时间的延长，土壤有机质破坏严重，土壤结构恶化，侵蚀加剧，作物产量开始低而不稳。20世纪70年代，澳大利亚在多年试验研究的基础上，将一年生苜蓿和三叶草引入种植制度之中，建立了种植一年小麦或大麦、种植一年生苜蓿或地三叶的粮草轮作制，同时对苜蓿施用磷肥，取消夏季休闲，使得农业生态系统趋于稳定发展。草地轮作制度的建立改善了澳大利亚半干旱地区生态环境，使农业生态系统进入良性循环，也全面提高了对干旱灾害的适应能力。澳大利亚在20世纪移民垦殖的初期以前，自全面推广草地轮作制后就未见到有关风景灾害和干旱灾害方面的报道。另外，草地轮作制度也大大促进了澳大利亚草原畜牧业的发展，使250~350mm降水地区取得小麦和羊毛、肥羔、牛肉的丰产，保证了它的羊毛和小麦在国际市场上的优越地位。推广草地轮作制度，改善了澳大利亚的生态环境，促进了草原畜牧业的发展，获得了显著的经济效益。在澳大利亚和新西兰将三叶草与其他牧草（紫花苜蓿、黑麦草、滨藜、菊苣、蜗牛苜蓿）混作、牧草与灌木混作，施石灰和施肥（主要是磷肥）可以增加土壤肥力和牧草产量，同时提高家畜（牛、羊和鹿）生产能力。澳大利亚25%的牧草生产依靠灌溉，为了节约灌溉水和减少灌溉水引起污染，大部分牧民将畦灌改成喷灌。喷灌系统安装是一项投资较大的工程，但喷灌系统可以生产较多牧草干草和节约灌溉水。由于灌溉和施肥引起地表水和地下水污染，澳大利亚和新西兰采用硝化抑制剂双氰胺（DCD）提高氮肥利用效率和减少硝态氮淋溶。

发展有机畜牧业是草田耕作制度的发展前沿；发展高自然价值农牧业是草田耕作制度的发展趋势。

在畜牧业发达国家，如澳大利亚已逐步形成和发展一种综合性农作物种植和草地放牧相互交替的农牧制度，是谷物生产与畜牧生产相结合的制度。发展有机和可持续发展畜牧业及生物多样性是欧洲联盟国家牧草轮作制度发展的前沿。该政策主要包括有机农牧业系统建立、环境保护、可持续发展的农牧业系统测定和鉴定方法、有机农牧业和市场价格相结合、有机农牧业系统资质确认及推进有机农牧业发展模式和运作机制等。有机农牧业普遍采用低投入和低收入办法。近些年欧洲国家发展高自然价值农牧业，高自然价值农牧业是一个可持续发展和低强度农牧系统，该系统有利于保护生物多样性，主要包括减少抗生素、激素、化肥、杀虫剂、除草剂等的使用。

现代欧美发达国家农业用地中均以草地为主，耕地也大量用于种草，农田种植牧草的比重在保加利亚约占25%，法国占30%~40%，美国约占40%，荷兰约占59.0%，澳大利亚约占60%，丹麦、爱尔兰约占70%，正是这些农田种植牧草多的国家也是粮食单位面积产量高、总产量较大的国家。1983年荷兰小麦平均每亩产量达466.7kg，而我国的粮食生产成本比美国和加拿大高出将近30%。

从国际牧草耕作制度发展前沿看，豆科牧草与禾本科牧草或作物间作、套作可以提高牧草产量及土地利用率，同时牧草和作物间存在互补作用，从而提高牧草和作物产量和质量。选用豆科牧草，如白三叶，与其他牧草和作物间作、套作能增加豆类牧草比例及牧草产量，同时间作、套作群落具有较强的抗冻能力和较高营养价值。并且豆科牧草与其他牧草和作物间作、套作可以缓冲季节、土壤、虫害、病害和管理措施等带来的影响。

近些年发展非机械化和非现代化农牧业是美国牧草耕作制度发展的基本趋势。美国部分牧民给动物喂养天然牧草有利于奶、肉、蛋和其他畜牧产品质量的提高，甚至不需要存放谷物、干草、稻草的仓库或家畜禽舍，只需要将木栅栏或防风减速带作为隔离家畜的防护栏，不需要收割牧草，家畜自己可以采食，有利于杂草防除和动物肥料撒播。非洲发展共同体和联合国粮农组织对保护非洲牧草耕作制度和畜牧业产品销售、维护当地牧民收入和生产积极性具有非常重要作用。由于受生物多样性和食物资源减少的威胁，获得和保护植物基因资源，保护当地植物和生物多样性是非洲牧草耕作制度发展前沿。为保护非洲当地植物、生物多样性和可持续发展农牧业，非洲发展共同体和联合国粮农组织采用的政策包括植物基因资源的保护和评估、种子筛选、种子生产及种子管理等。豆科牧草在非洲农牧系统发挥非常重要作用，在过去70年豆科牧草筛选在非洲农业研究成为热点，但现实生活中牧民和养殖户对筛选的豆科牧草应用积极性不高，政府和研究者呼吁牧民和养殖户关注豆科牧草，尤其关注生物物理和社会经济因素对豆科牧草引进的制约。

在亚洲大部分国家，谷物（主要小麦和大麦）是当地主要农作物，豆科作物（鹰嘴豆、扁豆和蚕豆）种植面积占耕地面积的 5%~10%。为了克服大量耕地闲置和降水经常性短缺等因素，将家畜养殖和农牧业生产相结合，家畜养殖是该地区农牧业的主要经济收入，尤其对生产规模较小的农牧业家庭。近些年农牧业发展主要依靠降水资源的高效利用和牧草的基因资源利用研究，同时注重农牧业发展和管理，如肥料应用、耕作制度改革、杂草控制以及作物秸秆利用。地膜覆盖能减少土壤表面蒸发和提高降雨资源利用率，但地膜容易被家畜采食。因此，政府禁止普通地膜覆盖，提倡可降解地膜覆盖。根据剑桥国际研究项目（Cambridge Based International Research Project）研究结果，牧草退化程度随不同国家的牧草管理水平而不同。比如，由于大面积采用固定式和机械化农牧业生产技术，俄罗斯和中国的部分地区牧草出现不同程度的退化，但蒙古国大部分地区保持游牧方式，有利于保持牧草稳定性和杂草防除。

新技术是提高亚洲牧民生产能力和谋生能力的重要手段，调整牧草、家畜禽舍和家畜健康状况，从而使其适应当地生产状况和达到扩大生产的目的，这些技术包括寻找和发现简易培养不同环境区域牧民的新技术、改革当地牧草耕作制度、培养有潜力农业技术人员、让受益牧民带动更多牧民从事新技术生产、进行新技术交流和学习、研究机构和政府部门对新技术的扶持等工作。

此外，土壤碳循环已成为衡量牧草轮作土壤健康和可持续发展的重要指标；草地昆虫和动物多样性研究是牧草轮作的研究热点；新资源研究和引种研究是国际牧草轮作研究热点；牧草营养成分也一直是国际牧草轮作的研究热点；农作物种植和草地放牧相互交替的农作制度，是国际上逐步形成和发展的新型草田轮作制度；模型和工作平台建立也是研究牧草轮作制度的重要手段。

二、国际草田耕作制度模式的研究

Olorunnisomo 和 Ayodele（2010）在尼日利亚阿多-埃基蒂大学教育和研究实习农场基地，研究间作、套作和施肥对玉米和苋属植物产量和营养价值的影响。结果显示，玉米单作的肥料效应大于苋属牧草与玉米间作、套作。2006 年苋属牧草和玉米干草产量为 $7.1 \times 10^3 kg/hm^2$ 和 $12.6 \times 10^3 kg/hm^2$；2007 年苋属牧草和玉米干草产量分别为 $6.9 \times 10^3 kg/hm^2$ 和 $11.3 \times 10^3 kg/hm^2$。玉米干草和苋属植物干草粗蛋白含量分别为 90.0g/kg 和 227.0g/kg。间作、套作可以提高牧草产量及土地利用率，但间作、套作不能提高玉米籽粒产量。玉米干草的可消化值高于苋属植物，同时高于玉米干草和苋属植物混合草。当玉米和苋属植物间作、套作，玉米具有较高的粗蛋白含量，说明苋属植物可以补充玉米间作系统，使玉米具有较多的粗蛋白。Contreras-Govea 等（2009）在美国威斯康星大学阿林顿农业研究试验站对库拉三叶草、䅟草和紫花苜蓿的产量、营养价值及青草发酵进行研究。结果表明，库拉三叶草和䅟草间作群落具有较强抗冻能力和较高营养价值。如果美国北部受到冬天冻害影响，库拉三叶草和䅟草混作可以作为最佳种植模式，该模式可以代替紫花苜蓿种植。将库拉三叶草和䅟草的混合干草产量、营养价值和青贮饲草饲料特性与单作紫花苜蓿进行比较，结果发现，库拉三叶草和䅟草间作的干草产量比一年龄紫花苜蓿提高 23%~57%，与二年龄紫花苜蓿的干草产量没有显著性差异。一年龄紫花苜蓿青贮草料的 pH 低于库拉三叶草和蔺草混合青贮草料，二年龄草的结果相反，主要原因是混合草中库拉三叶草成熟度和比例不同。库拉三叶草和蔺草混合青贮草料的乳酸浓度低于一年龄和二年龄紫花苜蓿青贮草料。紫花苜蓿青贮草料比库拉三叶草和蔺草混合青贮草料具有较高粗蛋白含量。

Annicchiarico 和 Proietti（2010）在意大利北部洛迪进行自选白三叶，提高白三叶生存竞争能力，拓宽白三叶和其他牧草的兼容性，增加豆类牧草含量及牧草产量的研究试验，以研究者自己筛选的白三叶（Giga）和其他来自 Aran、Espanso、Fantastico 和 Regal 的白三叶分别与牧草包括鸭茅、杂种黑麦草、意大利黑麦草和高羊茅混作。结果表明，总体上，30%以上的白三叶和其他牧草混作可以提高牧草干产草量，收获时，与其他白三叶与牧草混作相比，其筛选的白三叶与牧草混作具有 2 倍以上的白三叶比例和较低杂草比例。

Hobbs（1987）研究结果显示，紫花苜蓿-大麦轮作的大麦籽粒产量比大麦连作的提高 17.4%~40.4%，紫花苜蓿-小麦轮作的小麦籽粒产量比小麦连作提高 18.2%~336.1%，紫花苜蓿-向日葵轮作的向日葵籽粒产量比向日葵连作提高 51.3%~100.1%。紫花苜蓿-小麦轮作的小麦籽粒蛋白质含量（14.2%）大于小麦连作（13.4%），紫花苜蓿-高粱轮作的高粱籽粒蛋白质含量（10.8%）大于高粱连作（8.9%）。Lattaa 等（2002）在澳大利亚西部 Jerramungup 和 Newdegate 研究紫花苜蓿和一年生地三叶草与小麦轮作，结果表明，由于紫花苜蓿利用夏季降雨使其牧草生物量（$5 \times 10^3 \sim 7 \times 10^3 kg/hm^2$）明显高于一年生地三叶草生物量（$3 \times 10^3 \sim 4 \times 10^3 kg/hm^2$）；紫花苜蓿与小麦轮作的小麦籽粒产量达 $2 \times 10^3 kg/hm^2$，明显高于一年生地三叶草与小麦轮作小麦籽粒产量（$1.7 \times 10^3 kg/hm^2$），与一年生地三叶草与小麦轮作相比，紫花苜蓿与小麦的轮作具有较高的小麦籽粒蛋白质含量和较高的水分利用效率。

Lowe（2009）在澳大利亚昆士兰亚热带区（从 Rock-hampton 至 Taree）研究温带植物分布状况。结果表明，温带植物和热带植物是澳大利亚亚热带区主要牧草，灌溉是牧草生产的关键因素，施无机氮肥是黑麦草和三叶草生产的关键因素，黑麦草或黑麦草和三叶草（混作）是澳大利亚亚热带区冬季主要牧草。饲用狼尾草是澳大利亚亚热带区夏季主要牧草，播种前需要较好的基床准备，播种后进行覆盖。通过多年生牧草和黑麦草混作，混合草干草产量为 $15 \times 10^3 \sim 21 \times 10^3 kg/hm^2$，显著高于当地牧民一般牧草干草产量（$7 \times 10^3 \sim 14 \times 10^3 kg/hm^2$）。尽管牧民不喜欢种植高羊茅，但高羊茅既可以刈割，又可以放牧，播种简单。尽管播种第三年，某些疾病使白三叶牧草产量降低，但白三叶是澳大利亚亚热带区抗性较强的牧草。在澳大利亚亚热带区冬季，白三叶生长稳定，并且产量较高，但埃及三叶草生长不稳定，且产量较低。紫花苜蓿单作或与其他牧草混作，在灌溉和自然降雨条件下其产草量较高，具有较强的抵抗叶部病害的能力。在研究区域虫害不严重，真菌病相当普遍，引起许多牧草减产，需要重点防治。

第三节　草田耕作制度应用的原则

粮草并重和农牧业结合是大多数发达国家发展农牧业生产的成功之路，即在于草田耕作制度的有效应用。

草田耕作是粮食安全生产的保障，有利于提高作物和牧草的产量和质量，有利于减少病虫草害和提高土地肥力，是粮食作物、饲料作物和经济作物安全生产的有效措施。同时草田耕作是持续性农业系统中的一个重要组成部分，尤其在水土流失区、干旱区、土壤瘠薄区和寒冷地区。草田耕作具有提高土壤有机质、增加氮素供给、改善土壤物理特性、维持土壤养分平衡和防止土壤侵蚀等作用，有利于提高光、热、水和土地资源利用，提高系统生产力，既提高粮食产量，又提供优质饲草饲料，同时改善生态环境。草田耕作形成作物复合群体，可增加对阳光截取和吸收，减少光能浪费，同时，两种作物或牧草间作或混作可产生互补作用。

作物、牧草和家畜是农业生态系统的核心，控制水土流失的重要措施。草田耕作是我国发展高效畜牧业和促进经济发展的重要内容。

草田耕作制度是根据各地具体情况，结合人们生活和生产的多种需求，以解决当地粮食增长缓慢、饲草饲料短缺、土壤肥力下降问题为主，通过不同耕作模式的合理应用，达到充分利用有限资源，提高土地生产力，增加农牧民收入为目的。因此，草田耕作制度的建立与实施需遵循一定原则。

一、因地制宜的原则

植物、气候、土壤等条件是制定合理草田耕作制度的前提，要根据不同地区自然条件和农业生产发展现状的需要来确定草田耕作方式及选定耕作模式，因地制宜。

通常按种植植物种类所占比重的不同，可以分为以农为主的草田耕作（农地草田耕作）、以牧为主的草田耕作（牧地草田耕作）和半农半牧草田耕作三种方式。如陕西渭北高原、陇东高原，采用以农为主的草田耕作方式；牧区或以牧为主的半农半牧区，如陕北风沙区、黄土高原丘陵沟壑区、内蒙古鄂尔多斯草原区，为了增加草地，抵御干旱，防风固沙，发展畜牧，适宜采用以牧为主的草田耕作方式。而晋中、陕北、陇东丘陵的部分地区适宜采用半农半牧草田耕作方式。

根据草田耕作的目的可分为：以恢复地力为主的草田耕作方式、以水土保持为主的草田轮作方式和农牧结合的草田耕作方式。

对于农田地力下降严重、以粮食生产为主的区域，适宜采用以恢复地力为主的草田耕作方式。一般宜选用改良土壤效果快、恢复地力能力强的 1~2 年生豆科牧草，如箭筈豌豆、毛叶苕子、野豌豆、草木犀等。不宜选用生长年限较长的牧草，如苜蓿、禾本科多年生牧草，以免影响农业产量。

在水土流失严重的黄土高原丘陵沟壑区，尤其是坡耕地占较大比重的区域，适宜采用以水土保持为主的草田耕作方式，可以林草间作、混作或套作，或种植一些既可以防止水土流失、又可以培肥地力的豆科灌木或牧草。

在畜牧业发达的农区和适宜发展畜牧业的地区，适宜采用农牧结合的草田耕作模式。牧草种植一般以 4~6 年为宜，可选用产草量高、改土作用明显的多年生牧草，如苜蓿或可作制草晒制干草生长较高的牧草；若作青贮利用，可按青贮配比种植禾本科和豆科牧草；若作放牧利用，可选择生长高度较低、耐牧性较强的牧草。

二、避害就利和妥善安排的原则

　　根据各种植物的植物学特征和生物学特性，把互相没有影响或侵害并能彼此"相互促进"、"和睦共处"或"共同繁荣"的植物，科学地组合、搭配在一起，并且妥善安排前后茬轮作次序、轮作年限及间混套作的组合和比重。不同植物对水肥的要求和吸收利用程度不同，合理安排植物轮作顺序，避免由间作、套作倒茬不当及连作时间过长而造成土壤部分养分不足而另一些养分过剩的现象。就水分利用而言，苜蓿形成100kg干物质需水80~100t，春小麦形成100kg籽粒干物质需水60~80t，糜形成100kg籽粒干物质需水28~30t。苜蓿地耕翻后种植春小麦，在干旱缺雨的情况下，往往会造成减产。而同样情况下，种植糜影响就不会太大。就肥料利用而言，小麦、棉花需氮肥多，糜、谷需氮、磷肥多，马铃薯、甜菜需要钾肥多，豌豆、苜蓿等豆科植物需要磷、钾肥多。为了避免不同植物间争水争肥，合理充分利用土壤水肥，可将浅根性植物与深根性植物恰当地组合和配合；将需水量不同、要求养分种类和数量不同的植物恰当的组合和配置。

三、紧密配合其他措施的原则

　　草田轮作仅是保持水土、增加植物性产量的措施之一。要全面控制水土流失，保证农业高产稳产，还应将生物措施、工程措施、耕作措施和管理措施有机地结合起来。如把草田轮作与等高带状间作、基本耕作措施、表土耕作措施和保护性耕作措施以及改良和引进优良品种、合理密植、深翻改土等结合起来，达到农业增产的效果。在轮作区兴修梯田、水窖、涝池、排灌渠系，减少地表径流、增加降水入渗、改善农田小环境、发展基本农田，营造护草林和水流调节林等各种防护林，大力种草、改良荒坡、增加地表植被覆盖等生物措施，以达到水土保持和优化农田气候环境，从而达到增产的目的。

第四章　草田轮作的理论与技术

第一节　草田轮作的原理及其优越性

轮作是防止连作障碍的最佳方法，是用地养地相结合的一种生物学措施。轮作有利于均衡利用土壤养分和防治病、虫、草害；能有效地改善土壤的理化性状，调节土壤肥力；可均衡利用土壤中的营养元素，把用地和养地结合起来；可以改变农田生态条件，改善土壤理化特性；可以增加生物多样性，免除和减少某些连作所特有的病虫草的危害；可以促进土壤中对病原物有拮抗作用的微生物的活动，从而抑制病原物的滋生。尤其草田轮作不但可以预防和解决以上问题，而且有自己的优势和特点。

一、草田轮作概念

根据各种植物的茬口特性，将计划种植的不同植物按一定顺序，在同一地块上轮换种植，称为轮作。在轮作地块上，轮换种植的各种植物依据茬口特性排列成的先后顺序，称为轮作方式。一个轮作体系中的各种植物在一个轮作地块上全部种植一遍所经历的时间，称为轮作周期。

草田轮作是指在牧草的栽培过程中，人们有意识地将计划种植的不同牧草，按照它们的特性和对土壤与后茬牧草或作物的影响，按照一定的顺序，在同一田块上依次地周而复始地轮换种植，就是草田轮作。轮作草田中，牧草和作物安排的先后顺序的方式，称为草田轮作方式。轮作方式中的全部牧草在同一块田地上种植一遍所经历的时间，称为草田轮作周期。牧草轮作既有时间上的轮换种植，又有空间上的轮换种植。所谓时间上的轮换，就是在同一块地上，在轮作周期内，按轮作方式种植各种牧草饲料作物；所谓空间轮换，就是将同一种牧草饲料作物逐年换地种植。两者是紧密联系的。实施草田轮作，对合理利用土地资源、改善土壤肥力、实现农牧业生产的可持续具有重要意义。

草田轮作是我国耕作制度的一个古老内容。我国古代劳动人民就认识到草田轮作具有提高土壤有机质、增加氮素供给、改善土壤物理性状、维持土壤养分平衡和防止土壤侵蚀等作用。用地与养地结合的草田轮作制度是我国传统耕作制度的精华。它和苏联的草田轮作制具有完全不同的概念。我国传统的草田轮作，是指栽培饲草和粮油棉等农作物的轮作，它是倒茬和肥田养地、产草养畜统一起来的一种耕作制度。我国农民通过长期生产实践总结出来的倒茬实际上就是作物轮作制的一种形式。在未来的种植结构中，饲用植物和牧草的种植面积将大幅度增加，而草田轮作是满足饲草饲料需求和养地作用的最佳耕作制度，也是实现由传统的粮经"二元"结构，向粮经饲"三元"结构转变的重要措施。

草田轮作的巨大生命力，已由它在世界发达国家的高效农业中显示的作用做出了充分的表达。在我国农业史上，用地与养地结合的草田轮作制度是传统耕作制度的精华。新中国成立以来，尽管我国地少人多、粮食生产是整个农业的主体，但由于草在农业生态平衡和发展农牧业生产中的特定作用，牧草轮作在曲折中逐渐发展，其重要性逐渐被广大群众所认识。中国工程院院士任继周提出"藏粮于草"，发展草地农业生态系统将是我国农业发展的必由之路。

我国古代草田轮作的主要目的是为了恢复地力及抑制病虫草害的发生，以提高作物的产量。现代草田轮作是为了提高土地利用率、增加粮食和饲草产量。目前我国草田轮作的研究主要集中在草田轮作的潜力及重要性、轮作效益、轮作模式及草田轮作对土壤影响等方面。

草田轮作是农业种植业结构调整、农牧并举、解决当前饲草饲料短缺、改善土壤肥力和提高整个农业系统生产效率的重要举措。因此，扩大草田轮作的应用范围，加大草田轮作系统的研究，是实现我国农牧区生态、经济和社会可持续发展及农牧民增收的重要措施。草田轮作已成为草地农业生态系统耦合生产的关键技术之一。通过发展科学的草田轮作制度，有利于降低作物种植成本，改造盐碱和瘠薄的中低产田，实现作物的优质高效有机生产。

二、草田轮作的原理与优越性

（一）实施草田耕作制度的理论基础

农业生产是人类连续利用土地进行植物性生产，以维持和满足人类生存所必需的农产品的活动，土地是农业生产的基础，农业的可持续发展取决于农田地力的可持续利用，保持和培肥地力成为农业可持续发展的根本。

根据日本学者泽村氏的研究，旱作农业区地力是通过依靠自然的地力、经营单元内部的其他地块补充有机质或依靠化学肥料补充营养元素等方式来维持。现代农业认为旱作区农田地力的维持是通过施用化肥、从其他地块补充有机质和农田自身的修复来实现的。农田地力的维持需要符合以下基本原理：养分归还学说、最小养分律、最适因子律、报酬递减律和因子综合作用律。

养分归还学说 19世纪由德国杰出化学家李比希提出，随着植物的每次收获，必然要从土壤中带走一定量的养分，随着收获次数的增加，土壤中的养分会越来越少，土壤逐渐贫瘠化。如果不及时归还植物从土壤中带走的养分，土壤肥力会逐渐下降，植物产量也会越来越低，严重时会导致地力衰竭。土壤虽然是个巨大的养分库，但并不是取之不尽用之不竭的，必须通过合理的施肥，才能保证土壤有足够的养分供给植物生长。

最小养分律 德国化学家李比希提出，植物的生长发育需吸收各种营养成分，但是制约植物生长的是土壤中相对含量最少的养分。最小养分不是固定不变的，而是随着条件改变而变化，当土壤中最小养分得到补充，才能提高植物产量。这就要求在向农田施肥时，应找出各种养分的最佳比例关系，确定土壤中最小养分元素，有针对性的施肥，方可收到较好的增产效果。

最适因子律 德国学者李勃夏提出，植物生长受多种因素的影响，当增加一个因子的供应时，可以使植物生长增加，但在遇到另一个生长因子不足时，即使增加前一个因子，也不能使植物增产，直到缺少的因子得到满足，植物产量才能继续增长。这要求在向农田施肥时，不仅要注意最小养分，还要考虑其他生态因子，只有在各种生态因子足以保证植物生产的前提下，施肥才能发挥最大的增产潜力。

报酬递减律　由欧洲经济学家杜尔哥和安德森在 18 世纪后期作为经济法则提出并在农业生产上应用。主要内容为：从一定面积土地所得到的报酬随着向土地投入的劳动和资本数量的增加而增加，但达到一定限度后，随着投入的单位劳动和资本的增加，报酬的增加速度却在逐渐递减，比如农田施肥，不是施得越多经济效益越高，当达到一定施用量时，随施肥量的增加经济效益反而会降低。

因子综合作用律　植物产量是影响植物生长发育的各种因子（如水分、光照、温度、空气、养分、品种以及耕作条件等）综合作用的结果。为了充分发挥肥料的增产作用和提高肥料的经济效益，施肥措施必须与其他农业技术措施密切结合，同时各种肥料养分之间也应配合施用，因地制宜地加以综合运用，短期施肥可以起到明显的效果，但长期施肥对土壤肥力、植物品质及环境都有严重的影响。

苏联土壤学家杜库查耶夫指出，草原植物能够保留水分，它像块海绵一样，把春季融雪的水分尽量吸收进去，它有疏松的结构，又能牢牢的保持水分，不让它蒸发。他研究并提出如何改造大自然战胜干旱和歉收的管理办法。杜库查耶夫的同事土壤学家考斯托契夫强调："具有草层的土壤构造才善于吸收和贮积水分，而且有高度的肥力。假如想加速恢复土壤构造，必须在田地里播种多年生牧草"。伟大的苏联学者季米里亚席夫（1843~1920）认为植物生活规律等学说是特来沃颇利耕作制的基础，并指出："如果预防干旱和歉收，必须采取合理的土壤耕作制度和播种优良植物品种"。其学生 B. P. 威廉斯（1863~1939）是一个杰出的土壤学家，新土壤学的创立者。利用了先驱者的著作，总结了以前的经验，经过数十年的研究，创造了完整的有科学根据的"草田耕作制"。根据各种生物间的复杂关系、生物与无机自然界的复杂关系，他把农业中的几个重要部门，包括作物、畜牧、土壤、森林等，结合成一个整体，就是农、林、牧三位一体的农业体系，既能提高土壤的肥沃性，获得可靠的产量，并能发展饲草的永久性基地。

B. P. 威廉斯早期所创造的草田耕作制度，主要包括 6 个环节：①正确地配置作物和牧草轮作；②实施正确的土壤耕作法，并广泛地应用休闲地、秋耕地和除杂地等；③正确地施用有机质和矿物质肥料；④护田林的种植，建立森林保护带；⑤发展水利，利用各种水资源灌溉；⑥播种经精选的适合当地条件的优良品种。

上述各部分，是一个整套的耕作方法，如果只实行牧草轮作，是不能完成整个制度过程的。这种制度过程要全面施行才能有较大效果，缺少其中一个或几个环节会大幅度降低制度价值。

我国耕作学科主要奠基人孙渠先生倡导"用地养地"，即通过合理间套复种和种植高产作物来发挥土地潜力，又要善于调养和培肥地力，通过土壤耕作、施肥、轮作换茬等手段，创造持续高产的条件。既要处理好作物要求与土壤特性的关系，因地而用；还要协调人与地的物质交换、培养地力的矛盾。

历史和现实均证明，土壤肥力是农业生产的基础，培养地力是持续增产的基本要求，耕作制度的核心是协调用地养地的关系，掌握了地力用养客观规律，土壤结构和肥力方可以越种越好，"充分用地，积极养地，用养结合"是核心。耕作制度是一个地区的农业生产为适应其自然条件和社会经济条件所做出的战略部署，在其组成的基本环节中，轮作制即种植制度是核心，土壤耕作制和施肥制是保证。耕作、施肥、灌溉等措施，都是围绕着具体作物来安排的。我国的农业生产已有几千年的历史，由于重视地力的使用与培养，既有一套间、混、套、复种等种植方式，又有一套轮作倒茬、施肥、土壤耕作等培养和调养地力的措施。1973 年孙渠在"全国改革耕作制度科技协作会议"上做《从光能利用来看有关耕作改制的几个基本问题》的专题报告时曾说："充分用光实际上也就是充分用地，而光能的转化程度又取决于地力。养地是手段，用地是目的。积极培养地力，是我国粮食、粮棉复种改制获得成效的物质基础"。"用地养地"理论是从中国农业的历史和现实特点出发，高度概括了耕作制度演变的实质和辩证关系的基本理论，对于我们今天的农业生产仍具有深远的指导意义。

草田轮作的原理在于利用不同植物自身所具有的生长发育特性和生理生态特性及其对土壤和环境的适应能力与改造能力，依据这些特性从维持地力、减轻病虫草害和高产稳产出发，合理科学地进行排序，使它们有机衔接起来，达到轮作的效果和目标。

目前，牧草与作物相比，有其独特的优势，作物多数为一年生，其形成籽实的能力强，形成根系的能力较牧草弱得多。土地在长期耕作种植一年生作物的情况下，理化性质不断恶化，造成土壤退化。而牧草以发达的根系和土壤微生物的共同作用，促进了土壤理化性质的改善和团粒结构的形成，从而提高土壤有机质含量，特别是豆科牧草，具有很强的固氮能力。

（二）草田轮作的优越性

草田轮作制度不仅是耕作制度上的一项改革，而且是经济结构上的一项重大改革。草类拥有显著区别于其他农作物的特征，因此草田轮作除具有轮作的一般作用外，还具有一些特殊作用。

草田轮作有利于农牧结合，是发展畜牧业的重要基础　草田轮作中，往往安排有较大面积的多年生牧草，特别是豆科牧草和禾本科牧草混作时，不仅可提高土壤肥力、改善土壤，同时可以获得大量的优质青草、干草和青贮料，并可以冷季放牧，解决牧草与畜牧业之间的矛盾，促进畜牧业发展，从而使农业得到大量的厩肥。草田轮作有利于农牧并举、农牧结合，进而农牧相互促进，是提高整个农业系统生产效率的基本途径之一，是农牧结合的纽带。

草田轮作有利于充分利用光、热、水和土地资源，提高农田系统的生产力　对于草而言，人们收获利用的是其营养体，而营养体生产对光、热等环境条件的要求不像籽实生产那样严格，草田轮作有利于一些地区进行季节性填闲生产，进而充分利用光、热、水和土地资源，提高系统的生产力。我国冬季及夏秋季可用于进行牧草生产的闲田即达2000 万 hm^2，春闲田数量也很可观。这是十分宝贵的自然资源，如能充分开发利用，将带来巨大的经济和社会效益。

草田轮作有利于减轻水土流失　就固持水土能力而言，草因覆盖度大、枝叶繁茂、覆盖土地时间长而显著优于农作物，草田轮作有利于存在风蚀、水蚀地区的水土保持。我国水土流失面积 356 万 km^2，占国土面积的 37%，水土保持任务十分艰巨。草地不仅自身固持水土性能高，而且可以与其他农作物在空间上科学组合，还可显著减轻整个农田生态系统的风蚀和水蚀。

草田轮作有利于退化土壤的改良，能有效地利用土壤肥力，使牧草及作物获得高产，用地养地相结合 各种牧草及作物对土壤营养元素的要求不同，耕作技术要求也不同，因而它们对土壤的影响也是不同的。如麦类作物消耗土壤氮肥比较多一些，豆科作物及牧草能固定空气中的氮，块根类作物所需磷、钾肥较多，中耕作物破坏土壤团粒结构较剧烈，而多年生牧草能丰富土壤中的有机质、恢复土壤团粒结构。所以，栽培不同的牧草及作物后，对土壤有机质、营养元素含量、土壤性质都有不同的影响，采取合理的草田轮作能更好地发挥土壤肥力。充分利用地力，使牧草及作物能获得高产，把用地和养地结合起来。就改良土壤能力而言，一些草种因具有根系入土深、根量大、共生固氮能力强、根系分泌物可活化土壤中矿质养分、覆盖度大、覆盖土地时间长、耐盐碱、耐贫瘠和耐干旱等优良特性，而显著优于农作物。草田轮作也有利于对盐碱化、沙化、贫瘠化等退化土壤的改良。如我国西北灌区次生盐碱化土地面积很大，将紫花苜蓿等优良草种纳入种植体系中是改良次生盐碱化土地的最有效途径。

引草入田，实现粮草轮作、间作和套种，是充分利用农田资源、提高复种指数的重要途径 收获牧草既可解决草食畜禽的饲料来源，又可起到增产粮食和提高经济效益的作用。任继周院士等指出我国粮食安全面临巨大挑战，其中人的口粮中长期预测需求不过 2 亿 t，我国自给无虑，而饲料等非口粮用粮需求达 5 亿 t。数量巨大的饲料用粮需求是对我国粮食安全真正的威胁。我国农区尚有 $4968.5 \times 10^4 hm^2$ 的土地资源可发展草业，发展空间巨大。农区的出路在于引草入田，实行草田轮作，部分农田用来轮作种植牧草，不但不会降低粮食产量，反而可以提高粮食产量，这就是藏粮于草，经济而又安全。任继周院士等提出了用食物当量来衡量一切可以作为可食物质的食用价值的评价方法。我国的草地资源以农田当量计，南方 15 个省（市、自治区）为 $4032 \times 10^4 hm^2$ 农田当量，北方草原地区和农耕地区为 $4915 \times 10^4 hm^2$ 农田当量，全国共计可折合 $8947 \times 10^4 hm^2$ 新增农田。实行草地农业，预期新增土地资源 0.79 亿 hm^2 农田当量，可满足我国食物中长期规划 7 亿 t 食物当量的目标，与目前水平相比农民可增收 1.15 倍。

缓和春旱矛盾 过去，越广种，水资源越紧张。如果推行草田轮作制，一方面可以利用季节性水流域、冬闲水种植牧草；另一方面在减少播种面积后，可以在枯水季节利用有限的水资源主攻单产。推行草田轮作制还可以提高水分的利用率。一般瘠薄土地种植小麦，灌溉 2~3 次水，最多收获 50kg 左右粮食。而有机质丰富的土壤，即使浇灌两次水，也可以收获 150~200kg。这说明草田轮作可以不断提高地力，同时也是一项抗旱措施，提高水分利用效率，降低农业成本。豆科牧草积累的氮、磷、钾可以代替大部分化肥，这不但不会引起土壤板结，而且降低化肥使用量。同时，草田轮作后，必然要压缩播种面积，主攻单位面积产量，这就节约了大量劳力、种子、机耕费及农药等。

改善饲草和饲料品质 蛋白质是家畜所必需的营养物质，目前家畜普遍存在蛋白质缺乏问题，推行草田轮作不仅可以栽培豆科牧草或作物，而且还可以种植混合牧草，这可以大大提高干草和放牧饲草中蛋白质含量，使牲畜获得丰富的蛋白质营养。

减轻杂草和病虫 草田中的许多杂草和一定的牧草或作物有着伴生和寄生的关系。如在同一块田地里连续种植同一牧草或作物，会使那些伴生或寄生的杂草猖獗，影响产量。如果进行草田轮作，由于不同牧草、作物生物学特性不同，耕作管理技术不同，就能有效地消灭或抑制杂草。许多危害牧草及作物的病菌和害虫，也各有一定的寄主和一定寿命，通过不同牧草及作物一定时期的轮换种植，就会使一些病原菌、害虫因找不到合适的寄主而死亡，所以轮作也是对病虫害综合防治的一项重要措施。

草田轮作是实现土地可持续利用的重要措施　自工业革命以来，全世界的农业逐渐摆脱自然的约束，获得了翻天覆地的变化，农产品产量大幅度提高，这主要归功于化学肥料的使用。但是任何事情都是有利有弊，化肥在提高了产量的同时，由于大量氮、磷、钾、钠、钙等进入土壤，破坏了土壤的结构，造成土壤板结、肥力下降，同时造成水的污染等一系列严重环境问题，这已成为全球所面临的主要问题。而这些受损土壤结构恢复的唯一途径是增加土壤有机质，通过草田轮作能有效地解决这一问题。

三、草田轮作效益

在我国东北平原区的研究表明，"粮食作物-经济作物-牧草饲料作物"三元结构的草田轮作是获得良好生态效益和经济效益的有效途径，粮草轮作既提高了粮食产量、提供了充足的蛋白质饲料，又改善了生态环境，可收到一举数得的功效。草田轮作后，豆科饲草茬地对春小麦增产效果显著。采用苜蓿与作物轮作方式，可明显提高作物产量，提高土地利用效率。黄土丘陵半干旱区，草田轮作配套技术是提高土地生产力，促进农田生态系统向良性循环转化的根本措施，也是山区脱贫致富的有效途径。夏收后耕地复种箭筈豌豆和毛苕子可显著提高耕地生产效能。牧草与农作物的轮作倒茬和间作、套种技术应用，是集生态效益、经济效益、社会效益三位于一体的草地农业生产模式，具有广泛的推广应用前景。在南方农区的草田轮作试验证明了草田轮作为现代农业和草地畜牧业的发展提供了新的生产模式。南方农区可利用冬闲田轮作一年生黑麦草饲养奶水牛。冬闲田种植一年生黑麦草，早稻和晚稻的平均增产幅度达 10%。"黑麦草-水稻"轮作系统一般情况下一个冬季的产出在 1.5 万元/hm^2 以上。实行草田轮作，比单一种植粮食作物可获得更高的生态效益和经济效益。轮作收获的牧草不但可直接作为商品，而且可通过家畜转化成肉、蛋、奶、毛等畜产品。草田轮作既提高了粮食产量，又为家畜提供了充足的饲料，还起到改善生态环境的作用。

第二节　连　作　障　碍

连作是指在同一块土地上连续种植同种植物的种植方式。同种植物或近缘植物连作种植以后，即使在正常的管理情况下，也会出现生育状况变差、产量降低、品质下降、病虫害增多、土壤养分亏缺等现象，即连作障碍。连作障碍的实质是指由于连续种植和不合理耕种，人为打破耕作层土壤环境生态平衡，导致土壤环境不断恶化。连作障碍的发生是十分复杂的问题，国内外学者对此做了大量的研究。Guenzi 和 McCalla（1966）、Nishio 和 Kusano（1973）等认为毒素是连作障碍发生的主要原因。泷岛（1983）提出了植物连作障碍产生的五大因子学说，即土壤营养元素亏损、土壤反应异常、土壤物理性状变化、化感作用及土壤微生物变化。吴凤芝等（2000）将连作障碍的原因归纳为非生物因素（即营养不均衡、理化性状恶化等）和生物因素（土壤微生物、病虫害、残茬及根分泌物）两种。

一、连作障碍的主要因素及机制

（一）连作可导致土壤理化性质恶化和土壤肥力的亏缺

植物连作，必然会造成土壤部分营养元素缺失、土壤孔隙度及活性下降、土壤板结、透气性变差、需氧微生物活性下降、土壤物理性质显著恶化。植物长期连作导致的养分非均衡化，使植物发生生理病害，影响其正常的生长发育。由于营养元素的缺失，加之不合理施肥，土壤发生次生盐渍化或土壤酸化，其硝酸盐含量很高，地下水硝酸盐污染加重，使连作障碍进一步恶化。

（二）连作导致土壤生物学环境恶化

长期连作过程中，植物根系分泌物数量种类发生变化，影响土壤中微生物区系组成的定向变化，破坏了根际微生物的平衡，某些微生物在根部的活动减弱，另一种或几种类群却不断富集，逐渐形成优势菌群，从而减弱或消除了有益菌对有害菌的拮抗作用，加重了土传病虫害的发生，危害植物生长。此外连作影响土壤酶活性，使土壤养分转化效率降低，土壤中不断积累某些有毒物质，导致根际微生物环境恶化。连作同一植物，特别是同一植物相同类型的品种，片面地而不是均衡地消耗土壤养分元素，造成土壤某种元素的亏缺，形成限制生产的最低因素。连作容易引起某些寄生性病害和某些专食性、寡食性的虫害，为某些伴生性和寄生性杂草提供良好的生态条件。会引起土壤中有害微生物的迅速繁殖，而减少土壤中的有益微生物，恶化土壤环境和养料状况。长期连作的土壤会出现所谓"土壤厌倦"或"土壤衰竭"等现象，即作物生长到一定时期即出现生长停滞、发育不良，甚至死亡等现象。

（三）连作的害处还在于同一植物的根系分泌物和残茬分解的有毒物质引起的自身中毒

生物界有个共同规律，即任何一类有机体的排泄物，都不能够作为自己的能量来源或养分来源，只能被另一类在性质上不同的生物利用作为能量或养分来源。根系分泌物的生态效应一般有：为微生物提供能量，对病菌、虫卵起激发或抑制作用，对后作或共生植物起有益或有害作用。如 CO_2 或有机酸促使难溶性物质分解，并为后作吸收利用。

（四）连作植物的化感作用

化感作用是指一种活体植物产生并通过挥发、淋溶、分泌和分解等方式向环境释放某些化学物质而对该种植物或周围其他植物的生长和发育产生有益或有害影响的化学生态学现象。自毒现象是化感作用中的一种作用方式，同时也是植物连作障碍中重要的因素之一。徐伟慧等（2010）发现韭菜根的浸提液对种子的发芽率、胚根生长抑制作用很大，说明韭菜连作会产生严重的自毒效应。喻景权和松井久佳（1999）在豌豆、番茄、黄瓜、西瓜和甜瓜植物根系分泌物和残茬中分离出了一些自毒物质。一般认为，植物可产生多种化学物质，并分泌、释放或挥发到环境中以保护自身不受害虫或疾病的侵袭。这些物质多为次生代谢物质，不参与代谢作用，是植物的一种防卫机制。其中有些物质可通过破坏膜结构、毒害必需的蛋白质等作用来抑制其他植物的生长，为自身开辟空间以减少其他植物与之对水分、养分和光照的竞争，称为他感作用，也叫植化相克、异株克生。他感作用是植物之间的化学作用，包括刺激和抑制两种相反的作用，其中抑制作用在植物界中更为普遍，成为广为研究的对象。自毒性是他感作用表现于种内的形式，是同种植物之间存在的化学抑制作用。苜蓿自毒性主要影响幼苗根系统的发育，表现为抑制胚根和下胚轴细胞伸长，根部出现肿胀、卷曲、变色，缺乏根毛（图4-1）。研究者推测苜蓿自毒性的产生是环境选择的结果。多年生苜蓿起源于地中海北部海岸，在多年生苜蓿进化的某段时间，此时直布罗陀海峡还未开通，地中海区域是一片炎热而干旱的沙地，苜蓿老株产生自毒性的目的可能在于减少新生幼苗对本已极少的土壤水分的竞争。许多研究证实，苜蓿的自毒物质不是微生物活动的产物，而是苜蓿活株和残枝产生、分泌或释放到周围环境中的物质。自毒物质并非单一的某种物质，而是几种物质的混合物，且混合物毒性更强。

苜蓿自毒性产生的机制复杂，与苜蓿产生的许多条件有关，如苜蓿品种、株龄及密度、土壤环境、田间管理、耕作制度等均可影响自毒性作用。

土壤类型、温度和降雨量影响苜蓿的自毒性。砂地中的土壤颗粒间隙较大，自毒物质很容易被苜蓿吸收，因此自毒作用表现得更快、更强，而降雨或灌溉也容易将自毒物质从土壤中滤出，因此砂地中的自毒作用强但持续的时间短。相反，黏土中自毒物质强烈吸附于土壤胶体颗粒，不易被苜蓿吸收而作用不太严重，但却不易滤去而持续作用时间更长。研究发现，在自毒物质量相同时，

图4-1　自毒作用对苜蓿植株根系生长的影响
资料来源：Jennings 和 Nelson，1998，阿肯色大学和密苏里大学

砂土比黏土对苜蓿幼苗生长的自毒作用更大。试验表明，充分灌溉后即在砂土上再植苜蓿无自毒作用，而未灌溉的重黏土需要1~6个月的轮作间隔。温度主要影响土壤微生物的活动。研究发现，微生物活动可降解自毒物质，因此有利于微生物活动的土壤环境条件（温暖、湿润）可相对降低自毒作用。

苜蓿株龄影响自毒性。建植一年或不到一年的苜蓿植株中自毒物质含量很少或几乎没有。因此在首次播种苜蓿失败或大量植株冻死后补播，产量几乎不受影响。但随着苜蓿株龄的增加，自毒作用程度呈上升趋势。苜蓿株丛密度也影响土壤中自毒物质的浓度。目前还不能确定避免自毒性的密度界限。研究发现密度每增加 0.1 株/m^2，幼苗存活率降低 10%。耕翻在生产中极为普遍，而对于土壤易受到侵蚀的地区实行免耕播种可有效保护土壤。耕翻可稀释自毒物质的水平，有利于降低自毒性。免耕播种适用于与小型谷物轮作，若仍播种苜蓿，则自毒作用表现得更强。美国威斯康星州的研究表明，在秋季杀

死苜蓿老株后，传统春播时，苜蓿产量降低了 30%，而免耕播种产量降低了 40%。而且在耕翻掉苜蓿老株的 4 周或 2 周后播种，产量分别降低了 30%和 70%，而未耕翻的产量降低得更多，分别为 50%和 80%。这表明不同地区采用同一种间隔的做法并不正确，苜蓿自毒性受到多种条件的影响，只能在当地进行试验之后才能确定合适的间隔时间。还有人认为要使自毒作用最小，至少应该间隔 12 个月。研究中也观察到播种间隔越长，播种当年的植株密度和产量越高；反之越低，且在以后的几年里这种趋势从未改变。这表明播种间隔时间是影响自毒性的极为重要的因素之一。

由此可见，化感作用是导致植物连作障碍的一个重要原因。

二、连作障碍的消除措施

连作障碍使植物生长受阻，植株矮小，发育异常，而且产量低，品质差；同时破坏土壤结构，农田土壤的微生态环境严重失衡，土壤肥力下降等。虽然采用当前最先进的现代化手段很难将其完全消除，但是可以采用一些技术措施有效地减轻连作所带来的危害。如改善栽培制度，合理轮作、间作、套作，合理施肥和灌溉，采用抗性品种和嫁接技术，烧田熏土，土壤消毒，湿热杀菌，激光处理及高频电磁波辐射，使用土壤修复剂。多年生牧草苜蓿重茬也存在连作障碍，一般叫"自毒作用"，这种自毒作用降低自身发芽率，影响新生苜蓿种子发芽、成苗和植株生长，影响程度随种植年限和密度的增加而增加，并受播种前残留量的影响。苜蓿植株产生的自毒性物质可溶于水，减少根毛数量，导致根尖膨胀，损害幼苗根系生长；限制了苜蓿幼苗汲取水分和营养的能力，降低苜蓿植株对其他胁迫因素（盐碱、低温、高温、干旱）的抵抗能力；受自毒作用影响的植株，生长受阻，产量在接下来的年份中将持续降低（图 4-2）。毁坏原有苜蓿群丛后，需等待一定时间以便自毒性复合物降解或扩散移出新生幼苗的根部区域。天气条件会影响自毒性复合物的分解速度，在温暖、潮湿的土壤环境中，自毒性复合物分解速度加快。自毒性复合物在沙质土壤中的运移速度快于质地紧实的土壤。但当其存在时，沙壤中自毒性复合物对根系生长的危害远比在一般土壤中严重。理论上讲，采用化学方法毁掉，或翻耕 2 年及以上年限的苜蓿群丛后，在同一片田地中再次播种紫花苜蓿前，应播种一季其他作物。这是管理新种植紫花苜蓿最好、最安全的方法。

根据自毒性的产生机制、作用模式和影响因素，可以采取相应的措施最大限度地降低自毒作用对苜蓿产生的负面影响。

避免自毒性的最佳选择是与猫尾草、一年生黑麦草、燕麦和其他禾本科牧草或饲用谷物轮作一季显著降低苜蓿自毒性。轮作可抑制由连续播种相同植物引起的同类杂草、害虫和疾病的发生，并可充分利用苜蓿根瘤固定的氮，也为毒素降解、滤去或以其他方式从土壤环境中被除去提供了时间。轮作时最好不要选择大豆、花生和其他豆科植物，因为它们对苜蓿产生的他感物质没有抗性或抗性很低。

如果土壤及气候条件和耕作制度不允许长时间轮作，可以考虑以下的方法。

翻耕老苜蓿地并在播种前处理种子。因为苜蓿叶片比茎中的自毒物质含量高，所以除掉叶片可能是降低自毒性的有效方法。秋季刈割或在 5 月份割第一茬也能减少落入土壤中的叶量；放牧或焚烧也可有效除去苜蓿的地上部；耕翻可彻底除掉老苜蓿，大大降低苜蓿自毒性的影响。在秋季耕翻或用除草剂除掉苜蓿和多年生杂草，并在次年春季播种，或者在春季杀死苜蓿、夏季播种都是可行的。不要企图以补播来改良退化苜蓿草地，补播的幼苗在早期虽看起来很好，但由于老株与之竞争光和水分而在夏季逐渐死亡。除草剂草甘膦最好在第二年种植之前喷洒，以保证能杀死生命力更强的苜蓿老株和杂草。至少间隔 3 周再播种苜蓿。有研究者认为，耕翻 2 周或用草甘膦处理苜蓿老株 3 周后即可播种苜蓿而不引起自毒性；但有学者认为秋季处理掉老株后实施春播或春季处理掉老株后实施秋播才能不受自毒性影响。由于气候、土壤、灌溉等条件的不同，不同地区得出的间隔周期并不一致。因此，应因地制宜地选择间隔周期，而一年的间隔完全可以避免自毒性。灌溉和降雨可滤出土壤中的自毒物质，有效降低自毒。在除掉老苜蓿时遇到干旱天气，应延迟播种时间。对于砂地，多次灌溉对自毒性作用的去除很有效，因此，在再次播种苜蓿之前高强度灌溉也可降低自毒作用。

图4-2　紫花苜蓿播种间歇时间的作用效果（另见彩图）

苜蓿地翻耕后，立即播种（a）、4 周后播种（b）以及 1 年后播种（c），所建苜蓿群丛受自毒作用的影响程度（资料来源：Cosgrove，1996，威斯康星大学河瀑分校）

第三节 草田轮作计划的制定

在草田轮作制实行之前，必须对当地的气象、土壤和水文等各种因素做详细的调查研究。同时必须综合考虑所选植物及牧草的生物学特性、经济学意义及经济效益，要根据其对土壤肥力、杂草、病虫害等的影响，正确配置作物与牧草，合理地安排轮种顺序。根据当地的条件制定轮作计划，推行草田轮作对作物及牧草的布局要做到因时、因地、因作物及牧草制宜。

制定草田轮作计划是比较困难的，它涉及的范围广而杂，要求有农业、草地、牧草、畜牧、经营管理等许多方面的知识。

一、草田轮作计划的设计原则

草田轮作计划的编制是否合理，对于一个生产单位的资源和土地利用、地力维持和发掘、生产的稳定性和高效性均具有极其重要的作用。为此，在编制草田轮作计划时，应遵循如下原则。

（一）生态适应性原则

选择和确定参与草田轮作的草种和农作物时，一定要选择适应当地生态环境条件的草种和农作物。只有适应当地生态环境条件，才能健康、旺盛地生长发育，并获得较高的产量。牧草一般选用多年生豆科牧草和绿肥作物、豆类作物。因为豆科植物的根系与根瘤菌结瘤，能固定空气中的氮素，从而提高土壤肥力。轮作中安排的牧草或作物要符合国民经济计划的要求，保证计划的完成。

（二）充分利用自然资源原则

设计轮作组合及轮作方式时，应力求充分利用当地的光、热、水和土地等自然资源，使系统的生产潜力得到最大限度的发挥。牧草生产是以营养体生产为主，在可利用的季节性闲田上种植适宜的牧草，利用营养体对光、热、水等环境条件进行植物性生产，不像籽实生产对光、热、水等条件要求那样严格。

（三）主栽作物原则

设计轮作组合时，应根据当地区域经济特点，选定种植面积或比例显著高于其他牧草或作物，或利用一年之中光、热、水等资源的最佳时段进行种植，在整个种植体系中占据主导地位的主栽牧草或作物。专业化、规模化是提高生产效率、形成市场竞争力的基础。因此，轮作体系中一定要有明确的主栽作物。当然，主栽作物不一定只有一种，但亦不能过多。其他草种和作物则为辅栽作物，应依据主栽作物的生产计划和生物学、生态学特性，以有利于主栽作物的生产为原则进行选定。

（四）经济效益原则

设计轮作组合时，应把整个系统经济效益作为轮作组合的设计目标，应尽量选择经济效益高的草种和农作物，并科学合理地进行搭配，以实现整个轮作系统经济效益的最大化。以粮食生产为主的草田轮作，牧草种植 2~3 年；以饲草生产为主的草田轮作，多年生牧草种植 4~6 年。轮作中多年生牧草安排在中耕作物之后，有利于防止杂草和虫害的侵袭，需氮素较多的作物安排在种植豆科牧草之后。由于多年生牧草第一年生长缓慢，所以，也可以与一年生的麦类或油料作物混种或间种，在油料或麦类收获后，牧草可以充分利用阳光、水分以迅速生长，这样不至于影响第一年的土地收入。

（五）市场需求原则

选择和确定参与草田轮作的草种和农作物时，首先要考虑市场需要哪些产品。只有市场需求的草种和作物才能列入选择范围。在市场经济不够发达的自然和半自然经济地区，家庭或企业自身的需求也是草种和作物选择的重要依据。

（六）简单化原则

设计轮作组合时，应力求简单化。越复杂，执行起来越繁琐，难度越大，也越容易出现问题。在满足草田轮作目标的前提下，轮作组合越简单越好。

（七）可持续发展原则

设计轮作组合及轮作方式时，应遵循可持续发展的原则。调节地力、改良土壤、固持水土等均是草田轮作的重要内容所在，也与可持续发展思想吻合，在轮作设计中应充分体现这些功能。合理安排轮作中各种作物的排列次序，可维持地力，并使地力有所发展。

（八）茬口适宜性原则

茬口特性是轮作设计的前提，不同作物的茬口适合接茬种植不同的牧草或作物。茬口适宜，后作病虫草害少，水、肥管理容易，产量高；否则事倍功半。因此，应充分了解各类草种和作物的茬口特性，依据茬口适宜性原则，设计出科学合理的轮作方式。原则上使每种牧草或作物都有较好的前茬，并使前作为后作创造良好的肥力条件和耕作条件。只要有利于地力维持和增产增效，轮作就可以种植牧草、绿肥或其他作物，可以施肥或运用间、混、套作等农业技术措施。同时安排前后茬时，主要牧草和作物安排在最有利的位置上，保证主要牧草和作物的高产，争取较大的收益。

（九）保证饲草饲料基地稳定性原则

对包含畜牧业内容的生产单位，在轮作中建立稳定的饲草饲料供应体系是编制轮作计划的重要项目，对于促进畜牧业发展、以农养牧、以牧促农、农牧并举具有重大作用。

二、草田轮作计划的设计方法

编制轮作计划既是技术工作，也是经济工作，要使其具有科学性，必须按一定方法和步骤进行。

1）查询资料，收集素材，深入研究，全面了解当地气候特征，正确选择轮作作物及牧草，合理利用各种资源，如水、电、土地、劳力、自然条件等。

2）合理安排，科学布局。确定轮作牧草和作物的种类及种植比例和种植地点是解决布局的关键点。在考虑轮作牧草和作物的种类时，应保证有相当比例的禾谷类作物和豆科牧草，应有一定比例的豆类作物，应有根茎叶菜类作物。在配置作物和牧草时，凡是要求多工、多肥、运输量大的作物和牧草，尽量安排在居民点附近的地段。

3）划分轮作区，确定轮作次序。当轮作所用的作物及牧草确定之后，轮作的具体实施可按如下步骤进行。

确定轮作类型、轮作区数及轮作区大小

按生产任务的属性确定轮作类型，根据轮作类型先把主要作物配置在相适应的土地上，然后再配置其他次要作物或牧草。按土壤种类和耕地性质划分轮作区，并配置相适应的作物及牧草，将每个区的面积及其耕种的作物或牧草进行编号登记。为便于管理，轮作区数尽量少些，轮作区面积也不可过大。

确定各种作物及牧草在轮作中的比重和轮作年限

根据各种作物或牧草在相应土地上的生产能力，确定主要作物或牧草和次要作物或牧草各自应占有的比重。主要作物或牧草比重不宜过大，否则就会重茬过多，对不耐连作的作物或牧草尤应注意。如果主要以发展养畜业、增进地力、防治病虫害和提高产量为目标，则在轮作中应使种植的牧草、绿肥和豆类作物播种面积相近，同一轮作中各种作物或牧草的面积比重相当或互为倍数。对于轮作年限而言，大田轮作以 4~5 年为宜，草田轮作以 6~7 年为宜，牧草与饲料作物轮作年限可达 8 年以上。

确定轮作次序，编写轮作计划设计书

在确定轮作次序时，应遵循的原则是尽量考虑亲缘关系的远缘性，没有共同土壤病虫害的作物或牧草，可以互为前后茬，力求避免相互感染。同时，也要考虑茬口养分的互补性，养分吸取量多的作物或牧草应与养分吸取量少的作物或牧草相搭配，以求彼此间的相容和互利。另外应从资源分配和利用上考虑，使需要劳动力多的作物或牧草与需要劳动少的作物或牧草相搭配，使各种机具在忙闲利用上彼此错开等。总之，合理的排序有助于增进地力和提高产量。在草田轮作的年限和次序拟定之后，编写轮作计划书作为备案资料和执行文件。内容包括：生产单位的基本情况、经营状况，生产任务和措施，轮作中各种牧草或作物品种的播种面积与预计产量等。同时编排简明的轮作次序表，并按计划逐年进行种植。如设计六年六区轮作计划方案（表4-1）。

表4-1 六年六区轮作计划方案

区别 年次	第一区	第二区	第三区	第四区	第五区	第六区
第一年	草木犀	山药	向日葵	胡麻	小麦	草木犀
第二年	草木犀	草木犀	山药	向日葵	胡麻	小麦
第三年	小麦	草木犀	草木犀	山药	向日葵	胡麻
第四年	胡麻	小麦	草木犀	草木犀	山药	向日葵
第五年	向日葵	胡麻	小麦	草木犀	草木犀	山药
第六年	山药	向日葵	胡麻	小麦	草木犀	草木犀

三、牧草轮作设计应注意的问题

1）一般来说，每一块地都是可以轮作的。如果主要以提高牧草产量为目的草田轮作，应选择在地势较平缓、土质肥沃、最好有灌溉条件的地段，同时要注意做到平整土地、精耕细作。但绿肥作物可以选择肥力较差、产量较低、对生产影响不大的地块。

2）根据轮作作物或牧草的数量和轮作年限，把轮作区划分成面积大致相应的小区。小区的形状最好是长方形，长宽比例约为 5：1，在斜坡地耕作区长度的方向应与等高线平行，以防止水土流失。

3）轮作中要注意豆科禾本科的合理搭配，同时不要在牧草的高产期到来时或高产期内进行轮作翻耕。

4）不同种牧草其再生性是不同的，要掌握好其刈割时期及刈割高度，利用好牧草的再生性，适时进行刈割。适时收获后，根据需要，调制优质青干草，注意通风，切忌雨淋，也可以进行青贮，同时要掌握青贮技术，确保青贮成功。

5）草田的管理主要是调整好播种期，适时播种，抓好出苗、成苗；中期要适当清除杂草，杀虫防病等。

四、草田轮作制度中饲草饲料供应体系的建立

在草田轮作中，不管出于何种目的的轮作，均不同程度地安排有饲草饲料生产，其规模与饲养牲畜种类和数量有关。如何做到周年均衡稳定地供应饲草饲料，就需要在轮作制中建立一个合理而高效的饲草饲料轮供体系。

（一）编制饲草饲料供需计划

饲草饲料生产主要为畜牧业服务，所以草料的供需计划应随着牲畜种类、性别、年龄和生产状态变化而变化。

1. 需求计划

家畜的日粮组成包括精饲料（高能量、高蛋白饲料）、粗饲料（粗纤维含量大于 18% 的饲草饲料）和青饲料（含水量大于 50% 的饲草）三类。由于家畜种类、性别、年龄和生产状态等的不同，它们对日粮的营养需求和采食能力表现不同，导致日粮中三类饲草饲料的比例和采食量也各有不同。因此，在编制饲草饲料需求计划时，首先应依据牲畜种类、性别、年龄、生产方式（泌乳、育肥、妊娠等）确定畜群类别及其在全年、各季、各月、各旬的周转状态和饲养量，然后根据各类畜群日粮的饲养标准和饲料定额，计算出各类饲草饲料在各旬、各月、各季乃至全年的需要量。

2. 供应计划

首先确定现有的饲草、饲料来源途径以及能够提供的饲草、饲料种类、数量和时期，

估算出其年度内产草量、载畜量和饲料作物种类及其栽培面积，然后再根据需要计划，结合饲养方式和自身生产能力以及存贮量，组织制定供应计划。

3. 供需平衡

饲草饲料生产具有显著的季节不平衡性，畜群虽然也具有年度周转的动态特性，但在饲草饲料需要上却没有太大的季节性差异。因而在编制供需计划和制定种植计划时应充分考虑这个特殊性。在调整各时期饲草饲料供需平衡时，充分运用草田轮作、间作、混作、套作及复种技术，做到饲草饲料供需在全年和各时期营养和数量上的基本平衡。为预防不可预见性事件，如自然灾害，一般要求在饲草饲料总需要量基础上增加精饲料5%、粗饲料10%、青饲料15%的安全贮备量，然后利用饲草饲料加工贮藏技术，解决饲草饲料供需的季节不平衡，如进行玉米青贮、秸秆氨化、牧草调制青干草等。此外，在生长季饲草饲料质优量多时，利用幼畜当年快速育肥出栏技术大力发展季节性畜牧业，这样既可解决草畜间生产性能上的季节不平衡，又可增加草田轮作的总效益。

（二）制定饲草饲料种植方案

依据当地气候条件和栽培条件，结合轮作技术的要求和饲草饲料供需平衡，制定种植方案。

1. 因时、因地、因畜选择饲草饲料种类

要求所选择的牧草饲料作物种类，首先，应能够很好地适应当地的气候条件和栽培条件，最好在当地有栽培历史。对于新引进的草种应在小面积试验之后，依据生长情况再考虑是否选用；其次，根据轮作技术要求，能够在轮作中与其他作物搭配使用，同时又能进行间作、混作、套作或复种；再者，种植牧草能够满足家畜的采食特性和营养需求，在生产性能上既具有高产优质的特点，又具有易于加工贮藏的特点。一般在饲草饲料生产中，苜蓿和玉米是首选物种，苜蓿适应性强，易于栽培，产量高，营养价值高，适口性好，容易调制成青干草，是家畜抓膘高产不可缺少的主要草种；玉米属高产精饲料作物，也是最主要、最优良的青贮料作物，一年四季均可供应青贮料，是青饲料轮供中主要的平衡饲料。

2. 合理布局，科学种植

在安排牧草饲料作物种植时，首先应确定主栽饲草饲料作物种植面积和地理位置，使其充分发挥生产性能，这是建立稳定饲草饲料基地的必要措施。然后，根据各种伴种饲草饲料作物的农艺性状和各时期饲草饲料供需情况，确定出各自的种植面积，通过启用零散闲地，调节播种期和利用期，选用不同成熟期品种，以及采用间作、混作、套作和复种技术，使布局更合理，利用更科学。对不足种植面积的饲草饲料作物，另行辟地种植，并纳入轮作体系中。在确定各作物或牧草种植面积时，必须系统地分析各作物或牧草单产的历史资料，否则计算出的种植面积不准确，同时影响饲草饲料的供需平衡，进而将导致畜牧业生产紊乱。

第四节　国外草田轮作的主要形式

世界各地因自然条件、种植植物种类、生产水平等方面的差异，形成了复杂多样的轮作类型。其中较为典型的是美国的夏季休闲轮作制（summer fallow farming）和澳大利亚的牧草轮种农作制（ley farming）。

一、美国草田轮作的主要形式

美国的夏季休闲轮作制形成于 1910 年，但在 20 世纪 30 年代后才得到迅速发展，到 1970 年，美国西部就推广到 1500 万 hm^2。夏季休闲轮作制不仅包括一年一作的轮作制，而且包括两年一作、三年两作等轮作制。在大平原北部及中北部多采用冬小麦→休闲制；大平原南部采用春小麦→休闲→籽用高粱（或玉米）轮作制。目前对夏季休闲轮作制的看法尚存分歧，支持者强调在水分保持、杂草控制、稳定作物产量等方面所起的积极作用，批评者则指出夏季休闲轮作制使水蚀、风蚀加重，土壤有机质下降，以及出现的土壤贮水大量损失等多方面的问题。对此，近 20 年来，科学家们通过大量试验研究，对夏闲制进行改进，主要措施有：①改春小麦为冬小麦，或改两年一作为三年两作制，从而缩短休闲时间；②采用休闲期留茬覆盖，控制土壤水分物理蒸发；③休闲农田秋季密播小麦等作物，以其绿色体覆盖地表，使无效的物理蒸发化作有效的植物蒸腾，并于冬季放牧牛羊，增加产值。

牧草与作物轮作已成为美国西部土地利用、培肥改良土壤与可持续农业最基本的耕作制度。美国中西部旱区也十分重视人工种植牧草，发展草地农作制。自北美洲 20 世纪 30 年代黑风暴以后，美国为了控制土壤侵蚀，改善生态环境，在中西部地区严格禁止乱垦滥伐，大力倡导人工种植牧草。目前，在年降雨量仅 300mm 左右的半干旱地区，人工种植苜蓿面积达 1100 万 hm^2，占世界总面积的 57%。不少专家认为，正是由于抓住了以种植牧草为中心的水土保持和以豆科牧草为纽带的农牧结合，才给美国中西部农民真正带来了富裕。

轮作技术涉及牧草及作物品种、种植年限、刈割次数、产量变化规律及灌溉与旱作等农艺措施。不同地区不同秋眠级苜蓿可刈割次数不同。加利福尼亚州南部每年可刈割 8~10 茬，苜蓿种植的高产持续年限只有 3~4 年，而其他地区苜蓿每年可刈割 3~7 茬，从种植与劳动力成本的角度考虑，生产维持年限可适当增加 1~2 年。如 Hayday Farms 公司在 Palo Verde 河谷地，苜蓿每年刈割 9 茬，3~5 年后轮作 1 年禾草（苏丹草）或轮作多年生禾草（klein）4~5 年后，重新种植苜蓿。威斯康星州中西偏北部半湿润气候区，苜蓿每年可刈割 3~4 茬，高产持续年限只有 3 年，第三年时土壤氮含量也达最高（1.5g/kg），第四年苜蓿草产量减产达 20%，此后产量逐年快速降低。出于后茬作物高产、减少施肥、改良土壤生态环境、培育土壤可持续生产力等多因素考虑，威斯康星州立大学牧草学家 Dan Undersander 教授建议当地苜蓿种植第三年后翻耕，轮作 1~2 年小麦、玉米或其他作物，也可种植 1~2 年禾本科牧草。相对干旱地区苜蓿可种植 4~5 年后，翻耕轮作其他作物或禾本科牧草。

　　威斯康星州土地平整肥沃，雨热适中，以大面积玉米、苜蓿种植和规模型肉牛、奶牛养殖为主体农业。以生产高质量的乳制品和牛肉为核心，围绕家畜养殖场进行苜蓿、全株青贮玉米或其他作物的种植，真正实现了高效、生态的种养一体化。在这个体系中，苜蓿已成为奶牛、肉牛不可或缺的饲草，苜蓿草地镶嵌于作物田中，星罗棋布，处处都有，且不断地进行种植轮作。

　　加利福尼亚州 Sacramento Valley 河谷地区酸性土壤易板结，通过喷撒草木灰，幼苗期喷灌保持地表湿润，以防止酸性土壤地表板结，保证苜蓿出苗率。小麦后茬播种苜蓿前进行两次翻耕，两次灌水是杂草控制的理想方式；成苗后改为漫灌进行生产，是典型的漫灌与喷灌有机结合的灌溉技术；在苜蓿田高产稳产的维持管理方面，以每平方米的苜蓿割茬枝条数密度与产量的关系，来预测苜蓿的潜在产量十分有效。如每平方米435~600 个割茬枝条数为高产稳产密度，每平方米 435 个枝条数以下是产量开始下降的临界割茬值；又如威斯康星大学利用比对标准彩色图谱，检查根颈区的颜色与根冠新生枝条数与均匀性，来判断苜蓿的越冬能力，作为苜蓿田是否需要更新的依据。

　　在洛杉矶 Palo Verde 河谷地区，Hayday Farms 公司进行小面积苜蓿免耕种植试验。据介绍，免耕种植的苜蓿虽然投入低，但与耕作型生产方式相比，生长慢、高产期来临迟、产量低，效益明显差，在商品草生产中无应用潜力，仅因人工、机械周转困难等原因，无盈余时间耕翻土地而又不致耽误农时时，会被动采用少量面积的苜蓿免耕种植。

　　由于家畜不能单独饲喂苜蓿，常常采用苜蓿青干草或青贮草与青贮玉米及精料等通过混合形成全混合口粮（TMR）饲草饲喂家畜，或苜蓿草中添加作物秸秆饲喂，保障瘤胃健康。随着对可消化中性洗涤纤维（DNDF）概念的提出和重视，添加的作物秸秆将被禾草替代，进行苜蓿和禾草间作或混作，生产混合草，也可以减少苜蓿青贮难度。苜蓿与禾草混作种植成为建植刈割型草地的新方式。因此，为了直接从种植上实现苜蓿与其他饲草的混合，达到高产与理想的营养结构，各研究机构和大学正在开展苜蓿与禾草的混作试验研究。犹他州 Logan 市的美国农业部牧草与草原研究所（FRRI）开展苜蓿与鸭茅混作，通过苜蓿与鸭茅花期控制基因的筛选研究实现同期开花收获方面的技术，实现刈割型豆禾混作草地收获生育时期的一致性，以保证商品干草的产量和质量。威斯康星大学开展苜蓿与羊茅（高羊茅、草地羊茅）不同间隔播种期、不同播种量试验，研究豆禾牧草混作技术，同时苜蓿与其他一年生黑麦草、鸭茅、苏丹草等不同禾草的间作也在进行。

　　20 世纪 70 年代，美国提出牧草互补系统（forage complementary system），其中最核心的问题是在多年生草地上补播一年生牧草，或者利用一年生冷季型、暖季型牧草生长习性的时空差异互补性来延长其营养生长时间，并提高单位面积干物质产量，减少牧草干燥过程中的干物质损耗及成本。这种方法就是在不破坏原有植被的情况下，在多年生（通常禾草占优势）干草草地或放牧草地中直接建植牧草的一种措施，这就是在美国当时广泛使用的草皮直播（sodseeding）术语，这种播种方法在美国南方应用多年。最常见的有两种情形：一种是在南方的北部地区，在高羊茅、草地早熟禾或鸭茅草地上补播豆科牧草（苜蓿、红三叶、白三叶）；另一种是在南方的南部地区，在休眠的多年生暖季型禾草尤其是巴哈雀稗或狗牙根草地上，补播冷季型一年生禾本科草或豆科牧草。

　　Hoveland 等（1978）在阿拉巴马州报道，在海岸狗牙根草地补播一年生黑麦草可以从 178 天的放牧时间延长至 240 天。在北部佛罗里达州的研究表明，在阿根廷巴哈雀稗草地上，小麦、黑麦、绛三叶、箭三叶的混合播种可增加牧畜对蛋白质的补充。

在美国，利用一年生冷季型、暖季型牧草进行搭配，这样不仅能提高牧草的产量和质量，还可以延长放牧的时间，减少家畜对干草需求的数量和时间，为家畜提供充足养分。最常用的冷季型一年生牧草是一年生黑麦草和一些禾谷类作物，而一年生暖季型牧草是珍珠粟、苏丹草、高丹草和马唐等。

在此基础上，美国提出几种冷季型、暖季型互补牧草生产系统来增加肉牛的生产。主要有天然牧场-小麦/苏丹草系统（NR-W/S）、改良的多年生禾草-小麦苏丹草系统（IPG-W/S）。小麦/苏丹草系统（W/S）被评估为最有实力的牧草肉牛生产系统。采用冬季种植冬小麦和黑麦草，夏季种植苏丹草、珍珠粟和杂交高粱的复种制度，可使本系统中每头小阉牛增重 162kg。

二、澳大利亚草田轮作的主要形式

（一）作物连作

从 19 世纪 30 年代首批移民定居澳大利亚后，曾采用连作农业制度，在旱地主要连作种植小麦、大麦等粮食作物，或采用小麦（或大麦）→休闲农作制。这种长期连作制在众多地方引起了土壤结构破坏、肥力下降、土坡侵蚀严重的发生，土壤肥力每况愈下，作物产量大幅度降低，小麦产量在 30 年间下降了 43%左右。由于饲草饲料的严重缺乏，天然草地过度放牧使得生态环境遭到前所未有的破坏。

（二）作物-豆科牧草轮作

20 世纪 40 年代以来，经过农民和农业科学家的长期研究和实践，在澳大利亚南部旱地农业区推行小麦与一年生豆科牧草（一年生苜蓿和白三叶）轮作，同时对苜蓿地使用少量磷肥等配套技术，代替原来的休闲农作制。到 1960 年，这种轮作制已被40%的农场采用，产生的经济效益非常显著。如南澳的谷物产量由 50 年代的 9.9 亿 kg猛增到 80 年代的 19.4 亿 kg，增长了 96%，羊的饲养量增长 85.7%，羊毛总产量增加了 140.4%等。作物→豆科牧草两年轮作制的成功应用，使南澳的种植业与畜牧业有机结合，二者相互促进，协调发展，创造了世界闻名的小麦-绵羊农作系统。20 世纪 70年代以后，澳大利亚将苜蓿引入农田中，建立了草田轮作制度，同时配施磷肥，才使澳大利亚的粮食生产得以恢复，农业生态环境得到日益改善，畜牧业和农业得到双重发展。澳大利亚发展了南澳的旱农经验，在北部热带半干旱地区试验成功高粱（玉米）与一年生的热带豆科牧草（主要是柱花草）轮作制，进一步发展形成了高粱（玉米）-肉牛旱地农作系统。进入 90 年代以来，澳大利亚肉牛出口仅次于羊毛，迅速超过小麦、大麦等传统农畜产品国际贸易地位，在国际市场上占据了 23%的贸易份额。豆科牧草轮种农作制解决了澳大利亚旱地农业面临的困境，改善澳大利亚半干旱区生态环境，同时促进畜牧业发展，使农业生态系统进入良性循环，是澳大利亚旱地农业的重要法宝。

（三）牧草混作

澳大利亚和新西兰将三叶草与其他牧草（紫花苜蓿、黑麦草、滨藜、菊苣、蜗牛苜蓿）混作、牧草与灌木混作、施石灰和施肥（主要是磷肥）可以增加土壤肥力和牧草产量，紫花苜蓿单作或与其他牧草混作，在灌溉和自然降雨条件下其产草量较高，具有较强的抵抗叶部病害的能力，同时提高家畜（牛、羊和鹿）的生产能力。

（四）作物种植与草地放牧相互交替

根据自然条件，澳大利亚逐步形成和发展了一种综合性农作物种植和草地放牧相互交替的农牧制度，是谷物生产与畜牧生产相结合的制度。近些年澳大利亚将一年生苜蓿引入种植制度，建立小麦（或大麦）-一年生苜蓿（或三叶草）草田轮作制。澳大利亚对苜蓿-作物轮作的研究表明，苜蓿根瘤固氮可为后茬小麦提供充足的土壤氮供应，并提高土壤中有效氮水平。

黑麦草或黑麦草和三叶草（混作）是澳大利亚亚热带区主要冷季型牧草。饲用狼尾草是澳大利亚亚热带区主要牧草。黑麦草对冠柄锈菌的抵抗能力高于燕麦。可见，实行豆科牧草轮种和农牧结合的农作制度是澳大利亚旱地农业的主要经验。正如澳大利亚人所总结的"苜蓿和三叶草是南澳农业成就的基础"。

三、其他国家草田轮作的主要形式

欧洲各国在工业快速发展时期，曾过度依赖化肥、农药，利用其发达的农业机械设施在中部地区连续多年种植玉米，传统的轮作制度被人们所忽视，结果，土壤受到严重侵蚀，土壤肥力显著下降，病虫害及杂草危害猖獗，玉米产量降低，经济效益受到重创。后来认识到化肥、农药、农业问题的严重性，为了保证农业的可持续发展，强制要求实行轮作制。德国、荷兰、英国、法国、奥地利等欧洲国家，农业用地中人工草地面积占农业用地的 50%以上，大田耕作全面推行粮草轮作制，既稳定了粮食产量，又保持了优质饲草饲料的周年供应，农业、畜牧业生产均得到长足发展。南美洲的阿根廷，从 20 世纪 70 年代后期开始重视有机农业的发展，全面推行粮草、粮豆轮作（或间作）制，定期轮作豆科作物也成为主要的种植模式，代替了大量化肥的使用，走了一条农牧结合的农业发展道路，畜牧业和种植业同步发展，使阿根廷的农牧产品在国际市场具有较强的竞争力。

欧洲各国种植最多的豆科牧草是白三叶。据不完全统计，欧洲一半的国家建植禾草/三叶草混作草地，拉脱维亚、爱沙尼亚和立陶宛进行禾草/白三叶混作和三叶草单作面积分别占农业用地的 7.7%、5.3%和 4.4%；德国、拉脱维亚、罗马尼亚和立陶宛的种植面积均超过 $1 \times 10^5 hm^2$；禾草/白三叶混作在瑞士具有悠久的历史，过去 30 年，瑞士禾草/白三叶的混作面积增加了 15%，为青贮玉米种植面积的 4 倍，成为该国饲草生产的支柱。

苜蓿、红豆草和草木樨在欧洲国家种植面积较小。但由于紫花苜蓿比较抗旱，已成为意大利、罗马尼亚、西班牙、法国、保加利亚和匈牙利的重要牧草作物。红豆草和草木樨在罗马尼亚、希腊、拉脱维亚、西班牙和捷克等国种植面积较大，在斯洛文尼亚、爱沙尼亚、波兰和匈牙利也有种植，但面积较小。虽然豆科牧草对欧盟的畜牧业生产必不可少，但随着集约化家畜生产的发展，许多牧场逐步以青贮玉米和栽培禾草取代了豆科牧草。如过去 40 年，法国的苜蓿和三叶草种植面积减少了 75%，而青贮玉米面积快速增加。在北欧地区的许多国家，主要以整株青贮的谷物作为饲料，如小麦、大麦、燕麦或小黑麦，该类饲料作物主要采用秋播和春播，而且不是在传统的适宜青贮时期被收获，而是在完全成熟期收获利用，干物质含量为 30%~60%。

发达国家十分重视草田轮作制度的推广及应用，大多数发达国家都是以草业为主，其用多年生牧草与一年生作物倒茬轮换，推行草田轮作制度，既可保证牧草和作物产量，又可不断恢复和提高地力，因而这些农田种植牧草多的国家也是粮食单产高、总产量高的国家。

第五节　我国草田轮作的主要形式与典型模式

一、我国草田轮作的主要形式

草田轮作的最早雏形是作物和绿肥的轮作。绿肥指所有能翻耕到土壤里的植物营养体作为肥料用的绿色植物，绿肥植物和饲用植物在生物学特性、种类和经济利用等方面是有区别的，但一般从农业生产的经济效益和植物的综合利用考虑，二者又不宜分割。一种植物既可作为绿肥植物又可作为饲用植物，而且，我国的牧草在绿肥植物中占有绝大部分比例，主要包括紫云英、紫花苜蓿、草木犀、黑麦草、箭筈豌豆、毛苕子、沙打旺、红豆草、小冠花、三叶草、无芒雀麦、冰草、老芒麦、披碱草、百脉根、山黧豆、秣食豆和田菁等。

采用短期牧草、绿肥作物与当地大田作物轮换种植，能丰富土壤中的氮素和有机质，培肥地力，改良土壤，其中尤以禾谷类作物和豆科作物轮作的模式最为常见。这是由于禾谷类作物对氮吸收的数量多，豆科作物吸收钙、磷多。实行合理轮作，有利于均衡利用土壤中的养分。同时，作物的残茬落叶与根系是补充耕层土壤有机质的重要来源，不同植物残留有机质的数量不同，豆科植物残留有机质的数量多富含钙质，而且还能通过根瘤菌固定空气中的氮素，来改善土壤中氮素状况。通过豆科植物和其他禾谷类作物轮作，有利于调节土壤有机质状况，恢复和改善土壤结构，提高土壤肥力。草田轮作的形式多样，其轮作模式和年限也不尽相同，依据轮作体系在生产中担负的主要任务不同概括起来主要有以下几种形式。

（一）传统草田轮作

这是一种通过耕地的休闲、轮歇、压青等，恢复地力后再种植牧草或作物的轮作形式，该轮作方式由来已久，至今沿用，是现代草田轮作的雏形。它的好处是普及面广、年限短、周期快。缺点是浪费耕地，农业收益很低。

（二）大田轮作

在不影响粮食作物生产的同时，根据当地的实际情况种植牧草饲料作物、绿肥作物和农作物，以牧草生产或作物生产为主要任务的轮作，称之为大田轮作。大田轮作中，一方面生产饲草饲料供畜牧业养殖需要；另一方面借以改良土壤，提高土壤肥力，为后茬作物创造丰产条件。冬种黑麦草-春种晚水稻-秋种甘蓝或箭筈豌豆、紫云英等，冬种黑麦草-春种早玉米-夏种晚稻等均是兼顾牧草生产、作物生产和用地养地结合的南方主要大田轮作方式。

（三）集约型农业草田轮作

应用集约化耕作栽培措施，通过对牧草进行间作、混作、套作等形式，在小范围内充分利用光、热、水、土资源，实行集约化种植，达到既养地、增加土壤肥力，又增加效益的轮作形式。这种草田轮作方式较为先进、科学。这种轮作方式主要集中在灌溉地区。具体的轮作形式如下。

间作轮换：两种不同的作物或牧草隔行种植，定期轮换。如葵花间作草木犀，一般一垄葵花两垄草木犀，葵花大垄宽 70cm 左右，草木犀小垄宽 20cm 左右。葵花每亩产量可达 100~200kg，草木犀亩产鲜草可达 1000~2000kg。

混种轮作：将两种以上的牧草或作物的种子按比例均匀地掺和在一起，同时播种。有一、二年生牧草与作物的混种，也有多年生豆科牧草与作物套种轮作，即在作物没有收获之前就播种牧草。如玉米间种小麦，小麦套种草木犀。一般玉米间种小麦时，玉米 2 行或 4 行，小麦 6 行或 2 行。小麦套种草木犀时，一般在小麦连作三茬前后套种草木犀。

复种轮作：一个生长季内，在牧草或作物收获后进行翻耕（也可不翻耕）、平整土地，再种植作物或牧草。如小麦复种草木犀，草木犀亩产鲜草可达 2000kg 以上。可复种的牧草品种有草木犀、毛苕子、豌豆、燕麦、芜菁等，作物有萝卜、白菜等。

单种轮作：在牧草或作物收获后进行翻耕、平整土地，再种植作物或牧草的单种模式，即在同一地块上连续种植同一高产优质牧草，几年后再轮种作物。如小麦套种紫花苜蓿，紫花苜蓿 5 年后再轮种小麦。

因不同区域存在资源条件的差异，各种草田轮作形式不尽相同。轮作年限主要取决于栽培牧草的高峰产草期或有效利用期的长短，如苜蓿的有效利用期可维持 4~7 年，红豆草的有效利用期可维持 3~4 年，相应的草田轮作模式可为：苜蓿（4~7 年）→冬小麦（或春小麦、玉米等其他作物），红豆草（3~4 年）→冬小麦（或春小麦、玉米等其他作物），后茬作物种植年限随水肥状况而定，一般种植 1~2 年。

（四）粗放型农业的草田轮作

粗放型农业的草田轮作就是在大面积的坡地或平地种植一、二或多年生牧草，在小块分散的土地上进行作物倒茬，即所谓的大块轮换小块倒茬。目前也有小块轮换倒茬。这种轮作主要集中在对自然条件依赖较多的农区、半农半牧区。

这种草田轮作的优点是适合于土质差及干旱的地区，牧草种植连片集中，便于管理利用。缺点是时间长，周期慢，一般为 3~7 年。

（五）饲草饲料基地草田轮作

饲草饲料轮作是以生产饲草饲料为主，兼顾种植农作物，又称饲草饲料田轮作或草料轮作等。该轮作方式主要在牧区的草库仑、家庭牧场以及集体或国有牧场中进行。其主要优点是大田轮作，集中管理，肥力水源充足。轮作周期一般为 4~7 年。主要种植生长快、产量高、品质好的牧草饲料，以一、二年生的短期生长的牧草为主。适于这种轮作方式的牧草饲料有黑麦草、冬牧 70 黑麦、甘蓝、墨西哥玉米、苏丹草、杂交高粱、玉米、箭筈豌豆、紫云英、红薯、马铃薯、齿缘苦荬菜、籽粒苋等。如冬种黑麦草→春种墨西哥玉米（或苏丹草）→秋种甘蓝（或箭筈豌豆），冬种箭筈豌豆（或黑麦草）→春夏种玉米→秋种甘蓝。

（六）全舍饲方式下的草田轮作

全舍饲方式是将饲草饲料全部收割后运回畜舍饲喂的方式。全舍饲方式的草田轮作，要综合考虑家畜对饲草饲料的需求、前茬后作衔接、用地养地结合等因素。例如，适于猪和奶牛的舍饲草田轮作模式：第一年谷子间作、套作苜蓿→第二年苜蓿收割调制干草→第三年苜蓿放牧或青刈→第四年种植饲用瓜类→第五年种植甜菜→第六年种植青贮玉米→第七年种植马铃薯→第八年大麦间作、套作绿肥→第九年青贮玉米；适于舍饲种畜或幼畜的草田轮作模式：燕麦混（间）作普通苕子（或毛苕子）→冬大麦→黑麦→芜菁（或普通苕子）→青刈玉米→普通苕子（或毛苕子）→胡萝卜。

种植的饲草饲料作物以生长快、产量高、品质好的多汁性根茎叶菜类饲料作物及青贮作物为主，如甜菜、胡萝卜、饲用瓜类、马铃薯、青刈玉米、青贮玉米、青刈燕麦等；牧草以一、二年生速生优质牧草为主，如黑麦草、苏丹草、毛苕子、普通苕子、草木犀等；精饲料有玉米、燕麦、大麦、豌豆等。

二、我国牧草轮作的典型模式

随着畜牧业的大力发展，草田耕作制度在我国北方和南方均发展迅速。我国南方逐步形成了以柱花草和多花黑麦草为主的种植模式，北方呈现以紫花苜蓿、多年生黑麦草为主的种植模式，并且已经在生产中应用推广。邢福等（2011）依据文献报道归纳总结了我国草田轮作的 7 种成熟模式。需要明确的是全国各地的草田轮作模式可能远远不止这些，可能有其他轮作模式尚没有被记录和报道。

（一）南亚热带地区"多花黑麦草-水稻"等轮作模式

多花黑麦草别名意大利黑麦草或一年生黑麦草，为禾本科一年生植物，原产于地中海沿岸、北非及亚洲西南等地。它是欧洲最古老的牧草之一，作为刈割、放牧的主要草种，在世界各地广泛栽培。澳大利亚、新西兰、美国、日本等国及西欧广泛种植，将其作为奶牛、肉牛和绵羊的主要饲草。我国从 20 世纪 40 年代中期引进，开始在华东、华中及西北等地区种植。

我国西南地区气候特点与美国南方非常相似，针对我国南方热带、亚热带气候区域，特别是四川盆地农牧业结构调整的需要，提出"饲用玉米-黑麦草"草地农业系统（corn-ryegrass system，CRS），是典型的冷、暖季型牧草互补系统。CRS 在保留南方坡耕地传统种植玉米的基础上，改籽用玉米为饲用玉米，利用夏秋种植饲用玉米，冬春农闲耕地种植多花黑麦草。由于能优化饲草饲料的时空结构，并较好地利用当地光、热、水资源，可以建成高效的草地农业系统。

1990 年，杨中艺开始在广东省深圳市研究建立"多花黑麦草-水稻"草田轮作系统，将多花黑麦草引入我国南亚热带草田轮作体系，主张在我国南方地区实行"多花黑麦草-水稻"草田轮作（杨中艺等，1990）。具体地，就是在水田冬闲期栽培多花黑麦草生产优质青饲料，使粮食作物和饲草饲料作物的争地矛盾得以缓解。多年来，对"多花黑麦草-水稻"草田轮作系统的增产肥田效应与生态机理、高产栽培技术以及综合效益等方面进行了较为全面而深入的研究。试验证明，"多花黑麦草-水稻"草田轮作系统能够适应我国南亚热带水田冬闲期的气候条件，中、晚熟多花黑麦草品种具有比较明显的产量优势。轮作系统中多花黑麦草后作的早稻、晚稻平均增产幅度达 10%。

我国南方还有"多花黑麦草+光叶苕子-玉米"轮作模式、"多花黑麦草+光叶苕子-高丹草"轮作模式以及"多花黑麦草-玉米"轮作模式。另外，还筛选出了适合我国南方稻区的"紫云英-早玉米-晚稻"等轮作模式。

为实现四季供应青饲草，我国一些研究者在长江中下游地区对几种冷、暖季型牧草搭配的生产模式进行了研究。研究的饲草系统主要有象草+白三叶/箭筈豌豆、苏丹草/印度更豆-黑麦草、饲料玉米-白三叶/箭筈豌豆几种轮作形式等。

总体来看，我国南方应用较广的草田轮作模式为"黑麦草-水稻"草田轮作模式，是在水田冬闲期栽培多花黑麦草，应用该模式每公顷水田在冬闲期可以生产 64~87t 优质青草，从而缓解了我国南方缺乏青饲料生产用地的问题，在水田冬种多花黑麦草后，后作水稻产量平均提高了 10%。目前，适应南方稻区发展的草田轮作模式还有紫云英-玉米、紫云英-水稻、黑麦-杂交狼尾草、小麦-杂交狼尾草等。水稻-黑麦草、水稻-紫云英、水稻-光叶苕子等也是比较常见的草田轮作模式。此外，还有粮草套种、果草间种、林草间种等模式。从实践来看，这些模式确是一条提高土地利用率、改善生态环境、提高农民经济收入的可行途径。另外，还有多花黑麦草+紫云英-水稻、多花黑麦草+金花菜（南苜蓿）-水稻、多花黑麦草+白三叶-水稻等轮作模式，均可获得较高的总生产量。

（二）甘肃"冬小麦/豆科牧草-玉米"等轮作模式

甘肃省可能是我国草田轮作试验研究较多、民间轮作模式较多样化的省份之一。兰州大学通过对甘肃庆阳地区的 51 种不同轮作复种模式进行系统评价，发现其中 8 种轮作模式明显优于其他种植系统。其中，"冬小麦/一年生豆科牧草-玉米"模式、"冬小麦+草木犀-草木犀/冬小麦"模式比较适宜当地推广。这些轮作模式经营粗放、管理简单、投资少、效益高，适宜于人少地多、土壤贫瘠、土地投资投能不足的残塬沟壑区及塬边或山地梯田。在甘肃陇东地区，常用的轮作方式为"紫花苜蓿（6~8 年）-谷子（或胡麻）-冬小麦（3~4 年）"，或者"紫花苜蓿（3~5 年）-玉米（套大豆）-冬小麦"；陇中地区为"紫花苜蓿（5~8 年）-糜（或稻）-马铃薯（或豌豆）-小麦（3 年）"。另外，甘肃武威川地灌区"小麦套种草木犀-翻压绿肥种植玉米-单种小麦"的三年三区轮作模式，增产和提高土壤肥力效果也十分明显。

（三）陕西及周边等地的"紫花苜蓿-冬小麦"轮作模式

陕西关中、山西晋南在秋季将紫花苜蓿与冬小麦混种；山西西南紫花苜蓿与春小麦轮作，紫花苜蓿后茬小麦可连续增产 3 年，增产幅度 30%~50%，小麦蛋白质含量提高 20%~30%。内蒙古乌拉盖地区紫花苜蓿与小麦轮作或混作小麦，效益比小麦连作高很多。

（四）新疆八区、六区草田轮作模式

自 1963 年开始，地处天山南麓山间小盆地的新疆生产建设兵团农一师四团一连坚持八区草田轮作制度（六粮二草），全连平均粮食单产 3150kg/hm^2。其中，轮作区内粮食单产 3136.5kg/hm^2，非轮作区粮食单产仅 2500.5kg/hm^2，轮作区比非轮作区增产 25.5%。该连多年探索出较成功的轮作模式为"紫花苜蓿-紫花苜蓿-冬小麦-冬小麦+绿肥-玉米-玉米-水稻+基肥-春小麦+紫花苜蓿"。这种方式高秆和矮秆作物交替种植，连作最多 2 年，增加了水旱轮作，充分利用了土壤中的养分，增加了绿肥和基肥，达到了产量稳步上升、地力不断提高的目的。另外，新疆生产建设兵团阿克苏农垦四团采取八年八区轮作制，轮作模式为"小麦+紫花苜蓿-紫花苜蓿-紫花苜蓿-玉米-玉米-玉米-水稻-小麦+草木犀"。把紫花苜蓿、草木犀引入农田，使土壤有机质和氮素含量分别增加 2 倍和 1 倍，小麦产量较单产提高 1 倍多。

科研人员在乌鲁木齐市五一农场进行了"紫花苜蓿（2 年）-冬小麦-冬小麦-绿肥-玉米-油料+紫花苜蓿"六区草田轮作试验。其中，油料作物是油菜或者油葵。六区草田轮作中，紫花苜蓿面积占地 1/3，冬小麦面积占地 1/3，玉米和油料作物面积占地 1/3。经过一个轮作周期，小麦、玉米、油料作物的平均产量比对照（农田）分别增产 37.74%、42.39%和 29.10%，而且经济效益显著。

（五）东北平原区"玉米-向日葵-草木犀"轮作模式

东北平原区位于我国农牧交错带的东段，具有开展粮草轮作的生态条件，但同时也是我国重要的粮食产区，农作物用地与饲草饲料用地矛盾比较突出。在东北平原引草入田，发展农区草业，对缓解人地矛盾、草畜矛盾有重要意义。粮草轮作提高了轮作单位土地的产值，玉米-苜蓿轮作，可以增产粮食，又生产了优质饲草-秸秆和优良饲料。在吉林省长岭县和农安县以牧草连作、草经轮作、粮草轮作或粮草经轮作的生态效益较好，而玉米连作的生态效益较差。引草入田后，草地农业生态系统优化生产模式仍以玉米为主，但应适当增加紫花苜蓿、草木犀等豆科牧草的比例。轮作中加入向日葵、烟草等经济作物可以提高粮草轮作的经济效益。在东北平原地区，以玉米（1~2 年）-向日葵-草木犀（1~2 年）轮作较为适宜。东北平原区优化的草田轮作组合为：向日葵（1 年）-草木犀（1~2 年）-玉米（1~2 年）；草木犀（2 年）-玉米（1~2 年）-烟草（1 年）-大豆（1 年）-

玉米（2年）（表4-2）。

表4-2　草粮轮作类型的产量和经济效益比较　　　　　　　　（单位：元/hm²）

轮作类型	轮作顺序	总产值	总支出	净产值
玉米连作	玉米-玉米-玉米	4635	1278	3357
粮豆轮作	大豆-玉米-高粱	6795	1236	5559
粮草轮作	草木犀-草木犀-玉米	6570	682	5888
粮草经轮作	向日葵-草木犀-玉米	8445	862	7583
草经轮作	草木犀-草木犀-向日葵	8415	564	7851
牧草连作	苜蓿-苜蓿-苜蓿	5040	384	4656

资料来源：祝廷成等，2010

（六）东北嫩江西岸粮草七区轮作模式

位于黑龙江省嫩江西岸的甘南县查哈阳农场，属寒温带大陆性气候，年平均气温1.76℃，年降水量平均443.27mm，无霜期115~120天，适宜水、旱田作物生长。自1987年开始在新立分场种植紫花苜蓿，实行粮草轮作、肥田、养牛和提高经济效益的探索，采用粮草七区轮作模式，即三区紫花苜蓿、二区小麦、一区杂粮（玉米）、一区甜菜或大豆。第三年翻压一区紫花苜蓿，以后每年种一区紫花苜蓿翻压一区紫花苜蓿。1990年开始大面积推广，参加轮作种植的牧草面积达4166hm²。经过6年种植紫花苜蓿实行草田轮作的实践，取得了奶牛业大发展以及农业增产的效果。

（七）西藏草田轮作模式

西藏草田轮作现状受自然气候和经济条件的影响，西藏种植业一直采取广种薄收的粗放经营模式，各地农牧业状况主要受海拔的限制，其中海拔3000~4100m的耕地面积，约占西藏可耕地面积的70%，是以种植业为主的地区。近年来，为追求粮食生产，农区实行大面积麦类作物连作，随着种植面积的不断扩大，轮歇面积逐年减少，加之管理跟不上，土壤不同程度地发生次生盐渍化和肥力下降现象，使耕地用养失调，农田内部生态种群难以协调。同时，大多数地区土地在麦类作物收割后一直处于闲置状态，造成光、热、水资源的浪费。为提高农作物产量，只有更多地依赖于化肥，而大量使用化肥、农药，使生产成本增加，并且增加了对资源和能源的压力，还易引起土壤次生盐渍化和理化性状变差，导致土壤养分失衡、地力衰退，疾病、虫害、杂草猖獗。

西藏地区海拔高，气候冷凉，无霜期短，参与轮作的豆科牧草具有少年生、生长迅速的特点。较常用的一年生牧草有豌豆、草木犀、毛苕子等。边巴卓玛（2006）对西藏高寒农区草田轮作效益进行了研究，在直接的经济效益分析中，净收入最高的是紫花苜蓿-青稞-小麦系统，它的净收入是小麦-小麦-小麦系统的1.07倍，箭筈豌豆-青稞-小麦系统和小麦-青稞-小麦系统的净收入分别是小麦-小麦-小麦系统的0.93倍和0.06倍。饲用豆科牧草的经济效益高，在草食家畜不断发展的条件下，豆科牧草具有良好的推广前景。豆科作物与麦类作物实行合理的轮作，是培肥地力，提高产量，降低成本，保证粮食生产持续、稳定、协调发展的有效途径。在轮作方式上，结合过去的研究结果，认为农区应以箭筈豌豆→青稞→小麦和紫花苜蓿→青稞→小麦两种轮作方式为宜。

西藏自治区农业部门把种植绿肥作为全自治区农业技术重点推广项目之一，大面积推广粮草轮作。把作物布局的"三三制"（即青稞、小麦、豆类和油菜的播种面积各占三分之一，三年为一个轮作周期）和日喀则地区部分区实行的四年轮作制（即春青稞-小麦豌豆混作-小麦-油菜豌豆混作）作为全区重点农业增产措施来抓，效果显著。西藏山南的乃东县，拉萨市的达孜、堆龙德庆、曲水等县有条件的地方，示范推广了箭筈豌豆、毛苕子、雪莎、圆根等绿肥饲料作物的复种、套作及轮作技术，效果十分明显。将轮作中的牧草和饲料作物作为畜牧业的饲料，同时，畜牧业又为轮作地提供肥料，使种植业与畜牧业有机结合起来，可以改变农区以往单一农作物的生态环境，建立粮、经、饲三元结构，这和西藏目前在农区提出的调整种植业结构、发展生态农业的规划是相符合的。

草田轮作模式是西藏农区改造中低产田、减少化肥使用量、提高粮食产量的有效方法；是农区解决饲草、实现种草养畜发展畜牧业、促进农牧结合、实现农业可持续发展必不可少的措施；是种植业与养殖业、用地与养地结合的桥梁；是保持农田生产力持久性和环境生态平衡的重要保障，对西藏而言最重要的是其生态效益，发展前景十分广阔。

总之，在草田轮作过程中，种草养畜模式形式多样，如适宜猪、兔、鹅养殖的种植模式有紫花苜蓿-黑麦草-胡萝卜模式及美国籽粒苋-黑麦草-白菜等模式；适宜牛、羊养殖的种植模式有玉米-黑麦草模式、杂交狼尾草-胡萝卜或大头菜-多花黑麦草模式等。在我国东北农牧交错区有玉米与苜蓿间作，河南有紫花苜蓿、白三叶以及苇状羊茅等优良牧草与花生间作、套种；松嫩平原实行小麦与草木樨混作，次年翻压绿肥复种大豆，第三年种植玉米或杂粮的轮作方式；内蒙古地区利用箭筈豌豆、草木樨和毛苕子与当地主要农作物进行轮作来培肥土壤，提高农作物及牧草产量；苏丹草-黑麦草轮作已成为江汉平原地区一种新型的种植制度；甘肃省纳入粮草轮作的牧草品种主要有紫花苜蓿、红豆草、沙打旺等多年生豆科牧草，以及草木樨、箭筈豌豆和毛苕子等越年生或一年生豆科牧草，因轮作期长短不同，选用的品种和轮作模式也不一样。冬小麦和一年生豆科牧草（白花草木樨、毛苕子、箭筈豌豆）的粮草复种模式也比较常见。在甘肃河西绿洲生态条件下，草田轮作主要模式为玉米与不同绿肥作物（草木樨、箭筈豌豆、毛苕子等）的间作模式；黄土丘陵沟壑区有紫花苜蓿与马铃薯间作轮作模式；西藏的轮作模式均由豆科作物或豆科饲料作物的形式参与轮换，雅鲁藏布江中下游农区，冬青稞、早熟冬小麦等作物收获后，在7月底至8月上旬复种箭筈豌豆、雪莎、油菜等绿肥和饲料作物以增加牲畜饲料，在西藏中部农区利用冬小麦套种箭筈豌豆的模式来提高水、热、田等资源的利用率；新疆的草田轮作制是以种植苜蓿为中心的六区草田轮作，经济效益显著。

草田轮作模式是根据各地具体情况，结合人们生活和生产的多种需求，以解决当地粮食增长问题、饲草饲料短缺问题、土壤肥力下降问题为主，通过不同轮作模式的合理应用，达到充分利用有限资源、提高土地生产力、增加农牧民收入的目的。

第六节　牧草与作物在轮作中的顺序安排与茬口应用

不同作物茬口对土壤中各种养分元素吸收的数量、比例及对土壤水分的消耗状况不同，因而需根据实际情况来接茬种植适合的作物。即使同一作物茬口在不同管理条件下对接茬种植作物和牧草的影响也不相同。因此，茬口特性是轮作设计的前提，只有充分了解各类草种和作物的茬口特性，才能设计出科学合理的草田轮作方式。

为了在轮作中正确配置牧草与作物，必须考虑它们的经济意义和生物学特性，根据其对土壤肥力、杂草、病虫害等的影响来合理安排轮作顺序。在草田轮作中应用的多年生牧草，一般指豆科多年生牧草和禾本科多年生牧草两种。

一、多年生豆科牧草

在我国北方地区种植的多年生牧草主要是紫花苜蓿、沙打旺、红豆草、草木樨等。这些牧草由于生长年限长（4~8 年），产量高，根系发达，能在土壤中积累较多的有机质，对提高和恢复土壤肥力作用大。尤其是多年生豆科牧草或豆科与禾本科牧草混作，茎叶繁茂，富含氮素，根系发达且具根瘤，能固定空气中的氮，提高土壤氮素含量，改良土壤的作用最突出。因此，它们是粮食作物、经济作物，如小麦、玉米和棉花等的良好前作，尤其是禾谷类作物的极好前作。但糖用甜菜、马铃薯和啤酒大麦等不宜作为多年生豆科牧草的接茬作物，因为氮素含量偏高有可能影响它们的产品质量。块根、块茎类作物不宜安排在多年生豆科牧草茬之后，因为块根（茎）作物要进行中耕，加速牧草残余有机物质的分解，降低多年生牧草对土壤的改良作用，同时过多的氮素营养会降低块根（茎）作物的品质。总之，高氮作物不宜作为接茬作物。有寄生杂草、菟丝子为害的地块不能接茬种植豆科、茄科、菊科、蓼科、苋科、藜科、大戟科作物或牧草，如马铃薯、甜菜、向日葵、亚麻、串叶松香草、苦荬菜和苋菜。多年生豆科牧草对其前作无特殊要求，只是它们种子细小、幼苗发育迟缓，要求前作杂草少，一般中耕作物是多年生豆科牧草的良好前作。豆类作物和牧草易发生土壤病虫害，尤其是线虫病，且根系分泌的有机酸对自身生长具有明显的不利影响，故不宜连作。但大豆能耐短期连作。豆类作物与禾谷类作物、禾本科牧草轮作可有效控制线虫病等诸多病虫害及寄生杂草菟丝子的为害。

二、多年生禾本科牧草

在我国北方地区种植的多年生禾本科牧草主要有无芒雀麦、披碱草、老芒麦、冰草等，多年生禾本科牧草生长年限长，通常为 3~5 年，土壤中积累残根数量大。另外，须根密集，切碎土壤并使其形成团粒结构的作用强，土壤结构好。故多年生禾本科牧草的茬口特性为有机质含量高，土壤结构好。多年生禾本科牧草是大多数作物的良好前作，如玉米、高粱、甜菜和马铃薯等。

三、一年生豆类作物或牧草

一年生豆类作物或牧草主要包括大豆、豌豆、蚕豆、野豌豆、山黧豆、绿豆、花生及箭筈豌豆、毛叶苕子、一年生苜蓿等，其籽实含蛋白质较多，是营养价值很高的食物及精饲料，茎叶也含有丰富的蛋白质，其特点是能固氮，丰富土壤中的氮素，利用残根落叶还原，增加土壤中易于分解的有机质，抑制杂草发生，达到土壤净化，是我国各地轮作作物中重要的组成部分。因此，豆类作物在轮作中能恢复地力，是许多禾本科作物和经济作物的良好前作。豆科作物的根系能分泌对本身不利的有机酸，且易引起土壤病虫害，尤其是线虫病的发生，故不宜连作。但大豆能耐短期连作，蚕豆次之，豌豆最不耐连作。

四、一、二年生禾谷类作物及牧草

禾谷类作物主要包括小麦、大麦、水稻、玉米、高粱、糜、谷、荞麦、燕麦、苏丹草、高粱、多花黑麦草等。该类植物集聚了人类赖以生存的主要粮食作物或牧草，其特点是根系浅、数量多，在生长期间需要较多的氮和磷，抗病虫害能力强，较耐连作。要求前作无杂草，有充足水肥，且播前整地精细。一般安排在豆类作物、绿肥作物、中耕作物、牧草或休闲地之后种植。该类植物的生物产量远高于其他类植物，且还原率高，除根和残茬还田外，茎叶可作饲草和垫圈草，以厩肥的形式还田，或直接造肥还田。其茬口特性是富含有机质，有效养分释放慢，能维持很长时间的地力，可抑制真菌类病害。另外，附着于许多禾谷类作物根部的细菌也能固定氮素（如玉米、水稻等），这种作用在轮作中也应给予足够重视。

小麦较耐连作，但以不超过三年为宜。北方一年一熟地区，常在麦收后复种一茬豆科牧草或短期绿肥，以增进地力和延长连作期。玉米和高粱是典型的中耕作物，茬口杂草少，适于安排各类作物或牧草，较耐连作，但因需氮肥多而应注意补足。糜、谷茬口地力差，杂草多，不能连作，只能安排在麦类作物之后种植。其后茬应安排豆类、牧草和绿肥等养地植物。

苏丹草和燕麦属饲草饲料作物在大田轮作中多安排在春作物之后，在饲草饲料轮作中多安排在牧草翻耕后的第二年之后。由于苏丹草根系吸收水肥能力强，消耗氮素多，其茬口只能安排瓜类和根茎类植物，或者是休闲和养地植物。

旱作一、二年生禾谷类作物与豆科牧草、豆类作物、油料作物、棉麻类作物和块根、块茎类作物等轮作倒茬，有利于土壤养分的均衡利用和控制某些病虫和杂草的为害。

五、绿肥作物

凡植物营养体耕翻、入土壤中作为肥料的作物都称为绿肥作物。其特点是生长快，营养体产量高。绝大多数绿肥植物为一、二年生豆科牧草及豆类作物，包括草木犀、箭筈豌豆、香豆子、绿豆、黑豆、紫云英（南方）等。其优点是：①全株翻压埋入土壤，土壤中有机质含量丰富；②共生固氮能力较强，植株富含氮素，可为土壤提供大量氮素；③根系分泌许多酸性物质，可溶解难溶的磷酸盐，活化土壤中的钾、钙，土壤中速效养分含量较高；④茎叶分解速度较快，为后茬作物提供可利用养分迅速。茬口特性与多年生豆科牧草相似，后茬作物应种植需要氮素较多的作物，如玉米、小麦和水稻等，忌高氮作物安排作接茬作物。因此，种植绿肥作物是实现"以田养田"、提高地力、增加后作产量（增产 10%~20%）的一项有效措施。绿肥茬口的特性相当于多年生豆科牧草的茬口特性，尽管肥效不如多年生豆科牧草持续时间长，但茬口养分的速效性高于多年生豆科牧草，故后作应种植需要氮素较多的作物。

六、块根、块茎及瓜类等作物

块根、块茎及瓜类等作物包括莞根、胡萝卜、饲用甜菜、马铃薯、南瓜等。其共同特点是水分含量较高，干物质含量少，属于多汁青绿饲料，适口性好，消化率高，是奶牛等家畜的极好饲料。该类作物在栽培过程中需要进行培土和多次中耕除草，收获时又需要深挖，种过这类作物之后，土壤疏松、清洁、多肥；块根、块茎类作物耗水量较低，土壤水分含量较高；块根、块茎类作物一般需要较多的钾肥和较少的氮肥，吸收钾的数量是氮的 2 倍，土壤钾含量较低的地区可能会导致缺钾，氮肥过多反而影响品质。这类作物不宜连作，特别是马铃薯和甜菜，如果连作会发生严重的病虫害，而且日久后病虫害种类较多，导致减产。侵染作物块根、块茎类作物的病虫害虽然种类较多，但大多数不为害水稻、玉米、高粱、小麦和谷子等禾谷类作物，故为禾谷类作物、禾本科牧草的良好前作。

七、杂类牧草

杂类牧草包括聚合草、串叶松香草、苋菜和苦荬菜等。生长速度快，生物产量高，地力消耗剧烈。生长期间，中耕除草次数较多，田间较为清洁。接茬作物以豆科牧草、禾本科牧草、绿肥作物和豆类作物为佳。

八、水稻

由于种植水稻过程中土壤淹水时间长达几个月，形成了水稻茬地块的一系列特殊性状。第一，土壤水分含量高；第二，地温较低；第三，因土壤长期淹水，土粒吸水膨胀，土壤孔隙度很低，导致土壤空气含量低，进而明显缺氧；第四，好气性微生物受到抑制，有机物分解缓慢，土壤有机质积累多，含量多达 1.5%~3%，高者达 5%以上。另外，由于生物产量高，对氮、磷、尤其钾的吸收量大，地力消耗剧烈。适宜接茬的草种和作物有一年生牧草、二年生牧草、绿肥作物、豆类作物、麦类和油菜等。水稻耐长期连作。

九、油料作物

油料作物包括油菜、花生、芝麻、向日葵和蓖麻等。大多为直根系作物，根系入土较深，如花生根入土可达 2m，油菜根入土 2~3m，可利用较深层次的土壤养分和水分。油菜根系分泌多种有机酸，能利用土壤中难溶性磷。因此，油菜茬土壤中的有效磷比禾谷类作物茬口要多一些，油菜被誉为"养地作物"。

油料茬口的特点是侵染其他作物的病虫害种类很广泛，但很少侵染禾谷类作物。如油菜菌核病为害十字花科、豆科、茄科等多种作物；花生线虫病为害 180 多种作物；花生茎腐病为害豆类、棉麻类和薯类等 20 多种作物；向日葵菌核病为害豆科、十字花科、菊科、伞形花科、锦葵科和茄科等 200 多种作物，但均不侵染禾谷类作物。油料作物与禾谷类作物、禾本科牧草轮作有利于土壤养分的均衡利用和病虫害的防治。

十、棉麻类作物

棉麻类作物包括棉花、大麻、亚麻、苎麻、黄麻、红麻和苘麻等。均为直根系作物，除亚麻的根系较弱外，其他棉麻类作物的根系大多较为发达，一般深入土层 1.5~3m，吸收深层土壤水分和养分的能力较强。因棉麻类作物病虫害频繁，故亚麻、黄麻和红麻不能连作，有亚麻枯萎病的地块连作甚至会绝产。许多病虫害会侵染非棉麻类作物，如棉花立枯病也为害麻类、豆类、谷子和马铃薯等。棉麻类作物病虫害大多数不为害玉米、小麦、水稻和高粱等禾谷类作物或饲料作物。

第七节　我国草田轮作存在的问题与发展趋势

以史为鉴，可以知兴替。20 世纪 80 年代的"种草种树"和 1999 年开始的"退耕还林（草）"掀起了两次全国范围内的牧草种植高潮。但是，总体上人工种草效果并不理想。两次种植牧草"高潮"给我们留下几点重要的启示：①"种草"必须与农民的长期利益相结合，只为恢复植被，改善生态环境，不可能达到预期的效果。②"种草"必须纳入当地的种植制度当中，如果只是为了完成政策性任务的需要，农牧民和地方政府不会有持久的种草热情。③必须建立长期的示范和技术指导机制，种草或者草田轮作周期较长，只建不管不可能收到良好的效果。④缺乏牧草产业链，市场运作机制不健全。产出的牧草必须转化为经济效益，否则必然挫伤农牧民继续种草的积极性。没有一个草产业化体系的稳定支撑，"一厢情愿"的种草必然以失败而告终。

一、我国草田轮作存在的主要问题

在我国长期的牧草轮作中，北方地区逐渐形成了以紫花苜蓿为主的轮作体系，南方地区逐渐形成了以多花黑麦草为主的轮作体系。但是伴随着畜牧业的快速发展和转型，我国目前的牧草轮作制度存在的问题日益显现出来。

近年来，奶（牛）业的快速发展和有机粮草所占市场份额的迅速增加，使得我国北方地区的苜蓿产业发展势头强劲，但是由于种植紫花苜蓿缺乏适当的轮作间隔，在轮作和生产过程中产生如下问题：①苜蓿的病虫害问题因为缺乏农作物倒茬而日益突出，如苜蓿象鼻虫、线虫类、蓟马类害虫已对苜蓿的规模化生产造成了严重的威胁，并影响苜蓿的产量和质量；在部分偏远地区，蠕虫、蟋蟀和蚱蜢等危害也比较严重，地下鼢鼠、地面松鼠及其他啮齿类动物危害更成为一个比较突出的问题。②苜蓿种植和任何作物一样，在集约化生产管理中会使用化肥、杀虫剂、除草剂等，特别是污染地表水、地下水的杀虫剂、除草剂。此外紫花苜蓿的收割、托运、提水灌溉都需要能源，针对不同农用土地、土壤的污染和能源消耗问题，必须确定和证实集约化紫花苜蓿生产对环境存在的负面影响。③虽然紫花苜蓿在我国北方地区的种植和加工水平较高，但其在中国南方种植面积较小及其生产效益较低。

根据南方农区生态条件和耕作制度，在目前还没有其他适宜豆科优良牧草种前提下，应设计紫花苜蓿与粮经作物复种的季节性种植模式，并配套相应高产栽培技术，充分利用冬闲田和经济林晚秋至春季落叶季节进行速生栽培利用，从而提高紫花苜蓿生产效益。季节性栽培利用将是我国南方农区紫花苜蓿的重要发展方向之一。雨水集流灌溉和覆盖种植是中国北方牧草种植的发展方向之一。牧草根瘤菌接种是中国南北方牧草栽培发展的重要方向之一，但该技术在实验室应用比较多，田间应用不广泛。

到目前为止，南方冬闲田种植多花黑麦草的研究较多，栽培管理技术趋于完善，如对品种选择、播种量、播种方法、水肥管理、刈割时间等的研究颇多，用冬闲田生产优质高产的多花黑麦草饲草可以说完全不存在技术问题。但因多花黑麦草生产时间比较集中，产量高，青饲无法全部利用，如何加工贮藏成为制约生产的关键问题。一般刈割较早，水分含量较高，多量饲喂动物易引起肠道不适，消化吸收降低。生产出的牧草不能有效利用或完全出售，必然造成其经济效益大幅下降，从而影响农户种植的积极性。另外，虽然对多花黑麦草饲喂各种动物的效果有一些研究，但还不够系统，饲养技术推广普及力度不够，多花黑麦草作为饲料固有的潜力尚未能够完全发挥出来。实际上这一问题产生的根源也是由于冬闲田种植多花黑麦草草种单一，若实行多样性的草种搭配种植，这一问题会得到解决。

二、完善我国北方地区苜蓿轮作制的措施

随着我国农业产业结构调整和畜牧业的蓬勃发展，农区对牧草产品的需求日益增加，紫花苜蓿生产潜力正在逐渐显现。发展苜蓿草田轮作，必须要从以下几个方面考虑。

（一）充分认识苜蓿草田轮作对发展奶牛业的重要意义

奶业的发展和苜蓿产业的发展密切相关，美国的苜蓿产业在几十年来，已由种植作物的第五位逐渐上升到第三位，美国农业部为此还专门成立了奶牛牧草研究中心，重点扶持苜蓿产业。

我国的奶牛业将是我国农业和畜牧业在今后一段时期的发展重点。如何在发展奶牛业的同时发展奶牛的基础饲草业，为奶牛提供符合市场需求产品的饲草饲料基础，从而为奶牛饲养业—草业—乳品加工业提供完善的产业链，同时也为苜蓿产业和草产业提供新的经济增长点和经久不衰的生命力。

（二）发展苜蓿草田轮作，需通过政策予以鼓励

发展苜蓿产业必须引起政府的重视，国际苜蓿产业的发展和其他农作物一样受到平等的农业补助待遇。我国还需要进一步意识到国家政策的调整对苜蓿产业的发展，尤其是弱小农业产业发展具有潜在重大的影响。发达国家的牧草补助政策都会给成熟的苜蓿产业造成巨大影响，更何况在我国，苜蓿产业尚处于幼年成长期。

2001~2004 年，我国为了生态环境保护，提出了种草补贴的政策，北京市顺义区、昌平区、通州区三区多年生紫花苜蓿种植面积从零发展到 2 万 hm^2，2005 年国家由于注重粮食安全问题，实施种粮补贴，北京市三个区苜蓿草地一年之内减少到不足 0.67 万 hm^2。当然，由于三年的苜蓿种植极大地提高了土壤的肥力，为改换粮食作物种植提供了巨大的增产潜力。但是这种无目标的大起大落，不仅对粮食作物计划种植有影响，更对与苜蓿产业有关的畜牧养殖业产生一定的被动影响，也给要求平衡稳定的出口市场带来巨大的不确定因素。政策鼓励是必需的，政策鼓励带来的连带影响还需要随时调整，尤其是需要研究政策改变对新生产业摧残的保护性挽救。

（三）注重市场研究，针对市场趋势研究对策

市场研究和分析对政府决策、农场主种植导向具有一定的意义，而我国的苜蓿产业或牧草产业绝非能够达到国外农业发达国家如此精细的分析管理水平，对产业的发展、市场的发展也绝非掌握到如此深刻的水平，草产业发展基本随波逐流，自生自灭。所以要发展一个新型产业必须有足够的机构和专业人士予以深刻研究，提供决策依据。

（四）注重生态效益，加强对环境影响的评价

"环境资产负债表"的发展对于农业产业来说是很有必要的，权衡一种作物与某个农业行为环境消极和积极方面的平衡表是非常有价值的。因此，发展苜蓿草田轮作的重要措施之一就是建立紫花苜蓿的"环境资产负债表"，有助于引起公众对于它在环境中的作用的重视。

我国苜蓿产业也必须客观地评价其环境生态功能和可能对环境产生的负效应，建立类似"环境资产负债表"或绿色国内生产总值（GDP）价值核算体系。实施苜蓿生物技术安全的种子生产条款，保证基因安全。学习发达国家的经验，详细提出解决环境问题的方案，如美国苜蓿生产的环境保护方案有：①改变杀虫剂，寻找更多环境友好型方法；②滤污器和尾水再循环利用、尾水沟渠的防渗和密闭性，研究造价较低而且效果好的防渗方法；③改进杀虫剂喷洒技术管理；④紫花苜蓿中混合播种其他草种，减少或不使用杀虫剂；⑤在一些稀疏或者新开辟的紫花苜蓿种植区限制使用杀虫剂；⑥加强土壤水监测，改善灌溉管理，推行定时灌溉技术；⑦制定紫花苜蓿生产的环境工作计划，具体计划包括：对种植者进行水质量相关问题的培训和教育，解决这些问题信息源发展，治理措施的研究和改善，以保证与农业产业的收益。

（五）发展苜蓿草田轮作，必须注重水资源的调配和计划

苜蓿种植分灌溉型与旱作型，近年来，发达国家在城市用水及农业、环境用水的数量和相对比例上显示出明显的差异，还针对水资源制定战略性计划文件。我国苜蓿生产也要和农业用水计划结合起来，鼓励实施旱作制与灌溉制的结合。在批准建立一个开发项目时，需要对其用水计划做出评估，尤其在水资源短缺的地区和生态脆弱的地区如半农半牧区、荒漠绿洲区、干旱草原区，要解决好生产用水、生活用水和生态用水的比例，并制定好计划。另外，还要注重水资源管理中的义务和责任。

（六）大力发展苜蓿草田轮作，尝试创立有机苜蓿产业

有机耕作已经成为发达国家近年来农业发展最迅猛的产业之一。苜蓿在草田轮作体系中由于不需要施用氮肥或少施用氮肥，具有改良环境的作用，适于生产有机产品，而且有机苜蓿产品较常规生产可以获得高出10%的利润。对于农场主来说有机紫花苜蓿越来越成为一项有吸引力的种植选择。

苜蓿产业是一个新兴产业，在我国发展苜蓿产业，必须充分发挥苜蓿的良好生态功能，注重从产业创办的第一天起就具备生态保护和环境改良的意识，即便不具备有机生产的条件，也应该努力接近有机产业的要求，借鉴前车之鉴，避免传统产业的痼疾弊病，铸造新兴产业的生态基础。少走弯路，少走回头路。

三、完善我国南方地区黑麦草轮作制的措施

我国南方地区，针对加工、贮藏、饲喂利用和研究不够系统、饲养技术推广普及力度不够、多花黑麦草作为饲草饲料固有的潜力尚未能够完全发挥等关键问题，发展黑麦草草田轮作必须要从以下几个方面考虑。

（一）减少青饲，适当推迟收割时间

由于南方习惯用鲜草喂猪、养鱼，多花黑麦草生长高度在40~50cm时产量和营养均较高，故可提早收割利用。在饲喂大型草食动物时，青饲因刈割一次延续时间长，营养物质产量变化大，作业效率低，难以做到营养物质含量最高时收割，故可适当推迟。在抽穗后刈割，可减少水分含量和刈割次数。在牧草营养物质产量最高时一次性收割，调制青贮或干草，从劳动效率、营养物质产量、饲喂效果、经济效益等方面都是较好的选择。

（二）加强加工贮藏方面的研究

多花黑麦草水分含量较高，直接青贮发酵品质不佳，也容易产生大量汁液流出，造成营养损失和环境污染。有条件进行晾晒的，应尽可能晾晒，以减少水分含量；无条件晾晒的，应与麦秸或稻草等含水分少的秸秆混合青贮，或分层铺撒以吸收草汁。

研究青贮的同时，也应对低成本人工干燥牧草的方法加以研究，以便生产低水分多花黑麦草草产品，降低运输成本，进行远距离流通销售。

（三）开发新的牧草延伸产品

牧草生产深加工产品已不再停留在研究水平，已有产业化生产并在市场上销售的先例。利用多花黑麦草纤维含量低、蛋白质含量高、营养丰富的特点，开发饮料、叶蛋白提取物等产品必将促进冬闲田种植多花黑麦草的产业化水平。

（四）多花黑麦草品种与畜种搭配，与其他饲草饲料的搭配利用

多花黑麦草的品种繁多，有国产品种也有进口品种，尽管各品种普遍营养较好，但

在生物学特性上也有一定的差异，应根据饲喂动物的种类选择适宜的品种。多花黑麦草蛋白质含量高，可与青贮玉米等混喂，弥补玉米蛋白质的不足。多花黑麦草水分含量高，应与水分少的干草或半干青贮草混喂。

（五）新品种选育

目前，制约冬闲田多花黑麦草生产与利用的关键是收获的青鲜草水分含量过高，通过各种育种手段，选育植株干物质含量高的品种或结实多的品种，可以在某种程度上解决这一问题。籽实的增加往往可以弥补由推迟收割而造成的牧草营养和消化率下降的损失。

（六）强化政策支持与生产服务

冬闲田复种多花黑麦草不仅能够提供大量饲草，还可以提高水田地力，增加农民收入，各级政府应给以高度重视，制定相关的支持或优惠政策，如提供种草补贴、加工机械购买补贴等一系列促进冬闲田生产饲草的政策。同时，要加强种草养畜技术的推广，解决农民在种草养畜过程中遇到的各类技术与管理问题，提供高度专业性的咨询服务，减少农民的盲目性和生产的不确定性。

四、我国草田轮作制度的发展趋势

草田轮作、间作和混作一直是国内外牧草耕作制度研发的热点。国内主要集中于研究草田耕作制度对牧草产量和质量、土壤物理性状、土壤肥力和草田系统小气候特征等方面的影响。国际上，除类似国内研究内容外，更注重农作物种植和草地放牧相互交替、有机、可持续发展、绿色和生物多样性等方面的农牧业研究。根据我国草田轮作的演变过程、发展现状及存在的问题，今后草田轮作的发展趋势、研究及推广方向可能重点围绕以下几个方面展开。

（一）保护性耕作、少耕及免耕留茬收割是草田轮作新的耕作方式

保护性耕作就是作物种植过程中使土壤表面保持 30%的残茬覆盖量的一种耕作和种植体系。促进土壤颗粒的聚集，从而减少土壤侵蚀，是保护性耕作的一项优势。覆盖在土壤上的残茬能够有效地防止侵蚀，残茬保持直立是加拿大草原保护性耕作的关键技术。直立残茬的作用除防止侵蚀之外，还有其他一些重要益处。研究证明，直立秸秆和残茬可以保存更多水分，而这些水分可以提高作物产量。

杂草在保护性耕作中是一个更应引起注意的问题。春季除草可以通过播种前的耕作或播种时结合耕地作业来完成。这种方法在保护性耕作的早期广泛应用于加拿大大草原，并已取得了很大成功。少耕法指在常规耕作基础上尽量减少耕作项目、作业次数和作业面的一类耕作方法。少耕与免耕起源于 20 世纪 30~40 年代的美国，它们的涵义就是指要把干旱地区的土壤耕作程度减少到作物生产所必需的适时而又不破坏土壤结构的最低标准。多年生牧草具有发达的深根系，它们能够从土壤较深处汲取营养，减少硝态氮淋溶。保持水土不流失，多年生牧草是保持水土最理想的植物。加拿大大草原的保

护性耕作技术已经成为"免耕"技术的同义词,它是防止土壤侵蚀、保持土壤水分的最有效方法。已经证实,"免耕"可以实现土壤的可持续性、高产和效益的最佳组合。在加拿大大草原,农场主已经接受了保护性耕作技术,并注重对秸秆进行管理,加拿大大草原的保护性耕作的成功取决于5个要素:秸秆管理、病虫害防治、肥力和肥料管理、轮作方式及设备。

(二)多年生豆科牧草与一年生禾谷类作物间作是草田轮作的有效形式

豆科与禾本科作物间作关系复杂。从国际牧草耕作制度研发前沿看,豆科牧草与其他牧草或作物间作可以提高牧草产量及土地利用率,同时牧草和作物间存在互补作用,从而提高牧草和作物产量和质量。选用豆科牧草,如苜蓿、白三叶,与其他牧草和作物间作能够增加豆类牧草比例及牧草产量,同时间作具有较强的抗冻能力并能产生较高的营养价值。并且豆科牧草与其他牧草和作物间作可以缓冲季节、土壤、昆虫、病害和管理措施等变化。

基于豆科牧草多样化的耕作制度能够减少杂草生长、控制害虫数量和病害发病率。以苜蓿为例,苜蓿生长旺盛,竞争能力较强,除了可以改良利用盐碱地,还能控制农田杂草和病虫害的发生,农田杂草和病虫害一般与一定的作物有着伴生或寄生关系,如果与苜蓿进行轮作,则会使某些杂草和病虫害因失去合适的寄主而死亡。已有的研究结果表明,豆科与禾本科间作对于减少化学氮肥用量,保持土壤可持续利用具有重要作用。

(三)燕麦是多年生牧草轮作体系中首选的一年生禾本科作物

燕麦具有抗干旱、耐瘠薄、适应性强、稳产性好等特征。其根系发达,吸收能力强,对土壤的要求不严格,能适应多种不良的自然条件,即使在旱坡、沼泽、盐碱地也能获得较高的产量。

柴继宽(2012)通过设置在陇中黄土高原西部二阴地区连续4年(2008~2011年)的大田试验,研究了燕麦单序轮作(燕麦-豌豆-胡麻-燕麦)和连作条件下燕麦产量、品质、病虫害及土壤肥力的变化规律,建立了单序轮作和连作燕麦产量、品质、病虫害及土壤评价的综合模型,探讨了燕麦轮作和连作对燕麦产量、品质、病虫害及土壤的调控效应,对轮作和连作燕麦产量、品质、病虫害及土壤肥力综合评价的结果表明,轮作能够使燕麦产量和品质保持在一个高产优质的稳定水平,同时使燕麦病虫害减轻并能维持土壤肥力;燕麦连作时因土壤肥力逐年下降和病虫害的逐年上升使燕麦产量和品质都有所下降,且从连作第三年呈现明显的下降趋势。

(四)豆科牧草根瘤菌及禾本科牧草根际促生菌应用是发展草田轮作的新领域

近年来豆科牧草接种根瘤菌剂是一项比较成熟的技术,但仍有不少问题需要不断解决。如继续采集和筛选具有高效固氮能力的菌株,针对某一特定地区和某一草种和品种,选出配合力高的根瘤菌种。将防病防虫农药和微量元素加入丸衣材料中而不损害根瘤菌活力、种子活力及出苗能力的丸衣配方及丸衣技术都有待深入研究。某些禾本科牧草具有根际联合固氮菌、溶磷菌、分泌生长素菌等,并具有联合固氮和其他促进生长的能力。这些微生物资源和技术的发展在豆禾牧草栽培及轮作中有很大的潜力,值得深入探索和研究。

（五）水肥管理是草田轮作制度中永恒的研究热点

采用喷灌、使用硝化抑制剂或氮肥增效剂是提高氮肥利用效率、减少硝态氮淋溶、缓解水资源压力和减轻环境污染的重要手段。我国是水资源缺乏的国家，农田灌溉面积只占耕地面积的一半左右。用于种植牧草的土地大多数是非灌溉地。但是，随着农业结构的调整，畜牧业的发展需要扩大饲草饲料的生产，在粮食相对富余的地区，有相当一部分灌溉地用于栽培青饲或青贮玉米、杂交狼尾草、王草、象草以及紫花苜蓿等高产优质牧草饲料作物。有必要深入研究科学灌溉的方法，确定适当的灌溉定额，在牧草和饲料作物生长最需水的阶段，用节水技术灌溉，如喷灌、地下管道渗灌等，以提高灌溉水的利用效益，获取最大的经济效益。

近年来，随着草业的发展，已有越来越多的人认识到种草施肥的必要性。我国用于种植牧草的土地大多是较贫瘠的低产田、撂荒地和荒地，土壤有机质十分缺乏，缺磷少氮是普遍存在的问题。目前，氮肥的施用量、硝态氮淋溶、一氧化二氮的排放已严重影响土壤环境和生态环境，有必要进一步加强研究。

以草田轮作为基础，对豆科牧草施用磷肥，配合施用氮、钾肥，对禾本科牧草施用氮肥，配合施用磷、钾肥，必要时施用硫、锌、钼、硼、铜等微量元素。合理施肥是获得高产优质的牧草饲料和良好的经济效益的必要条件。根据土壤肥力状况和牧草饲料作物生长发育特点，确定施肥的种类、数量、配比、施肥时间、方法，因地制宜，因时制宜，用适当的投入获得最大的效益，是一个需要深入研究的课题。

耕作制度在牧草饲料作物的种植与生产中起着举足轻重的引导作用，对其进行改进和完善对畜牧业生产意义重大。一个合理的轮作制度，不仅重视一种作物的高产，而且着眼于各种作物的全面增产；它不仅致力于资源的充分合理利用，而且也重视资源的保护与改善；它不仅要求当年增产，而且要求持久增产稳产并提高经济效益，既从统筹兼顾出发，全面部署种植业，促进农牧业综合发展，持续改善农民的生活，同时还要做到与生态效益的兼顾，即使在高效生产的同时，也不会破坏生态环境，甚至有利于生态环境。

牧草轮作制度的研究，不是一朝一夕、一劳永逸之事，而是一个长期的、不断演进的研究过程。就国外畜牧业发达国家而言，其耕作制度发展至今，也是经过了大量的、长期的、基于田间试验的研究，而这样的研究方式也正是我们所需要的，但学习和借鉴先进耕作制度的同时，还要充分考虑到我国的国情，将国外先进的技术"洋为中用"。我国在牧草轮作制度方面的研究，出于人多地少的国情，主要是以增加粮食产量和提高土地利用率为目标，围绕以轮作、间作、套种、复种和混种为主要内容的种植制度和以作物布局为研究重点。但是我们还应看到，随着我国经济实力的增长，人民生活水平的提高，人们对畜牧业产品的需求不断增长，以及不断更新的科学技术在农业生产上的不断推广，我国的牧草轮作制度将会与时俱进，将是农牧业健康、高效、可持续发展的必然要求。相信不久的将来，我国的牧草轮作制度也能更加科学和完善，为我国农牧业生产注入新的活力。

第八节　牧草轮作模式与技术案例

一、几种典型牧草轮作模式

（一）冬牧 70 黑麦与美洲狼尾草轮作（适合于淮河以北地区）

1. 模式

9 月下旬至 10 月上中旬播种冬牧 70 黑麦，生长至次年 5 月上旬，收割后播种美洲狼尾草，10 月上旬收割完毕，再播种冬牧 70 黑麦。此模式中的美洲狼尾草也可由饲料玉米、苏丹草、籽粒苋或苦买菜等一年生喜温性牧草代替。

2. 原理

冬牧 70 黑麦耐寒性较强，立春后早发，叶片繁茂，4 月中旬以前为营养生长阶段，以后进入生殖生长阶段。进入拔节期后，长势逐渐衰退。美洲狼尾草、苏丹草、籽粒苋、苦买菜等牧草均属喜温性牧草，耐高温酷暑，是夏季的高产牧草。冬牧 70 黑麦与喜温性牧草轮作，一方面可以保证牧草的高产，另一方面可以保证牧草的均衡供应。

3. 高产措施

为促进喜温性牧草早发，提高生物学产量，可对美洲狼尾草、苏丹草进行提前育苗，5 月上中旬进行移栽。为保证牧草的均衡供应，可将两类牧草分批换茬，分批播种。

（二）多花黑麦草与杂交狼尾草轮作（适合于淮河以南地区）

1. 模式

10 月上旬播种多花黑麦草，次年 6 月上旬收割完毕，然后播种（或栽植种根）杂交狼尾草，10 月上旬收割完毕，然后播种多花黑麦草。

2. 原理

多花黑麦草的耐寒性比冬牧 70 黑麦差，但后期发育优于冬牧 70 黑麦，所以利用期可比冬牧 70 黑麦长 1 个月。杂交狼尾草是亚热带和热带的高产牧草品种，产量高于美洲狼尾草，品质优于象草，但冬季难以保种，所以适宜在淮河以南地区种植，淮河以北地区不宜引种。两种牧草轮作，可以获得较高的产量。

3. 高产措施

杂交狼尾草种子价格昂贵，播种量在 1kg 左右，采用育苗移栽的方法可大大降低生产成本，同时也是一种需水肥较多的品种，要有良好的灌溉设施和充足的肥料。

（三）早稻-玉米-紫云英轮作（适合于闽中北地区）

从耕作制度上看，早稻-玉米-紫云英栽培模式通过水旱轮作，改变水田耕作长期渍水，减少土壤中有害物质，加速土壤矿物质分解，同时种植绿肥紫云英还田，增加土壤有机质含量，提高土壤有效养分与肥力。

1. 品种选择

早稻-玉米-紫云英模式品种选择是决定种植成败的关键。首先应从前、后两熟作物生长期以及当地气候条件考虑，水稻品种选用早熟型品种，玉米品种选用生长期为 85 天左右的品种，绿肥紫云英品种选择适合当地栽培的品种。

2. 适时播种

早稻-玉米-紫云英栽培模式时间安排至关重要，早稻的播种期应充分考虑到后熟作物，适时播种能使后熟玉米有足够的生长期和安全成熟期。早稻播种时间统一在 3 月 20 日左右。

玉米是一种适应性很强的高光效作物，不但产量高，而且营养丰富，用途广泛。因地制宜大力发展玉米生产是提高粮食产量的有效途径。稻田轮种玉米，可以充分利用空间与时间，提高复种指数。

适合玉米生长的温度应为 16℃以上，闽中北地区 10 月上、中旬的气温大于或等于 16℃，能够适合秋玉米的正常生育，故玉米播种期应在 7 月下旬末完成。当前作早稻进入黄熟期，即进行排水搁田，为种植玉米做准备，排水搁田要视田而定，深底烂泥田可适当提前排水，沙质浅底田可在播种前 3~5 天进行，安排 7 月 30 日为玉米的播种期，也就是早稻收割前 10 天。

3. 绿肥种植

水稻和玉米的生长消耗了土壤中大量养分，玉米田间套种绿肥，一方面增加土壤有机质，另一方面抑制病虫草害的发生，达到培肥地力，促进粮食增产，形成农田的良性循环。选择适合本地栽培的紫云英品种皖江大叶青。紫云英播种期可根据前作早稻收获时间灵活掌握，一般安排在前作早稻齐穗后，结合早稻排水搁田时播种（7 月 25 日左右）。

二、基于牧草轮作的几种典型"种草养畜"模式

（一）适宜猪、兔、鹅养殖的牧草轮作种植模式

适宜的牧草品种有菊苣、紫花苜蓿、黑麦草、冬牧 70 黑麦、苦荬菜、三叶草和甜菜、甘薯、胡萝卜、白菜等。

1）紫花苜蓿-黑麦草-胡萝卜模式：9~10 月播种紫花苜蓿，3~10 月刈割利用；9 月种植多花黑麦草，3~5 月刈割利用；8 月种植胡萝卜，11 月至次年 5 月刈割利用。

2）美国籽粒苋-冬牧 70 黑麦-白菜模式：4 月种植美国籽粒苋，4~9 月利用；8~9 月种植冬牧 70 黑麦，11 月至次年 5 月利用；8~9 月种植白菜，10~12 月利用。

（二）适宜牛、羊养殖的牧草轮作种植模式

适宜的牧草品种有菊苣、紫花苜蓿、玉米、杂交狼尾草、高丹草、串叶松香草、冬

牧 70 黑麦、黑麦草和胡萝卜、甘薯、白菜、甜菜。

1）玉米-冬牧 70 黑麦模式：4~7 月分批种植玉米，6~10 月利用，9 月种植冬牧 70 黑麦，11 月至次年 5 月利用。

2）杂交狼尾草-胡萝卜或大头菜-多花黑麦草模式：3 月种植杂交狼尾草，6~10 月利用，8 月种植胡萝卜或大头菜，11 月至次年 3 月利用，10 月种植多花黑麦草，3~6 月利用。

3）杂交狼尾草-冬牧 70 黑麦模式：3 月种植杂交狼尾草，6~10 月利用，8~9 月种植冬牧 70 黑麦，11 月至次年 5 月利用。

第五章　草田间作、套作与复种

第一节　草田间作、套作与复种的概念

一、间作

间作是指在同一块地里成行或成带状间隔种植 2 种或 2 种以上生长周期相同或相近的植物，它是我国农民在长期生产实践中逐步认识和掌握的一项增产措施，也是我国农业精耕细作传统的一个组成部分。实行间作，既可以充分利用光能、土地面积、植物间的竞争与互补关系，又能够有效地克服土传病虫害的发生。合理间作能够有效协调植物间养分、水分的供需关系，减少病虫、杂草的危害，改善土壤的理化性质和生态环境，为植物的生长创造良好的条件。

间作是一种符合自然生物多样性原则的种植模式，现代农业生产经常与可持续农业及有机农业相联系。通常间作栽培包括一种主栽植物和一个或多个副栽植物，主栽植物在系统内占据主要生态位，其他的副栽植物可能是不同的种或来自不同的种群，或者它们是同一属的不同栽培品种。组成间作系统的两种植物在生长的时间分布或发育空间需求上要有所差异，在选择品种组成间作栽培系统时，要考虑两者的需求都能得到满足。根据生产中常用间作组合所包含的物种在时空分布和生长资源需求上都有不同程度的差异或互补性，将间作系统分成 4 种类型。

（一）混合间作（mixed intercropping）

在同一块土地上同时种植两种或两种以上的植物，没有不同行的安排差别。顾名思义，两种植物在可利用的空间内完全混作。

（二）行间作（条状间作，alley intercropping）

各成分植物以交替行安排种植，或可以称为条状间作。

（三）带状间作（strip intercropping）

带状间作是行间作的延伸，多行植物成带状种植，一种植物的多行与另一种植物多行之间交替种植。每种成分植物种植带长度尺度要足够的长，方便进行独自的栽培农事操作。同时种植带要足够的窄，使间作品种间能实现物种间的互作效应。

在生产中也经常选择一种快速生长的植物和慢速生长的植物进行带状间作，在慢速生长植物成熟前快速生长植物就已经收获了。这种方式利用了两种植物（时间）生育期上的交错互补性，更有效地延长了间作系统利用生长因子的时间，此种情况下，后收获植物的补偿性生长是间作系统整体产量提高的重要原因，如小麦/玉米和小麦/大豆的间

作系统，在小麦收获后玉米和大豆均有一个补偿性生长时期。

（四）套茬间作（relay intercropping）

更多利用了植物生育期交叉的一种栽培方式称为套作或套茬间作。此种模式下，在第一种植物开始进入繁殖生长期或结实期后播种第二种植物，在第一种植物收获后为第二种植物充分的生长发育留出足够的空间。

在我国当前最常用的两种间作模式是带状间作和套茬间作，每年总的间作播种面积在 28 亿~34 亿 hm^2。

间作通常的目的是为了单位土地面积上获得更大的生物产量，间作系统与单作系统相比能减少杂草和病虫害，同时能更充分地利用生长资源来实现植物高产的目标。由此，间作技术被认为在农业生产中使植物减产的危险性降到最低，并且是提高单位土地面积粮食或饲草饲料产量的可行方式，同时被认为是发展可持续农业生产中最有效的一种栽培措施。在选择间作品种时，要充分考虑土壤、气候、植物品种等因素，以减少对生存空间、养分、水分或光照的竞争，而充分利用植物在生长期的时空交错性、养分利用的互补协同性，达到增产、增效，更适合现代可持续发展农业理念及生态种植模式。生产中的深根植物搭配浅根植物、高秆植物搭配耐阴的矮秆植物、易倒伏的植物与茎秆粗壮植物搭配，豆科与禾本科间作都是生产中典型的间作组合。

二、套作

在前茬植物生育后期，将后茬植物播种或移植于前茬植物的行间或株间，称为套作或套种。间作与套作的不同点在于：间作是同一季节几种植物在一块田地上的种植方式，套作则为两季植物的接茬方式，这两季植物在一定时间内并存于同一块田地上。国外有些学者将间作、混作、套作均称之为"复种"，根据我国历来习惯，间作、混作是指同季植物的种植方式，而套作是两季植物的复种方式。

三、复种

复种，指在同一田地上，一年内接连种植二季或二季以上同一植物的种植方式。复种方式有多种，可在上茬植物收获后，直接播种下茬植物；也可在上茬植物收获前，将下茬植物套种在其株行间。

复种指数，表示耕地复种程度的高低，即全年内总收获面积占总耕地面积的百分数。

第二节 间作与套作模式

间作，一种古老的传统栽培模式，同时被认为是在有限土地上增加植物产量的可持续农业发展的一种栽培模式。已有的研究多集中在一年生的豆科与禾本科间作，其中包括大豆和小麦间作、花生和玉米间作、大豆和高粱的间作、大豆和大麦间作等，这些模式都报道了间作系统比各自的单作系统具有更高的产量优势。近年来不仅更广泛地开展了对于间作系统的研究，而且把间作种植和畜牧业的发展连为一体，研究这一相对完整生物链的整体发展情况，成为现阶段研究的关注点。

一、国外间作与套作模式

在热带、亚热带，特别在亚洲、非洲、拉丁美洲许多国家广泛利用间作、套作的种植方式。印度有间作、套作面积3亿多亩，主要有棉花与玉米、黑豆间作、套作，豆类一般都与高粱、棉花、玉米、谷子间作、套作；大麦、小麦与绿豆、扁豆、向日葵等间作面积近亿亩。在菲律宾有生长期短的玉米与生长期长的早稻间作，或者玉米间作木薯、甘薯或花生等。

非洲间作、套作种植比亚洲更为普遍。高粱、玉米、木薯等经常与豇豆、谷子等间作。在拉丁美洲，60%的玉米、50%~80%的菜豆是采用间作或套种的。在农业机械化程度较高的澳洲和欧洲，主要用于人工草地，进行豆科牧草与禾本科牧草或不同禾本科牧草之间的间作、混作以提高牧草的品质与产量。如豌豆与燕麦套混作，三叶草与黑麦草、三叶草与猫尾草、雀麦草等套混作。除了大田作物与牧草的间作、套作外，还有林粮、果粮间作、套作。如在热带亚洲，椰子、橡胶与玉米、大豆等间作；在北非的绿洲可以看到，上层为棕榈，中层为橘类，下层为可可、茶、蔬菜等作物。

二、国内间作与套作模式

在我国，间作是一种常用的种植模式，有上千年的历史，且在今天仍然被广泛应用。间作栽培模式以其更低的成本投入和稳定的产量为我国可持续农业发展提供了一个可行的选择。中国早在公元前1世纪西汉《氾胜之书》中已有关于瓜豆间作的记载。公元6世纪《齐民要术》叙述了桑与绿豆或小豆间作、葱与芫荽间作的经验。至明代《农政全书》中有了关于大麦、黑麦和棉花套作，麦和蚕豆间作等记载，明代以后麦豆间作、棉薯间作等已较普遍，其他作物的间作也得到发展。早在汉代，我国劳动人民就掌握了植物片层结构的特点和植物群落演替的规律，并将这些规律巧妙地运用到各种植物之间的间作、混作与套种之中。我国传统农业是谷物主导型农业，农田一向以种粮为主，随着种植业的改变，种植业将由传统的"粮食作物-经济作物二元结构"向"粮食作物-经济作物-饲草饲料作物三元结构"转变。间作、套种的发展也以粮食作物间作为主体，但在发展粮食间作、套作的同时也创建了多种粮食作物与饲草饲料作物之间的种植方式，如粮田插种饲草饲料作物、麦田中复种饲草饲料作物、稻田复播饲草饲料作物、粮田间套种饲草饲料作物等。

20世纪60年代以来间作面积迅速扩大，有高秆、矮秆植物间作和不同植物种类间作，如粮食作物与经济作物、绿肥作物、饲草、饲料植物的间作等多种类型，尤以玉米与豆类植物间作最为普遍，广泛分布于东北、华北、西北和西南各地。此外还有玉米与花生间作，小麦与蚕豆间作，甘蔗与花生、大豆间作，高粱与谷子间作等。林粮、林草间作中以桑树、果树或泡桐等与一年生作物牧草间作较多。Knörzer等（2009）总结了间作在中国的发展以及近几年的研究成果，指出间作栽培是中国今后发展低投入、可持续稳定产出的现代农业，是比单作栽培更好的栽培模式，它在提高单位面积产量的同时能最大限度地规避频繁发生的干旱、水涝、病虫害等自然灾害带来的农业生产的不稳定性，增加农业产出的安全性和营养多样性。但这需要对传统的间作栽培作进一步的研究和调整，以适应现代化规模化、集约化农业发展的需求要。目前，我国有2/3的耕地采用间套复种方式，全国1/2的粮食产量都是依靠间套复种模式种植获得的。在华北平原小麦玉米间作种植面积占玉米种植面积的1/2，西北灌区春小麦与春玉米的套种面积占春玉米的1/3，云、贵、川以及两广、两湖丘陵旱地上作物或牧草间作、套种也相当广泛。从各地间作的类型来看，我国旱区丘陵沟壑区的间作类型主要分为农林间作、林草间作、粮草间作和粮粮间作。

通常认为豆禾间作能增加植物产量，提高土地利用效率，是生产中应用最多的多元种植技术之一。在豆科禾本科间作的研究中，几乎所有的文献都观察到相对应的单作系统，豆科禾本科间作具有单作无法比拟的产量优势。此外，豆科禾本科间作在土壤保持和增加经济报酬方面也是非常可行的方法。

有报道认为多年生豆科牧草与一年生禾本科牧草间作具有更高、更稳定的生物产量，同时在病虫害的防治以及土壤养护方面都具有独特的优势。陈玉香等（2004）研究了我国北方农牧交错带玉米栽培系统，认为玉米与苜蓿间作栽培提高了光资源的利用，从而提高了系统生物产量，是一种较单作更为优越的农业生产系统。粮草间作模式是稳定粮食产量和促进畜牧业发展的一个重要间作模式，取得了增产、提高土壤肥力、防风固沙、保持水土等多种良好效果，发挥了重要的经济和生态效益。迟凤琴等（1993）在松嫩平原西部的中低产耕地土壤上，通过实行小麦绿肥作物套种、翻压绿肥、夏播大豆和第三年种植玉米试验，三年粮肥轮作试验结束后，耕层土壤有机质和各种养分含量均得到有效提高，土壤的蔗糖转化酶增加，pH降低，土壤生物活性增强。叶莉等（2004）对玉米与草木犀间作试验研究表明，玉米与草木犀间作，可培肥地力，改良土壤，从而提高经济效益，并获得良好的生态效益。赵举等（2002）在内蒙古阴山北麓地区开展粮草带状间作，结果表明该模式可有效增加地表粗糙度，比对照裸地近地面5cm风速平均降低31.6%，风蚀量平均降低79.4%，减缓地表风蚀沙化，大于1mm的砾石为对照（裸地）的25%，生物量达3773kg/hm^2，是天然草场的5.7倍。同时具有轮作培肥地力的作用，是适应当地条件的有效、简单、经济可行的防风蚀方法。夏锦慧等（2004）对黔中坡耕地的种植模式研究认为，坡耕地种植牧草具有良好的截流效应和防治土壤侵蚀效果，对贵州省坡耕地退耕还草、发展畜牧业养殖具有重大的意义。安瞳昕等（2007）针对云南山地种植结构不合理、作物产量效益低、水土资源流失严重的现状，进行了玉米间作蔬菜和玉米间作草带等不同种植方式对坡耕地水土流失影响的研究，结果表明，玉米间作马铃薯的径流量比玉米单作减少37.4%，玉米间作白菜的土壤侵蚀量比玉米单作减少46.7%~58.2%，玉米间作草带的土壤侵蚀量比玉米单作减少68.9%~84.5%，玉米间作白菜、间作马铃薯、间作辣椒的土壤总侵蚀量分别比玉米单作减少47.0%、43.8%和10.2%，玉米间作草带的土壤总侵蚀量比玉米单作减少60.8%~70.0%，玉米间作马铃薯的总径流量比玉米覆膜单作减少21.0%。在低、中、高降雨强度下，玉米间作处理的土壤平均侵蚀量分别比玉米单作减少35.7%、61.4%和70.2%。说明玉米间作蔬菜和牧草能有效减轻坡耕地水土流失，在高强度降雨中，其水土保持效果更明显。孟军江等（2005）

在贵州省清镇市试验区种植紫花苜蓿的试验研究表明，在管理措施较好的条件下，年生产苜蓿干草量为 13 056.5~20 122.6kg/hm^2，农户出售干草以 1400 元/t 计算，毛利润可达 18 200~28 200 元/hm^2，去除生产成本约 3000 元/(hm^2·年)，纯利润可以达到 15 200~25 000 元/(hm^2·年)，而种植其他常规作物（玉米），纯利润最高约为 12 000 元/(hm^2·年)。相比之下，种植紫花苜蓿可增收 3200~13 000 元/(hm^2·年)，增益幅度达到 25%~108%。若进行产品加工或通过畜禽转化，则盈利更多。汪立刚和梁永超（2008）研究认为，我国幅员辽阔，坡耕地的类型千差万别，加上各地的种植制度和生产生活习惯各不相同，为了适应不同的农业和生态类型区域的需要，研究不同粮食作物与豆科牧草间作的种植模式和耕作培肥方式，是今后科研工作中首先要解决的问题。

在间作系统中，豆科与禾本科植物间作是传统农业中应用最为成功的一个组合。利用此间作模式，热带亚热带地区的小型农业生产者生产了大量的谷物和植物蛋白，温带地区生产牧草发展畜牧养殖，豆科植物固氮维持了这类系统正常运转所必需的养分。因此，在资源利用和环境友好方面，这种组合无疑是一个可持续的系统。近年来，在施用氮肥所带来的环境问题和过度依赖石化能源所产生的能源危机双重压力下，国际上对豆科植物在间作农业和混作牧草系统中的固氮作用研究十分重视。

豆科与禾本科植物间作不仅改善了植物群体结构，提高了自然资源利用效率，增强了群体抗逆性，而且减少了化肥、农药的施用量，具有显著的经济效益、环境效益和社会效益，既有利于国家粮食安全，又有助于提高农产品的市场竞争力。

豆科牧草与禾本科牧草的间作用于饲草饲料生产，也是实践中最常用的组合，研究表明，相对于禾本科牧草或豆科牧草的单作，大多数一年生豆科牧草与禾本科牧草间作都能提高总干物质产量和收获混合干草的蛋白质含量，有利于牧草的季节分布。Sleugh等（2000）也认为豆科牧草与禾本科牧草的双行间作能提高收获产物青粗饲草饲料产量、品质以及季节分布，是一种可行的饲草饲料生产模式。秋季播种的冬性牧草与一年生饲草饲料作物混作或间作都能提高收获产物整体的产量和营养价值，是一种值得推广的饲草饲料生产模式。

以上表明，合理的间作系统产量明显高于相应单作系统，间作系统产量优势的生态基础主要有两个方面，一是地上部光、热资源的充分利用，二是地下部水分和养分资源的充分利用。

间作、套作、轮作研究是当今世界农业持续发展的一个重要课题。耕地面积和土壤肥力的日趋下降，增加农业生产的关键在于增加有机肥源。适宜的间作系统能增加总生物产量，同时减少化学肥料和农药的施用，并且增加生物多样性和土地的可持续利用，这是遵循自然生态平衡规律的一种生产模式。现代化肥农业破坏可利用土地，对人类和家畜的食物和饲草饲料供应构成严重的威胁。把植物间作体系和动物生产连为一体，整体考虑生态系统的生产性能是一个更符合自然生态循环规律的生产模式。

第三节 间作与套作的增产原理

间作、套作是在人为调节下，充分利用不同植物间的互利关系，减少竞争，组成合理的复合群体结构，使复合群体既有较大的叶面积，延长光能利用时间或提高群体的光合效率，又有良好的通风透光条件和多种抗逆性，以便更好地适应不良的环境条件，充分利用光能和地力，保证稳产增收。如果选择植物种类不当，套作时间过长，几种植物搭配比例和行株距不适宜，即不合理的间作、套作，都会增加植物间的竞争而导致减产。合理的间作、套作不仅可以增加植物产量和草产量，同时在一定程度上可解决植物间争地、争水、争肥的矛盾，还有利于培肥地力，使土地用养结合起来。其技术原理归纳如下。

一、空间上的互补

间作、套作种植前要充分考虑土壤、气候、牧草和作物品种，做出详细的种植计划和品种选择，尽量减少物种间对生长空间、生长时间、土壤养分、水分和光照等因子的竞争。充分利用空间提高叶面积指数，合理的间作、套作，将空间生态位不同的植物组合在一起，使其在形态上一高一矮，叶形上一圆一尖，叶角一直一平，生理一阴一阳，最大叶面积出现的时间一早一晚等。间作群体由不同的植物构成，各间作植物外部形态不同，地上部有高有矮，根系分布有深有浅，对生殖条件的要求和反应不一，有的喜强光，有的喜阴或耐阴；对水肥的利用有区别，有的利用深层的，有的利用浅层的，有的吸收能力强，有的吸收能力弱，对养分种类和数量的需求也不尽一致。在苗期扩大全田的光合面积，减少漏光损失；在生长旺盛期，叶片层次增多，充分利用光合作用；生长后期，维持较高叶面积指数，增加营养积累，在整个生育期内实现密植效应。如高矮植物间作，改单一群体（单作时）的平面受光为立体受光，当早晚太阳照射角度小、光线较弱时，高位植物的叶片可以从侧面较大限度地吸收太阳辐射，低位植物可接受高位植物反射的阳光；而在中午太阳照射角度大，光线强时，强光能较多地透射到下层，被低位植物的水平叶所截获利用，从而避免了单作时的漏光损失。由于间作时高位植物密度比单作小，行距增大，植株侧面受光量增加，受光面扩大，变强光为中等强度光照，更有利于光合作用，提高了植物对光能的利用效能，通风状况和田间 CO_2 的供应也得到了改善。利用不同植物的这些差异，将其合理搭配起来，有利于加大种植密度，增加叶面积指数，充分利用地上、地下空间，提高土地及其养分、水分的利用率。

如在玉米苜蓿间作系统中，玉米直立的茎秆，减少了苜蓿行间的通风量，在夏季高温多雨季节使得苜蓿不易倒伏，减少底部腐烂，增强了苜蓿群体对夏季雨热的抗逆应激。同时苜蓿占据下部空间，玉米占据上部空间，形成对生长空间的互补优势。苜蓿在初花期刈割，每年刈割 3~5 次，刈割后减少了对玉米的竞争，加大了玉米行间的通风量和入射光效率，尤其在夏季高温多雨季节，苜蓿通常要刈割一茬，且在这一时期由于雨、热应激，苜蓿生长缓慢，而这一时期正是夏玉米快速生长发育期，两者在生育期上的交错互补，减少了对生长资源的竞争。

二、时间上的互补

间作、套作中，由于两种植物生育期差异，故从时间上提高了对光、热、水、气资源的利用效率。如秋播植物和春播植物、秋春播植物和夏播植物、多年生植物和一年生植物，套作效果更好。在一年内一熟有余、两熟不足的地区，在前茬植物生长后期套种后茬植物，可解决前后茬植物季节竞争的矛盾，且提高了复种指数。

偃麦草与苜蓿间作系统中，直立的偃麦草茎秆使得苜蓿不易倒伏，并且偃麦草的成熟期晚于苜蓿，所以在两者的间作系统中，有生育期的交叉互补，生育时间上的差异有助于延长系统的整体生长期限，增强对生长资源的利用，从而提高系统产量。在间作系统中两个组分植物如果生育期不一致，后熟植物通常会有一个补偿性生长，能够充分利用光、热、水分等生长资源，这是促成整体产量提高的一个重要原因。如小麦玉米间作或小麦大豆间作系统中，都存在补偿性生长作用，对系统的整体产量形成起到了决定性的作用。

三、地下养分、水分的互补

植物的根系有深有浅，有疏有密，密集分布的范围不同，它们种植在一起，能够更好地利用不同土层的养分和水分，使间作、套作植物平衡生长，方能确保丰收。在田间管理时，要区别植物的不同要求，分别进行追肥与管理，因植物、地块实行精耕细作，增施肥料和灌水，因栽培植物品种特性和种植方式调整好播种期，搞好间苗定苗、中耕除草等伴生期的管理，这样才能保证间作、套作植物都丰收。如玉米、小麦需要较多的氮素养料，烟草和薯类则要求较多的钾素供应，豆类能自身固氮等，将需肥特性不同的植物搭配种植，使植物对土壤营养元素的利用能起到互补、协调作用，才能充分发挥土地生产力。所以，利用植物营养生态位的异质性，全面、均衡、协调地补充和利用土壤养分，维持土地生产力。

在水土流失严重的坡地和山区，实行间作、套作，可增加地面覆盖和地下根量，还能减轻风蚀和水土流失。

四、生物间的互补

不同植物本身或其分泌物能够产生某些生物互补效应。间作、套作时，植物高矮搭配或分带种植，植物边行的生态条件优于内行，表现出边际效应。如植物边行处于空间优势，资源利用范围更大，生长发育状况优于内行。如高秆植物与矮秆植物系统中，高秆植物由于密度减小，行距增大，通风透光条件改善，使得在高温高湿条件下盛发的病害，如玉米叶斑病、小麦白粉病和锈病、棉花叶斑病和铃病等减轻，同时也使喜湿、郁蔽的害虫如玉米螟等减少；矮秆植物所处生态环境湿度提高，大豆蚜虫等虫害也相应减少。另外，实行间作、套作，植物种类增多，表现生物多样性效应，害虫因天敌增多而减少，植物虫害得以减轻；间作、套作系统中，一种植物对另一种植物起到机械支撑作用，如豌豆与麦类套播时，麦类成了豌豆的支柱，豌豆有较好的受光通风条件，产量提高；同时间作、套作可增大地面覆盖，抑制杂草生长，减轻植物草害；植物分泌物之间也存在互补作用，如植物与蒜、葱、韭菜间作时，可减轻病虫危害等。

在品种搭配上，选择能够兼容并且具有互补作用的植物进行间作、套作组合，会增加间作、套作系统的生物多样性，这更符合自然生物多样性规则，能够为许多种类的昆虫和土壤微生物提供良好的生存环境，这是单作系统所不能的，这种生物多样性主要是通过增加昆虫多样性和害虫的自然天敌来增强系统的自我防控能力，有助于限制作物病害虫的爆发。间作、套作还增加植物环境的复杂性，也限制了各种害虫寻找适合的繁殖环境，从而减少害虫的繁衍和传播。

间作、套作是我国劳动人民在长期生产实践中总结出来的成功经验，对解决我国众多人口的吃饭问题起到了不可替代的作用，间作、套作栽培模式在生产中一直被延续应用，并且在当前可持续发展农业中又得到更多的关注和重视，今后也还将是我国农业生产中重要的增产增收途径。但同时也应知道，既然不同植物存在生物间的互补作用，也必然存在某些相克关系，在时空上既然有互补，也一定有竞争。这是我们在实行间作、套作时必须考虑的。如何巧妙搭配，趋利避害，最大限度地发挥植物间的互补效应，是间作、套作成功的关键所在。

第四节　间作与套作技术

一、植物种类的选择和品种的合理搭配

根据当地的光、热、水等自然资源条件和水、肥等生产条件，依据植物的生物学特性，进行合理的植物种的选择和品种的合理搭配，以充分利用光、热、水、养分资源，减轻两种植物在共生期内争水、争肥、争光的矛盾，二者要协调利用地力。

（一）根据植物生态适应性进行选择

首先，在植物的选择上要求考虑植物的生态适应性，能适应特定地区的大环境；其次，要考虑植物的生态位间的关系，合理地选择不同生态位的植物或人工提供不同的生态位条件，使群体中的不同植物各取所需，趋利避害，能够充分利用生态条件。

（二）根据植物特征特性进行选择

间作时，应选择搭配生活型不同的植物种或品种。

牧草之间的相互竞争是一种普遍现象。在单作中，竞争主要发生在种内的个体之间。而在间作、套作中，种内竞争和种间竞争同时存在。因此，要合理安排种植结构，尽量缓和竞争。

植物间的竞争是在多方面的，但一般情况下最主要的是水肥竞争。水肥竞争主要发生于牧草的地下部分，因此又叫根竞争，竞争的主要对象是水和肥。水肥竞争的主要强度，一方面取决于水肥供应量，另一方面取决于一定面积内的种植密度。在密度不变的情况下，水肥供应量越低，竞争越激烈；反之，如果水肥的供应量一定，植株密度越大，竞争越明显。因此，间作、套作的牧草，应有充足的水肥供应，针对不同牧草的生长发育特性进行栽培。

据沈学年和刘巽浩（1983）研究，植物对光能的利用率最高达 6%，而现在的利用率平均小于 1%，世界上最高产地块的利用率已接近 5%，因此，在提高光能的利用率方面具有很大的调整空间。具体在间作的植物种或品种搭配上应该注意以下几点。

1）空间搭配

选择"一高一矮"、"一胖一瘦"，即高秆与矮秆、株型松散与株型紧凑搭配，或植株高度要高低搭配，株型紧凑与松散对应。如苜蓿与玉米或马铃薯搭配、玉米与豆类搭配、高粱与马铃薯搭配（图5-1）。

图5-1 玉米‖拉巴豆间作（林超文 供）（另见彩图）

选择"一圆一尖"，即圆叶植物与尖叶植物搭配。如豆科植物与禾本科植物搭配（图5-2）。

图5-2 苜蓿→冬小麦→夏玉米轮作（左）和苜蓿‖春玉米间作（右）（刘忠宽 供）（另见彩图）

选择"一深一浅"，即深根植物与浅根植物搭配，如小麦与饲用玉米搭配。

选择"一阴一阳"，即喜光植物与耐阴植物搭配，如饲用玉米与马铃薯搭配。

选择"一长一短"、"一早一晚"，即植物生长期要长短前后交错。如小麦套作苜蓿。

2）叶型搭配

选择"一圆一尖"间作或套种，即尖叶类植物（单子叶禾谷类）和圆叶类（双子叶豆类、薯类）搭配（图5-3）。

3）根系搭配

选择"一深一浅"间作或套种，即深根性植物与浅根性植物搭配，如苜蓿与苇状羊茅搭配，可充分利用土壤中不同层次的水分与养分。

图5-3　饲用谷子-毛叶苕子套种（刘忠宽 供）
（另见彩图）

4）需光特性搭配

选择"一阴一阳"间作或套种，耐阴植物与喜光植物搭配，如小麦（喜光）套种苜蓿（耐阴）或间作豆类（耐阴）等。

在选择好搭配植物的种类后，还要选择适宜当地种植的丰产品种。对混作而言，要求所选择的两类植物品种的生育期应"一长一短"或"一早一晚"，即混作时两植物生育期要相近、生长整齐、成熟期一致；间作、套作时，主栽植物的生育期要长一些，副栽植物生育期要短一些。在选择经济作物种类时，应选择和确定适应性强和产量高的品种。同时，应注意不同植物的需光特性、生长特性以及植物之间的相生相克原理，发挥植物间的有益作用，减少植物间的抑制效应。例如，禾本科和豆科作物（牧草）间套作后，两个组分在株高、叶型、根系对土壤养分的需求，以及空间分布的形态等方面都不相同，这样，就可以充分发挥它们之间的互补作用，达到增产的目的。

在考虑根系分泌物时，要选择"互利而无害"的牧草或作物相搭配。不同牧草或作物之间，根系分泌物的作用有三种情况：一是相互促进或抑制作用；二是单方面起促进或抑制作用；三是作用不明显或不发生作用。在牧草或作物搭配时，要注意选择具有相互促进作用的牧草或作物进行搭配。要根据相关效应或异株克生原理，趋利避害。已查明苜蓿与苇状羊茅、苜蓿与燕麦、小麦与豌豆、马铃薯与大麦、大蒜与棉花之间的化感作用是有利或无害的，因此，这些植物可以搭配；相反，苜蓿与红三叶、黑麦与小麦、大麻与大豆、荞麦与玉米间则存在不利影响，或一方抑制另一方生长，它们不能搭配在一起间作或套作种植。

总之，间作、套作的两个植物种搭配要更多地相互促进而较少抑制，且用地与养地结合，是间作、套作成功的关键。

二、播种期的选择

间作、套种时，播种期的选择是成败的关键，套种时间过早，共生期过长，容易形成小老苗，或者植株瘦高，收获时容易损伤。但套种时间也不宜过晚，以免失去套种的增产效果，要根据种植形式、植物品种因地制宜，灵活应用。

三、适宜的搭配方式和搭配比例

搭配方式是指在间作、套作或带状种植中，两种植物采取在行间或者隔行、或呈带状间作、套作。若两种植物都生长期较长，宜采用带状间作种植。在具体种植过程中要处理好与农机农艺结合的问题，在生产中需要注意。

由于实行间作或带状种植后，改变了植物的群体结构，创造了边行优势，使植物的通风透光条件良好。因此，可适当增加种植密度，促进群体增产。大量研究表明，群体密度增加对间作的增产效果明显，凡是间作套作复合群体增产的地方，其适宜的总密度总是要高于单作中的任何一种植物；凡是间作套作减产的地方，常与密度不足、缺苗断垄相联系。就不同植物而言，密度的增加幅度略有不同。

四、行比与行向

植物在单作情况下，一般以南北行向配置较好，比东西行向配置增产 3%~5%。但在间作、套种情况下，原则上以主栽植物为主，在主栽植物增产或不减产或少减产的情况下，增收副栽植物。为取得两种植物的增产，缓和植物之间争光的矛盾，东西行向对低矮植物是有利的。因为东西行向植物接受太阳直射光的时间开始早，结束晚，光能利用率高，光合产物一般较南北行向增产明显。若两种植物高度差大则南北行向种植较好；高度差小则东西行向种植较好，这样可以充分利用光照，但同时应考虑风向。就植物间作、套种的带宽或行比来讲，遵循"矮要宽、高要窄的原则"。矮秆植物带宽至少要等于高秆植物的株高。

五、管理上要兼顾主栽植物与间作植物

对间作、套种田管理上，要求运用综合田间管理措施，针对不同植物的水肥需求采取相应的田间管理措施，特别在灌水、施肥方面，既要考虑主栽植物对水肥的需求特点，又要兼顾副栽植物对水肥特性的需求，要协调好两种植物的关系，尽量避免种间竞争，扩大两种作物的间作互补效应，达到共同增产。在我国西北、西南等大部分地区，针对间作植物田田间管理方面人们已积累了丰富的经验和技术。

六、建立合理的田间复合群体结构

牧草或作物种类和品种确定之后，合理的群体密度和田间结构是能否发挥间作、套作优势，充分利用自然资源，合理解决牧草或作物之间一系列矛盾，达到增产的一个重要问题。单作时田间结构比较简单，主要是掌握密度和行株距。在间作、套作时，种植密度高，田间结构除与株行距有关外，还与带型、行比等有关。间作、套种植物群体田间结构为一复合群体，有主栽植物和副栽植物之分，因此，除处理好同一植物个体间的矛盾外，还要处理好不同植物间的矛盾，以减少植物间、个体间、个体与群体间的竞争。建立合理的复合群体结构的一般原则是：在确保通风透光的良好前提下，以适当密度截取利用较多的阳光。密度安排上，主栽植物应占较大比例，其密度可接近单作，而副栽植物应占较小比例，小于单作时的密度。套作时，若副栽植物为前作，一般应为后播的主栽植物预留空行。两种植物共生期越长，则空行应留得越多，副栽植物土壤利用率一般应控制在单作时的 70%以下，以便后播种的主栽植物在生育盛期时的土地利用率能接近单作时的水平。间作时，主栽植物也应占有较大的播种面积和更大的利用空间，在早熟的副栽植物收获后，主栽植物可占有全田空间。为了便于副栽植物有较大播种和利用

面积，主栽植物往往采取撤株并行办法，实行宽行窄株方式播种栽培。如有些玉米大豆隔行间作，在一半面积上用大豆代替高产玉米，若高产玉米的密度达不到足够大，会造成减产。当然株距过密也会影响个体发育而导致减产。

因此，间作、套作时，既要根据牧草或作物种类和品种的不同，保持一定的密度，又要有较好的通风透光条件，尽量减少相互之间的竞争。

七、因地制宜，采取相应的栽培措施和配套的机械工艺

在确定了适宜的植物品种搭配和合理的田间密度结构后，应考虑相应的栽培管理技术。虽然我们是按照趋利避害，优势互补，充分利用光、热、水、土地资源的原则在安排间作、套作种植，但植物群落间、个体间免不了存在争光、争肥、争水、争地的问题。为此，我们还需结合当地生产条件，采取相应的栽培耕作措施来减轻植物间的竞争，如使用除草剂、增施有机肥、及时防治病虫害、及时排水灌水等，方可达到比单作增产增收的目标，这也是间作、套作成功的必要条件。

不同的水肥条件与生产水平对间作、套作的增产效果是不同的。从全世界间作、混作、套作技术应用的分布来看，在低肥力水平下，间作、混作应用较为普遍。大量的间作、混作应用分布于发展中国家可说明这一点。一般说来，间作、套作的增产是由于较好地利用了水肥，那么在水肥条件改善后，增产效应将减少。如在低氮水平下，间作豆科植物，增产作用明显，但在高氮水平时，间作豆科植物增产效果就不明显。所以随着肥力水平的提高，豆科与禾本科间作效应就有缩小的趋势。

不可否认，间作、套作模式的应用在生产中也有许多不足之处，间作、混作、套作会增加机械化作业难度，在农事活动难以操作。随着机械化水平的发展，间作、混作、套作面积有下降趋势。在人少地多、机械化水平高的国家，已用单作替代操作较为繁琐或增产不显著的某些间作、混作、套作方式。在间作、套作增产显著地区，要采取适宜的方式，特别采用条带状播种方式进行带状种植。条带宽度，既要有利于发挥间作、套作的增产作用，又要有利于机械化作业。在机械化方面，应探索选择专业化机械或小型化机械的路子，在南方某些地区，间作、套作的机械化栽培研究已取得一定成效。另外，间作、套作增加了对水分的需求，尤其在灌溉水不能得到满足的地区，影响间作效果。间作、套作对杀虫剂，特别是除草剂的应用增加了难度，在一个间作系统中适用于一种植物的杀虫剂或除草剂可能不适用于另一种植物，增加了人工或机械的投入。

第五节　间作与套作的增产效应

间作、套作是在不减少主栽植物密度和适当种植副栽植物的前提下，把不同植物恰当地搭配起来，构成田间复合群体，充分利用田间空隙获得增产。间作、套作效益产生及增产效应有以下几个方面。

一、间作、套作提高光合效率

间作、套作不仅可以提高复种指数，在时间和空间上更好地利用光能，而且不同的

间作条件可以不同程度地改善田间的光、CO_2、温度、水、肥等条件，达到提高植物光合效率和提高产量的目的。丁松爽等（2009）对紫花苜蓿与枣树间作、玉米与枣树间作研究结果表明，间作系统中苜蓿地的枣树所截获的光合有效辐射（PAR）远远高于玉米地枣树。刘景辉等（2006）对不同青贮玉米品种与紫花苜蓿的间作效应研究表明，间作复合群体能充分利用不同层次的光热能源，通过群体受光面积的增加来提高光合效率，提高了产量和品质。间作群体有较高的透光率，增加了地表与根系土壤温度，有利于植物的生长发育与干物质积累。而且紫花苜蓿是多年生的豆科牧草，可利用其覆盖地面时间长的特点，有效地防治农田风蚀和水蚀，还能发挥其生物固氮功能，培肥地力。陈玉香等（2004）对玉米、苜蓿、高粱间作的产草量及光合作用研究获得同样的结果，且不同间作系统光合效率不同。苜蓿与青贮玉米及饲用高粱间作，在生育期间提高了青贮玉米及饲用高粱群体中部和基部的透光率和光照强度，从而提高了间作群体光能利用率和生物产量。大喇叭口期青贮玉米群体基部和中部光照强度分别较单作提高 45.8%和52.1%，透光率增加 5.3 个和 6.4 个百分点。孕穗期，间作饲用高粱群体基部和中部光照强度分别较单作提高 13.3%和 15.0%，透光率增加 1.3 个和 1.9 个百分点。

二、间作、套作改善土壤结构及肥力因素

在间作系统中，豆科与禾本科作物间作是传统农业中应用最为成功的一个组合。苜蓿与玉米间作后，土壤理化性质明显改善，主要表现在土壤有机质、有机氮和速效氮含量增加，这是由于苜蓿能增加土壤有机质的积累。另外，苜蓿根瘤菌具有较强的固氮能力。苜蓿与青贮玉米及饲用高粱间作，青贮玉米及饲用高粱对表层土壤全氮含量的吸收量小于单作，苜蓿对表层土壤氮素的吸收量大于单作，因为间作群体苜蓿的固氮作用增加了 10~30cm 土层全氮含量，间作群体的竞争作用使玉米根系下扎，对 30~70cm 土层氮素的吸收量增多。

三、间作、套作提高土壤微生物活性

土壤微生物群体对土壤肥力的形成、植物营养的转化具有十分重要的作用。土壤微生物菌落结构和组成的多样性不仅提高了土壤生态系统的稳定性，也提高了对土壤微生态环境的缓冲能力。多元多熟种植制度通过"时间差"和轮作、间作、套作的精细管理，打破了有害的农田生态环境，使病原菌数量减少，可预防病虫害的发生和抑制杂草生长，长期轮作、间作、套作提高了土壤微生物多样性，有利于改善土壤微生物区系环境，促进土壤酶活性的提高，增加有益细菌数量，从而提高作物产量。有效的改善土壤微生物结构，促使土壤微生物活性增加。

四、间作、套作的产量与质量互补效应

运用植物间不同的间作、套作组合，合理利用植物对土壤养分不同的吸收特点，充分发挥间作、套作模式下各植物的边行优势。紫花苜蓿、玉米、大豆间作、套作

可增加边行优势，边行通风透光好，根系吸收范围广。据报道，在不增加密度条件下，玉米边行比中间行平均增产 42%。苜蓿与不同禾本科植物间作对复合群体形态、产量与营养品质指标的影响，间作青贮玉米的株高较单作提高 2.3%~20.9%、茎粗提高 0.4%~7.0%、叶面积指数提高 2.2%~19.6%。间作饲用高粱较单作的株高提高 7.2%~7.1%。混作无芒雀麦较单作的株高提高 4.3%~5.6%、叶量提高 2.8%~3.0%。混作苇状羊茅较单作的株高提高 4.3%~4.6%、叶量提高 2.5%~6.4%。间作青贮玉米和饲用高粱的产量比单作提高 28.74% 和 11.93%。与玉米和饲用高粱间作的苜蓿由遮阴导致产量下降，分别降低 42.85% 和 6.46%，刈割饲用高粱可缓解遮阴，而使苜蓿减产较少。间作青贮玉米和饲用高粱的粗蛋白比单作均降低 10%，但群体粗蛋白产量间作大于单作，粗脂肪比单作提高 8.6%。青贮玉米与紫花苜蓿的间作复合群体与单作群体比较，粗蛋白和粗脂肪含量及鲜草和干草产量差异达到显著或极显著水平。紫花苜蓿与青贮玉米间作复合群体的粗蛋白和粗脂肪含量比单作青贮玉米分别提高了 30.8%~59.1% 和 99.4%~137.5%，比相同面积单作玉米和苜蓿分别提高了 7.2%~23.2% 和 13.9%~28.5%。

五、间作、套作群体地温的时空变化

苜蓿与青贮玉米及饲用高粱间作，间作青贮玉米及饲用高粱群体 0~30cm 土层平均地温均大于单作；间作苜蓿群体土层因青贮玉米的遮阴，地温低于单作。而间作青贮玉米群体 5~30cm 土层地温从上到下呈递减趋势，但同一土层温度均为间作高于单作玉米；5cm 土层生育期内的平均地温间作比单作提高了 1.0%~1.8%。

六、间作、套作群体土壤含水量的时空变化

苜蓿与青贮玉米间作，间作群体对表层土壤水分的耗散量小于单作；在 10~30cm 土层，间作玉米对水分的吸收量大于单作，间作苜蓿对水分的吸收量小于单作；间作苜蓿与青贮玉米对 30~70cm 土层水分吸收量均大于单作。苜蓿与饲用高粱间作，间作群体对 0~30cm 土层的土壤水分吸收量大于单作，间作对 30~70cm 土层的土壤水分吸收量小于单作。印度芥菜和苜蓿间作使苜蓿产量大幅度提高，原因可能是间作复合群体充分利用不同层次的光热资源，提高了光合效率，吸收了土壤中大量养分和水分，有利于植物的生长发育和干物质积累。

七、间作、套作群体的抗虫性

小麦与苜蓿间作对田间节肢动物群落数量有一定的影响，特别是影响其中的主要物种，如麦长管蚜、龟纹瓢虫、异色瓢虫、烟蚜茧蜂以及卵形异绒螨等的种群数量。但对田间节肢动物群落的多样性和组成没有太大的影响。小麦与苜蓿间作虽然没有明显改变麦田主要害虫麦长管蚜的种群发展趋势，但对种群密度有很显著的影响，在间作小麦田中麦长管蚜的种群数量显著低于单作小麦田。小麦与苜蓿间作对

田间节肢动物种群的发展趋势和种群密度的影响都比较明显。间作显著降低了龟纹瓢虫和异色瓢虫在田间种群密度。通过小麦与苜蓿的间作可以显著影响田间天敌的数量，有效抑制麦长管蚜的种群密度。间作植物的条带宽度不同，所产生的生态效应也不同。墨西哥豆甲和苜蓿蓟马对同质性较高的斑豆表现出更为强烈的偏好性，它们在 16 行的条带处理中的丰度最高。苜蓿与其他牧草间作可以减少害虫的种群数量，但能将害虫种群水平降到经济阈值以下的害虫治理策略需要进一步的摸索。从已有报道可以看出，苜蓿是一种常被用于间作的植物，不同植物与它的间作均能产生显著的生态效应。棉田周边种植苜蓿可以有效控制棉蚜种群的发展，而苜蓿与棉花间作不但能显著降低棉蚜种群的增长速度，而且还加快了天敌（蜘蛛和草蛉）种群的增长率。

　　间作苜蓿带对棉田节肢动物群落的影响是相当大的，间作苜蓿棉田天敌的控害能力强于对照棉田。间作苜蓿的棉田天敌生态位宽度和主要天敌如蜘蛛类、多异瓢虫与害虫生态位重叠度大于对照棉田，更能有效地控制棉花害虫的危害。进一步说明捕食性天敌与猎物在时间上的同步性是发挥其有效控制作用的先决条件之一。陈明等（2011）在棉花与苜蓿间作模式下比较了刈割与非刈割苜蓿对棉花田几种主要捕食性节肢动物和棉蚜种群动态的影响，目的在于评价适时刈割苜蓿、助迁天敌对棉蚜的控制效应。试验区每隔 4 行棉花间作 1 行 50cm 宽的紫花苜蓿带，当棉田棉蚜种群数量逐渐增高时，分别于 6 月、7 月两次刈割紫花苜蓿并搁置原地，迫使苜蓿带内的捕食性天敌转移到邻近的棉田中；设非刈割苜蓿处理为对照。结果表明：刈割苜蓿后棉田内天敌种群的个体数、物种丰富度和多样性均较非刈割苜蓿处理区有明显的增加，其中，多异瓢虫、星豹蛛、中华草蛉、小花蝽的种群数量分别增长 120.4%、100.8%、61.0% 和 7.2%。刈割苜蓿处理区的棉蚜种群数量比非刈割区下降了 80.7%。在棉花苜蓿间作区，适时刈割苜蓿、助迁天敌转移至邻近棉田，有助于棉蚜的控制。

第六节　草田间作模式案例

一、苜蓿田夏季套种饲用玉米（苏丹草）（适宜淮河以北地区）

（一）模式

　　10 月上中旬条播紫花苜蓿，行距为 20~30cm，次年苜蓿前两茬草单收利用。至 6 月中下旬，第二茬苜蓿草刈割后，在条播苜蓿田行间隔行种植一行饲用玉米或苏丹草，饲用玉米（苏丹草）行距 60cm，至 9 月下旬，饲用玉米（苏丹草）生长至蜡熟期，将苜蓿和套种的饲用玉米（苏丹草）一同收割青贮利用。之后苜蓿继续生长，正常收获利用，直至立冬后停止生长，正常越冬。

（二）高产措施

　　紫花苜蓿播种时要进行根瘤菌接种，首播时间必须在秋季进行。饲用玉米或苏丹草可采取育苗的方式，在 6 月中旬紫花苜蓿刈割后进行移栽，饲用玉米株数密度保持在 4000 株/亩，在播种饲用玉米或苏丹草的行内进行施肥，9 月底收割完毕，保证紫花苜蓿的再生和越冬。

（三）原理

紫花苜蓿耐寒不耐热，耐旱不耐涝，仅适宜淮河以北、降雨量低于 800mm 的地区种植。由于紫花苜蓿春季产量占全年产量的 60%~70%，6~9 月夏季长势较弱，而饲用玉米和苏丹草均生长期较短，适合在夏季生长，与紫花苜蓿套种，既可保持紫花苜蓿的根系，又可提高土壤养分、水分、光、热等资源的利用率，提高单位面积饲草的产出量。

（四）优点

综合效益优于苜蓿单收草田，充分利用了华北地区夏季雨热同期的自然条件优势，玉米或苏丹草生长优势得到了发挥。解决了苜蓿"夏眠"导致产量低的问题，也解决了苜蓿雨季晾晒干草困难的问题。

（五）缺点

需要在条播的苜蓿田行内播种饲用玉米，行距保持 60cm。且饲用玉米与苜蓿一起收获青贮，操作难度增大。

（六）注意事项

该套种模式，不同于苜蓿与玉米的间作，仅针对淮河以北地区苜蓿田存在的"夏眠"现象及雨季收获晾晒干草困难的具体问题而采取的季节性套播技术。套播后将饲用玉米作为管理重点，不再考虑夏季苜蓿的高产情况，也不改变苜蓿草田的正常播种方式。

二、冬牧 70 黑麦与俄罗斯饲料菜（或鲁梅克斯 K-1 杂交酸模）、苏丹草间作模式（适宜淮河以北地区）

（一）模式

10 月上中旬播种冬牧 70 黑麦，行距 20cm，每两行预留 1 行。3 月下旬至 4 月上旬栽植俄罗斯饲料菜。5 月中旬冬牧 70 黑麦收割完毕后，播种苏丹草，9 月下旬收割苏丹草，然后播种冬牧 70 黑麦。

（二）原理

俄罗斯饲料菜属于多年生叶菜类牧草，生长的最适宜温度为 15~25℃，冬季降霜后叶片枯萎，夏季高温季节生长不良，多雨高温时易发生根腐病。套种冬牧 70 黑麦，可在冬春保障牧草的供应。利用其不耐高温的特点，可套种苏丹草。其可作为俄罗斯饲料菜的遮蔽物，减少高温季节阳光的直射，提高俄罗斯饲料菜产生新根，增加产量。种植苏丹草时既可平茬免耕播种，也可育苗移栽。

三、稻闲田油菜与紫云英间作、套作（适宜华南地区）

（一）模式

油菜与紫云英间作、套作，除二季晚稻田外，必须根据前作和土壤情况而定。在一季早中稻田进行油菜与紫云英间作、套作，在水稻收获之后，趁土壤湿润或雨后提前翻耕整地，开沟作畦，然后播种。在双季连作稻田，一般不整地，即直接在两季晚稻田内插种。在秋大豆、棉花、荞麦、黄粟等植物行间进行油菜、紫云英间作混作的田块，也不用特殊的整地，只要在"秋分"前后，先在植物行间锄松土壤，粉碎土块，开行浅沟，即可播种。

（二）播种时间

紫云英在秋分至寒露前播种为宜。紫云英应尽早先播，然后再播油菜。但在劳动力少和农事较忙的情况下，油菜与紫云英可同时播种。品种的合理配合亦非常重要，如收获油菜籽榨油为主，油菜必须选择早熟丰产品种，以作绿肥为主的紫云英必须选择晚熟品种，以便油菜收获时，紫云英正值盛花期，适宜及时翻耕紫云英沤青栽种早稻。早熟品种紫云英作绿肥，则应延迟播种期，适当增加播种量，使其花期推迟。如要同时收获油菜籽和紫云英种子，油菜则宜选择晚熟的甘蓝型品种，紫云英应选择早熟或中熟品种，以便同时成熟，同时收获。

（三）播种方法及播种量

油菜与紫云英间作、套作的方法，应视情况而定，在一季早中稻田播种时，水稻收割后，及时整地，白露、秋分时节就可开始播种紫云英，采用开沟点播、条播均可，一般以点播为好。如寒露、霜降节气时再点播油菜，行距 40cm，窝距 23~26cm。与秋大豆、荞麦等作物间作时，在秋分至寒露，结合中耕开沟，点播紫云英，霜降前后再点播油菜。播种量应视土壤肥力情况而定，肥田少播，瘦田多播，一般每亩播种紫云英种子 1.5~2kg、油菜种子 200~250g。播种时，每亩用 50kg 草木灰掺和腐熟有机肥 10kg 与 15~25kg 的钙、镁、磷肥拌匀，或用草木灰 25kg 掺和 2.5~3kg 猪骨粉拌种，播种后，再覆盖一层 1cm 左右细薄土，以免种子曝晒于地面，不易发芽。与秋大豆、荞麦等套种时可不覆土，播种后，引水沟灌溉，湿透土壤，以利发芽。在双季稻田播种时，当双季晚稻齐穗，籽粒灌浆结束时，灌溉 3~4cm 的水，先撒播紫云英，过 10 天后撒播油菜种子。也可在晚稻田内先撒播紫云英，待晚稻收割之后，整地，疏松土壤，移栽油菜苗。没有育苗的，也可直播早熟油菜。出苗后，分次匀苗。

（四）间苗中耕

不论哪种种植形式均注意间苗和中耕。油菜苗出现 2 片真叶时，即开始间苗，幼苗生长到 3~4 片叶时，每穴定苗 1~3 株。条播的油菜株距 13~16cm。

（五）田间管理，先要加强冬前的管理

当紫云英生长高度达 3.3cm 左右时，每亩施草木灰 500kg。冬季每亩施液态肥 750~1000kg。并用腐熟牛粪均匀地撒盖地面，保温越冬。在薹高 13~16cm，每亩施腐熟有机肥 750~1000kg 或氮素化肥 7.5~10kg。在油菜抽薹期和初花期，应喷施 0.2%的硼肥 1 次，以避免油菜花而不实，提高结实率。

四、西北地区适宜的牧草与作物间作、套作种植模式

（一）草粮间作、套作模式

与牧草进行间作、套作的粮食作物，主要有小麦和玉米。

1. 冬小麦地间作豆科牧草

1）播种及收获：9 月中下旬整地，施足底肥，相间种植 5 行小麦、3 行牧草。次年 5 月份刈割牧草，6 月份收获小麦。

2）经济效益：冬小麦间作豆科牧草的经济效益如表 5-1、表 5-2 所示。由上表可以看出，小麦和豆科牧草间作后，对小麦产量的影响不大，但可增收一茬牧草，从而提高了单位面积麦地的生物产量，使麦地粗蛋白产量提高了 61.9%~157.5%。

表5-1　间作系统中的小麦产量

处理	小麦产量/（kg/hm^2）	与对照相比/%
小麦/白三叶	2160.8	−3.14
冬小麦/箭筈豌豆	2065.2	−7.43
冬小麦/蚕豆	2105.7	−5.61
小麦单作	2230.9	

注："/"表示间作

表5-2　间作系统中豆科牧草的鲜草产量　　　　　　（单位：kg/hm^2）

处理	豆科牧草鲜草产量
小麦/白三叶	14 110.5
冬小麦/箭筈豌豆	11 100.0
冬小麦/蚕豆	20 283.3

2. 玉米地间作紫花苜蓿

1）播种：4 月中上旬整地，施足底肥，玉米和紫花苜蓿按 1：1.2 比例，相间种植，种植 2 行玉米，行距 50cm，株距 45cm；3 行紫花苜蓿，行距 30cm。玉米播种量为 45kg/hm^2，苜蓿播种量为 kg/hm^2。

2）田间管理：玉米和苜蓿出苗后，及时拔除杂草，按时施肥、灌水。苜蓿到初花期时开始刈割。

3）经济效益：玉米与紫花苜蓿间作，其经济效益如表 5-3 所示。虽然玉米的产量有所下降，但可增收一茬苜蓿，每公顷土地增收苜蓿鲜草 45 454.55kg/hm²。同时，苜蓿可生长 5~7 年，免除了较多的耕种劳作，从而减少了劳力和支出成本。

表5-3　草粮间作与单作玉米经济效益比较　　　　　　　　　（单位：kg/hm²）

处理	玉米产量	苜蓿鲜草产量
苜蓿/玉米间作	10 606.06	45 454.55
单作玉米	10 984.10	

3. 玉米套种燕麦或箭筈豌豆

1）播种：3 月下旬耙糖整地，施足底肥，用小型播种机划行播种牧草，行距 30cm，播种量为：燕麦 225kg/hm² 或箭筈豌豆 112.5kg/hm²。出苗后，在行间覆膜点播玉米。

2）收获利用：燕麦在抽穗期刈割，箭筈豌豆在初花期刈割。牧草刈割后在行间撒播复种草木犀，9 月下旬首先将草木犀刈割，玉米完熟期收获。

3）经济效益：玉米与牧草套种后，玉米籽粒产量显著降低，但总生物产量略有降低，而蛋白质产量显著提高。其经济效益的具体情况见表 5-4。

表5-4　玉米同燕麦等植物套种复种与单作玉米经济效益比较　　（单位：kg/hm²）

处理	玉米籽粒产量	总生物产量
单作玉米	7 990.0	20 810
玉米/燕麦-草木犀	5 595.0	20 110
玉米/箭筈豌豆-草木犀	6 331.7	19 940

（二）饲料作物与牧草的间作、套作

这种间作、套作模式为饲用玉米套种一年生草木犀（图 5-4）。

1）播种：4 月初起低垄覆膜种植 2 行玉米，行距为 50cm，株距为 45cm，保苗 4.5 万株/hm² 以上。6 月上旬，玉米中耕除草后，于两垄间地膜外开沟套种 1 行一年生草木犀。

2）收获利用：如果收获草木犀青草饲喂家畜，可在玉米收获前陆续刈割。若调制青干草或草粉，可在玉米收获后一次性刈割草木犀。若调制青贮饲料，可将玉米和草木犀混合，青贮效果会更好。

3）经济效益：该种植模式下，玉米产量达 7395kg/hm²。与单作玉米相比，在玉米不减产的情况下，可增收一茬牧草，增收粗蛋白产量为 750kg/hm²。

4）模式优点：该模式是甘肃省中东部地区高产饲料和高产饲草结合的一种种植模式。高秆和矮秆、禾本科和豆科相结合，提高光能利用率 26.8%，土壤有机质含量提高 19.0%。

图5-4　红豆草/玉米套种（上左）（程积民 供）、
苜蓿-玉米套作（上右）（程积民 供）、苜蓿-高丹草套作（下）（李源 供）（另见彩图）

第七节　复　种

一、复种概念及对农牧业增产的作用

复种指一年内于同一田地上连续种植两季或两季以上植物的种植方式。如麦-棉一年两熟，麦-稻-稻一年三熟，此外，还有两年三熟、三年五熟等。上茬植物收获后，除了采用直接播种下茬植物于前茬植物地上以外，还可以利用再生、移栽、套作等方法达到复种目的。

复种主要应用于生长季节较长、降水较多（或灌溉）的暖温带、亚热带或热带，特别是人多地少的地区。其作用是提高土地和光能的利用率，以便在有限的土地面积上，通过延长光能、热量的利用时间，使绿色植物合成更多的有机物质，提高植物的单位面积年总产量；使地面的覆盖增加，减少土壤的水蚀和风蚀。

复种的最大特点是充分利用土地，增加单位面积的播种量，从而增加植物年产量，有利于缓和粮、经、饲等植物争地的矛盾，促进全面增产。如在西北地区，小麦地复种毛苕子、箭筈豌豆等，可使用地与养地相结合，并解决粮食作物与饲料作物供需之间的矛盾，有利于稳产。我国西北地区旱灾频繁，利用复种有利于产量互补的优点，可实现夏粮损失秋粮补。

二、复种的条件

（一）热量

要复种，当地的自然条件，尤其是热量条件能否满足上、下两茬植物的生长发育的需要是一个决定性的因素。各种牧草和饲料作物的生长发育，都要求一定的热量条件，以保证适时播种、出苗和成熟。只有当地的热量条件能够满足上、下两茬植物对热量的需求，复种才能成功。

积温是各地确定复种程度的重要指标。如果≥10℃的年积温小于3600℃，基本上为一年一熟；≥10℃的年积温为3600~5000℃，可一年两熟，能进行复种。如甘肃的河西走廊地区，≥10℃的年积温为3000~4000℃，≥10℃积温以中西端区域可进行复种；而岷县、漳县等高寒阴湿区只能一年一熟，不能复种。

（二）水分

水分是一个地区能否复种的重要因素。如西北地区降水稀少，大部分地区年降水量为400~500mm，且集中在7、8、9三个月，这些地区只能维持一季植物生长发育对水分的需求。但如果有灌水条件，则可进行复种。

（三）肥料

肥料是植物增产的物质基础。在单作的情况下，植物要消耗一定的养分，增加复种必将消耗更多的养分。施肥时，需将有机肥与化肥配合施用，以保持土壤中营养物质的平衡。同时，通过增施化肥，在增加单位面积种子产量的同时，可增加鲜草产量。在安排复种时，还要根据地力和施肥水平，安排相应的植物。如在肥力较高的地块，可安排种植禾本科植物，而肥力较差的地块，可安排种植豆科植物和绿肥植物。

（四）劳力、畜力和机具条件

复种是一个从时间上争取充分利用光热和地力的措施。如果机具配套，劳力畜力充足，就可以采用接茬复种；否则，只能采用间套作，实现一年两熟。

三、复种技术

复种是一种时间集约、空间集约、投入集约、技术集约的高度集约经营型农业，因此，需要解决好各季植物在季节、劳力、肥水、病虫防治等方面的矛盾，争取季季高产，全年高产。

（一）充分利用休闲季节增种一季植物

如小麦收获后，可以利用夏闲季节复种豆科牧草和饲料作物。

（二）根据生长季节选择品种

生长季较长的地区，应选用生育期较长的植物品种进行复种，以保证复种植物获得高产；生长季较短的地区，应选用早熟高产品种。

四、主要复种模式案例（适用于西北地区）

（一）冬小麦-一年生豆科牧草-玉米模式

1. 播种方式

9月中下旬播种冬小麦，次年6月底收获冬小麦后，复种一年生豆科牧草（箭筈豌豆或毛苕子），复种的豆科牧草于10月上旬深耕翻压以培肥地力，也可于11月份青刈饲喂家畜，下一年4月中旬播种玉米，在秋季9月中下旬收获。

2. 栽培管理

冬小麦收获后复种要及时。如果土壤墒情好，可先翻地后播种。若墒情中等，可实行免耕，直接将一年生豆科牧草种子播种于麦茬中。

3. 经济效益

该复种模式年产冬小麦 3000~3750kg/hm^2，豆科牧草 22.5t/hm^2，玉米 6000~7500kg/hm^2。在冬小麦和玉米两个禾本科作物之间，插播一茬豆科植物，可提高土壤氮素营养，特别是翻压绿肥后，土壤有机质增加。同时，利用小麦、玉米秸秆和牧草可发展畜牧业。

4. 模式优点

牧草复种时期，正是水热条件最佳的7、8、9三个月，使气候资源得到了充分合理的利用。该模式适合于甘肃中、东部地区。

（二）冬小麦-草木樨-冬小麦模式

1. 播种方式

春季冬小麦拔节前，套种草木樨。冬小麦收获后留草木樨生长。第二年草木樨完成其全部生活周期之后收割种子或花期刈割调制干草，然后再播种冬小麦。

2. 栽培管理

于3月下旬冬小麦施化肥之际，将草木樨种子混合在尿素中，沟播于小麦行间，用种量为 37.5kg/hm^2。6月底冬小麦成熟后，采用高茬（茬高 10~20cm）刈割，保留草木犀直至第二年。若调制干草，可在 5~6 月份刈割；若收获草木犀种子，可在 7 月底收获。

3. 经济效益

草木犀具有很强的肥田能力，对提高瘠薄土壤肥力效果显著，使后茬冬小麦产量达 2550~3000kg/hm^2，比单作小麦产量 1200kg/hm^2 提高 1 倍左右。相应的经济效益也成倍增加。草木犀套种当年产鲜草 2.1 万 kg/hm^2，第二年鲜重产量达 3 万 kg/hm^2，可用于调制干草或混合青贮。同时，冬小麦与草木犀复种后，地表径流量比冬小麦单作耕地减少 41.5%。

第六章　牧草混作

第一节　牧草混作的意义及其优越性

我国人工草地面积占全部草地面积的 3%，主要分布在内蒙古、甘肃、新疆、陕西等省区。人工草地的栽培牧草主要是苜蓿、羊草、无芒雀麦、老芒麦、苜蓿、红豆草、沙打旺、草木犀等。我国各牧区对人工草地建设极为重视。内蒙古自治区人工草地发展最快，2012 年保留面积达 316.4 万 hm²。甘肃省长期重视人工草地建设，1980 年面积达 76.23 万 hm²，1998 年为 80 万 hm²，2013 年保留面积达 159 万 hm²，其中，紫花苜蓿草地保留面积占 40%。新疆维吾尔自治区 2012 年人工草地面积为 50 万 hm²，老芒麦与新疆布尔津苜蓿混作组合比老芒麦单作草地产量提高 11 倍。青海省 2012 年人工草地保留面积 34.5 万 hm²。陕西省 2012 年人工草地保留面积 59 万 hm²。宁夏回族自治区 2012 年人工草地保留面积 55.5 万 hm²，其中以紫花苜蓿草地为主，面积占 70%以上。西藏人工草地建设起步较晚，于 20 世纪 70 年代开始大面积种植牧草，目前人工草地保留面积 1.6 万 hm²，不足天然草地面积的 0.2%。

我国人工草地大部分采用单作，单作牧草在播种、收获等一系列田间作业中，便于实现机械化，草地管理也简单方便，在精细耕作、集约化经营下，能获得高产，因而为世界上多数国家和地区所采用。但是，单作方式因时间和土地资源均未充分利用，太阳能和土壤中的水分、养分存在一定的浪费。所以，由混作或叫混播构成的人工复合群落，较单作单位面积产量高而稳定，牧草品质好，营养全面，易于刈割调制，杂草病虫害轻，并有恢复土壤结构、提高土壤肥力的作用。因此，混作是建立人工草地，提高草地生产力、改善草地质量和增强草地持久力的一项十分有效的措施。

畜牧业发达国家，在栽培牧草、建立人工草地时，十分重视牧草的混作。牧草混作主要从利用目的、利用年限、植物学成分等多方面来考虑。从时间上考虑，牧草有一年生、越年（二年）生和多年生，多年生中又有中寿、长寿之分；从空间上考虑有高草、低草之分；种间既有不同科属种的搭配，又有上繁草与下繁草、疏丛型与密丛型等不同生活型的搭配；从利用目的上考虑，有放牧、刈割、刈牧兼用或轮作倒茬。

一、混作概念

一块田地上，一定时期内，仅种植一个草种的种植方式称为单作，俗称单播（图 6-1）。与单作相对应，在同一块田地上，同一时期内，混合种植两个或两个以上草种的种植方式称为混作，俗称混播（图 6-2）。混作是牧草种植中的一项重要技术措施。混作不仅能获得较高产量的优良牧草，并且使人工草地中各个草种之间保持适宜而恒定的组成，使草地保持在一种相对稳定的状态。

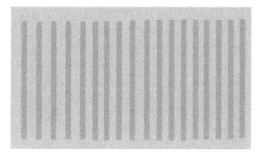 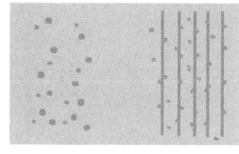

图6-1 单作　　　　　　　　　图6-2 混作

二、混作意义

牧草混作是提高草地生产力、改善草地质量和增加草地持久力的一项十分有效的措施。引草入田，建立混作草地，充分利用草的经济和生态功能，改变现代农业的不足，发展质量效益型农业，进行农业种植业结构调整，以满足许多地区实施休牧和禁牧对饲草的需求。

种植优质牧草、建立人工草地要考虑的因素较多，包括自然因素如光照、温度等，也包括牧草品种的生物学特征和生态特性，还包括人工管理水平、利用方式等，因此要根据自然条件和人类活动的目的选择合适的牧草种或品种。从草地经济生产和生态效益的角度出发，人工草地建设以混作为好，其中又以豆科和禾本科混作草地为最佳。其原理在于，不同牧草的生物学、生态学和植物营养代谢差异很大，混作种植能充分发挥不同牧草的优点，避开其缺点，达到优势互补的目的。因此，混作草地往往具有高产、优质、稳定的特点。混作能更充分的利用光、水、肥、气、热等自然资源，提高草地的生产能力。多草种混作能较好地发挥各草种不同的适应性和抗逆性，提高草地的生态稳定性，延长草地寿命。对于豆科与禾本科牧草混作草地，其最大优势为豆科牧草具有生物固氮作用，可为禾本科牧草提供氮素，这种草地以其较高的生产力、较好的适口性和经济效益而越来越受到人们的普遍重视。

作为一项重要栽培措施，混作对于建立放牧地或长期草地意义尤为重大。世界各国在建立人工草地时都很重视草地混作。通常将豆科、禾本科草种组合起来进行混作。美国、新西兰等国家用多年生黑麦草和三叶草混作建植放牧草地，效果颇佳。我国用无芒雀麦、鸡脚草、苇状羊茅等与紫花苜蓿进行混作试验，均获得较好的结果。中国农业大学草地研究所在华北地区利用披碱草、无芒雀麦等与紫花苜蓿进行混作，也取得了较为理想的效果。几种较好的混作模式已开始在国内部分地区推广应用。

三、禾本科与豆科牧草混作的优越性

在牧草种植方面，大部分地区都是单独种植禾本科牧草或豆科牧草，这样就不能充分利用草种和空间资源，也不能延长草地利用年限。如果将其混作，充分利用各自优点，相互促进，不仅能提高牧草的产量和品质，延长草地利用年限，还能改善牧草的营养，提高牧草适口性，利于调制和青贮（图6-3）。

燕麦+箭筈豌豆混作（刘文辉 供）　　燕麦+箭筈豌豆混作（祁娟 供）

玉米+扁豆混作（孙启忠 供）　　甜燕麦+毛苕子混作（马玉寿 供）

红豆草+燕麦混作（师尚礼 供）　　红豆草+苜蓿混作（师尚礼 供）

披碱草+红豆草混作（师尚礼 供）　　红豆草+紫花苜蓿+红三叶+鸭茅+无芒雀麦+猫尾草混作（师尚礼 供）

图6-3　不同混作模式（另见彩图）

（一）豆科与禾本科牧草混作，增加产量

混作增产主要在于不同类型牧草之间的形态学差异，合理组合就能对阳光、土壤养分、水分等的利用更为充分，制造和积累更多的有机质。豆科与禾本科牧草混作，产量较单作高且稳定，提高比例随混作组合的不同存在变化。据甘肃农业大学研究试验，苜蓿和无芒雀麦混作比苜蓿单作提高产量 16.1%，苜蓿和高羊茅混作比苜蓿单作提高23.1%。金花菜和多花黑麦草在稻田进行混作，比单作产量分别提高了 35.1%和 62.6%，毛苕子与多花黑麦草混作比其单作产量分别提高 70.1%和 57.2%，阿尔冈金苜蓿与无芒雀麦混作与单作对比产量可增长 61.9%。何双琴（2004）在贵南县森多乡地格滩地区，用燕麦与豌豆混作，比单作燕麦增产 27.9%，比单作豌豆增产 25.4%。禾本科牧草的叶片分布集中在下部，豆科牧草叶片分布集中在上部，混作能充分利用地上空间提高光合作用。再有禾本科根系浅而且密，集中在 0~30cm 的土层，消耗土壤的氮素多；豆科根系分布深，集中在 0~50cm 的土层，深者可达 1~2m，可以吸收土壤深层的钙，同时能够固定空气中的氮素供禾本科牧草利用，所以混作可充分利用了地下空间和土壤中的营养元素。

值得一提的是，在青藏高原高寒地区建立一年生混作人工草地，采取禾-豆混作，可明显提高草地产草量和牧草品质。

李伟忠等（2006）在高寒地区通过 3 年的混作组合筛选试验，筛选出表现优良的多年生混作组合有草原 2 号苜蓿+无芒雀麦+多叶老芒麦、草原 2 号苜蓿+多叶老芒麦+冷地早熟禾、无芒雀麦+多叶老芒麦+冰草、无芒雀麦+多叶老芒麦+冷地早熟禾、草原 2 号苜蓿+多叶老芒麦+冰草 5 种组合（表6-1），混作草地茎叶比明显低于单作，说明叶量明显增加，特别是豆科牧草的介入，不仅提高了混作草地的牧草品质，而且提出了高寒地区豆科牧草种植的有效方式。

表6-1 不同混作模式对草地生产力的影响

混作模式	播种量/（kg/hm²）	3 年平均干物质量/（kg/hm²）	粗蛋白含量/%
燕麦+箭筈豌豆	112.5+75	8 717	1 213.46
草原 2 号苜蓿+无芒雀麦+多叶老芒麦	5+10+15	12 515	946.73
草原 2 号苜蓿+多叶老芒麦+冷地早熟禾	5+15+5	13 437	1 154.79
无芒雀麦+多叶老芒麦+冷地早熟禾	10+15+5	14 022	1 111.56
无芒雀麦+多叶老芒麦+冰草	10+15+5	12 716	993.24
草原 2 号苜蓿+无芒雀麦+冷地早熟禾	5+10+5	8 799	449.30
草原 2 号苜蓿+多叶老芒麦+冰草	5+15+5	14 636	1 066.26
无芒雀麦+冷地早熟禾+冰草	10+5+5	6 670	173.16
多叶老芒麦	45	11 760	805.56
燕麦	225	7 834	609.36

资料来源：李伟忠等，2006

（二）产量稳定，并延长草地高产期限

不同类型的牧草生长速度和盛衰期不同，混作可以利用时间因素，使草地成长快，利用期长。如苜蓿高产期是第 2~4 年，无芒雀麦是 5~7 年，混作后高产期就为第 2~7 年，延长了高产期。

（三）提高牧草的品质和适口性，利于家畜的健康发育

豆科牧草含有较多的蛋白质、钙和磷等营养元素，而禾本科牧草含有较多的碳水化合物。两种牧草混作比其中任何一种单作牧草的营养成分全面，品质优良，适口性好，提高了牧草的利用率。而且牧草混作还可以防止一些疾病的发生，如单纯的豆科牧草放牧时常引起家畜鼓胀病，混作草地由于禾本科牧草比例增加，皂素含量下降，可避免膨胀病危害。再如，红三叶含植物雌激素，在单纯红三叶草地放牧易引起家畜假发情，与禾本科牧草混作可降低饲草雌激素含量，亦可避免假发情现象发生。而且两种牧草混作后营养成分含量提高，且组分平衡，适口性好，提高了牧草的利用率。

（四）能改良土壤，延长草地的利用期

豆科牧草与禾本科牧草混作能在土壤中积累大量的根系残留物。混作增加了单位体积内根系的重量，这些根系死亡后即成为土壤腐殖质的来源。禾本科的须根把土壤分成细小的颗粒，豆科根系能从土壤深层吸收钙质，钙质与土壤中的腐殖质结合，形成水稳性的团粒结构。两种牧草混作，可增加土壤有机质，形成稳定的团粒结构，提高土壤肥力，使草地生长快，利用期长。

（五）有利于干草的调制和青贮

有些牧草具有匍匐或缠绕的生长习性，单作时匍匐于地上或易倒伏，与直立型牧草混作可防止倒伏，便于收获，更有利于干草的调制和青贮。禾本科牧草茎叶含水量较少，水分散失较均匀，又不易脱落，而豆科牧草含水量较多，且茎叶含水量差异较大，水分散失不均匀，干燥时间延长，叶片易损失，调制较难。混作牧草则较易调制，干燥时间缩短，损失减少。豆科牧草含蛋白质较多，缓冲能较高，含糖量较少，单独直接青贮不易成功，与含碳水化合物较多的禾本科牧草混合青贮，可调制成优质青贮饲料，故混作青贮效果好。

尽管禾本科与豆科混作草地表现出众多优越性，但由于其中某一目标草种（常为豆科牧草）因种间竞争等原因而在混生群落中逐渐消退，使得这种生产技术在生产实践中难以顺利实施。禾本科和豆科牧草之间存在光、养分和水分竞争，当竞争关系与其他胁迫因子相结合时，能够暂时甚至长期抑制豆科植物的生长发育，从而影响豆科植物当前的竞争关系状态，使其处于竞争弱势地位，最终从混作群落中消退。

第二节　草地混作研究

一、国外禾本科、豆科牧草混作草地发展历史与现状

国外人工草地的建立主要采用豆科与禾本科牧草混作形式。美国人工草地以三叶草与猫尾草或紫花苜蓿与无芒雀麦等简单混作形式为主，俄罗斯、新西兰常采用复杂混作形式，混作牧草的种类可达 8~9 种。牧草混作的理论与技术一直是草学研究的重要方面。自 B. P. 威廉斯提出按豆科与禾本科牧草种子粒数 1∶1 的比例混作技术理论以来，

国内外关于牧草混作的理论技术研究迅速发展，依据互补性原理、草地利用目的、年限和混作牧草的生物学特性，选择适宜的草种和混作比例，已成为牧草混作技术研究的主导方向。

澳大利亚是全球第一草地大国，全国 70%以上的面积为干旱草原，40%的草场年降水量不足 250mm，草原植被高度低，牧草质量差，草场建设以补播和改良为主。与此同时，在有条件的地区建立人工草场，现有人工、半人工草地 28 万 hm²，占草地总面积的 6.32%。澳大利亚通过草地改良和合理利用技术的研究与应用，使其成为世界闻名的草地畜牧业强国，而且很好地保护了草地生态环境。1889 年，A. W. Howard 发现地三叶在澳大利亚南部是一种非常有应用价值、值得进行种子生产的物种，然而直到 1923年以后，地三叶草才作为牧场的主要组成物种得以推广。20 世纪 40 年代除了研究磷对草地生产力的影响外，还进行了铜、铝、锌等元素对豆科牧草生长影响的研究，同时人们也注意到根瘤菌在豆科植物固氮中所起到的作用。对豆科植物根瘤菌的分类研究以及地面和空中播种的根瘤菌接种技术都大大提高了豆科植物在草场上的定植率，也使得豆科植物的固氮能力和草场质量得到提高。50 年代以前人们对放牧管理的知识还很匮乏，50 年代初进行了众多草场建植和草地研究工作。1951 年，E. J. Breakwell 致力于将豆科牧草引入雀稗草地中。50~60 年代，H. J. Geddes 发展了成本低廉的土坝蓄水和灌溉系统，由此促进了澳大利亚中等降雨地区畜牧业的发展，这些措施使得奶产品成本降低了75%。60 年代初期，飞播引起人们的关注，1968 年 M. H. Campbell 的研究以及随后的工作表明，只要充分掌握当地的气候、种子准备工作包括根瘤菌接种和防虫的包衣和播种时间，即可进行大面积飞播。自 50 年代末至 60 年代，农业科学家、政府官员以及农场主进行了关于最佳载畜率的试验和研究，认为草地经营者如果能够掌握草场过牧或载畜量不足时植物或动物表现出的早期征兆，将会比固化的"最佳载畜量"更有利于草地管理。70 年代，随着小麦价格和羊毛市场的下滑，以及国家对草场改进投资的减少，草业发展进入平缓甚至停顿时期，直到 1987 年才开始有所起色，但 1980~1983 年的价格战和气候干旱不仅影响了草场的进一步发展，也降低了原有已改进牧场的质量水平。虽然草业发展自 1970 年开始不景气，但许多新的研究和发现将会对以后的畜牧业发展带来更大的经济效益。三叶草和细叶冰草混作草地用作放牧场，草质细嫩，适口性好，耐践踏，耐牧，具有良好的再生性能。

新西兰国土面积 2680 万 hm²，气候温和，雨量充沛。约 1000 年前的新西兰基本上被森林覆盖，但在 400~800 年前，约一半的森林被欧洲移民焚烧破坏，此后反复的火烧使原始森林地段出现以蕨类植物和小灌木为主的植被，在南岛则演替为大面积的草丛草场。如今原始森林植被大部分已被改造为农田和草地，人工草地约为 950 万 hm²，占全国草地面积的 69%。新西兰草地生产能力走在世界前列，其草地利用效率和管理水平也名列世界前茅。饲养家畜几乎全部依靠牧草，是低成本、高效益的种草养畜典范。新西兰是一个多山国家，土地不易耕作，他们改良草地大都采用飞机作业。20 世纪 20 年代，以 E. B. Levy 为首的研究组首次选育并发布了适于当地的黑麦草品种和高产白三叶品种，此后这项工作又被推广到一系列禾草和豆科牧草的选育中，这为提高新建草场的产量及质量产生深远的影响。20 世纪 50 年代，P. D. Sears 开展了白三叶固氮作用对新西兰草场质量影响的全国范围内的试验，这项工作又被后继的 T. W. Walker 在坎特伯雷平原上进一步深入展开。无论是 Sears 还是 Walker 都强调了就地放牧的优点，尤其是在高强度放牧草场，牲畜的排泄物刺激了牧草的生长。50 年代，新西兰山坡草场的主要组成物种是一些低产的禾本科牧草和少量的豆科植物，随着飞播肥料技术的引进和补播豆科牧草的出现，改良大面积低质草场得以实现。到 1967 年，通过飞播技术已向草地施用了 100 万 t 化学肥料。

新西兰早期移民依据欧洲的草地建设实践经验建立了多物种混作草地，以改良天然草场。早期科学工作者，如 Cockayne（1914，1917）和 Levy（1923，1933）的研究，使得混作草地受到大众的普遍关注。随着草地农业的发展和施肥技术的成熟，Levy（1933）倡议草场物种应集中于黑麦草、白三叶、红三叶和鸭茅。到 20 世纪 30 年代，大量应用白三叶黑麦草组合。70 年代中期，新西兰培育出 5 种豆科牧草的 10 个品种，种子的商业化使得混作物种组合研究得以应用于实际生产中，如今这些品种已成为牧场普通使用的草种。至 80 年代，已有 21 个草种的 50 个品种投入商业生产中。

美国是天然草地资源大国，同时也有大面积的人工草地，为 2400 万~2500 万 hm²，占天然草地的 10%~12%，主要分布于东北部、中部湖区和湿润的南部。长期牧场为 2.42 亿 hm²，约占全国土地的 26%，33%牧场实行禾本科牧草与豆科牧草混作。种植的牧草主要有紫花苜蓿、三叶草、猫尾草、胡枝子等。20 世纪初，美国西部草原被大面积开垦，草原植被受到严重破坏。1934 年美国发生了震惊世界的特大黑风暴袭击，几乎横扫美国 2/3 的疆土，使农业严重减产。从那时起，美国调整了农业生产策略，严禁开垦草原，开展了大范围的人工草地建设，并研制出提高草地生产力的若干技术体系。如优质高产牧草新品种选育与推广技术、高产人工草地种植管理技术、优质干草生产技术、牧草种子生产技术、草地改良技术等。至今，人工草地已占草地总面积的 1/3，是美国草地畜牧业强有力的支撑，并且遏制了天然草地的退化，恢复了生态平衡。牧草产品和牧草种子不仅满足了本国草地畜牧业的需求，并且大量出口到世界各地。

欧洲的人工草地一部分由天然草地改良而成，另一部分由森林砍伐后建植而成。在整个农业生产中，各国的人工草地占有 30%~90%的面积。爱尔兰、瑞士、荷兰、立陶宛等国的人工草地比重更大，占农业用地的 70%~95%。西欧人工草地的牧草每年生产干物质水平可达 10~12t/hm²，西欧、北欧的人工草地以多年生黑麦草、白三叶为基本成分。此外，还有红三叶、百脉根、猫尾草、鸭茅、草地早熟禾、无芒雀麦、羊茅等草种。

英国在 17 世纪中叶开始种植草地，早期出现的都是与作物轮作的短期利用牧草品种。长期草地的建立是在 19 世纪末才出现的，当时采用大量草种混合（至少 20 种）、高播种量建植草地。William Fream 曾致力于推广黑麦草，Elliot 在 1898 年首次引入深根系牧草品种以建立物种组成较为复杂，利用年限较长的草地。20 世纪初 Gilchrist 利用价格便宜的碱性炉渣磷肥促进白三叶在草地中的定植和生长，从而使混作草地更具操作性。英国的人工草地占全部草地面积的 70%，主要种植多年生白三叶、黑麦草、鸭茅、猫尾草等草种。英国自从建立人工草地后，畜牧业生产获得了较大的发展。

荷兰的草地已全部改良为人工草地，其中 2/3 为多年生草地。70%的人工草地用于放牧，10%制作草粉，20%用于青贮。荷兰的优良栽培牧草品种有紫花苜蓿、黑麦草、三叶草、羊茅、猫尾草等。荷兰有 4 个牧草育种中心专门从事牧草育种的研究，全国已选育出黑麦草、三叶草、紫花苜蓿等 25 种优良牧草的多个品种。

白俄罗斯共和国及其首都明斯克，曾是苏联的重要农业科研、教育基地，农业科技和生产水平在当时的苏联甚至在欧洲亦处于领先地位。改良后的草地干草产量提高到 $6t/hm^2$ 以上，最高可达 $12.14t/hm^2$。草地在全国农业用地中占 48%，人工草地占草地面积的 75% 以上。

巴西典型的热带气候和土壤条件，使其具有特别丰富的原产豆科植物群落。Otero（1937）认识到了这些丰富的豆科植物群落及其在提高动物生产中的巨大潜力，Otero 可能是第一个收集、评估巴西原产的豆科种质资源的农学家。在巴西热带草原中，将豆科牧草圭亚那柱花草引入伏生臂形草退化草地时，其产量比施肥处理草地提高了 60%，并且牧草粗蛋白含量高、中性洗涤纤维低。自 20 世纪 60 年代以来人工草地不断扩大，南美洲的潘帕斯草原一半以上的面积已改建为人工、半人工草地，进入现代化经营时期。70 年代以来南美洲有约 2000 万 hm^2 的热带森林，特别是亚马孙河流域的热带雨林被开垦，由于土壤理化性质不适于种植谷物，故开垦后都建为人工草地。

南非大部分地区干旱缺水，成为发展草地畜牧业的最大制约因素。畜牧业主要靠种植牧草和饲料作物来解决牲畜的饲料来源。因此，家庭牧场都十分重视利用雨季开展人工种草，尤其在东部和沿海畜牧业集中地区的奶牛场和肉牛肥育场，几乎完全依靠人工种草来发展畜牧业。人工草地以栽培禾本科牧草为主或禾本科与豆科牧草混作，常选择耐旱、产草量高、草质优良的牧草品种。

日本自 1890 年以后，逐渐划出部分耕地种植高产优质人工草地，把刈割的牧草储存到冬季供放牧家畜补饲，通过建立人工草地，以解决家畜冷季牧草不足的问题，相对缓解了当时牧业生产上存在的草畜不平衡问题。第二次世界大战后，日本把奶牛业作为主要的畜牧业发展目标，依据奶牛的营养需求特点，必须建立大量高产优质的人工草地来作为营养需求的饲料保障。因此，1950 年之后，日本政府在广泛借鉴西方国家发展草地畜牧业经验的基础上大力发展人工草地。到 1992 年，仅北海道种植的人工草地面积就增大到 56.6 万 hm^2，是 1960 年的 180 倍、1980 年的 40 倍。北海道适宜种植的主要栽培牧草种类有：猫尾草、鸭茅、羊茅、多年生黑麦草、草地早熟禾、白三叶、红三叶和紫花苜蓿等。建立人工混作草地时，一般选用 2~4 种禾本科牧草和 2~3 种豆科牧草混合播种，因此混作草地由 4~7 种牧草组成，牧草产量高，并且维持多年稳产，草地不易退化。

二、国内禾本科、豆科牧草混作草地发展及其研究

混作是草地建植常采用的一种方式，生产中普遍应用。但在实际操作过程中，由于组合不当或管理不善，又因资源环境的限制，常常出现牧草生长不良、种间竞争激烈、群落稳定性差、抗干扰能力弱等一系列问题，从而影响其生产性能。因此，要建立优质、高产、稳定的混作草地，合理的牧草种或品种及混作组合、混作比例以及建植方式是实现草地优质、高产的前提也是维系其稳定性的主要途径。围绕混作草地建植技术，研究者多从草地群落的种类组合、混作比例、建植方式、生产性能以及草地的稳定性等方面开展研究工作，如张鲜花等（2012）研究证明，草地的产量与牧草混作的种类相关，同时也与混作比例以及建植方式有关，但由于受地域、气候、土地与现有技术基础等条件

的限制，研究的重点和所得结果也不尽相同。

　　由于混作是不同牧草在不同自然环境条件下和人类不同栽培利用技术影响及长期合理的饲用管理技术下相互作用的结果，所以研究难度大，技术复杂，具有极强的地域性。我国自20世纪90年代以来，进行了大量人工草地混作技术的研究，许多地区提出适宜的牧草混作模式，对当地的饲草生产发挥了重要的作用。

（一）不同混作方式对草地产量的影响

1. 混作组合与草地产量

　　新疆农业大学张鲜花等（2014a，2014b）研究了红豆草分别与鸭茅和无芒雀麦两种牧草间行混作（表6-2），结果表明，不论是哪种混作比例与建植方式，红豆草与鸭茅混作组合的单位面积干草产量普遍高于红豆草与无芒雀麦混作组合（表6-3），红豆草与鸭茅混作的3种组合的平均产草量分别为4∶6处理904.9g/m²、6∶4处理843.3g/m²、5∶5处理888.6g/m²，而红豆草与无芒雀麦3种混作组合的平均产草量分别为4∶6处理780.7g/m²、6∶4处理713.6g/m²、5∶5处理836.3g/m²，相同混作比例情况下较红豆草与鸭茅组合分别低13.7%、15.4%和5.9%，表现出红豆草与鸭茅混作组合在人工草地建植中的生产优势。

2. 混作比例与草地产量

　　张鲜花等（2014a，2014b）研究的不同混作比例处理中（表6-3），红豆草与鸭茅

表 6-2　红豆草与鸭茅、无芒雀麦混作比例、方式与播种量　（单位：kg/hm²）

混作组合及比例	建植方式	播种量	
		豆科	禾本科
红豆草+鸭茅（4∶6）	1∶1行	2.56	1.2
	2∶2行	2.56	1.2
	3∶3行	2.56	1.2
红豆草+鸭茅（6∶4）	1∶1行	3.85	0.8
	2∶2行	3.85	0.8
	3∶3行	3.85	0.8
红豆草+鸭茅（5∶5）	1∶1行	3.21	1
	2∶2行	3.21	1
	3∶3行	3.21	1
红豆草+无芒雀麦（4∶6）	1∶1行	2.56	1.91
	2∶2行	2.56	1.91
	3∶3行	2.56	1.91
红豆草+无芒雀麦（6∶4）	1∶1行	3.85	1.27
	2∶2行	3.85	1.27
	3∶3行	3.85	1.27
红豆草+无芒雀麦（5∶5）	1∶1行	3.21	1.59
	2∶2行	3.21	1.59
	3∶3行	3.21	1.59

资料来源：张鲜花等，2014a，2014b

表6-3　不同混作组合、混作比例和建植方式的草地产量　　（单位：g/m²）

混作组合	混作比例	建植方式	干草产量	平均产量
红豆草、鸭茅	（4：6）	1：1行	1060.24	
		2：2行	847.78	904.9
		3：3行	806.67	
红豆草、鸭茅	（6：4）	1：1行	1026.72	
		2：2行	749.20	843.3
		3：3行	753.89	
红豆草、鸭茅	（5：5）	1：1行	911.49	
		2：2行	913.64	888.6
		3：3行	840.80	
红豆草、无芒雀麦	（4：6）	1：1行	794.97	
		2：2行	732.95	780.7
		3：3行	814.29	
红豆草、无芒雀麦	（6：4）	1：1行	721.62	
		2：2行	742.49	713.6
		3：3行	676.55	
红豆草、无芒雀麦	（5：5）	1：1行	771.34	
		2：2行	834.38	836.3
		3：3行	903.09	

资料来源：张鲜花等，2014a，2014b

组合中，以4：6混作比例的产草量较高，5：5混作比例次之，6：4混作比例略低；而在红豆草与无芒雀麦混作组合中，则以5：5混作比例的产草量最高，4：6混作比例次之，6：4混作比例较低。

3. 建植方式与草地产量

建植方式对草地产量有较大的影响（表6-3），在红豆草与鸭茅混作组合中，以1：1行建植的草地，干草产量普遍高于2：2行和3：3行，总的趋势表现出随行比的增加，单位面积牧草产量呈现逐渐递减趋势；而在红豆草与无芒雀麦组合中，除个别处理外，有随行比增加，单位面积牧草产量增加的趋势。由此说明，在建植混作草地中，不同的牧草混作组合采取合适的建植方式有助于提高草地牧草产量。

（二）不同混作方式对草地牧草营养品质的影响

不同混作牧草种类组合、比例及建植方式对牧草营养物质的含量具有一定的影响（表6-4）。

表6-4草地牧草粗蛋白含量总体上以混作比例6：4处理、建植方式3：3处理的相对较高，红豆草与无芒雀麦组合中混作比例4：6、建植方式3：3行处理的粗蛋白含量最高。粗脂肪含量，红豆草与鸭茅组合普遍高于红豆草与无芒雀麦组合，而以混作比例6：4、建植方式1：1行下含量最高，达到了14.2g/kg，较混作比例为6：4、建植

表6-4　混作组合、混作比例和建植方式与草地牧草营养含量

混作组合与比例	建植方式	豆禾牧草营养成分含量		
		粗蛋白/%	粗脂肪/（g/kg）	中性洗涤纤维/%
红豆草、鸭茅 （4：6）	1：1行	13.72	12.9	47.7
	2：2行	15.6	13.63	44.1
	3：3行	14.44	12.2	46.03
红豆草、鸭茅 （6：4）	1：1行	14.47	14.2	44.7
	2：2行	14.7	13.7	47.5
	3：3行	15.28	11.8	45.4
红豆草、鸭茅 （5：5）	1：1行	13.54	12.97	50.3
	2：2行	14.42	13.23	46.2
	3：3行	13.59	11.9	48.17
红豆草、无芒雀麦 （4：6）	1：1行	14.28	10.8	48.97
	2：2行	14.16	9.9	50.63
	3：3行	13.32	10.1	51.6
红豆草、无芒雀麦 （6：4）	1：1行	14.5	10.57	48.8
	2：2行	14.16	8.1	48.8
	3：3行	15.76	9.2	47.5
红豆草、无芒雀麦 （5：5）	1：1行	14.08	10.9	48.43
	2：2行	13.83	9.57	51.17
	3：3行	14	11.23	49.8

资料来源：张鲜花等，2014a，2014b

方式 2：2 的红豆草与无芒雀麦处理高出 75.3%。中性洗涤纤维含量，红豆草与无芒雀麦组合普遍高于红豆草与鸭茅组合，以两组合各建植方式处理的平均含量相比较，前者较后者高 6.1%。

再以各处理牧草产量与其营养物质含量换算为牧草营养物质产量来看（表 6-5），粗蛋白产量，红豆草与鸭茅组合中4：6和6：4混作比例均表现出 1：1行＞3：3行＞2：2行，5：5混作比例中 2：2行＜1：1行＜3：3行，以混作比例 6：4 处理较为突出；红豆草与无芒雀麦组合中，表现出混作比例 4：6混作＞5：5混作＞6：4混作，建植方式上表现较好的是 3：3行。粗脂肪产量中，红豆草与鸭茅混作比例 4：6和5：5的建植方式均表现为 2：2行＞1：1行＞3：3行外，其余各处理均表现出 1：1行＞2：2行＞3：3行。中性洗涤纤维产量，红豆草与鸭茅组合，表现出 1：1行＞2：2行＞3：3行；而红豆草与无芒雀麦组合，表现出 6：4混作比例中 2：2行产量最高，其余两种处理都是 3：3行产量最高。以上结果表明，在混作草地的建植中，在强调提高草地牧草产量的同时，还要重视草地牧草营养物质的含量与产量，用牧草的营养物质产量衡量草地的生产性能，更能体现草地的实际生产能力。

表6-5 混作组合、比例和建植方式与草地牧草营养物质产量 （单位：g/m²）

混作组合与比例	建植方式	豆禾牧草营养物质产量		
		粗蛋白	粗脂肪	中性洗涤纤维
红豆草、鸭茅 （4∶6）	1∶1行	71.75	69.31	505.73
	2∶2行	50.03	71.84	373.87
	3∶3行	70.10	39.19	371.31
红豆草、鸭茅 （6∶4）	1∶1行	77.35	69.89	458.94
	2∶2行	50.38	55.69	355.87
	3∶3行	65.85	38.10	342.27
红豆草、鸭茅 （5∶5）	1∶1行	62.92	57.95	458.48
	2∶2行	53.84	71.48	422.10
	3∶3行	70.88	37.99	405.01
红豆草、无芒雀麦 （4∶6）	1∶1行	33.07	60.85	389.30
	2∶2行	31.03	50.87	371.09
	3∶3行	51.85	42.92	420.17
红豆草、无芒雀麦 （6∶4）	1∶1行	22.33	60.00	352.15
	2∶2行	20.80	48.24	362.34
	3∶3行	48.46	33.95	321.36
红豆草、无芒雀麦 （5∶5）	1∶1行	20.40	68.28	373.56
	2∶2行	31.45	58.09	426.95
	3∶3行	57.44	55.34	449.74

资料来源：张鲜花等，2014a，2014b

　　研究与生产实践证明，要使混作草地能够长期保持理想的生产力，除了选择合理的草种组合和适宜的混作比例，种植方式也十分重要。

　　目前，多年生人工草地建植生长与利用，采取混作建植可以达到草地群落功能群的持久融合与稳定，可延长混作草地的利用年限。豆科牧草红豆草与禾本科牧草鸭茅或无芒雀麦混作，草地的产量与品质均达到了理想水平，同时也表现出，在同等条件下红豆草与鸭茅组合的产草量普遍要高于红豆草与无芒雀麦组合，而且草地的产量与红豆草在群落中产量所占比例有极大关系，凡草群中红豆草的产量高者，草地的总产量就高，这应与所选红豆草植物的生物学特性以及其对试验区气候条件的适应有一定关系。在气候凉爽，降雨充沛，十分适宜红豆草生长的地区，返青后随着气温的升高，在较短时间内就能形成较高的生物产量，对混作草地牧草生物量的形成产生了较高的贡献率。

　　在牧草营养品质上，也表现出与牧草产量相似的规律，豆科与禾本科牧草组合不同、比例不同其营养品质则不同。红豆草与鸭茅混作组合在不同混作比例下，均有较为理想的营养含量。由此可以说明，适宜的豆科与禾本科牧草混作可提高草地生物量和改善其营养成分的组成。

　　我国具有悠久的混作建植人工草地的栽培历史。混作建植人工草地在实践中产生了极好的经济效益和生态效益，但建植技术发展还很缓慢。我国混作人工草地的建设，在天然草原不断退化的情况下，对畜牧业生产的提升将会起到重要的支撑作用。

第三节　牧草混作原理

　　人工草地建植和长期利用的关键之一是维系草地群落的稳定性。群落稳定性不仅是合理有效的建植、利用、管理和改良人工草地的基本依据，也是衡量人工草地质量的一个重要标准，是草地长期保持生产力的基础。混作可人为地增加草地牧草的密度和改变牧草的种类及比例，在改善草地植物群落结构方面的作用和效率是其他方法难以替代的。

一、牧草种间关系

　　植物之间的相互关系可分为互惠、相克和无互作 3 种类型，牧草混作、补播技术是建立在植物种间竞争和互惠关系基础上的。早在 19 世纪，达尔文就已发现几个属的牧草生长在一起，其产量比单一牧草种种植高。根据"生态位"概念，复杂生态系统对环境资源的利用效率高于简单生态系统。基于这种生态学思想，在 100 多年前，西方国家就开始了对人工草地混作技术的研究，其中研究较多的是禾本科和豆科牧草的混作种群。欧洲、新西兰和澳大利亚的科学家对黑麦草和三叶草混作草地系统进行了长期研究，为多年生人工草地的发展作出了显著贡献。我国研究者对牧草混作技术也进行了研究，主要在云贵高原和中亚热带地区进行了人工草地混作组合筛选、放牧和施肥对混作草地植物组成和产量影响、人工混作草地的种群动态等。

　　混作群落中的牧草种群不是偶然的堆积，而是竞争、适应和选择的结果，所以混作牧草群落的本质特征之一就是组成群落的植物之间存在着一定的相互关系，也正是这种相互关系造就了群落的一定结构，使得不同生活型的牧草能够生长在一起，并推动群落的发展和变化。两种或两种以上草种之间的相互作用存在中性共处、竞争、寄生、互惠共生、偏利共生、偏害共生、原始合作等相互作用类型。但是竞争仍然是理解混生种群的核心，竞争有干涉性竞争和利用性竞争两种竞争方式。竞争会促进不同资源的利用，导致生态多样性和物种多样性。

二、形态学互补原理

　　不同牧草种或品种具有不同的形态学特征，如根系深浅、植株高矮、分蘖类型、叶片形状与分布等均存在差异。在混作中，通过优化混作比例，可以增强草群的抗倒伏能力，调节株高，有利于混作群落对光、热、土、肥的利用，从而影响产草量。豆科、禾本科牧草的根系在土壤中的分布特征不同，前者属于深根型草种，根系分布较深，可达数米；后者属于浅根型草种，根系通常分布在土表 1m 以内。两者混作，可充分利用地下空间生长较多根系，并能充分吸收利用不同深度土壤的养分和水分，在一定时期内减少草地管理的肥、水投入。豆科与禾本科牧草混作中，也常采用高秆牧草与矮秆牧草混作，宽叶牧草与狭叶牧草混作，上繁草与下繁草混作，直根型牧草与须根型牧草混作等。

三、生长发育特性互补原理

禾本科、豆科牧草混作草地中，生长发育节律存在着明显的互补性。豆科牧草出苗和苗期生长缓慢，且豆科牧草草地建植初期极易受到杂草入侵，抓苗困难，禾本科牧草一般出苗较快、苗期生长迅速。禾本科与豆科牧草合理混作后能较快地形成草层，使目标草种更充分地占据地上和地下空间，抑制杂草出苗和生长，故豆科、禾本科牧草混作具有很好的相容性。不同牧草生长习性不同，对于干湿寒暖的忍受力以及对土壤水、肥的要求各异，受杂草病虫危害的程度也不同，混种牧草可运用自然植物群落中的种间相互竞争原理以充分利用生物因素，避免单一牧草因受环境因素变化和杂草危害而产生重大损失。另外，不同草种或品种的抗病性不同，合理混作，通过抗病植株的空间阻隔作用，可抑制专性寄生病原物猖獗的危害。因此，合理混作具有抑制病、虫、杂草等危害的功能，也可增强草地的水土保持、改土肥田等生态功能。

四、营养互补原理

禾本科、豆科牧草的营养生理特点不同。禾本科牧草具有需氮肥多的特性，豆科牧草可以从土壤中吸收较多的钙、磷、镁，同时豆科牧草能固定大气中的游离氮素，除供本身生长发育需要外，还能供给禾本科牧草的部分氮素需要。禾本科、豆科牧草混作后减轻了对土壤矿物质营养元素的竞争，使土壤中各种养分得以充分利用。新疆农业科学院微生物研究所发现，老芒麦与紫花苜蓿混作时，老芒麦当年第一茬植株生长所需氮素的 22.5%是从苜蓿固氮产物中获得的，无芒雀麦获得 30.7%，而与老芒麦混作的苜蓿，其固氮作用比其单作时增强 2.4 倍。此外，禾本科牧草根系伸至土壤各个方向，将土壤分成细小颗粒，成为团粒结构；而豆科牧草的深根系能从土壤深层吸收钙质，钙与土壤中的腐殖质结合，使团粒具有水稳性，可提高土壤肥力。

五、生态学原理

不同的牧草有不同的遗传基因，形成了具有不同生活型和生态型的牧草，这种具有不同生活型和生态型牧草混作，由于其存在着复杂的相互关系，如种间关系和种内关系而表现出不同的相容性。利用生态位互补、时间生态位互补和取样效应等原理，将不同牧草混作，取长补短，可充分利用时间、空间、光、热、水气、肥和微生物等资源，来改善和影响整个系统功能。因此，混作群落比单作草地更能有效利用环境资源，增加光能和地力的利用率，获得较高且稳定的草地生物产量，维持持久高效的生产力，具有更大的稳定性。

第四节　牧草混作的优势和劣势

一、牧草混作的优势

（一）豆科与禾本科牧草混作有利于提高放牧草地的性能

豆科牧草蛋白质含量高，并能通过与其共生的根瘤菌固定和利用大气中的游离氮素,从而减少氮肥的施用量。单纯由豆科牧草建植放牧草地会引起放牧家畜发生鼓胀病,而禾本科牧草不会引发放牧家畜鼓胀病,但其蛋白质含量较低,且无共生固氮能力,单独由禾本科牧草建植放牧草地也不理想。两者混作,既能较好地满足放牧家畜的蛋白质营养需求,又能避免放牧家畜鼓胀病的发生,还可减少草地管理的氮肥投入。孙爱华等(2003)在高寒阴湿地区冬小麦收获后适时复种燕麦饲草,仅可获得相对较多的生物量,而豆科箭筈豌豆与禾本科燕麦混作可明显提高产量,尤其是豆科和禾本科1:1混作,产草量比单作燕麦提高 40%以上,即复种 1hm^2 混作燕麦,其饲草产量是单作燕麦的1.41 倍(表 6-6)。

表6-6　不同比例豆科与禾本科混作对产量影响　　　　（单位：kg/hm^2）

处理	播种量		干草产量
	箭筈豌豆	燕麦	
单作	0	300	22 519
混作 1	90	180	27 262
混作 2	135	135	31 702

资料来源：孙爱华等,2003

(二)豆科与禾本科牧草混作有利于豆科牧草的青贮

豆科牧草蛋白质含量高,但可溶性碳水化合物含量较低,单独制作青贮饲草较难发酵成功,而禾本科牧草虽然蛋白质含量较低,但可溶性碳水化合物含量却较高,制作青贮饲草容易成功。若将两者混作,既有利于青贮饲草的制作,又可获得具有较高蛋白质含量的青贮饲草。

(三)保护性混合播种有利于草地建植,初期收益好

一年生或二年生牧草寿命短,但一般出苗较快,苗期生长迅速,可在一定程度上抑制杂草的生长,减低水土流失的风险,而且草地建植当年的生物产量很高。多年生牧草寿命长,但存在出苗慢和苗期生长缓慢的缺陷,草地建植初期极易受到杂草危害,抓苗困难。在风蚀和水蚀地区,还容易发生水土流失,严重时种子、幼苗可被冲走,且草地建植当年的生物产量较低。若将长寿和短寿牧草结合混作,可使长期草地建植初期杂草危害减轻,水土流失的风险减低,并能在草地建植当年形成较高的生物产量。

(四)深根、浅根型牧草搭配混作可减少水肥投入

不同牧草种的根系在土壤中的分布特征不同。大多数豆科牧草是深根型,其根系分布较深,如紫花苜蓿、沙打旺等许多豆科牧草的根系可深入土壤达数米。大多数禾本科牧草是浅根型,如无芒雀麦、黑麦草等多数禾本科牧草的根系通常分布在土表 0~30cm,根系分布较浅。深根型和浅根型牧草混作,可充分利用地下空间,生长较多根系,并能较为充分地吸收利用不同深度土壤的养分和水分,可在一定时期内减少草地管理的水肥投入。

（五）合理混作具有抑制病、虫、杂草为害的功能

不同牧草种或品种在地上和地下空间的分布特征、抗病虫害及杂草为害功能不同。将其合理混作，使目标牧草种更充分地占据地上和地下空间，可抑制杂草出苗和生长。混作草地茎叶繁茂，周密的草层抑制了杂草的生长发育，使杂草生长细弱，分枝、分蘖减少。特别是混作草地封垄后，盖度迅速增大，杂草竞争力削弱、生长锐减、开花结实率低、产生种子困难或遗留在土壤中的杂草种子出苗率低，即使出苗也因混作草地的遮蔽，不能进行光合作用而饥饿死亡。混作草地减轻杂草危害的程度取决于混作草地的组成、混作群落的密度与稳定性。混作群落稠密稳定，杂草就少，反之较多。合理混作，通过抗病植株的空间阻隔作用，可抑制专性寄生病原物猖獗为害、可抑制单食性及寡食性害虫猖獗为害。

二、牧草混作的劣势

（一）混作牧草草产品市场弱于单作牧草草产品市场

国内外畜牧业生产普遍存在饲草饲料缺乏的问题。因此，产量、质量较高的单作豆科、禾本科草的需求颇为强劲，而对混作草地商品草的需求则相对较弱。另外，混作草地草产品的草种比例，如豆科、禾本科牧草比例通常变异较大，一致性较差，也加大了进入市场的难度。

（二）牧草混作适宜组合的筛选难度较大

因混作系统的复杂性，混作时不仅要选择适宜的草种或品种，还要筛选适宜生产目标需求的草种组合、草种比例及建植技术体系，故混作牧草组合的筛选难度较单作牧草大。

（三）牧草混作群落稳定性维持难度较大

混作组合中各草种竞争生长激烈，各成分消长规律十分复杂，影响因子颇多，混作群落稳定性维持难度较大。

（四）发挥牧草混作高产潜力的栽培管理技术难度大于单作草地

一项栽培管理措施的应用，对单作草地的影响通常较为简单，而对牧草混作的影响则很复杂，牧草混作发挥较大的高产潜力不是一件容易的事情。

（五）牧草混作杂草防除难度较大

当发生杂草为害时，在牧草混作上应用选择性除草剂的难度较大。

第五节　混作草地的建植

选择合适的混作成分，组成合理的混作组合，并确定适宜的混作比例，是一个十分复杂的问题。既要掌握相关草种或品种的形态学、生态学、生物学、生理学以及加工学、饲养学等方面的特性，又要摸清草种间的相容性和互作效应。在此基础上才能结合建植目的、种植制度和利用方式等，进行混作组合的设计，混作组合及其比例的最终确定须以试验结果为依据。

一、确定混作组合的原则

（一）混作草地草种的选择

牧草对所生长的自然环境条件具有适应性。因此，首先要选择适应当地气候和土壤条件的牧草种，如抗逆性强，产量高等。

（二）混作草地的利用目的

以调制青干草和青贮饲料为主要目的的混作刈割草地，其目标是要求生产的牧草高产优质。通常用中寿命的上繁型疏丛禾本科牧草和直根型豆科牧草混作，并要求配置的牧草种收获期基本一致，以利于刈割调制青干草。如无芒雀麦和紫花苜蓿收获期相同，是很好的组合。如果是以放牧利用为目的混作草地，由于家畜喜欢采食适口性较好的幼嫩牧草，所以混作采用的牧草种应具备再生力和分蘖能力强、耐践踏等特性。

（三）混作草地的利用年限

混作草地通常利用上繁的疏丛禾本科牧草和上繁的豆科牧草，混作牧草栽培的目的在于收获混合牧草。混作草地的利用年限较长，一般 3~5 年或更长，要选择寿命中等或寿命较长的豆科和禾本科牧草混作，同时加入寿命短、发育速度快的一、二年生牧草，以便在前两年有较高的产量，并抑制杂草滋生。

（四）混作组合中各成分之间相容性好，具有经济、社会和生态互作效应

为了草地群落结构的稳定，混作成分之间要能够相容。混作成分的适应性和侵占性较相似时，相容性一般较好。无论饲用草地，还是绿肥、果园、水土保持草地，应用最多、最为重要的草种都是豆科、禾本科牧草。豆科、禾本科牧草之间的形态学、生态学、生物学、生理学以及加工、饲养学等方面的特性差异明显，互补性强。常用的有豆科与禾本科牧草之间的组合，豆科牧草多为豌豆、箭筈豌豆、红三叶、白三叶和苜蓿等，禾本科牧草多选用燕麦、大麦及黑麦等。科学组合豆科、禾本科牧草，可取得较好的互作效应。应对豆科与禾本科牧草混作给予高度重视。利用牧草种或品种之间的协作，使混作成分之间的互作效应成为具有经济、社会或生态效应，是草地混作的根本原理和真正宗旨。要科学利用草种间的差异，取长补短，实现草地混作的目的。另外，放牧草地各混作成分的适口性应基本一致。

（五）以基本牧草种特性为指导，确定辅助牧草种或品种

在选择牧草混作组合的种类时，首先应该考虑把各种牧草区分为基本牧草种类和辅助牧草种类。基本牧草种或品种是数量上占主导地位，满足主要利用目的的牧草种或品

种。辅助牧草种或品种是数量上占辅助地位，具有补充作用或协助功能的草种。而这种区分要根据混作牧草的选择原则及不同区域而定。基本牧草种应适应于环境条件、利用目的、饲养的家畜种类，并且能够保持高产稳产。辅助牧草种可补充基本牧草的不足，所以在选择辅助性牧草时，要考虑能够确保各季和全年的饲草量，维持作为家畜饲草的营养平衡，以及减轻病虫害。基本草种确定之后再选择辅助草种，辅助草种应该具有弥补基本草种不足的特性。

（六）混作组合的牧草种或品种数量不宜过多

过去普遍认为混作组合包括的生物学类群、草种数量越多，组成成分越复杂，越能发挥多种草种的优点，在各种情况下都可获得高产稳产。如西欧一些国家长期草地混作的草种数量曾达 10 种以上，甚至高达 20 种。近年来混作组合已向简单方向发展，集约化草地一般不超过 6 个草种，且混作组合以 2~4 种最为常见，世界著名的两个混作组合——"三叶草+多年生黑麦草"、"紫花苜蓿+无芒雀麦"，仅由两个草种构成。

（七）长期草地应注重不同生长年限草种的搭配及组合比例

不同生长年限草种的丰产年龄不同。一、二年生草种播种当年或第二年丰产，随即死亡；短寿命多年生草种的丰产年龄为播种后第二或第三年，随后逐渐消亡；中寿命多年生草种的丰产年龄为播种后第三年或第四年，五六年后衰退；而长寿草种进入丰产年龄较晚，但维持年限很长。不同生长年限的草种搭配，可使长期草地自建植当年开始每年都可获得较高的产量，且年际间变异较小。刈割草地各混作成员的成熟期应基本一致。

混作牧草组配比例的确定是一个比较复杂的问题。一般首先把豆科牧草和禾本科牧草各归为一类，研究其比例，简称豆禾比例。首先研究确定豆科、禾本科两类牧草之间的适宜比例，豆科牧草寿命一般较短。对于长期草地，如果豆科牧草比例过高，在其衰退后草地产量将会下降，而且地表裸露会导致杂草滋生。故长期草地，特别是放牧草地，豆科牧草的比例宜低，而短期草地豆科牧草比例可适当高一些。但此结论并非绝对，如著名的三叶草+多年生黑麦草混作组合为用于放牧的长期草地，三叶草的比例就很高。

Hodgson 早在 1956 年于阿拉斯加进行种植试验表明，豌豆与燕麦以 1:1、13:7 混作时，草产量、干物质、粗蛋白产量较高，以 1:1 种植时适宜于调制青干草。苏联学者 B.P. 威廉斯认为，在混作草地群落中，豆科、禾本科牧草的株数应相等。河北农业大学的试实验认为，豆科牧草与禾本科牧草混作，50:50 的豆禾比例优于 30:70 和 80:20 的比例，所以原则上按 1:1，均用单作种量的 50%。光叶苕子与燕麦混作，以 85:15 为最好，其干草产量较单作光叶苕子提高 62.53%，较单作燕麦提高 45.92%。孙爱华等（2003）在我国高寒阴湿地区进行了类似试验，以 1:1 混作，草产量比燕麦单作提高了 40%。马春晖和韩建国（2000）试验发现，箭筈豌豆与燕麦的混作比例可以采用 3:1、1:1 或 1:2，红豆草与箭筈豌豆 3:1 较好，增加豆科牧草比例可获得较多的蛋白质。宝音陶格涛（2001）、周忠义等（2003）分别进行了无芒雀麦与苜蓿的混作试验，都认为无芒雀麦与苜蓿混作比例为 1:1 或 1:3 较好。河北农业大学经过 5 年的试验，认为豆科、禾本科两类牧草播种的种子粒数比例 1:1 较为合适。但也有研究结论不同的报道。通常豆科与禾本科牧草比例的设计是以 1:1 为基础，结合具体情形进行适当的调节。

二、混作草地的建植技术

（一）选择好混作牧草的种类组合

根据当地的气候和土壤等生态条件选择适应性良好的混作牧草品种，同时还要考虑到混作牧草的用途、草地利用年限和牧草品种的相容性，特别应考虑豆科牧草和禾本科牧草的混作。

一般而言，混作牧草多由禾本科与豆科两类牧草的 2~5 个种或品种组成。刈割草地多以上繁草、疏丛型、中寿型草种为主；放牧草地主要由下繁草、密丛型、长寿型草种组成；轮作的草地主要采用豆科牧草。从利用年限考虑，在混作草地中豆科与禾本科牧草各占比例大致为：短期草地（2~4 年），豆科牧草占 45%~55%，禾本科牧草占 45%~55%。中期草地（5~8 年），豆科牧草占 25%~30%，禾本科牧草占 70%~75%。长期草地（8 年以上），豆科牧草占 15%~20%，禾本科牧草占 80%~85%。在不同地区一般有比较常用的混作组合。表 6-7 为我国各区域常用的混作组合，供使用时参考。

表6-7 我国各地区常用的混作组合

地区	混作组合
东北	紫花苜蓿+羊草
华北、西北	紫花苜蓿+无芒雀麦
青藏高原	黄花苜蓿+披碱草、箭筈豌豆+燕麦
南方中、高山地区	白三叶+多年生黑麦草
	白三叶+多年生黑麦草+鸭茅+苇状羊茅+草地早熟禾
	白三叶+红三叶+多年生黑麦草+无芒雀麦
	红三叶+鸭茅+猫尾草

资料来源：刘晓英和陈琴，2010

（二）掌握好混作牧草组合的成分比例

通常利用 2~3 年的草地，混作草种 2~3 种为宜；利用 4~6 年的草地，混作草种 3~5 种为宜；长期利用的草地混作草种则不超过 6 种。

混作草地是通过混合牧草种子来进行建植的，因此，豆科、禾本科牧草种子所占比例直接影响其产量和品质。常见的几种牧草混作组合成分比例为：箭筈豌豆与大麦以 4:1 为好；豌豆与燕麦以 3:1、1:1 或 1:2 为好，箭筈豌豆与燕麦混作最适宜比例为 3:1、1:1 或 1:2，红豆草与箭筈豌豆混作以 3:1 为宜，无芒雀麦与苜蓿混作以 1:1 或 1:3 为宜。比较国内外豆科、禾本科牧草混作比例，研究很相似，豆科、禾本科牧草最佳混作比例为 1:1 或 3:1。表 6-8 为常用草地混作参考比例。

表6-8　常用草地混作参考比例（占各种牧草单作种量的百分数）

利用特征	利用年限	豆科/%			禾本科/%			
		总计	上繁草	下繁草	总计	上繁草		下繁草
						疏丛型	根茎型	
打草场	2~3	85~90	85~90		35~45	35~45		
	4~6	65~75	65~75		90~115	65~75	30~40	
刈牧兼用草场	4~6	65~85	55~65	10~20	95~135	65~75	30~40	0~20
	>7	70~90	40~50	30~40	110~140	60~75	25~35	25~35
放牧场	>7	50~60	15~20	35~40	145~175	70~80	15~25	60~70

资料来源：王春风，2002

（三）播种量

混作组合确定后，需确定各成分的播种量。比较简单的方法有以下两种。

1. 根据占单作播种量的百分比计算混作播种量

一般情况下，两种牧草混作，每种牧草的播种量占其单作播种量的 70%~80%。3 种牧草混作时，若有两种是同一科牧草，按各自单作种量的 40%~45%，另一不同科牧草的播种量仍为其单作种量的 70%~80%计算。4 种牧草混作时，各按其单作种量的 30%~40%计算。几种混作成分的总播种量比某一种牧草单作的量要多，为便于使用，将一些常用牧草的混作种量列于表 6-9。如苜蓿与无芒雀麦两种牧草各按其单作种量的 70%混作，则每亩苜蓿 100%用价种子的播种量为 0.85kg×70%=0.6kg，无芒雀麦 100%用价种子的播种量

表6-9　常用混作牧草的参考播种量　　　　　　　　　（单位：kg/亩）

品种（禾本科）	播种量	品种（豆科）	播种量
无芒雀麦	0.7~1.0	紫花苜蓿	0.35~0.6
鸭茅	0.7~1.0	白三叶	0.3~0.5
紫羊茅	0.6~0.75	红三叶	0.3~0.5
老芒麦	0.7~1.0	杂三叶	0.3~0.6
草地看麦娘	0.4~0.5	红豆草	2.5~3.5
猫尾草	0.3~0.5	百脉根	0.4~0.5
草地早熟禾	0.7~1.0	沙打旺	0.25~0.5
多年生黑麦草	1~1.5	小冠花	0.4~0.5
羊草	0.7~1.0	胡枝子	0.4~0.5
碱茅	0.25~0.5	大翼豆	0.3~0.5
毛花雀稗	1.0~1.5	柱花草	0.1~0.15
高粱	0.3~0.5	草木犀	0.5~1.2
多花黑麦草	1~1.5	毛苕子	1.5~2.5
苏丹草	2~2.5	地三叶	1.0~1.5

资料来源：刘晓英和陈琴，2010

为 1.3kg×70%=0.91kg，两种牧草混作的总播种量则为 0.6kg+0.91kg=1.51kg，这种播种量确定方法在种子千粒重近似条件下较为适用。但机械规定某种牧草应占的比重，而忽略其生长习性和栽培利用特点，往往难以获得满意效果。目前较好的办法是预先确定某种牧草在混作牧草中的比重，然后按公式计算混作牧草中每一种牧草的播种量。考虑到各混作成分生长期内彼此的竞争，对竞争性弱的牧草的实际播种量可根据草地利用年限的长短增加 20%~25%。

2. 根据种子千粒重计算混作播种量

根据各种牧草千粒重与每亩单作播种量相互关系的测算，可以提出一个计算每亩单作播种量的简便方法——"三分之一千粒重千克当量法"，即以克为单位的千粒重数值乘以 1/3，并用千克作单位，即每亩应播的种子重量，单位为 kg/亩。混作时再乘以某种草在混作中所占比例，即该牧草种混作量。如仍以苜蓿与无芒雀麦各占单作种量 70% 的混作为例，则苜蓿（千粒重 2.33g）的混作种量为 2.33/3×70%=0.544kg/亩，无芒雀麦（千粒重 4g）的混作种量为 4/3×70%=0.933kg/亩，总播种量 0.544 +0.933=1.477kg/亩。

在生产实践中，利用年限长的混作草地，豆科牧草的比例应少一些，以保证有效的地面覆盖。由于混作组合成分在生长过程中存在着竞争，而各成分的竞争力存在差异，为保持草种组合的适宜比例，通常增加竞争力弱的草种的实际播种量。增加量依草地利用年限而异，短期草地可增加 25%左右，中、长期草地常增加 50%以上，直至 100%。

混作牧草播种量较每一个成分单作种量要高一些。国内研究认为燕麦单作播种量为 187.5kg/hm^2、箭筈豌豆为 120kg/hm^2、豌豆为 150kg/hm^2，燕麦与豌豆混作的最适播种量为 93.75kg/hm^2 和 75kg/hm^2，燕麦与箭筈豌豆混作的最适播种量为 37.5kg/hm^2 和 90kg/hm^2 或 157.5kg/hm^2 和 48.75kg/hm^2 或 150kg/hm^2 和 75kg/hm^2 或 135kg/hm^2 和 45kg/hm^2。国外研究认为，燕麦单作以 112.24kg/hm^2 为宜，Hodgson（1956）认为燕麦与豌豆混作中，豌豆播种量为 56.12~72.95kg/hm^2 和燕麦播种量为 39.28~56.12kg/hm^2，燕麦混作播种量不应超过 112.24kg/hm^2。Moreira（1989）认为，燕麦与箭筈豌豆混作中，燕麦的单作、混作种量均为 102kg/hm^2。Folkins 和 Kaufman（1974）认为燕麦单作种量为 38.67~95kg/hm^2。比较国内外混作播种量可以看出，国内燕麦单作及混作播种量普遍高于国外，这也是国内获得较高产草量的手段之一。

3. 根据营养面积计算混作播种量

这种方法是按 1cm^2 面积上播种 1 粒牧草种子，1 万 m^2 土地上需播种 1 亿粒种子，再按每粒牧草种子所需营养面积等，按下列公式计算每种牧草的播种量：

$$X=（100\ 000×P×K）/（M×D）$$

式中，X 为混作牧草中某一种牧草的播种量（kg/hm^2）；P 为该种牧草种子的千粒重（g）；K 为该种牧草在混作中所占的比例（%）；M 为该种牧草每粒种子所需的营养面积（cm^2）；D 为种子利用价值。

依据每一草种所需要营养面积计算播种量，是正确而精确的方法。但这种营养面积常因草种生物学和生态学特征不一致而异。因此，根据营养面积计算混作草地播种量时，必须有当地参混各种牧草每粒种子所需的营养面积指标参考（如无芒雀麦每粒种子所需营养面积为 $12cm^2$、草地狐茅草为 $8cm^2$、小糠草为 $2cm^2$、看麦娘为 $8cm^2$、鸡脚草为 $8cm^2$、猫尾草 $4cm^2$、草地早熟禾为 $2cm^2$、高燕麦草为 $8cm^2$、红三叶为 $10cm^2$、杂三叶为 $8cm^2$等）。由于这些指标目前很不齐全，许多地区根本没有经试验确定的适于当地种植草种的营养面积指标，某一种牧草在混作牧草中所占比例有待于制定，因此，该方法的应用受到限制。

生产上用播种机条播牧草种子时，播种量的调整是通过变换齿轮传动比来改变排种轴的转速和调节排种阀门的大小来实现的。因此，在调整同一种子的播种量时，可以提高排种轴的转速，缩小阀门间隙，或者相反操作。这种方法中，以降低排种轴转速、加大阀门间隙为有利。因此牧草种子千粒重较小，特别是禾本科穗上有茸毛，其自身向下滚动的能力很小，再加上脱粒时的一些原因，虽经选种，也难以达到十分纯净。如果下种阀门过小，则往往造成堵塞，影响下重量。

（四）播种期

混作牧草播种期的确定，主要依据其生物学特性、栽培地区的水热条件、杂草危害以及利用目的而确定。一般是春性牧草春播、冬性牧草秋播。冬性牧草也可春播，但秋播更为有利。由于秋季土壤墒情好，杂草少，有利于出苗和生长，秋播牧草的产草量一般高于春播。秋播时越冬后的第二年，禾本科牧草生长良好，混作草层中禾草比重增大，有利于禾草与豆科牧草的均衡生长。如果混作草种的播种期不同，则可以分期播种。

1. 同期播种

同期播种因简便省工而被普遍采用。需要注意，豆科、禾本科草种混作，如采取夏季或秋季同期播种，不宜过迟，过迟则可能会影响豆科草种在混作群落中所占的比例。

2. 分期播种

分期播种有利有弊。混作组合中含冬性和春性两类草种时，冬性草种秋播、春性草种第二年春季播种效果较好。保护播种时常采用分期播种。提前播种保护植物，可减少对被保护作物的抑制作用。后期播种时可能会对先期播种草种的幼苗造成损伤，播种后土壤常会出现板结现象，后期播种草种的出苗可能受到不利影响。由于多年生禾本科草种苗期生长较弱，易受豆科草种抑制，可以秋季播种禾本科草种而第二年春季播种豆科草种。欧洲国家和美国等常采用此法建植豆科与禾本科混作草地。我国华北地区建植"无芒雀麦+紫花苜蓿"混作草地，即采用秋季播种无芒雀麦，第二年春季再播种紫花苜蓿的方法。

各种牧草种子大小、比重不同，若混合在一起用机械条播时，体积小、质量大的种子易沉入播种箱底部或撒播时体积大或质量大的种子抛离距离远，这样会影响播种均匀度，故一般应分开单独条播或撒播。大面积飞播时，为减少飞行架次，可将混作牧草混合在一起。播种期可按主要草种的适宜播种期或根据土壤墒情、降雨天气等确定，北方旱区多在春天雨季来临或夏收后及时播种。

（五）播种方式

为了充分发挥混作草地的优势及生产潜力，改变草种间的消长变化，解决牧草之间的种间竞争，维持草地的稳定性，依据草地群落学的植物种间竞争原理与平衡学说，设计牧草在不同混作比例下采用的混作草地方法，以求达到草地群落功能群的持久融合与稳定发展，实现高产优质混作草地的建植与持续管理。

播种方法的选择取决于牧草对光、土壤透气的敏感性，遮阴忍耐程度，根系结构特性及其在土壤中各层的分布情况。根据这些情况，确定不同土层利用营养物质的可能性。混作组合成分常采取同行条播、间行条播、交叉播种和混合撒条播、穴播、方形穴播等方式播种，见图6-4。

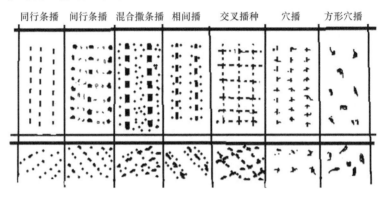

图6-4　混作牧草播种方法示意图

1. 同行条播

同行条播是将各混作组合成分同时播种于同一行内的条播方式。各种牧草同时播种于同一行内，行距通常为7.5~15cm。此法的优点是操作简便、省工，一次完成播种任务。缺点是当各混作组合成分的种子形状、大小和密度等差别较大时，播种质量，如均匀度、覆土深度等难以调控，难以保持各自的播种量，并造成种苗相互竞争，相互抑制较为严重，影响正常的生长发育。表现出良好种间协调性的草种，如紫花苜蓿与草地羊茅宜同行条播。同行条播时，将一个草种加入种子箱，另一草种加入肥料箱，播种量按要求调整好，直接播种即可。

2. 间行条播

间行条播是相邻行播种不同草种的条播方式。间行条播可避免同行条播的缺点，有利于调控播种质量和减轻竞争，田间管理较方便。保护播种常采用间行条播，分期播种多通过间行条播的方式来实现。间行条播又分窄行间行条播及宽行间行条播。前者行距15cm，后者行距30cm。人工或两台条播机联合作业，将豆科和禾本科草种间行播种。当播种三种以上牧草时，一种牧草播于一行，另两种牧草播于相邻的一行，或者分种间行条播，可保持各自的播种深度，出苗整齐。宽窄行间行条播时，15cm窄行与30cm宽行相间条播。在窄行中播种耐阴或竞争力强的牧草，宽行中播种喜光或竞争力弱的牧草。该法可减少豆科和禾本科牧草在建植期的竞争。

间行混作时，在添加种子之前，将种子箱和肥料箱内不需要的排种口和排种阀门堵起来，而后分别加入各草种种子进行播种。两种牧草一次播完，可节省机力和人力。

3. 交叉播种

交叉播种是将部分混作组合成分（同行）条播之后，再沿与播种行垂直方向条播其他成分的播种方式。优点是有利于调控播种质量，种间竞争小于同行条播。缺点是需要进行两次播种，费用较高，同时田间管理较为困难。

4. 混合撒播

混合撒播是将各混作组合成分的种子分别或混合起来均匀撒播于田间的播种方式，也可用条播机撒播。播种时，将播种机的输种管、开沟器卸下，使播种箱中混合好的种子均匀地自然洒落于地表。播前要将土壤镇压一遍，播后立即用圆盘耙轻耙一遍，进行覆土。先轻耙，而后再行镇压一遍即可。这种做法的好处是，牧草没有明显的株行距与裸地，牧草分布较均匀，便于生长。但撒播须选择无风或微风天气进行，以防种子被吹走。土壤干旱、墒情不好的地块不宜进行，撒播后往往造成晒籽，致使出苗不全。该法用种量多，各草种难以均匀分布，也不易满足种子要求的覆土深度，影响发芽出苗，因此除建植草坪外多不采用。该方法是较为纯粹的混作。优点是互补原理可以得到充分体现，缺点是田间管理难度较大。

5. 撒播-条播

撒播与条播相结合。一行采用条播，行距 15cm，另一行进行较宽幅的撒播。牧草、大粒种或直立型牧草多采用条播，豆科、小粒种或蔓生牧草多采用撒播。该法工序多，撒播播种质量差，故也极少采用。

第六节　混作草地管理

与单作草地的管理目标不同，混作草地既要获得高产，又要维持混作群落结构的稳定。混作草地建成后，维持草地牧草种良好组成的关键在于如何维持豆科牧草。如果从草地建成阶段起，就注意维持足够的豆科牧草，那么就可以防止或减缓牧草种组成的变化。因此，在管理措施上存在一些特殊的要求。

一、施肥

牧草生长越好，从土壤中摄取的营养就越多。经测定，生长良好的刈割青贮或晒制干草的草地，一年从土壤中摄取 125~200kg/hm^2 的钾和大量的磷。因此，刈割利用地段比放牧利用地段应追施更多的肥料。

施肥对播种草地的主要作用，在于引起草地干物质产量和组分比例的变化。不同的肥料种类和施肥水平，对播种草地产生的影响不同。土壤中氮含量较低时，施入除氮以外的其他元素（如磷、钾），会使得豆科牧草在草群中占优势。当土壤中含氮量高时，施入除氮以外的其他元素，将导致禾本科牧草占优势。豆科牧草因共生根瘤菌的固氮作用，对外源氮素的需求明显低于禾本科牧草。对豆科及以豆科为主的草地施用氮肥，需谨慎。为了维持禾本科牧草在混作群落中的比例，通常需要施用一定量的氮肥。每公顷施氮肥 90kg，无论施磷与否都可增产，并使禾本科牧草在混作组成中占有 40%以上，当取消施氮肥或仅施磷肥时，干草中禾本科牧草仅占到11%~12%。相反，为了维持豆科牧草在混作群落中的比例，氮肥施用量不宜过多。混作草地干物质总产量是随氮的施入量的增加而增加，但施肥效率却是下降的。氮肥施入量过多会导致禾本科牧草生长过于繁茂，从而使豆科牧草受到抑制，比例逐渐降低。施氮量过多还会显著降低豆科牧草共生根瘤菌的固氮能力，使豆科牧草的优良特性不能充分发挥。

混作草地群落中豆科牧草低于 50%时，通常不追施氮肥便难以发挥最大生产潜力。在我国混作草地中豆科牧草比例超过 30%时通常不施氮肥，低于 30%时根据具体情况适当补施氮肥，以保证禾本科牧草的良好生长，从而获得较高的产量。一般情况下，氮肥施用量以 30~50kg/hm^2 为宜。施用磷肥、钾肥，不仅能够提高混作草地产量，而且还能增加混作群落中豆科牧草的比例。在不施氮肥的条件下，单施磷肥、钾肥或磷钾复合肥，混作群落中豆科牧草的比例大幅度提高，甚至达到 85%以上。

豆科牧草对硼、铂和钴等微量元素非常敏感，土壤中缺乏时，微量元素施用效果很显著，既可提高产量，又有利于维持豆科牧草在混作群落中的比例。

二、灌溉

不同牧草的蒸腾系数存在较大差异，低者只有 200，高者可达 800 以上，相差 3 倍之多；不同牧草的需水特性不同，不同牧草对干旱的耐受性和抗性也不相同。一些牧草种或品种对干旱较为敏感，稍遇干旱生长发育便会受到较大影响，而有些牧草种或品种则对干旱具有较强的耐受性，受干旱的影响较小；不同牧草种或品种根系在土壤中分布特征存在明显差异，通常直根系牧草根系分布较深，须根系牧草根系分布较浅，这种差异导致不同草种对不同层次土壤水分的利用不同。

从理论上讲，灌溉对混作草地组成成分的影响是不同的，灌溉对需水量大、根系分布浅、抗旱能力弱的牧草有利。不同的灌溉模式不仅导致混作草地的产草量不同，而且还会对混作群落的构成比例产生影响。如美国的研究显示，湿润条件下进行灌溉时，紫花苜蓿与鸡脚草混作草地中的鸡脚草比例上升明显；干旱条件下低量灌溉时，紫花苜蓿与无芒雀麦混作草地中的紫花苜蓿比例明显降低，仅占 25%，而高量灌溉时紫花苜蓿比例大幅提高，高达 98%。为了获得较高的产草量，并较好地维持混作群落的构成比例，有必要加强对灌溉模式的研究。

三、杂草防除

混作草地杂草丛生的原因，不外乎是缺肥、放牧不足或过牧。在建立草地的初期，就要注意控制杂草。在新建的草地上进行适当的放牧，吃掉牧草的生长点而促使牧草分蘖、分枝，向四周蔓延扩展而迅速覆盖地面。同时通过放牧，利用栽培牧草再生能力强的特点，来抑制杂草的生长。对那些放牧不足、杂草丛生的草地，应进行重牧或重刈，然后施以肥料，则能帮助栽培牧草重新在草地上占优势。施肥不足，栽培牧草长势变弱，耐瘠杂草乘虚而入。用除草剂防除杂草时，也会伤害牧草。一个施肥水平良好、牧草生长旺盛的草地，杂草很难侵入。

混作草地的杂草防除难度大于单作草地。主要原因在于，通常混作草地上既有单子叶植物又有双子叶植物，除草剂的选择比单作草地复杂得多。目前混作草地尚无成熟的通用除草剂或混剂配方。杂草较少且呈斑点分布时，可采用点式喷雾方法除草。杂草较多、均匀分布时，如果劳动力资源丰富，可以采取人工除草的方法。杂草越少，喷药越少，效果越好。

四、虫害防治

混作草地常见的害虫有金龟子、地老虎和某些鳞翅目的幼虫。一旦遭受虫害，虫龄越小，喷药效果越好。杀虫剂多有毒，喷药前要搬走草地附近的蜂箱和赶出畜群，以免家畜中毒或污染奶、肉等畜产品。

五、刈割和放牧

不同牧草对刈割和放牧的反应不同。利用目的不同，刈割时期和方式亦不同。选择合适的刈割时期和刈割方式是获得较高草产量和较好营养品质的关键，是调制高产优质青干草的重要因素之一，确定适宜刈割期时必须考虑牧草生育期内地上部分产量的增长和营养物质动态以获取单位面积营养物质最大产量。一年生牧草与多年生牧草不同，在生长季节较短的高寒或寒冷地区种植，抽穗期或开花期刈割几乎没有再生草产量。国内外对一年生牧草的最佳刈割期存在分歧。国内研究者多数套用多年生牧草最佳刈割期，即孕穗期、抽穗期、开花期、灌浆期；国外在 20 世纪七八十年代即研究了燕麦、大麦与豌豆或箭筈豌豆混作饲用品质及产量的动态，一般认为多年生牧草随生长发育时期的变化，饲草品质逐渐下降，一年生牧草进入乳熟期后，其子实部分的增加抵消了一部分营养物质的损失。Klebesadel（1969）、韩建国等（1999）研究认为，在燕麦与豌豆混作中，粗纤维含量一直增长至燕麦进入乳熟期、豌豆进入结荚期，此后粗纤维含量降低。豆科牧草单作时较好的刈割期一般在初花期，禾本科牧草较好的刈割期一般在抽穗期和开花期。采用混作时对于刈割时期的选择看法不一，马春晖等（2001）通过燕麦和箭筈豌豆的混作试验认为，燕麦单作或与豆科牧草混作时，应在燕麦乳熟末期至蜡熟期进行收割。张永亮等（2004a）在混作草地刈割次数的研究中发现，无芒雀麦与苜蓿混作，在苜蓿盛花期、无芒雀麦孕穗期进行收割较好。刈割一次有利于苜蓿的生长，但会降低无芒雀麦产量；刈割两次效果较好，三次则不利于牧草的生长。张金旭等（2010）研究刈割对青藏高原江河源区混作草地牧草产量及品质的影响，认为 8 月 16~26 日是该地区多年生栽培草地的最佳收割时期。王彦龙等（2010）对青藏高原黄河源区"黑土滩"混作草地牧草进行植物量及营养动态研究中，建议"黑土滩"混作草地在夏季生长高峰期应进行适度人工割草，冬季进行适度放牧利用。

刈割和放牧不仅影响混作草地的产草量，而且还会对混作群落的构成比例产生影响。在"红豆草+无芒雀麦"、"红豆草+牛尾草"和"红豆草+垂穗披碱草"混作草地的刈割试验中得到了许多有意义的结论：红豆草盛花期至初花期刈割产草量最高。刈割期提早时，再生草中红豆草的比例减少，刈割期提早的时间越长，红豆草的比例越少，相反禾本科牧草比例上升。"红豆草+牛尾草"混作草地，每年刈割 3 次产草量最高，刈割 2 次和 4 次产草量皆较低，刈割 4 次尤为低。"红豆草+牛尾草"混作草地，刈割留茬 2cm 的产草量明显高于留茬 4cm；留茬低于 2cm 时，第二茬收获草中红豆草比例增加。

"红三叶+白三叶+多年生黑麦草"混作草地的放牧试验也得到了很多重要结论。多年生黑麦草适宜于长期低频率放牧；红三叶对放牧频率不甚敏感，但放牧强度不能太大；而白三叶在频率较高的放牧中产量较高。长周期低频率放牧有利于混作草地中多年生黑麦草生长，高频率或重牧有利于白三叶的生长。当轮牧和连续放牧的留茬高度相同时，轮牧有利于混作草地中的多年生黑麦草成分。在适度的放牧强度下，草地产草量最高，且豆科、禾本科类群间的平衡得以保持，群落稳定。采食率 40%~70%范围内，放牧可逐年提高或保持白三叶的组分比例。中等放牧强度使多年生黑麦草的组分比例保持相对稳定，过重的放牧强度使多年生黑麦草的组分比例下降。

总的来看，一年生禾本科、豆科牧草混作，在禾本科牧草乳熟末期至蜡熟初期刈割，一方面禾本科牧草籽实增加部分营养，另一方面豆科牧草正值结荚盛期，可提高混作群体单位面积粗蛋白产量，改善单作一年生禾本科牧草饲用品质差的问题。混作牧草的最佳刈割期因混作模式不同而不同。

近年来，虽然对南方冬季豆科、禾本科牧草混作进行了较多研究，但可选的冬播牧草品种有限，混作组合方式较少。现有的研究大都集中在变化明显、便于观测的混作牧草生长变化、草产量、营养成分变化等方面，而对于产生这些现象的机理研究较少，如种间竞争、生理生态基础等，混作时豆科、禾牧科牧草之间氮素固定与利用，氮素在种间的转移，对土壤微生物的影响等生物分子学方面的原理研究甚少。随着混作研究的积累和深入、研究手段的不断改进，应加强混作体系内种间相互作用机理方面的研究，完善豆科与禾本科牧草混作的理论及技术体系。

第七节　几种主要牧草混作栽培案例

一、紫花苜蓿与无芒雀麦混作

紫花苜蓿与无芒雀麦均为营养价值高，适口性好，抗寒抗旱能力强的多年生优良牧草，深受广大农牧民青睐。紫花苜蓿是豆科牧草，无芒雀麦是禾本科牧草，混作后由于它们地下和地上部分在空间上的配置较合理，根系分布深度有差异，可以从不同的土壤层中吸收水分和养分。紫花苜蓿吸收较多的钙、镁和氯，而无芒雀麦吸收较多的磷、硅和氮。无芒雀麦能够利用紫花苜蓿与根瘤菌共生固定的氮素，因而增加了无芒雀麦的含氮量，所以二者混作具有较单作高而稳定的产量。

（一）紫花苜蓿和无芒雀麦混作栽培技术要点

1. 种子处理

紫花苜蓿硬实种子可用破种皮法处理，直到种皮发毛为止。紫花苜蓿种子消毒可用种子重量的 6.5%菲醌拌种，以防止苜蓿的轮纹病；无芒雀麦可用种子重量的 0.3%菲醌、福美霜拌种消毒，以防治黑粉病、坚黑穗病。

2. 整地施肥

结合深耕每亩施腐熟厩肥或堆肥 2000kg 和过磷酸钙 40kg 作基肥，充分整细整平，修成宽 1.5m 的畦田，四周修建好灌水或排水沟后待播。

3. 适时播种

1）播种期　紫花苜蓿和无芒雀麦于夏初同时播种为宜。

2）播种量　紫花苜蓿以每亩 0.5kg、无芒雀麦以每亩 1.25kg 播种量较为适宜，混作草地在第一、第二、第三年生长良好，均较单作增产。

3）播种方法　紫花苜蓿和无芒雀麦同行条播较为适宜，行距 15cm，播种深度一般为 2cm，干旱多风地区播种深度 3~4cm，每亩施尿素 25kg 或碳铵 50kg、氯化钾肥 14kg 作种肥。

（二）田间管理

播种当年，生长前期中耕除草极为重要，中耕应与施肥、灌溉结合进行，可提高肥效及水分利用效率。在无芒雀麦的分蘖、拔节、孕穗期及紫花苜蓿的分枝、现蕾期，以及每次刈割后及时灌溉、追肥。建植紫花苜蓿与无芒雀麦混作草地时，应特别注意追施钾肥，每亩追施钾肥 5~10kg、氮肥 5~10kg、磷肥 3~5kg。

（三）及时刈割加工

混作草地在开花期刈割较为合适，这时产草量及营养物质含量都较高。最后一次刈割时，应在早霜来临前 30 天左右。一般刈割留茬高度 4~5cm，越冬前最后一次刈割留茬高度为 7~8cm，有利于牧草越冬。每次刈割后，要及时施肥、灌溉，以促进其再生。收获后及时进行青贮、调制成青干草或加入添加剂调制成全价饲草，饲喂家畜。

二、羊草与草木犀混作

羊草属禾本科羊草属多年生草本植物，耐盐碱，成片生长，株高 80~90cm，发达的根系在 5~10cm 的土层中纵横交错，形成根茎层。羊草在每年 5~9 月依靠根茎的伸长，不断产生新芽，由新芽长成新株，形成大片密集的群丛植被。我国北方栽培的草木犀属二年生白花和黄花草木犀，为典型的草木犀亚属植物，株高可达 2~3m，主根肥壮粗大，侧根发达，根系主要分布在 30~50cm 土层。草木犀耐贫瘠、耐盐碱，从重黏土到沙质土均可生长。

羊草与草木犀建植草地的技术要点如下。

（一）整地

适时而又细致地整地，是保苗增产的关键。选择地势相对平坦、地面无积水、草原植被稀少、裸露严重的地块，用双列圆盘耙斜向交叉耙地 2~3 次，拖平耙细，这样既可以耙松土壤，又可以破除杂草。有条件的地方可以采用深翻耙细的方式进行整地，但翻后要及时耙压，达到外松内实，利于保苗。

（二）施肥

羊草和草木犀对氮肥的需求量较大，在严重退化的碱性草地和沙地，土壤中缺少有机质，应多施一些有机肥。作为基肥在翻地前最好每亩施入堆肥或厩肥 1.5~2t。在地势较低，草皮层较厚，富含有机质的土壤中，应多施一些无机肥，每亩施硫酸铵或硝酸铵7.5~10kg，可掺入基肥中或作为种肥施入。

（三）播种

草木犀硬实率高达 40%~60%，可将种子和细砂混合揉搓，或将种子用擦破种皮处理一次即可；羊草种子往往具有空壳、秕粒和各种杂质，故播前必须进行清选，提高种子的纯净度。播种时间最好选择夏季播种，但最迟不能晚于 7 月中旬，否则影响牧草越冬。采用同行混作的方式，行距为 30cm，播种深度 2~4cm，羊草每亩播种量 3kg，草木犀每亩播种量 1kg，播后镇压。

（四）田间管理

羊草苗期最不耐杂草，草木犀幼苗期生长缓慢，要经常除去杂草，以免造成缺苗或毁苗。追肥是提高牧草产量和品质的重要措施。一般每亩施氮肥 10~15kg，或追施腐熟良好的有机肥料 500kg/亩，追肥后随即灌水一次。

羊草和草木犀易遭粘虫、土蝗、蚱蜢、蚜虫等害虫的侵害，大量发生时可将叶片吃光，严重减产。因此，要注意早期发现、早期防治。

（五）收获

羊草与草木犀的利用主要是刈割用于调制青干草，一般在草木犀生长到 50cm 左右进行第一次刈割，春播地块在 7 月中旬、夏播地块在 9 月初刈割。最后一次刈割后应有30~40 天的再生期，保证形成良好的越冬芽和更多的营养积累，以利于牧草安全越冬。

羊草的产草量在第一、第二年较低，第三年后肥水充足的情况下每亩产干草250~300kg，最高时可达到 500kg；草木犀每亩产干草在 250kg 左右，最高可达到 375kg。"羊草+草木犀"混作，主要是利用羊草与草木犀在生长期限和生长特性等方面的互补性，即羊草可以生长多年，前两年形成不了较密集的群丛，而草木犀可生长 2 年并能固氮，恰恰弥补了种植羊草的这一劣势，从而使人工改良草地当年种植，当年即可形成植被，达到当年建植、当年见效、当年收益的目的。

三、苜蓿与谷子间行混作

（一）播前准备

1）整地施肥　选择地势平坦、灌溉方便、土层深厚的中性或微碱性沙壤土，整地达到"松、平、齐、碎、净、墒"六字标准。在秋季深耕 30cm 的基础上，春季浅耕耙糖灭茬、除杂草保墒，之后春翻，消灭已发芽的杂草，春播前灌水，保证良好的墒情。结合耕翻每亩施入腐熟农家肥 2000~3000kg、生物肥 40kg、磷酸二铵 10~15kg、尿素 15kg，钾肥根据需要适量施入。

2）种子处理　播前 15 天左右，选择晴天将谷子摊开，厚度 2~3cm，晒种 2~3 天，以提高种子的发芽率。播前 1 天用 35%的瑞毒霉按种子量的 0.2%进行拌种，防治谷子白发病。选择抗病、优质、高产的紫花苜蓿品种种子。播前精选，去掉杂质、杂草籽等，使净度保持 90%以上，发芽率达到 85%以上。紫花苜蓿种子硬实率较高，播前采用擦破种皮法或热水浸泡法进行处理。将苜蓿种子掺入一定量细砂在砖地上轻轻摩擦，以达到种皮粗糙而不破碎为原则。热水浸泡法即将苜蓿种子在 50~60℃热水中浸泡 30min，取出晾干后播种。另外，初次种植苜蓿的地块应采用根瘤菌剂拌种。一般每千克种子用根瘤菌剂 5g，溶于水中与苜蓿种子拌湿混种，水量以浸湿种子为宜，拌匀后立即播种，早晚播种为佳。用菌剂接种过的苜蓿固氮能力强，生长旺盛，增产效果显著。

（二）播种

1）种植模式　采取 1∶1 行比模式，即 1 行苜蓿间行种植 1 行谷子。苜蓿与谷子行间距 17.5cm，谷子每亩保留苗数 1.7 万株，苜蓿每亩保留苗数 20 万~30 万株。

2）播种量　谷子每亩播种量 0.50~0.75kg，苜蓿每亩播种量 0.70~0.80kg。

3）播种时间　4 月 25 日至 5 月 5 日谷子与苜蓿同时播种。

4）播种方式　播种可采取畜力耧播或精量播种机播种。播种深度 2~3cm。

（三）田间管理

1）定苗中耕　谷子生长到 3~4 片叶时进行间苗，6~7 片叶时定苗。第一次中耕结合定苗浅锄，围土稳苗。苗高 25~30cm 时第二次中耕，深耕细锄，耕深 5~7cm。

2）追肥灌水　谷子在拔节期浇灌 1 次水，以壮秆、促大穗、增粒数；孕穗期为需水临界期，灌水防止"卡脖旱"，随灌水每次追施尿素 15kg/亩。

（四）病虫害防治

谷子和苜蓿的病害防治主要通过种子处理来预防。谷子病害主要是白发病。苜蓿的主要虫害是牛角花齿蓟马、蚜虫，可以用吡虫啉、氧化乐果防治。

（五）收获

9 月中下旬，谷子颖壳变黄，谷穗断青前，籽粒变硬即可收获，谷子收获后，加强水肥管理，以促进苜蓿的生长，为来年的苜蓿高产打下基础。

四、羊草与披碱草混作

披碱草与羊草混作主要是利用它们在生长期限和生长特性等方面的互补性，即羊草为多年生禾本科牧草，前两年为根系发育期，地上部长势弱，形成不了较密的群丛。而披碱草为禾本科披碱草属短期多年生牧草，利用年限2~3年，易栽培，生长快，前期产草量高，又能起到防风固沙，保护羊草新枝条的正常生长。还可以有效地抑制藜科和菊科等一、二年生杂草的生长，恰好弥补了种植羊草的这一劣势，使羊草草地产草量大幅度提高，植被覆盖度得以恢复。

（一）选地与整地

适时而又细致的整地，是保苗增产的关键。要选择地势相对平坦、地面无积水、草原植被稀少、裸露严重的地块。雨后用重耙松土两遍，用双列圆盘耙斜向交叉耙地2次，拖平耙细，这样既可以耙松土壤，又可以破除杂草。有条件的地方可以采用振动松土的方式进行整地，有利于保苗。

（二）施肥

应多施一些有机肥。最好每亩施堆肥或厩肥2~3t，作为基肥在整地前施入。

（三）播种

用牧草播种机播种，播种和镇压一次性完成。

1）种子处理　披碱草种子具有长芒，不经过处理则种子易成团，不易分开，播种不均匀，所以播种前要去芒。羊草种子往往具有空壳、秕粒和各种杂质，故播种前必须进行清选，保证种子纯净度。

2）播种时间　羊草幼苗不耐干热风和盐碱，选择夏季雨后播种，一般为6月中旬至7月上旬，最迟不能晚于7月中旬，否则影响羊草越冬。

3）播种方式　采用羊草与披碱草同行条播的方式，行距为30cm，播种深度2~4cm。

4）播种比例　羊草和披碱草种子量比例为1∶1。

5）播种量　羊草与披碱草混作播种量以37.5~45kg/hm^{2}为宜，但不得少于30kg/hm^2，否则羊草将形不成优势草群，播种量过大对幼苗发育不利。

（四）田间管理

披碱草与羊草出苗生长缓慢，防止杂草对幼苗的侵害，要及时中耕除草，也可用2,4-D类除草剂灭杂草，可全部杀死菊科、藜科、蓼科等各种阔叶杂草。羊草和披碱草易遭草地螟、粘虫、蝗虫的危害，虫害大发生时可将叶片吃光，严重减产。因此，要注意早期发现、早期防治。

（五）收获

羊草与披碱草混作草地的利用主要是刈割调制干草，播种当年一般不刈割。第二年披碱草以营养价值最高时的抽穗期刈割为宜。羊草收割时间以 8 月中旬开始为好，这时产草量高，单位面积上的总养分也高，杂草少，有利于羊草的生长，而且避免大雨水淹造成羊草死亡，也有利于晒制干草。羊草最好在降霜前完成收割。降霜后收割的草，颜色变黄、质量下降。留茬高度控制在 8~10cm 较好，保证形成良好的越冬芽和更多的营养积累，以利于羊草安全越冬。

五、豆科牧草与豆科牧草间带混作

（一）混作种的组合

在混作牧草中，各混作成分之间的相互关系，除了表现在各个体生物学特性外，在一定程度上表现在个体数量上。所以，不但要优选组合种，而且要确定最合理的理想定植比例。

组合形成：长期型草种和中期型草种组合，如羊柴和沙打旺混作、紫花苜蓿和沙打旺混作；长期型草种和二年生草种组合，如羊柴和草本樨混作、紫花苜蓿和草本樨混作；中期型草种和二年生草种组合，如沙打旺和草本樨混作。

（二）间带宽度及播种量比例

间带宽度比例：两个豆科牧草混合播种带宽度比例依据牧草的生长期长短确定，其比例分配如下：

长期型草种和中期型草种间带宽度比例=1：1

长期型草种和二年生草种间带宽度比例=3：1

中期型草种和二年生草种间带宽度比例=2：1

通常情况条播带宽 1.5m 为一个基本单位，如羊柴和沙打旺混作每 1.5m 宽带种植羊柴，接着再种植 1.5m 宽带的沙打旺，以此延续下去。如紫花苜蓿和草木樨混作，则为种植 3m 宽带紫花苜蓿，接着种植 1m 宽带草本樨，其他草种组合也以此类推。

播种量比例：每个混作草种的播种量比单作播种量增加 20%左右。

（三）播种技术要点

整地：整地最好在播种前一年进行，不宜春季整地，更不要当年边整地边播种。播种前必须深耕耙糖，深耕 20~30cm，耕后即耙糖，达到地平土碎，这样有利于播种、发芽和出苗。

播种时间：为了省工省时，便于田间管理，一般是同期播种，时间为 6 月中旬至 7 月中旬。

播种量：沙打旺播种量 0.35kg/亩左右，草本樨 0.5kg/亩左右，紫花苜蓿 0.45kg/亩左右，羊柴 2.3kg/亩。

播种深度：沙打旺、紫花苜蓿和草本樨深度相近，为 1~2cm；羊柴 3~4cm。

行距：播种行距 20~30cm。

镇压：播后立即镇压以增加种子和土壤的接触度，有利于保墒出苗。

种子处理：紫花苜蓿和沙打旺一般不做种子处理，如质量太差可做清选处理。草本樨种子必须先去皮，后播种，如带皮播种，发芽率则会降低 10%~20%。羊柴种皮为革质，种子表面又有一层蜡质，渗透压很低。所以，播前必须做种子处理，较理想的方法是进行擦破种皮处理清选种子，这样处理后发芽率可提高 25 倍。

第七章　我国不同气候区草田耕作主要模式

习惯上将长江以南的地区称为南方，长江以北的地区称为北方。这里按牧草饲料作物生长适应特点，把热带或亚热带地区称为南方，温带地区称为北方，大致以秦岭山脉为界。南方区包括南方山区、四川盆地及长江中下游平原，水热条件好，是我国农业生产力水平最高的区域。

我国北方温带地区面积较大，包括黄土高原、黄淮海平原和东北平原，是我国的粮食主产区，也是我国进行种植业结构调整潜力较大的地区，该区虽然气候条件不如南方，但水热同期适于各种牧草饲料作物生长和种子生产。平原地区可用紫花苜蓿、豌豆、冬牧 70 黑麦等与作物进行轮作，既可养地肥田，较大幅度提高后茬作物的单产，又可以生产大量的优质牧草，解决饲草饲料不足的问题。如黄淮海平原一年二季作物地区，冬牧 70 黑麦与棉花、玉米复种，取得了很好的经济效益。此外，还可以在一些中低产田种植紫花苜蓿、红豆草、毛苕子、披碱草等多年生牧草，建立农区人工草地，也将获得良好的经济效益和生态效益。

第一节　北方地区草田耕作主要模式

一、黄土高原草田耕作模式

黄土高原是中华民族的发祥地，是我国历史上早期的农牧业生产发达的地区和政治经济文化中心。地处东经 100°54′~114°33′，北纬 33°43′~41°16′之间，位于中国西北的黄河中游地区，其范围为太行山以西，日月山、乌鞘岭以东，阴山、贺兰山以南，秦岭以北。包括陕、甘、宁、青、蒙、晋、豫 7 省区的大部或一部分，面积 62.68 万 km^2，约占全国土地面积的 6.5%。黄土高原地区远在几千年前，原是一个森林茂密、水草丰美的好地方。隋朝以前，这里一直以游牧生活为主，素有"雍州之域，厥田为上，且沃野千里，土宜产牧，牛马衔尾，群羊塞道"之称。但随着生态环境的变迁和人类生产活动的影响，草地资源被严重破坏，农牧争地日益尖锐，草地资源在不同地带（地域）有不同程度的破坏，造成沙化，水土流失加剧，环境恶化日趋严重。黄土高原是我国水土流失最为严重的地区，也是西部大开发中生态环境建设重点实施区域之一。1999 年国务院总理朱镕基视察陕北时提出的"退耕还林（草）、封山绿化、个体承包、以粮代赈"十六字方针切中了黄土高原水土流失严重地区的要害问题。

长期以来，黄土高原的农业生产以种植业为主，农、林、牧业比例严重失调，种植业与草地畜牧业截然分离，形成了系统内部结构单一、能流-物流运转途径过短、农业系统生态生产力低下的局面。种植结构单一，粮、经、饲三元结构严重失衡，呈现严重的各类单一型。豆科作物、牧草饲料、绿肥等传统养地类作物比重不断下降，经济作物也没有得到足够重视，草地畜牧业发展缓慢，粮食产量的提高依赖大量使用氮肥。1982~1992 年的 10 年间，我国粮食产量增加了 27%，单产增加了 31.7%，而同期化肥用量却增加了 93.6%。近 20 多年里，黄土高原区氮肥施用量亦呈迅速增长趋势，土壤氮素，尤其是硝态氮出现明显深层累积现象。土壤中硝态氮的高量累积不仅造成氮肥的浪费和土壤氮素肥力的降低，而且也为地下水的污染提供了源头。在反硝化和硝化过程中产生的 N_2O 既是重要的温室效应气体，也会对臭氧层产生很强的破坏作用，土壤剖面中累积的硝态氮会促进 C_3 和 C_4 植物种群间的竞争，导致 C_4 植物种群减少，影响植物多样性。

由于自然和人为因素的影响，黄土高原的耕地农业使水土流失严重，土壤肥力减退。严重的水土流失使黄土高原被切割得支离破碎，沟壑纵横，近 70%的土地被沟壑吞噬，有的地区沟壑占去了 94%，平地几乎不复存在，而草地农业可使水土流失减少 70%，在黄土高原地区发展草地农业，有利于保持水土。

在黄土丘陵沟壑区，由于长期农业耕作使黄土高原的土壤有机质由 3%~5%下降到不足 1%，甚至不足 0.5%。任继周和葛文华（1987）的研究表明，将豆科牧草引入以小麦为主的禾谷类作物连作体系，开展草田轮作，发展畜牧业生产，建立草地农业系统，是遏制生态环境恶化、提高农民收入、实现可持续发展的必要途径，解决人畜争粮、人畜争地的矛盾，是一项值得大力推广的科学耕作制度。任继周院士早在 1992 年就曾指出，我国黄土高原旱作农业区实行草田轮作，特别是优质豆科牧草引入农业生态系统，可充分发挥豆科牧草的生物固氮优势，减少后茬作物阶段的氮素投入，对于提高该区域的生态可持续性、降低生产成本、提高农民收入有积极意义，并得到许多专家、学者的认可。

黄土高原区草类种植模式如下。

（一）林+草模式

纯林最明显的不足是容易发生病虫害，而且一般种植稀疏，缺乏地被层（枯枝落叶和矮小草本植被层），水土保持效益比较差。目前，黄土高原已经发展了很多林草模式（图 7-1）。最主要的是乔木林+草模式、乔灌混交林+草模式及稀树草地模式。"乔木林+草"模式适合于在落叶阔叶林带黄土塬区沟坡以及森林草原带黄土丘陵沟壑区阴沟坡、半阴沟坡栽植。营造"乔木林+草"模式时，可以根据乔木林配置结构进行布局。草主要种植在林间空隙。草种选择上应服务于经济林、用材林，经济林应以养地类草种为首选，兼顾生态经济效益，如三叶草、紫花苜蓿等，用材林除养地类草种外，也可选择其他草种，如禾草等。可以采用单草种或多草种或多品种混作方式。

黄土高原应发展乔灌草、稀树灌草混交林或草灌乔混交人工植被等混草林。草本层是复层群落结构的一个层片，遵循植被地带性规律，由乔灌草、稀树灌草混交林的辅层，逐渐到草灌乔植被的主体。目前适于营造农田、道路防护林带的混交林树种有：泡桐、刺槐、椿树、柳树、桑树以及各种杨树等，可与多种灌木混交。荒山丘陵造林树种较少，常见的多为山杏与柠条、沙棘、山桃、紫穗槐、柽柳等。从防护性能角度看，草类应选择郁闭性好的草种，最好选择自我更新力强的草种，即易产生草籽且易脱落进入土壤种子库繁殖或无性繁殖力强的草类，比如禾本科草类、蒿属草类等。

林+草模式（祁娟　供）　　　　　　　　林+灌+草模式（祁娟　供）

图7-1　林+草模式（另见彩图）

　　目前，在庭院或城市绿化等方面较常见的是疏林与混作禾本科草类形成的绿地，视野开阔，有美化环境的作用。生产上主要有刺槐-沙打旺、小叶杨-红豆草和山杏-红豆草等稀树草地类型，具有较强的适应性，生长迅速，水土保持效益显著，尤其在半干旱黄土丘陵沟壑区属于一种优化种植模式。草在这种模式中处于主体地位，林间草地既可作放牧草场，也可起到生态防护作用。

（二）灌丛草地模式

　　灌丛草地在黄土高原天然草地上类型很多，既有原生性的，也有森林破坏后形成的次生类型（图 7-2）。天然类型的灌草通常混生，草地为灌丛植被的层片。灌丛草地模式适宜黄土高原大部分地区建植。灌木可以选择适应性强的柠条、沙棘、锦鸡儿、酸枣、虎榛子、沙柳、绣线菊、金露梅、紫穗槐、二色胡枝子、狼牙刺、山桃、扁核木、山杏、连翘、丁香、蔷薇等，可以放牧利用或水土保持，也可采樵。草本以旱生、中生为主。灌草比例可根据实际情况尤其是立地条件来确定，当立地条件比较优越时，灌木成分可以适当多一些。目前，主要人工形式的灌丛草地有：柠条-沙打旺、沙棘-沙打旺、山桃-红豆草等灌丛草地，多为隔带间作类型。

金露梅灌丛草地（祁娟 供）　　　　　杜鹃灌丛草地（祁娟 供）

图7-2　灌丛+草地模式（另见彩图）

（三）草地模式

草地模式在黄土高原区域最适宜，天然草地分布最广，在丘陵沟壑区治理和经济发展中占有重要地位（图7-3）。随着畜牧业发展，人工草地在我国逐渐被重视。人工草地常分为刈割草地、放牧兼顾防护型草地及绿化草地。刈割草地常布局在立地条件较好的区域甚至农田，选择单草种种植或以多品种、多草种随机混种或间行套种。放牧兼顾防护型草地，多采用多草种混作，草种选择范围比较宽，除了禾本科、豆科之外，还可选择菊科、莎草科等，尤其多选用多年生、匍匐型、根茎型草种。陡坡、荒山防护型草地，通过封育或适当人工措施，建成混杂类型草地，以保护生态环境。城市环境绿地注重美观，以禾草类和豆类草甚至花卉为主，且具有较强的观赏性，如早熟禾、紫羊茅、黑麦草、三叶草、一串红等。

生产实践中，为了解决家畜饲草饲料缺乏问题，最常见的人工草地类型是紫花苜蓿草地、沙打旺草地、草木犀草地、红豆草草地。此外，还有披碱草草地、老芒麦草地、无芒雀麦草地、籽粒苋草地、苦荬菜草地等。这些草地的特点是植被结构一般比较简单，植物种类单一，多布局在立地条件较好的农田区，以获得产草量为主。

（四）果园+草模式

果园多以苹果为主，还有梨、桃、杏、葡萄以及枣、柿、核桃等。作为重要的经济收入源，一直受到农民的青睐和重视，是黄土高原常见的植被类型（图7-4）。由于受经济目标的影响，果园发展从过去利用条件较好的坡地和房前屋后到现在利用大量良田。退耕还林草以来在大片荒山也有发展的倾向。

果园通常结构简单，虽然有些地段人们也在林间空地种植土豆、豆类作物等，但总的来看，作为非目标植物，自然生长的草类常被人们清除，林下、林间缺乏地被物，水土保持效益差。果园种草，特别在幼园期种草，是今后的一种发展方向，一方面能获得产草量用以发展饲养业，另一方面也能提高果园的防护性能。因此，将"果园+草"作

老芒麦草地（祁娟 供）　　　　　　　　　燕麦草地（祁娟 供）

红三叶草地（师尚礼 供）　　　　　　　小冠花草地（师尚礼 供）

苜蓿草地（师尚礼 供）　　　　　　串叶松香草草地（师尚礼 供）

无芒雀麦草地（师尚礼 供）　　　　　　扁穗冰草草地（师尚礼 供）

图7-3　草地模式（另见彩图）

苹果‖紫羊茅间作（程积民 供）　　　　　苹果‖白三叶间作（程积民 供）

图7-4　果园+草模式（另见彩图）

为一类模式提出来推广应用。果园种草以养地护地、收获割草和增强防护效能为目的，选择草种应生态、经济兼顾，如紫花苜蓿、三叶草等豆科草类。

果园+草模式本身在干旱半干旱地区发展受条件局限，尤其在退耕陡坡地发展时果园种草同样受到一定限制。要全面考虑果园种草，顺应今后的新趋势。

（五）草地农业模式

草地农业模式在澳大利亚、加拿大、美国、法国、苏联等已有良好发展，国内也有人进行研究，其中在宁夏固原和甘肃庆阳董志塬区均有草地农业的成功实例。根据资料，草地农业的经济效益很好，比单一农业高出 6~10 倍。草地农业模式有三项指标：第一，一定的草地面积，一般不少于农地的 25%；第二，一定的畜牧业比重，农业产值中畜牧业比重一般不少于 50%；第三，联系不同生产部门的体系。

黄土高原草地农业建设的主要技术在于：第一，调整农林牧结构；第二，实行轮作、套作和复种；第三，小流域承包治理；第四，开发各类饲草饲料资源，大力发展草食家畜，重点在于复种套种饲草饲料作物、建立人工或半人工草地、饲草的收割调制与使用、秸秆利用等。草地农业模式在黄土高原具有较大发展潜力，是一种值得推行的优化模式（图 7-5）。

（六）工程措施+草模式

黄土高原综合治理提倡生物措施、工程措施和耕作措施相结合，工程措施结合种植牧草作为一种种植模式提出（图 7-6）。

工程措施在黄土高原综合治理中具有不可替代的作用，包括田间工程和沟谷坝系工程。田间工程以修梯田、涝池、集水池、鱼鳞坑和地埂为主，在于改善农田小环境，发展基本农田；沟谷工程主要是建设坝系，拦截洪水，沉积泥沙，形成沟坝农田。

玉米‖鹰嘴紫云英‖油菜模式（师尚礼 供）　　　　　　蚕豆‖玉米模式（师尚礼 供）

图7-5　草地农业模式（另见彩图）

图7-6　工程措施+草模式（师尚礼 供）（另见彩图）

　　田间工程既可服务于种植业，也可种植牧草建立立体型草地，发展畜牧业。在立地条件差的陡坡或荒山，通过生物措施（种草）与工程措施结合达到治理水土流失的目的。坝体、地埂种草（树）能起到护坝、护埂作用，更好地发挥工程措施效益。

（七）农作物+草模式

　　"农作物+草"也就是草田模式（图7-7）。具体种类和形式很多，可归纳为草田轮作、草田间作、草田混作和草田套种或农田填闲种草。它是在时间上和空间上对农作物和草进行集约配置的一种植被种植类型。具有生物产量大、抗逆性强、产量稳定和产投比大等优点。草种选择上以上繁高草和豆科草类为主，虽然目前这种模式面积不大，但在黄土高原作为农牧结合的优化模式推广具有很好的发展前景，可配合舍饲养殖业进行发展。

苜蓿+饲用玉米（李源 供）　　　苜蓿+黄豆+玉米（祁娟 供）

图7-7　农作物+草模式（另见彩图）

二、北方草田耕作主要模式

（一）甘肃省草田耕作模式

甘肃地处内陆，位居高原，海拔一般为 1000~3000m，气候干旱寒冷。干旱是农业高产稳产的主要限制因子，低温决定了该区域基本是一年一熟的耕作制度。

甘肃在历史上是我国主要的畜牧业基地之一。从历史来看，甘肃省一直重视粮经作物和牧草的轮作，特别是苜蓿、草木犀、红豆草、箭筈豌豆、毛苕子在轮作中普遍采用，这些草类都已长期介入轮作，立足农田，深受欢迎。

1. 草田耕作模式

（1）与农田的结合——草田轮作

甘肃省是我国草田轮作试验研究最多、民间轮作模式最多样化的省份。全省大部分农耕地都有草田轮作的习惯，利用轮歇地种植紫花苜蓿等优质豆科牧草。甘肃省进行周期性生产牧草的人工草地较多，因栽培牧草品种和轮作期不同，分为长周期、中周期和短周期人工草地。纳入粮草轮作的牧草品种主要有苜蓿、红豆草、沙打旺等多年生豆科牧草，以及草木犀、箭筈豌豆和毛苕子等越年生或一年生豆科牧草。随轮作期长短不同，选用的品种也不同。

苜蓿和作物结合的长周期轮作草地，是甘肃省河东旱作农业区的主要草地栽培制度。这类草地在轮作中占地时间较长，在山区一般 5~6 年，川塬区 4~5 年。如山区应用的苜蓿（5~6 年）→ 谷子（或马铃薯）→小麦（3~4 年），苜蓿翻耕后种植一年谷子或马铃薯，再种植几年小麦和其他作物，然后进入第二个轮作期。农村实行承包责任制后，草田轮作周期缩短了，山区轮作模式：苜蓿（4 年）→谷子、马铃薯、油菜或莜麦、荞麦→小麦（3 年）→豆类。川塬区模式：苜蓿（4~5 年）→谷子（或马铃薯）→小麦（2~3 年），苜蓿（3 年）→玉米、高粱（或马铃薯）→小麦 3 年。苜蓿也常与小麦套种，小麦收获后苜蓿继续生长 4~5 年。河西走廊盐碱风沙灌区的小麦、粮油、苜蓿轮作中，苜蓿生长 5~6 年。

甘肃省春小麦种植面积大，为 62.3 万 hm²，占小麦播种面积的 45.8%。由于一些豆科牧草种植后具有固氮作用，常被用于倒茬物。因此，春小麦种植区都有套种、复种牧草的习惯，每年农田套种、复种箭筈豌豆、毛苕子、青燕麦等面积达到 20 万 hm² 以上，年生产青干草 150 万 t，可饲养 300 万个羊单位家畜。全省大部分农耕地都有草田轮作的习惯，特别是近年来在农区实行种植业结构调整中，大力提倡和推行粮食作物-经济作物-饲料作物三元种植模式，利用轮歇地种植紫花苜蓿等优质豆科牧草的面积达 62.3 万 hm²，年生产优质青干草 460 多万 t，可饲养 870 万个羊单位家畜。甘肃庆阳地区的"冬小麦/一年生豆科牧草→玉米"模式、"冬小麦+草木犀→草木犀/冬小麦"模式比较适宜当地推广。这些轮作模式经营粗放、管理简单，投资少、效益高，适宜于人少地多、土壤贫瘠、土地投资投能不足的残塬沟壑区及塬边或山地梯田。在甘肃陇东地区，源远流长的传统草田轮作为苜蓿与粮油作物轮作，这种耕作方式逐渐盛行于泾渭两河流域，从而覆盖全省。常用的轮作方式是："苜蓿（6~8 年）→谷子（或胡麻）→冬小麦（3~4 年）"，或者"苜蓿（3~5 年）→玉米（套大豆）→冬小麦"；陇中地区为"苜蓿（5~8 年）→糜或稻→马铃薯或豌豆→小麦（3 年）"。另外，甘肃武威市灌区小麦套种草木犀→翻压绿肥种植玉米→小麦的三年三区轮作方案的增产和提高土壤肥力效果十分明显。"冬小麦→豆科牧草→玉米"等多种轮作模式具有很好的生态及经济效益。

陇东地区历史上以苜蓿（6~8 年或更长）→谷子或胡麻→冬小麦（3~4 年）轮作制为主。天水地区的苜蓿（5~8 年）→谷子或马铃薯→冬小麦（3~4 年）。陇中地区的苜蓿（10 年）→糜、谷→马铃薯或豌豆→小麦（3 年），苜蓿与胡麻、荞麦套种。高产期长达 10 年左右。但因苜蓿占地时间长，在人口激增、人均耕地占有量大幅度下降的条件下，播种面积日益分散。特别是人均耕地 2 亩以下地区，苜蓿种植已限于青刈饲用，山区则仍大面积种植苜蓿，除青饲外，还生产调制青干草。

中周期草田轮作的开拓是草木犀、红豆草先后介入轮作，部分地区也有把沙打旺纳入轮作的。其模式是：红豆草（2~3 年）→小麦（2~3 年）→豌豆或马铃薯。二阴山区用豌豆或油菜、莜麦套种红豆草，实际占地仅两年。一个轮作周期 5~6 年。短周期轮作为：小麦套种草木犀→草木犀→小麦（3 年）。草木犀的基本轮作方式是：草木犀→小麦（3 年），或草木犀→小麦→荞→马铃薯或谷子→小麦（2 年），或小麦 2 年→油菜、胡麻套种草木犀→小麦，或春季青刈翻耕草木犀，可种植玉米或马铃薯、胡麻、青稞等。在中周期轮作中红豆草、沙打旺占地 3~4 年，草木犀占地 2 年，如胡麻套种沙打旺，沙打旺（2~3 年）→谷子→小麦（2~3 年）、红豆草（3~4 年）→小麦（3~4 年）和草木犀（2年）→小麦（2~3 年）。沙打旺和草木犀种植当年产量很低，故一些地方常与农作物套种。而红豆草当年就可获得较高的产草量，一般不套种。因这种轮作方式中草地占地时间短，产草量高，翻耕容易，所以受到普遍欢迎。种植一茬草木犀可肥地 3 年，20 世纪 50 年代开始在天水推广后，被迅速推广到全国。红豆草与小麦轮作：红豆草（2年）→小麦（2年）→豌豆。二阴地区有豌豆、莜麦、油菜等套种红豆草，红豆草生长2年，小麦2年，再种植豌豆或马铃薯。最近出现的红三叶和小麦轮作，也是各占地2~3年。这种轮作，既保持水土又养地，而且后作增产效果明显，低产田种植一茬草木犀可增产1~2倍。苜蓿肥效在3年以上，故轮作中虽然存在苜蓿挖根费工，草木犀遗籽不易清除等问题，但均能长期盛行不衰。

由于长周期轮作与中周期轮作占地时间较长，20世纪70~80年代，在继承传统的麦田套作复种香豆子、青豌豆、饲用蚕豆、青刈燕麦的基础上，引进草木犀、箭筈豌豆、毛苕子开展试验示范，发展了短周期轮作草地，牧草占地时间仅一年一季，所采用的草种全部为一年生牧草，常用的有箭筈豌豆、毛苕子、香豆子、青豌豆、饲用蚕豆、柽麻和青刈燕麦等，其中以箭筈豌豆和毛苕子应用最为广泛。箭筈豌豆纳入轮作的方式有以下两种：小麦（1年）→箭筈豌豆（可混种毛苕子）（1年）→小麦（1年）或小麦（1季）→麦后复种箭筈豌豆（1季）。前者是年间轮作，后者为年内轮作。在甘肃省河西走廊沿山地带，过去采取小麦→胡麻→休闲的方式进行轮作，而今用种植牧草代替裸地休闲，即以小麦→胡麻→箭筈豌豆（或毛苕子）的方式轮作，既种草又养地肥田。短周期粮草轮作中，麦后复种豆科牧草只在旱作农业区应用，灌溉区一般采用麦地套种。

另外，在干旱或高寒地区，在轮作中插入一年青刈燕麦，更为普遍的是在夏季成熟作物收获后，密集种植草玉米（密植玉米）、草高粱、草谷子等，用于夏季农忙期养畜的接茬青草和秋后干草。近年陇南山地引进田菁、柽麻在麦地复种，填充夏闲地和秋闲地，在保持水土、养地肥田上有良好作用。

短周期草田轮作除在麦田套种复种外，还有间作混种的方式。间作是小麦与玉米、高粱间带种植，或在玉米、小麦间作田中，在小麦带套复种豆科牧草。混种是草木犀和荞麦、油菜混作，秋季收获荞麦；第二年收获油籽、刈割草木犀，保持水土的效益很好。

草田轮作的一种特别形式是轮作草带。在陇东南山地，在整块坡地中，按等高线水平方向带状种植苜蓿、草木犀，分带轮换，可以在养地产草的同时，发挥最好的水土保持作用。

草田轮作制度的改革核心是要求栽培草种速生丰产肥田，以提高土地利用效率。围绕这一点，历史时期采用的苜蓿、草木犀带状种植玉米、小麦的间带种植方法，虽然存在少占用一年地的优点，但因影响第一、第二年的产草量和草地的密度，间带种植已开始为苜蓿、草木犀单作让路，同时用条播代替撒播。箭筈豌豆和毛苕子混种，箭筈豌豆和燕麦、草木犀混种都取得了较好的经济效益。

同时，在改进栽培技术上，首先对草种和种子质量开始选择。河西走廊灌区新疆大叶苜蓿表现好，河东地区则陇东苜蓿、陇中苜蓿等地方品种很受欢迎。新品种、新草种的引入也受到重视，有些地方沙打旺也有介入轮作的趋势。

（2）与森林的结合——林区草地牧业

甘肃有森林面积1042.65万hm^2，森林覆盖率为13.42%。全省有林间草地85.79万hm^2，仅占全省草地面积的5.3%，主要为林灌植被镶嵌或呈岛状分布的林间草地和林被覆盖度小于0.3的植被类型。主要分布在陇南山地、祁连山东段，甘南大夏河、洮河流域，西秦岭、马衔山、子午岭、关山等地域。该类型草地坡度陡峭，乔灌木较多，日照时数短，太阳辐射少，牧草粗蛋白含量低，草质低劣。由于分布呈零星，坡度大，灌丛林木参与度高，往往利用率较低，以牛羊放牧利用为主。

（3）与果园的结合——果草间作

果园种草是果业生产的新技术，对提高果树产量和果园经济效益具有明显的效果。根据试验，在果园种植苜蓿、草木犀等豆科牧草，可调节地温，形成秋暖夏凉的小气候，延长果树根系的活动期，有利于根系发育和养分的吸收，可以使土壤水分保持在8.5%~25%，比普通果园提高2.1%~11.1%，土壤有机质含量提高0.79%。年果实增产2.14t/hm^2，一等果率提高8.9%，等外果率降低1.2%。幼龄果树间作苜蓿效果更好，果树提前1~2年达到果盛期，还可收获苜蓿鲜草42t/hm^2。种植的牧草适时收割后一部分用于覆盖铺在果园，另一部分用于家畜的饲草。因此，果园种草既可提高果树产量，又能为畜牧业提供饲草，可谓一举两得。甘肃果园绿肥习惯用香豆子、苜蓿等。近期则以箭筈豌豆、毛苕子、草木犀为主。安西还引种过沙打旺。天水市北道区在果园套种聚合草的较多。

（4）填闲轮作

甘肃省农田海拔一般在1000~2000m，兼之纬度偏北，故春短秋凉，每年10月气温明显下降。大部分地区在7月小麦收获后，虽然有50%的降水和热量可供植物生长，但因气温、光照和谷类作物籽实成熟期不协调，复种成熟率不高，基本上是一年一熟制。为了充分利用伏热秋雨，河东地区有麦后种植豌豆或燕麦收获青草供冬春补饲家畜的做法。河西走廊有复种香豆子作饲草、绿肥和香料的习惯。20世纪60年代，在甘肃农业大学、甘肃省农业科学院和河西走廊各地（市）、县级农业技术部门科技工作者的努力下，取得了麦田套种、复种豆科牧草养地肥田的科研成果，成为河西耕作改制的重大成果之一。河东则除陇南山区利用夏闲田复种、间作田菁、檉麻，部分地区保持复种豌豆和青燕麦草，套种、复种箭筈豌豆、毛苕子已全面推开。临夏回族自治州在海拔1800~2100m的川塬灌区，除套种外，还采取上午收获小麦，下午翻耕土壤，傍晚播种的方法，抢时间复种箭筈豌豆、毛苕子，以生产青饲料。

目前，甘肃省人工草地的栽培制度和经营管理得到了进一步改善，出现了新的发展趋势。耕地中老龄苜蓿地正大量被更新，新的多年生豆科草地趋向于全部纳入粮草轮作。以苜蓿单一草种为特征的长周期粮草轮作草地，正向以苜蓿为主，以其他多年生豆科牧草（红豆草、沙打旺、草木犀等）为辅的中周期粮草轮作草地发展。在河西生产条件较好的灌溉区，一年生豆科牧草迅速取代了多年生豆科牧草，出现了年内短周期粮草轮作。全省粮草轮作中，旱作农业区多年生豆科牧草的占地时间将逐步稳定3~4年，川塬灌区将以短周期粮草轮作为主。

小麦收获后套作、复种箭筈豌豆、毛苕子近年来在河西走廊沿山地带也已广泛采用，而且越过乌鞘岭迅速向全省推广，逐步取代了河东地区麦后休闲或复种荞、檉麻的习惯。高寒牧区的甘南藏族自治州也引进箭筈豌豆进行复种混作，省内有关专家提倡全省50%的麦地应推广套作、复种箭筈豌豆或毛苕子，如果能达到这一目标，每年全省仅此一项就可生产优质豆科牧草1800多亿千克，相当于近千万个草地单位，这无疑是甘肃省牧草生产的巨大潜力。

传统的苜蓿和作物轮作主要分布在旱作农业区。由于受干旱和苜蓿翻耕清根耗劳力限制，轮作周期偏长。小麦收获后套复种一、二年生豆科牧草，从制度上缩短了苜蓿为主的长周期轮作，开拓了以草木樨、红豆草为主的中周期轮作，发展了麦田套作复种箭筈豌豆、毛苕子或草木樨的当年轮作。

甘肃草田耕作制度发展的经验是运用多种种植形式和方法，实施科学种草技术。首先，进行草种选择，经验证明，苜蓿、草木樨、野豌豆、箭筈豌豆、沙打旺等为轮作的优良豆科牧草；其次，在播种上采用单作、套作、复种、混种、间作种植等；第三，注意抢墒播种，加大播种量，播种时采用深开沟溜种、浅覆土出苗生长，冬前耙平埋颈的抗旱、抗寒播种技术等。田间管理上，中耕除草，严禁牲畜啃食践踏。

2. 绿肥种植模式

（1）小麦田套作、复种绿肥

麦田套作、复种绿肥主要应用于干旱内陆灌区，一年一熟区，由于热量条件较好，农业比较发达，土地利用强度大，绿肥的种植方式主要针对麦田套作、复种箭筈豌豆、毛苕子、草木樨等草种的"小麦与草类轮茬制"，以及"适时套种，收割留高茬，及时灌水，适量追施氮肥、磷肥及喷施微肥"的高产栽培技术和"刈青喂畜，过腹还田，用养互济，农牧结合"的综合利用方式。20 世纪 80~90 年代曾经大面积推广种植，面积达百万亩以上。

（2）玉米间作绿肥

甘肃凉州区、高台县为玉米一年一熟种植区，针对玉米出苗对温度要求高、前期生长缓慢的特点，采取早春在玉米行间间作耐低温、速生的豌豆、毛苕子等短期绿肥作物，不仅能提高绿肥作物对水、肥、光、热的利用率，培肥土壤，解决当地有机肥投入不足的问题，而且可以利用植物之间相生作用、促进作用提高植物产量和品质。

（3）越年生绿肥种植

在甘肃民勤、永昌县，针对该区域干旱少雨，风大沙多，地表植被稀少，特别是冬春季节地表裸露，土壤风蚀严重、有机质含量低、保水保肥性能差和产量低等问题，开展越年生（二年生草木樨、冬油菜）和多年生（紫花苜蓿、沙打旺）绿肥作物冬季覆盖与草田轮作模式示范与应用。

（二）陕西、山西省"苜蓿→冬小麦"等轮作与混作模式

陕西榆林和延安，春季和夏季将苜蓿与胡麻、荞麦混种；山西晋南、陕西关中在秋季将苜蓿与冬小麦、油菜混种；内蒙古将苜蓿分别与荞麦、油菜、冬小麦、糜、谷子混种都取得良好效果。山西西南地区，苜蓿田每年留在土壤中的根量为 $6750kg/hm^2$，增加了土壤的有机质，使后茬冬小麦增产 30% 左右。陕西关中地区，苜蓿后茬冬小麦可连续增产 3 年，增产幅度 30%~50%，提高冬小麦蛋白质含量 20%~30%。河北省冀东县的做法是种植 4~5 年苜蓿，然后倒茬，应用"苜蓿→谷子→冬小麦→玉米→棉花"或"苜蓿→谷子→玉米→棉花"。在内蒙古乌拉盖地区无霜期仅 90~100 天的条件下进行苜蓿轮作、混作，轮作方式为"冬小麦（2 年）→苜蓿+油菜→苜蓿→苜蓿→苜蓿→苜蓿→冬小麦→青莜麦"，效果良好，效益比冬小麦连作高得多。此外，"苜蓿→冬小麦"轮作系统的土壤水分时空动态、产量响应以及根系入侵真菌等方面也正在进行研究。

（三）东北平原区草田耕作主要模式

东北平原区的畜牧业产值 80%在农区，发展与之相适应的农区草业甚为重要。而受传统种植方式和"粮草争地"观念的影响，农区主要种植粮经作物。长期以来，由于水蚀、风蚀等自然因素和常年连作等传统的耕作活动，作物赖以生长的黑土资源流失日益加剧，土地自然肥力不断下降，区域农业可持续发展面临挑战；另外，农区优质饲草饲料的缺乏，又极大地制约了农区畜牧业的进一步发展。国内外科学试验和生产实践表明，因地制宜的轮作系统，在收获大量草畜产品的同时，粮食产量不但没有减少，反而有所提高。种草肥田，并不是与粮争地。祝廷成等（2010）在"粮食、牧草和经济作物"三元结构草田轮作研究中发现（表7-1），实行粮草轮作，比单一种植粮食作物可获得更高的经济效益和生态效益。粮草轮作既提高了粮食产量，提供了充足的蛋白质饲料和改善了生态环境，可收到一举多得的功效。综合来看，东北平原粮草轮作生产模式应以玉米为主，适当增加苜蓿、草木犀等豆科牧草的比例。为了进一步提高粮草轮作的经济效益，轮作中可以种植经济价值较高的向日葵等经济作物。在东北平原，以玉米（1~2 年）→向日葵→草木犀（1~2 年）轮作较为适宜。有选择地实施"粮食-牧草-经济作物"三元结构的草田轮作，是推动东北地区大农业走向繁荣发展的重要途径。

表7-1　不同轮作模式经济效益比较

轮作类型	轮作顺序	提高率/%
玉米连作	玉米-玉米-玉米	100（对照）
粮豆轮作	大豆-玉米-高粱	160
粮草轮作	草木犀-草木犀-玉米	176
粮草经轮作	向日葵-草木犀-玉米	265
草经轮作	草木犀-草木犀-向日葵	234
牧草连作	苜蓿-苜蓿-苜蓿	139

资料来源：祝廷成等，2010

第二节　南方地区草田耕作主要模式

一、南方实施草田耕作制度的意义

我国淮河-秦岭以南，青藏高原以东的南方区域，包括江苏、浙江、安徽、福建、江西、深圳、湖南、广东、广西、海南、四川、重庆、贵州和云南等省（市、自治区），不仅是中国富饶的鱼米之乡，且有大面积的草山草坡可供发展草地畜牧业。据《中国草地资源》的资料，南方 14 省（市、自治区）各种草地资源面积达 7952 万 hm²，占该区域总土地面积的 30.5%。南方大部分地区以山地和丘陵为主要地貌，草山草坡资源在各省的土地资源中占有较高的比例。以自然环境的特点可分为三种主要地区类型，即长江中下游地区、华南地区和西南地区。长江中下游处于我国第三级阶梯的东南部，以平原和低山丘陵为主，年平均气温 15~20℃，年降水量 800~2000mm，具有夏热冬冷的气候特点，属过渡气候带。华南地区地处东南，年平均气温 17~25℃，年降水量 1100~2200mm，属温热多雨的热带和南亚热带气候环境。西南地区地处我国第二阶梯中南部，以高原、山地、丘陵为主，海拔大都在 500~2500m，属亚热带湿润气候，年平均气温 10~15℃，年降水量 1000~1500mm。我国南方亚热带地区地处南太平洋季风气候区，全年水热资源丰富，且雨热同季，可以满足多种粮食作物、经济作物、饲料作物和牧草生长发育最基本的需求。

南方地区地形多样，其中 70%以上的土地为丘陵和山地，其余为平原地区。丘陵山地多为草地、疏林地和旱作农业，平原地区大多为水稻种植区，不同垂直带生态条件有差异，发展草地农业的模式明显不同。

我国南方草地畜牧业除了有良好的自然资源作为保障，还有强有力的技术支撑。近年来，南方草地科技工作者根据地域特点和当地的农业种植模式发展了许多成功的人工草地建植和管理技术。

我国南方虽然光热资源丰富，土地的复种指数高，适合多种饲草和作物的生长和繁育。但是，南方地区气候季节性变化大，降水集中，且多暴雨，给农业生产造成诸多危害。尤其是南方地区人多地少，土地资源短缺是农业发展和农民增收的制约因素。长期以来，这里的农民以传统农业为基础，种植的作物以水稻、玉米、小麦、油菜和薯类为主。农业生产耕作制度单一，主要的耕作方式有"水稻-油菜"、"水稻-小麦"、"玉米+红苕-油菜"等。近年来"水稻-黑麦草"种植系统得到大面积推广，草地农业理论和技术逐渐得到应用。南方农区作为中国农业生产的关键区域，应将牧草种植纳入传统的种植业系统之中，而稻田是我国南方的主要耕地，水稻是我国人民的主要口粮。但随着人们温饱问题的基本解决，水稻种植业的比较效益降低，农村劳动力大量转移，单个农村劳力负担的耕地大幅度上升，稻田多熟制面积减少，秋、冬闲地面积不断增加，这与我国有限的耕地资源极不相称。因此，如何利用好秋、冬闲田是我国南方稻田农作制度调整的潜力和关键所在。

南方温光热资源丰富、雨量丰沛，四季适合各种牧草生长，春夏季可种植暖性牧草，如墨西哥玉米、甜高粱、高丹草、狼尾草等；秋冬季适宜种植冷性牧草，如多花黑麦草、小黑麦等。

研发粮饲轮作（农牧结合）型农作制度，重组和综合利用农业资源，把粮食（水稻）主产区同时建成畜产品主产区，是提高稻田整体效益，实现农民长远增收、农业升级增效、生态良性循环、农村可持续发展的战略举措。有利于农产品加工业和轻工业的发展，促进产业链的延伸和农村剩余劳动力转移，带动第二、第三产业的发展。种草养畜、养禽、养鱼，动物粪便还田，培植有机肥源，提高了土壤肥力，可确保水稻高产、稳产、优质。饲草生产一般不施农药，或远低于籽实性农产品生产用药，这不仅可保护害虫的天敌、减轻农药污染，而且使草食性畜产品成为比较安全的食品。此外，青青绿草常年覆盖地面，还可保持水土、净化空气、优化生态景观。

近年来，大量的学者对稻草轮作系统的生产、生态学、高产栽培技术、多花黑麦草的根际效应、稻草轮作系统的综合效益和稻田冬种多花黑麦草的水稻增产机理等问题都有了深入的研究，得出了稻草轮作不但提高了复种指数、有效解决了稻田冬季闲置和畜牧业冬春季节缺乏青草，而且可促进后作水稻生产的生长的结论。

二、南方草田耕作主要模式

（一）农牧结合模式

农牧结合的种植模式有很多，有牧草-作物模式，如多花黑麦草-水稻模式、多花黑麦草-春玉米-水稻模式；牧草-经济作物模式，如多花黑麦草-花生模式；还有作物-经济作物-牧草模式，如小麦-玉米-花生模式。多花黑麦草-水稻是近年在长江中下游及南方地区发展较快的新型种植模式。

我国亚热带气候区的旱地农作区，农民素有带状种植冬小麦的习惯，仅四川每年有130 余万 hm^2。这种农作制的小麦带间有 1m 的预留行，旨在为第二年提早套种玉米。这种小麦田冬春季有 120~150 天处于休闲状态，是对土地、水、热资源的浪费，而在小麦预留行中间作种植紫云英、香豌豆和拉丁诺白三叶，间作这些一、二年生豆科草类比带状单作小麦增收优质鲜草 10.75~18.4t/hm^2，并使小麦产量提高 2.73%~16.29%；Simon 等（1996）对小麦间作紫云英（70%）+饲用豌豆（30%）、小麦间作白三叶和小麦间作长柔毛野豌豆三个系统的研究也得出相似的结论，而且小麦间作紫云英（70%）+饲用蚕豆（30%）在增产的同时对土壤也有较好的影响。在四川中部地区，毛凯和周寿荣（1995）在小麦田中间种白三叶，使小麦产量提高 7.01%；白淑娟等（2003）在玉米地中间种白三叶可明显提高土壤的全氮和有机质含量，且白三叶强烈的侵占性可有效抑制玉米地杂草，玉米增产幅度高达 152.6%。四川农区主要草田耕作种植模式见表 7-2。

表7-2　四川农区牧草种植模式与栽培技术

主要种植模式	适应区域	牧草种名	栽培技术	适养畜禽
水稻-牧草-水稻轮作	适宜海拔300~1000m的盆中平坝、盆中丘陵区、盆周低山区、半农半牧区水稻田	多花黑麦草	水稻在 9 月收获后，稻田开沟，沥干水分，然后播种多花黑麦草，播种时间 9 月上旬至 10 月上旬；播种量 1~1.5kg/亩（下同）；底肥：农家肥 3000kg、尿素 27kg、钾肥 37kg。播种方式：撒播条播均可，行距 20cm，穴居 12cm；利用方式：刈割利用	鹅、兔、猪、山羊、肉牛、奶牛
小麦预留行中套作牧草	适宜海拔300~1000m的盆中平坝，盆中丘陵区，盆周低山区，半农半牧区一、二台土地	多花黑麦草	播种时间 9 月上旬至 10 月上旬；播种量 0.7~1.2kg/亩；底肥：农家肥 2000kg、尿素 20kg、钾肥 30kg。播种方式：撒播条播均可，行距 20cm，穴居 12cm；利用方式：刈割利用	同上
多花黑麦草-苦荬菜轮作	适宜海拔300~1000m的盆中平坝，盆中丘陵区，盆周低山区，半农半牧区一、二台地或水稻田	多花黑麦草、苦荬菜	多花黑麦草 4~5 月收获后，种植苦荬菜；苦荬菜种播种时间 4~6 月；播种量 0.5kg/亩；底肥：农家肥 3000kg、尿素 30kg、钾肥 40kg；追肥：农家肥适量、尿素 10kg。播种方式：条播、撒播或穴播均可，条播行距 25cm，穴播 25cm，播深 1cm；利用方式：刈割利用	鹅、兔
多花黑麦草-籽粒苋轮作	适宜海拔300~1000m的盆中平坝，盆中丘陵区，盆周低山区、半农半牧区一、二台地或水稻田	多花黑麦草、籽粒苋	多花黑麦草 4~5 月收获完后，立即种植籽粒苋。籽粒苋播种时间 4~6 月；播种量 0.5kg/亩；底肥：农家肥 3000kg、尿素 30kg、钾肥 40kg；追肥：农家肥适量、尿素 10kg。播种方式：条播、撒播或穴播均可，条播行距 25cm，穴播 25cm，播深 1cm；利用方式：刈割利用	鹅、猪

主要种植模式	适应区域	牧草种名	栽培技术	适养畜禽
多年生冷季型单作草地	适宜海拔 500~1200m 盆中平坝、盆中丘陵区、盆周低山区、半农半牧区低山区 25°退耕还草地	鸭茅、苇状羊茅、多年生黑麦草、白三叶、多花黑麦草	播种时间 9~10 月下旬；播种量 1.4~2.0kg/亩；底肥：农家肥 3000kg、尿素 30kg、钾肥 40kg；追肥：农家肥适量、尿素 10kg。播种方式：条播、撒播均可，条播行距 25cm，播深 2~3cm；利用方式：刈割利用	兔、猪、山羊、肉牛、奶牛
多年生暖季型单作草地	适宜海拔 500~1200m 盆中平坝、盆中丘陵区、盆周低山区、半农半牧区低山区 25°退耕还草地	扁穗牛鞭草	播种时间 4~9 月下旬；鲜种茎播种量 300kg/亩；底肥：农家肥 3000kg、尿素 30kg、钾肥 40kg；追肥：农家肥适量、尿素 8kg。播种方式：压茎栽培，行距 40cm，株距 3~5cm；利用方式：刈割利用	山羊、肉牛、奶牛
多花黑麦草+紫云英混作	适宜海拔 300~1000m 的盆中平坝、盆中丘陵区、盆周低山区、半农半牧区低山区一、二台地或水稻田	多花黑麦草+紫云英	播种时间 8 月上旬至 10 月上旬；多花黑麦草播种量 1kg/亩，紫云英 1.2kg/亩；底肥：农家肥 3000kg、尿素 27kg、钾肥 37kg；追肥：农家肥适量、尿素 10kg。播种方式：撒、条、穴播皆可，行距 20cm，穴距 12cm；利用方式：刈割利用	猪、肉牛、奶牛
多花黑麦草（小麦）-墨西哥饲用玉米轮作	适宜海拔 300~1000m 的盆中平坝，盆中丘陵区，盆周低山区，半农半牧区低山区一、二台土地或水稻田	墨西哥饲用玉米	多花黑麦草（小麦）在 4~5 月收割后，立即种植墨西哥饲用玉米。墨西哥饲用玉米移栽时间：4~5 月上旬；播种量：0.2~0.3kg/亩；底肥：农家肥 3000kg、尿素 27kg、钾肥 37kg；追肥：农家肥适量、尿素 10kg。播种方式：育苗移栽，育苗时间 3~4 月上旬；利用方式：刈割利用	肉牛、奶牛
多花黑麦草（小麦）-苏丹草轮作	适宜海拔 300~1000m 的盆中平坝，盆中丘陵区，盆周低山区，半农半牧区低山区一、二台土地或水稻田	多花黑麦草、苏丹草	多花黑麦草（小麦）4~5 月收割后，立即种植苏丹草。苏丹草播种时间 4 月中旬；播种量 2~2.5kg/亩；底肥：农家肥 3000kg、尿素 30kg、钾肥 40kg；追肥：农家肥适量、尿素 10kg。播种方式：条播；利用方式：刈割利用	
多花黑麦草-饲用玉米轮作	适宜海拔 300~1000m 的盆中平坝，盆中丘陵区，盆周低山区，半农半牧区低山区一、二台土地或水稻田	多花黑麦草、饲用玉米	多花黑麦草 4~5 月收割后，立即栽种饲用玉米。饲用玉米移栽时间 4~5 月；播种量 4~5kg/亩；底肥：农家肥 3000kg、尿素 30kg、钾肥 40kg；追肥：农家肥适量、尿素 10kg。播种方式：育苗移栽，行距 60~70cm，株距 10cm，育苗时间 3~4 月；利用方式：刈割利用	

资料来源：四川省草原工作总站，2002

目前，中国牧草研究主要集中在牧区，主要研究方向集中在草场生态保护、品种选择等方面，农区牧草栽培模式的研究主要是一些宏观战略研究，如林草复合、果草复合模式的研究。而具体的农区牧草栽培模式研究较少，只有少数关于稻田冬季饲草栽培的报道。针对农业结构调整和旱坡耕地生态治理对农区饲草栽培模式迫切需求的现实，开展粮草间套作的研究非常必要。针对目前南方农区基本种植制度，把牧草引入耕作制，构建粮、草新型种植模式，牧草混种及与其他农作物的轮、间、套种的模式很多，适于南方地区的模式主要有：

1）冬季小麦预留行间作豆科牧草模式：可以充分利用土地，保证冬季牧草供应，也能培肥地力，有利于小麦春后作增产，是该区域旱地可持续高产高效种植模式。

2）冬季小麦预留行间作禾本科牧草模式：该模式能够充分利用土地，保证冬季家畜饲草供应。

3）稻-草轮作模式：稻田夏季种植水稻，冬季种植豆科、禾本科牧草，能够充分利用稻田冬季空闲时间，增加稻田产出，并且还能培肥土壤，提高稻田土壤肥力，是该区域稻田可持续高产高效种植模式。

4）周年高产草地模式：在秋冬季将禾本科与豆科牧草混作，第二年春末收获后再将几种禾本科牧草混种，既可提高牧草的营养价值，又可做到土地的用养结合，二者相互促进、协调生长，保证牧草产量。主要适用于畜牧业较发达，牧草需求量较大的地区。

5）混合植物模式：粮-果-饲草混合系统模式，兼顾生态效益与经济效益，适于坡度较高的地区。

南方丘陵农区复种指数高，原来的主要种植制度为"冬小麦（小麦）-玉米-红薯"三熟制，其面积占该区域三熟面积的70%以上。但该种植制度产出的玉米籽粒、红薯块根、薯藤等主要用于饲料，真正用作粮食的只有小麦籽粒，产出的大量玉米秸秆、小麦秸秆难以利用，不仅造成近50%生物产量浪费，还对环境产生巨大压力。同时，该区域降水充沛、热能丰富、无霜期长，但光照相对不足，年日照百分率仅为30%左右，日均气温≥10℃期间的日照时数仅为800~1000h，且主要分布在夏秋两季，非常不利于作物完成全生育期，加上该区域季节性干旱等自然灾害频繁，使得作物籽粒产量不高不稳，生产效率低下。改种饲草后，因牧草光合效率高，只收获营养体，且收获次数增加1~2次，提高了整个生长季节的光合效率。另外，因作物生育前期植株细小，叶面积指数低，许多光能都未能被叶片捕获，而牧草只有第一茬草的生育初期漏光现象严重，第二茬时，因地下部分贮藏着丰富的营养，再生草的生长速度明显快于第一茬，从而避免了粮食作物生育后期叶片衰老效率低的问题。因此，改粮食作物为饲草后，出现了1~2次再生草生长旺盛，避免了粮食作物生育前期覆盖差、生育后期生长慢的现象，这在生理功能上具有非常大的优势，提高了整个种植制度的光合效率。另外，在牧草生育盛期收获，不再有分蘖芽的退化和死亡，也就不再有无效分蘖，并且由于收获时期较早，茎叶不仅蛋白质含量高，且木质化和纤维化程度低，营养价值高，使光合产物能得到充分利用。在物质运输上，因不需要将光合产物集中运输到籽粒，可大大节约经化学固定的光能-光合碳同化物，从而提高了植物性有效产量。因此，种植相同面积的饲草，其营养物质的产量一般相当于种植粮食作物籽粒营养物质产量的2~4倍。

冬季以种植冬小麦为主间作、套种黑麦草、燕麦等冬季饲草，夏季以种植高丹草、红薯等夏季饲草为主的种植模式能够避免作物生育后期生长缓慢的问题，出现1~2次生长旺盛期，提高了整个种植制度的光合效率。该种植模式是适用于南方丘陵农区旱坡地可持续发展的种植模式。表7-3反映了草类进入耕作制度后的效益变化的结果（付登伟，2010）。

表7-3　四川不同种植模式对作物产值的影响

种植模式	粮食作物/（元/hm²）	饲料作物/（元/hm²）	产值提高率/%
冬小麦-玉米-红薯	12 345.4	2 060.0	100
冬小麦/黑麦草-玉米/红薯	12 059.6	3 976.6	111.3
燕麦/黑麦草-玉米/红薯	9 327.4	6 899.5	112.6
冬小麦/光叶苕子-玉米/红薯	7 275.2	8 481.2	109.4
冬小麦/光叶苕子-高丹草/红薯	7 673.3	9 091.6	116.4

在我国南方水稻种植地区，头年水稻收获到次年水稻种植，有 5 个多月的冬闲田时间。而此阶段正适合一年生黑麦草的生长，因此，杨中艺和辛国荣（1988）提出了"多花黑麦草-水稻"草田轮作模式，主张在我国南方地区实行"多花黑麦草-水稻"草田轮作，利用冬闲农田生产优质饲草饲料，通过安排时间上的合理轮作，使南方粮食作物和牧草在空间上争地的矛盾得以缓解，并且农闲田种植牧草可以减缓天然草地的放牧压力，保护了天然草地生态，使天然草地的开发利用步入良性循环 。1990 年，杨中艺开始在广东省深圳市研究建立"多花黑麦草-水稻"草田轮作系统，将多花黑麦草引入我国南亚热带草田轮作体系。具体方法，就是在水田冬闲期栽培多花黑麦草生产优质青饲料，多年来，对"多花黑麦草-水稻"草田轮作系统的增产肥田效应与生态机理、高产栽培技术以及综合效益等方面进行了较为全面而深入的研究。

冬闲田种植多花黑麦草，不仅能充分利用南方冬季现有的土地资源，而且利用多花黑麦草饲养草食家畜，相比于以前旧的农牧结构能取得较好的经济效益。周尧治（2003）研究了南方粮饲轮作系统中牧草生态适应性及能量转化效益，结果见表7-4，粮草结合种植模式净收益远远大于单作种植。同时，利用南方地区 11 月至次年 3 月冬闲期间的光热资源，构建了南方"多花黑麦草-早稻-晚稻"草田轮作模式。也利用冬春季节的剩余劳动力和土地资源，变"早稻-晚稻"两熟制为"多花黑麦草-早稻-晚稻"三熟制，实现了农业由二元种植结构"粮-经"向三元种植结构"粮-经-饲"的转变（图 7-8）。

表7-4　不同种植模式的主要经济指标（2003）　　　　　　　（单位：元）

种植模式	总产值	净收益
早稻	450.5	203.4
水稻-高丹草	1039.5	542.9
中稻	551.2	303.4
中稻-多花黑麦草	1538.6	1087.0
早、晚双季稻	1000.6	526.8
早、晚双季稻-多花黑麦草	1887.1	238.9

水稻冬闲田复种多花黑麦草（张新全 供）　　　春玉米复种箭筈豌豆（刘忠宽 供）

图7-8　南方复种模式（另见彩图）

试验证明，"多花黑麦草-水稻"草田轮作系统能够适应我国南亚热带水田冬闲期的气候条件，中、晚熟多花黑麦草品种具有比较明显的产量优势。轮作系统中多花黑麦草后作的早稻、晚稻较中稻增产81.5%，净收益提高73.6%。"多花黑麦草-水稻"轮作增产肥田的效应除多花黑麦草可改善土壤理化特性、增加土壤酶活性以外，多花黑麦草根茬腐解物中可能存在刺激水稻生长的活性物质；稻田土壤微生物参与并促进了多花黑麦草的物质生产过程；多花黑麦草使后作水稻增产的现象与多花黑麦草的根际活性有关。

我国西南地区气候特点与美国南方非常相似，刘芳（2004）针对南方热带、亚热带气候区域特点，研究了"饲用玉米-多花黑麦草"草地农业系统，这是典型的冷、暖季型牧草互补系统。该模式系统在保留南方坡耕地种植玉米传统的基础上，改粮用玉米为饲用玉米，利用夏秋种植饲用玉米，冬春农闲土地种植多花黑麦草。由于能优化饲草饲料的时空结构，并较好地利用当地光、热、水资源，该轮作系统是高效的草地农业系统（表7-5）。

表7-5　不同轮作种植系统的净收入　　　　　　　　　（单位：元/hm²）

轮作模式	总收入	总支出	净收入
多花黑麦草-饲用玉米	25 316.1	4 863.75	20 452.4
多花黑麦草-高丹草	22 347.1	3 743.64	18 603.5
小黑麦-饲用玉米-饲用玉米	29 171.5	5 315.69	23 855.8
小黑麦-高丹草	25 012.5	3 597.56	21 415.0
多花黑麦草+光叶苕子-饲用玉米	25 968.3	5 056.59	20 911.7
多花黑麦草+光叶苕子-高丹草	19 406.4	3 868.14	15 538.3
油菜-水稻	9 497.6	2 577.38	6 920.2
多花黑麦草-水稻	15 924.6	3 168.12	12 756.5

由表7-5可以看出，与油菜-水稻、多花黑麦草-水稻两个传统种植系统的净收入相比，6种完全种植饲草的生产系统净收入都高。净收入从高到低依次为：小黑麦-饲用玉米-饲用玉米系统分别是两个传统系统的3.45倍和1.87倍，小黑麦-高丹草系统分别是两者的3.09倍和1.68倍，多花黑麦草+光叶苕子-饲用玉米系统分别是两者的3.02倍和1.64倍，多花黑麦草-饲用玉米系统分别是两者的2.96倍和1.60倍，多花黑麦草-高丹草系统分别是两者的2.69倍和1.46倍，多花黑麦草+光叶苕子-高丹草分别是两者的2.25倍和1.22倍。与传统农作物轮作系统相比，种植饲草的生产系统具有较高的投入产出效率和净收入。一般来说，饲草生产的产投比都高于传统的油菜-水稻和多花黑麦草-水稻系统，其中油菜-水稻系统的产投比最低。

（二）果-草-牧-沼生态经营模式

南方丘陵区有许多果园，可以用于种草养畜。在果园套种优质牧草，适时收割牧草饲养家畜，发展无公害畜牧业。家畜的排泄物，作为果园有机肥源，同时建立沼气池处理废弃物，沼液渣可直接用于果园或栽培菌类，生产的沼气可提供生活燃料，形成果-草-牧-沼的良性循环生态经营模式。该模式充分利用果园生态系统内的光、温、水、气、养分及生物资源等，减少化肥农药对环境的污染，减少水土流失，增加土壤有机质，改善园区小气候，生态和经济效益显著。在南方丘陵地区利用果园空隙种植牧草，发展复合型生态农业具有巨大潜力，且潜力大小与放牧家畜的种类和载畜量、放牧时期和果园的种类等有关。果园牧草利用采用刈割的方式，家畜的饲喂采用舍饲管理。

（三）草-果（林）-渔经营模式

南方丘陵区小流域是重要的农业生产基地，水热条件丰富，在保护生态环境的前提下，充分利用山塘周边的空地、荒地和农田种植高产优质的青绿饲草，如苏丹草、多花黑麦草、象草、紫云英等，以养鱼为主，并进行果园、林地的开发，综合草、果、林、鱼、禽养殖，可以防止水土流失，减少山区水库泥沙淤积，成本低，效益高，对农村经济可持续发展和生态保护意义重大。

另外开展林间种草和果园种草。林地放牧使林业和畜牧业同时受益，林业上省去了除杂草的费用，而且畜牧业得到丰富的牧草资源。我国南方农村习惯在林地放牧黄牛、水牛和山羊。在马尾松林下种植豆科与禾本科混作人工草地，植被相对稳定，总盖度高，牧草再生能力强。把牧草引入果园，模拟植物自然群落的结构，建立果草复合生物群落，改变果园单一种植为种养结合的立体生态系统，不仅收获果实，还可收获牧草，增加经济收入。据测定，种植牧草的橘园比清耕橘园土层中的有机质、全氮、有效磷、速效钾等分别增加17.1%、40%、83.1%和57.7%。果园中加入豆科牧草还可以减少肥料的投入，节约成本。

在我国传统的果园管理中，常将清耕除杂、保持果园"清洁"作为夺取丰产的手段。但这种耕作制度费工耗资，产出单一，综合效益并不理想。将人们把牧草引入果园，具有较大的优越性。在橘园中种植白三叶和多年生黑麦草，与清耕纯橘园相比，树冠下1m处气温下降3.3℃，地面温度下降11.7℃，5cm深土层温度低7.8℃，15cm深土层温度低2.4℃，空气湿度增加4.3%，0~20cm土壤含水量提高3.4%，使复合园的橘树能够抵抗高温和干旱。而在荔、李、桃等果园中种植牧草，由于增加地表的覆盖率，在盛夏可使温度下降4℃，可以提高果树幼苗的成活率。在橘园中种植多花黑麦草（冬季）-大绿豆（夏季）模式中，也得出相似的结论，并可使有机质和速效磷明显增加。

（四）饲草四季供应模式

为实现四季供应青草，张新跃等（2001）对"饲用玉米-多花黑麦草"互补系统进行了研究，解决了饲用玉米和多花黑麦草的时空配置问题。还有一些学者对几种冷、暖季型牧草搭配的生产模式进行了研究，如象草+白三叶/箭筈豌豆、苏丹草/印度豇豆-多花黑麦草、饲用玉米-白三叶/箭筈豌豆等。虽然没有形成成熟的轮作复合系统，但为牧草生产提供了新的思路。在海拔1200~2800m的中山地带，已研究出成熟应用的"多年生黑麦草+白三叶"牧草混作系统，对该区域人工草地的合理建植及提高土地生产力提供了有力的技术保证。另外，在不同区域进行了混作组合筛选。华东地区研究了白三叶、草地早熟禾、多年生黑麦草的单作、混作，得出白三叶+草地早熟禾混作组合的牧草质量好、产量高、抗杂草能力强的结果。华南红壤山地栽培牧草的混作组合试验，以卡松古鲁狗尾草+宽叶雀稗+马唐+鸡眼草组合为最好。贵州南部山区选用苇状羊茅、多年生黑麦草、扁穗雀麦、疏花雀麦、白三叶和紫花苜蓿等6种牧草，建立永久型优质人工混作草地，理想草种组合是苇状羊茅+多年生黑麦草+扁穗雀麦+白三叶（或紫花苜蓿）。

三、南方草地农业发展的思路

我国南方水热资源丰富，但光照相对不足，尤其冬季不适宜作物生长。南方农区主要以水稻为经济作物，冬季水稻收割后仍有大量冬闲田未充分利用。因此，可利用冬闲田种植优质牧草，推动畜牧业转型发展，将单一的耕地农业转变为草地农业。另外，农区有丰富的作物秸秆等副产品，可以通过氨化、青贮等技术将其转化为饲料，实现资源的高效持续利用，节约生产成本，解决畜牧业饲草饲料不足的问题。同时为适应市场需求变化，必须调整畜牧产业结构，充分利用非粮型饲料资源发展草食家畜生产。为此，南方应建立草地农业发展的思路。

（一）成立草地农业研究组织机构，加强草地农业科学技术研究

南方草地农业发展缓慢，草产品供应不足，建立一个完善的草地农业研究体系成为当务之急。政府应在资金、政策上给予大力支持，建立草业管理体制，积极探索适合南方农区种植的牧草品种及生产模式，以及草产品深加工及相关产业的发展技术。同时加强对农民的技术培训，以科技为支撑，推动南方农区草业生产方式的转变。

（二）建立农牧耦合式草地农业产业

国家对草地农业发展十分重视，提出应合理开发南方草山草坡。随着我国农业结构调整和人们食物消费结构的变化，发展农业-草业-畜牧业耦合的产业体系成为必然趋势。农牧耦合将牧草种植、动物饲养、生产加工和能源开发结合，物质循环、能量流动互惠互利，逐步建立现代化草地农业产业链，并配套发展畜牧业加工及相关产业设备设施和科技服务，形成草地农业的第一性生产力。目前国内广泛应用的草田轮作技术、农田作物秸秆利用技术、家畜宿营技术和全日制放牧技术等均为农牧系统耦合生产的关键技术。

（三）实现草地农业的现代化和生态安全

南方有大面积的草山草坡有待开发，草地农业是现代化农业的发展趋势。通过对南方水热条件较好的草山草坡改良进行农牧耦合，发展半人工草地和现代化畜牧业，减少对粮食的依赖，提高抵御自然灾害的能力。

（四）　筛选和推广高效种植模式

通过广泛试验和调查研究，筛选具有产量高、效益好、质量优的高效复合种植模式，将高效粮食经济作物、优质多抗牧草品种、绿色畜产品生产等纳入耕作制度中，组成新型的、持续高产高效的复合种植模式，南方今后耕作制度改革的重要方向，也是建立南方集约高效型耕作制度的重要内容。

（五）建立相互配套的用地养地系统

实行合理的种植制度，以及与之相互适应、相互配套的农田养地体系，是建立合理耕作制度的两个不可分割的重要组成部分。南方长期以来对种植制度（包括植物布局、间混套作方式、轮作连作体系等）调整和优化较为重视，而对养地体系的重要性尚认识不足，这是导致土壤肥力下降、养地体系不健全的重要原因。为了确保南方今后农业的可持续发展，必须重视建立、健全与种植制度相配套的农田养地系统。其内容包括：①增加物质投入，着重增加各种肥料的投入。一是在增加化肥投入的同时，重视有机肥的投入，做到无机有机结合。南方有机肥源特别丰富，有猪牛厩粪、人粪尿、灰肥、泥肥、饼肥和各种垃圾肥；二是施用化肥时，做到氮、磷、钾肥配合，大量元素肥和微量元素肥兼顾；三是实行秸秆还田，产投平衡，促进农业生产中有机物的良性循环。②种植养地植物。首先，扩大种植各种绿肥。南方绿肥有冬季绿肥（紫云英、肥田萝卜等）和夏季绿肥（猪屎豆、田菁、乌豇豆、决明等），主要通过利用农田间作、套作和非耕地种植来扩大面积、提高产量。其次，种植各种豆类植物，如花生、大豆、绿豆等利用豆类植物与根瘤菌共生固氮的作用改良土壤氮库和结构。第三，种植油菜、棉花、芝麻等也具有较好的养地作用。③实行轮作换茬，着重推广水旱轮作（包括年内水旱轮作和年间水旱轮作）、换茬式轮作和分带式轮作。④改冬季绿肥单一种植模式为多种冬作综合开发模式。南方稻田长期实行冬季种植紫云英绿肥的单一模式，不利于提高绿肥产量和改善土壤结构。从 20 世纪 80 年代以来，南方冬季农业的开发得到广泛的重视，将传统的冬季绿肥单一种植模式改为多种冬季作物（如油菜、大麦、小麦、蚕豆、豌豆、马铃薯和各种冬季蔬菜）或冬季混作绿肥（紫云英、油菜和肥田萝卜混作）组成的冬季农业综合开发模式，形成油菜（或麦类、蚕豆、豌豆等）-双季稻、混作绿肥（或马铃薯、蔬菜等）-早稻-大豆+甘薯等复种方式，显著提高了冬季农业的生态经济效益。但就目前南方冬季农业的总体来说，还是不够的，冬季农业的潜力还有待进一步发掘。

（六）间作、混作和套作方式的多样化

间作、混作和套作方式的多样化是我国南方稻田耕作制度的重要特征。近年来，在南方稻田广泛采用的间作方式有：白莲间作晚稻（江西广昌）、晚稻间作紫云英、马铃薯间作玉米、油菜间作西瓜、麦类间作瓜类等；混作方式有：玉米+大豆混作、玉米+甘薯混作、甘薯+大豆混作、晚稻+平菇混作；套作方式有：紫云英、油菜、肥田萝卜套作，稻套作鱼、稻套作蛙、稻套作鸭等。

第三节　青藏高原地区草田耕作制度的建立

青藏高原牧区农牧业发展中，由于饲草饲料缺乏，尤其在冬季和早春季节饲草饲料的缺乏，形成了家畜"冬瘦、春乏"的格局。畜牧业集约化、规模化程度低，群众对种植牧草的认识不足，种植牧草形式单一，大都仅局限于居民区附近小面积种植。冬春季节饲草不足，制约了青藏高原草地畜牧业优势产业的发展。同时，大部分农田长期单一种植小麦、青稞，不安排种植牧草，一味强调用地，忽视养地，造成土壤营养元素比例

失调,肥力下降,使干旱和土壤贫瘠成为西藏乃至青藏高原农牧业生产发展的一大障碍,农业增产潜力得不到发挥。从这一实际出发,引草入田,施行草田耕作制度,把用地和养地结合起来,既可利用土地相对广阔之长,全面合理地利用当地资源,又可避免自然气候不利因素之短,逐步创造良好的生产条件。

一、青藏高原地区建立草田耕作制度的科学价值

青藏高原地质历史比较年轻,因而土壤的形成也较晚。由于喜马拉雅造山运动及多次的冰期和间冰期的发生,青藏高原不断加速抬升,气候变干、变冷。洪积物、坡积物、冰积物、湖积物和冰水沉积物在气候、生物、物理、化学与人类活动的作用下不断演变,在不同的地形部位形成多种类型的土壤,且具有鲜明的高原特色。耕地土壤由于成土时间短,熟化程度低,耕作粗放,原始土壤的土质特性尚未完全改变。主要表现在:①耕层浅薄,中、低产田耕层一般仅 10~15cm。少量肥力较高的耕层也不足 20cm。②质地偏沙,砾石含量高(10%~20%),易漏水肥。③土壤贫瘠。由于施肥水平过低,种植制度单一,耕地用养失衡,大片农田养分入不敷出,导致农田物质循环障碍,土壤肥力不断下降。近 40%的中、低产田耕种土壤养分基本状况为氮素偏低、磷素缺乏、钾素和微量元素比较丰富。

土壤中主要营养元素的协调状况对各元素的有效利用影响很大,因此,必须采取有力措施,促进各养分的协调平衡,合理地满足植物对各种营养元素的需求,所以在青藏高原地区更应当通过增施有机肥、合理排灌、建立合理有效的耕作制度、适时耕作等方法以改良土壤耕性。

二、青藏高原地区建立草田耕作制度的生态价值

青藏高原地区是农牧区,农牧人口占全区总人口的 86%以上,全区农牧民人均收入低,与全国比较属于贫困落后的地区。其主要原因除自然环境因素外,随着人口的不断增加,粮食短缺问题日显突出,多年来狠抓粮食生产,导致种植业结构单一,全区 $4.5 \times 10^5 hm^2$ 耕地 96%以上是麦类作物。粮食虽然处于平稳阶段,但因小麦品质差,销路不畅。虽然农户有少量家畜,但大多数因缺乏饲草饲料,主要靠麦类的秸秆饲喂,营养极差,只能勉强维持家畜生存,很难增加收入。又因农牧民缺少燃料,作物秸秆、牛羊粪当作燃料,耕地施肥量减少,加之粮食连作,农田的土壤肥力逐年下降,病虫害杂草及沙漠化愈发严重。据调查,西藏自治区"一江两河"流域已成为沙漠化易发区,由于薄弱的农业生产基础,生产力水平低等原因,耕地质量逐年下降,风沙化不断加剧,成为全西藏沙漠化危害程度最严重的区域之一,区内的沙漠化土地面积达到 $4.26 \times 10^5 hm^2$,年平均扩展速度为 0.31%,而一江两河流域是西藏最主要的农业发展区,农田沙漠化的发生、发展关系到全西藏农业的发展。

青藏高原牧区牧业 90%以上依靠天然草地,如西藏自治区虽有 0.8 亿 hm^2 天然草地,大部分又分布在海拔 4000m 以上,气候寒冷,生态环境差,草地产草量很低,一般在 100~250kg/亩,平均 3.4hm² 草地养一只羊,而每年又有不同程度的雪灾,加上

超载过牧造成草场退化、沙化，难以保证畜牧业正常发展。所以西藏畜牧业的发展出路还是主要在海拔 4000m 以下的农牧交错区和农区，建立高产人工草地，发展农区畜牧业。

　　草田轮作是农区饲草的主要生产方式，也是农区发展畜牧业的主要途径。种植豆科饲草不仅为养畜提供大量的优质饲草，而且还能改善土壤的理化和生物性状，对粮食作物具有显著的增产作用。箭筈豌豆、紫花苜蓿在西藏拉萨河谷地带均能正常生长，生物产量、种子产量均较高，适宜在该区域轮作种植。

　　以保护和改良土壤为中心，从研究农作制度、种植制度、土壤培肥等方面入手，建立青藏高原干旱半干旱区域粮草轮作模式，使青藏高原农业充分利用光能资源，并有效保护和利用土壤及水资源，实现持久发展的良性循环。注重生态环境和生物多样性保护的同时，提高自然资源开发利用速度；在认真总结青藏高原传统农业生产技术的基础上，吸取其精华与现代农业技术相结合，创造出适合高原独特的农业技术体系。粮饲轮作系统研究的成果表明，实施粮饲轮作一方面可以充分利用农区大量的冬闲农田资源以及丰富的光热资源生产大量优质青饲料，从根本上解决大部分农区的冬、春季节畜牧饲养业和水产养殖业青饲料紧缺的难题；另一方面该系统具有提高农田土壤肥力，使后作作物增产的良好生态效应。同时，有利于保护生物多样性，改善生态环境，维持生态平衡，防止有害生物的暴发。因此，该轮作系统可促使农区传统的"粮食作物+经济作物"二元农业结构向"粮食作物+经济作物+饲料作物"三元结构的转变，为发展农区畜牧（水产）业提供重要的物质基础，也为该地区可持续生态大农业的发展提供重要的示范模式。

三、青藏高原地区建立草田耕作制度的社会价值

　　目前，青藏高原农牧业工作的一项重要指导思想是千方百计优化草地农业结构和保护基本草原，树立"藏粮于草"的观念，以高产优质畜牧业和生态保护为重点，一方面始终加强基本草原保护；另一方面依靠科学技术提高土地单位面积产出，保证粮食安全，特别是青稞的安全，并以增加农牧民收入为中心，以结构调整为主线，农牧业特色产业优先发展。

　　青藏高原单位面积土地食物生产尚具有很大潜力。目前土壤肥力低下，60%以上耕地土壤有机质含量小于 3%，近 90% 的耕地土壤存在程度不同的缺肥问题。其中速效氮、速效磷、速效钾含量处于中低水平的耕地分别占 73.8%、87.2% 和 57.6%。据王先明（1994）研究，在西藏农牧业发展的限制因素中，土壤肥力对生产潜力的限制作用达 70% 以上，并严重限制着光、温、水潜力的发挥。在每公顷以有机肥 15t、普通过磷酸钙 150kg 作基肥的较低施肥水平下，青稞产量达 $5.25t/hm^2$，若通过草田轮作改善土壤肥力状况，青稞产量会有较大提升空间，还可获得饲草，提高土地总产出率。

　　燕麦、苜蓿、豌豆、箭筈豌豆等是当地农牧民普遍种植的饲草饲料作物，是目前在青藏高原牧区种植面积最大，分布最广泛的人工种植的草种类型。在家畜的舍饲和冬春补饲中发挥着极其重要的作用。

　　青藏高原地区通过豆科、禾本科轮作种植的推广，以生长期短、产草量高、适口性好的豆科植物种植为主，充分发挥草类资源的生物优势，提高冷季枯草期舍饲圈养

水平，使畜牧业生产受季节的约束降到最低程度，以保证全年饲草和肥料供应，最大限度地提高单位面积产草量和营养物质产量，大大提高了牧区劳动生产力和经济效益。并通过科学指导，改变观念，提高牧民素质，增强科学养畜意识，提高牧业经营管理水平，保持生态良性循环。对促进牧区经济繁荣和政治稳定，巩固和加强民族团结等有重大意义。

四、青藏高原地区建立草田耕作制度的经济价值

高寒地区冷季长，牧草生长季短，天然草地草层低矮，冬春寒冷季节长达 8~9 个月，草地贮草量随着放牧时间的增加而逐渐减少，冷季缺草，且家畜处于繁殖期，牧草供应的季节性和家畜营养需求的持续性矛盾激烈，特别是牧草蛋白质含量不能满足家畜需求的矛盾，已成为限制当地畜牧业持续稳定发展的关键因子。为了促进青藏高原地区草地畜牧业生产的稳步发展，改变这种草畜季节不平衡的突出矛盾，建立稳固的饲草饲料基地已成为青藏高原"民生工程"建设工作的重要内容。在青藏高原地区进行一年生、多年生禾本科豆科混作、轮作，可以解决家畜营养不平衡和冷季缺草的问题。

（一）建立合理的草田耕作制度，实现青藏高原植物生产的高产稳产

建立合理的用地养地轮作制度，是实现植物高产稳产的重要措施。尤其在青藏高原有机肥不足，化肥尽量减少利用或不利用，以保护环境的条件下显得更为重要。在草地农业生态系统中，采用合理的轮作制度，有利于提高系统的整体功能。豆科植物与麦类作物轮作效益明显，且豆科植物有一定的养地作用。在青藏高原生产水平低、施肥水平不高的条件下，仍然是一项行之有效的农业增产措施。而轮作周期的长短则要根据各地土壤肥力状况、施用有机肥水平而定，一般以 3~4 年为宜。

在保证粮食总产稳步提高的前提下，适当压缩作物面积，提高豆科牧草、绿肥等养地植物的比例，施行草田耕作制度，采取人工栽培措施和农田管理，饲草产量将会远高于天然草场产草量。据资料，在西藏轮作紫花苜蓿平均鲜草产量达 26.3t/hm^2 或青干草 6t/hm^2，可作为家畜的冬春补饲和抗灾贮备牧草。既可提高土地载畜量，又能控制自然灾害所造成的牲畜死亡。轮作豆科牧草，青稞、冬小麦分别较连作增产 8.11% 和 16.67%。

（二）轮作种植苜蓿可以大幅度提高土壤的有机质含量

轮作培肥地力措施能有效地解决青藏高原农业生产中的突出问题。土壤有机质是农田生态系统可持续能力的关键指示因子。轮作种植一年生作物或牧草，由于频繁的耕作过程增加了对土壤的干扰，土壤有机质降解速度加快，土壤退化过程加速。而轮作种植多年生牧草（苜蓿），可减少土壤耕作干扰，有利于土壤有机质积累，土壤向良性化发展。

（三）以提高整体效益为目标，改造休闲轮作为绿肥轮作或草田轮作

青藏高原的种植方式多以混作、间作、套作、连作、轮作等形式出现。而各地农区

以混作、轮作较为普遍，也是青藏高原山地最为特色的种植方式。

从不同植物及轮作方式的增产效果看，当前在青藏高原普遍采用的休闲轮作无论在提高土壤肥力方面，还是在提高作物产量方面都处于较低水平。如继续维持这种耕作制度，很难打破目前广种薄收的生产局面。

青藏高原是水分条件较为优越的地域，作物种植结构上应以增加粮食总产为目标。豆科作物轮作较小麦连作方式增产明显。在土壤养分不足的条件下，应逐步改造麦类连作为豆科与麦类轮作，提高单位面积作物的产量水平。在轮作方式上，农区应以箭筈豌豆→青稞→小麦或紫花苜蓿→青稞→小麦两种轮作方式为宜。

青藏高原耕作粗放、生产条件较差的区域，应逐步改造休闲轮作为绿肥轮作或草田轮作，以提高农田的整体效益为目标。如在西藏拉萨河谷地种植绿肥作物，是充分利用自然资源、气候条件、提高复种指数、培肥地力的有效途径，可解决西藏农区饲料、肥料不足的矛盾，从而为西藏农业的持续、快速发展打下良好的物质基础。

总之，因地制宜地克服不合理的耕作制度，建立起有利于用地养地、增产增收的科学的耕作制度体系，对促进农牧业稳定、可持续发展有着重要的现实意义。

青藏高原草田轮作的历史比较悠久，但由于受高原气候的影响作物种类较少，主要作物是青稞、小麦、豌豆、油菜四大类。作物种类单一，轮作方式也比较简单，基本上是麦类作物与豆类、油菜等作物轮换种植。主要轮作方式有：青稞+豌豆→青稞→小麦、青稞+蚕豆→青稞或小麦、油菜+青稞或小麦、油菜+豌豆或蚕豆→冬小麦→冬小麦、油菜+豌豆或蚕豆→青稞→小麦等。

青稞是青藏高原地区栽培面积最大（占作物播种面积的 60%左右）、产量最高、分布最广的农作物品种。青稞是大麦的一种，它是藏族群众喜食的主要粮食作物，用它可制作糌粑，酿造青稞酒。青稞富含 β-葡聚糖、"生育三烯酚"等有机化合物，在降低血脂、增加胃动力、防止高原病和糖尿病等方面具有独特的保健作用。所以，在青藏高原大力发展青稞生产，有利于增加农民收入，促进青藏高原农牧业特色产业发展。然而，由于对青稞主产区土壤肥力状况缺乏了解，施肥不平衡，生产上普遍重施氮肥、轻施磷肥、忽视钾肥，不进行与豆科牧草的轮作、间作、套种，也很少进行绿肥种植，加之群众不注意有机肥的收集和堆贮发酵，有机肥施用量也很有限，这些都制约着青稞产量和质量的进一步提高。除四川、云南的部分县外，其余地区均为"一年一熟制"，种植制度比较简单。若要从根本上解决青稞生产可持续高产稳产的问题，建立合理轮作制度势在必行。如在藏东南抢闲填茬种植绿肥作物，是充分利用自然资源、气候条件、提高复种指数、培肥地力的有效途径，可以把青稞与豌豆（或蚕豆）通过间作、套种、混种等方式种植，利用豆科作物的固氮作用，为青稞提供更多的氮素，促进青稞的生长发育，从而达到提高产量的目的。

随着农业产业结构的调整，目前已通过引种和驯化不同的牧草品种，开始进行引草入田，但其发展步伐还跟不上形势的需要。因此，青藏高原高寒农区草田耕作制度的研究推广，对丰富青藏高原耕作理论和促进农牧业生产具有重要的作用。

第八章　主栽牧草适宜耕作制度

第一节　苜蓿与作物复合种植模式及其效应

一、苜蓿与作物轮作的效应

美国早在 20 世纪 20~30 年代就已发现了苜蓿生长对土壤水分的不良影响，并通过撂荒制来恢复苜蓿草地的土壤水分。20 世纪 60~80 年代有关苜蓿的研究报道主要集中在苜蓿草地土壤水分管理、苜蓿生长对水分亏缺的响应、苜蓿茬口对后茬作物的影响、与粮食作物轮作后土壤水分变化动态、对土壤氮素的培肥作用等方面。由于灌溉的原因，美国苜蓿草地土壤干燥化和草地退化不甚显著。在美国以玉米、高粱和大豆等粮食作物轮作为主，小麦则在收获后以休闲轮作为主，苜蓿与粮食作物轮作的比重较小。关于草粮轮作的试验研究主要以评价施肥和保护性耕作对土壤质量的影响为主，对轮作系统中作物的产量和土壤水分变化规律的研究报道并不多见。

虽然澳洲草地轮作现象比较普遍，但大多属于一年生苜蓿与粮田作物的轮作，所以苜蓿地的土壤干层以及草地衰退问题并不突出。

近年来，随着作物模拟技术日趋成熟，美国、加拿大和澳大利亚等国家将作物模拟模型作为研究草粮效应的有效工具。

我国苜蓿栽培历史悠久、应用广泛。目前，苜蓿成为我国实施农业结构调整，发展可持续农业的首选饲草作物。全世界种植苜蓿面积约 3300 万 hm^2，其中美国约 1000 万 hm^2，我国为 133 万 hm^2。在中国北方大部分地区草田轮作中，最具有代表性的牧草是紫花苜蓿。紫花苜蓿以其稳定的生产性能和较高的水分利用效率，成为北方旱区广泛种植的豆科饲草。因地制宜地扩大苜蓿面积、实行草田轮作，既是培肥农田、增加粮食产量的需要，也是发展畜牧业的需要，更是建立稳定的草地农业循环系统的需要。

苜蓿与作物轮作是我国西北半干旱地区常见的耕作方式。苜蓿较强蒸散特征，生长多年后常导致土壤水分匮缺，形成土壤干层，对后茬作物的生长产生不利影响。根据西北当地轮作习惯，苜蓿种植后，通常种植一种浅根系的作物，如草谷子来恢复土壤水分并获取饲草。苜蓿草地轮作为作物田后，土壤肥力一般应该是下降的。对苜蓿草地轮作为作物田后土壤肥力的消耗动态以及不同作物对土壤肥力消耗有何影响，目前还很少了解。由于苜蓿的生物固氮作用，种植苜蓿一般不会存在土壤肥力障碍，随着苜蓿种植年限的增加，会不断提高土壤肥力水平。

（一）草粮轮作对苜蓿土壤干层水分的恢复

为了使草粮轮作系统达到最佳的经济效益和生态效益，在确定苜蓿草地利用和翻耕的适宜年限时，既要考虑苜蓿草地获得较高的产草量，又要保证苜蓿草地土壤剩余水分能满足后茬作物正常生长需求。在苜蓿与作物轮作系统中，苜蓿生长容易造成土壤干层，后茬作物产量的下降往往由土壤水分亏缺所致，适时合理进行草粮轮作，才能避免土壤干层形成和作物产量下降。

苜蓿草地具有生长良好的密集草丛，较高的生物产量，年蒸发蒸腾量超过年降水量，深层分布的根系易引起根系分布层土壤最先出现干燥化。根据根系生长和非饱和水移动规律，根系不断向下生长，土壤深层水分沿着水势梯度向根层移动，使土壤深层水分不断消耗，干层厚度不断加深。苜蓿草地土壤干燥化强度随苜蓿生长年限的延长而加剧，土壤干层厚度也随着苜蓿生长年限的增加而逐渐加厚，10年、15年和23年龄苜蓿土壤干层的下限分别在9m、10.8m和11m处，连续种植多年的苜蓿草地土壤干燥化程度严重，土壤干层深厚。通常0~40cm耕层土壤水分因受降水等因素的影响而变化剧烈，耕层以下土壤水分变幅相对较小，120~200cm土层基本不受作物和气象因素的影响，相对比较稳定。苜蓿生长至4年后就应进行草粮轮作，以恢复土壤水分。

紫花苜蓿进入衰退期后土壤水分可自然恢复，但是这样会造成对农业用地和降水资源的极大浪费。苜蓿草地土壤水分恢复是从土壤的上层开始，较深土层的干层则难以恢复。根据李军等（2007a）对长武旱塬苜蓿产草量、土壤有效含水量和土壤湿度剖面分布变化模拟结果推断，半湿润区苜蓿草地水分持续利用的合理年限为8~10年。万素梅等（2008）测定的甘肃省镇原县3~26年龄苜蓿草地100~700cm土层土壤湿度剖面分布特征表明，4年、6年和8年龄苜蓿草地200~700cm土层土壤湿度较高且较为接近，12年和14年龄苜蓿草地200~700cm土层土壤湿度明显降低，而18年和26年龄苜蓿草地200~700cm土层土壤湿度更低且接近凋萎湿度。苜蓿茬后轮作不同年限的粮食作物，土壤湿度都有不同程度的增加，且干层土壤水分恢复的深度和程度随轮作年限的增加而增大，翻耕后轮作2年、6年、8年和12年粮食作物后，0~1000cm总恢复土层厚度分别为420cm、720cm、740cm和840cm，年均恢复土层厚度为123.1cm。另外，轮作不同种类的粮食作物，土壤水分恢复速度不同，如在10年龄苜蓿地种植了5类不同轮作作物，0~1000cm土壤水分恢复量分别为55.9mm、115.7mm、191.1mm、305.8mm和531.1mm，年均土壤水分恢复速率为25.2mm，6年龄苜蓿草地0~1000cm土层土壤湿度恢复到该地区土壤稳定湿度需要23.8年，10年龄苜蓿草地需要28.5年。

王美艳等（2009）在黄土高原半干旱区的宁夏固原县，翻耕8年龄苜蓿草地并轮作4~25年粮食作物后，5类不同轮作作物田0~1000cm土层土壤湿度平均值介于6.74%~11.95%，土壤贮水量恢复值为210.6~887.3mm，土壤水分恢复速率平均值为80.8mm/年。粮食作物轮作年限越长，土壤水分恢复程度越好，轮作粮田0~1000cm剖面土壤水分分别由上层和下层逐渐向中层恢复，轮作6年后轻度恢复程度以上的土层深度达到1000cm。3年龄和12年龄的坡耕地苜蓿翻耕后土壤干层水分最大恢复深度分别为3m和4.8m，可以满足1年龄农作物的生长需求而不会进一步恶化土壤水分生态环境，但即使苜蓿翻耕12年后，土壤水分也不能满足林木和多年生豆科牧草正常生长的水分需求。

由此看来，苜蓿种植多年后，土壤水分在短期内很难恢复，还会引起苜蓿草地生长逐渐衰败和农田作物产量波动性加剧。根据老龄苜蓿草地引起的土壤干燥化问题，许多学者提出了苜蓿草地适度生产力和作物-苜蓿轮作的建议。实行粮草轮作是半干旱区苜蓿草地土壤水分恢复的重要途径，作物轮作年限越长，土壤水分恢复效果越好。

（二）苜蓿与作物轮作对后茬作物产量的影响

苜蓿与作物轮作最显著特征是提高后茬作物特别是非豆科作物的产量。据研究，苜蓿后茬种植的作物产量明显高于作物后茬，苜蓿茬可提高大麦产量 17.4%~40.4%、小麦产量 18.2%~136.1%、玉米产量 20.0%~206.8%、谷子产量 22.2%~87.5%、棉花产量 12.0%~114.4%、高粱产量 48.9%~67.3%、大豆产量 72.0%~110.0%和向日葵产量 51.3%~100.1%。据王庆锁等（1999）在山西永济市西部黄河滩涂黄牛场以苜蓿茬及冬小麦茬进行不同前作对后作产量影响的试验结果表明，对后作小黑麦而言，在不施肥的条件下，苜蓿茬比冬小麦茬增产 31.75%。在不同的施肥条件下，最大增产 87.9%，最小增产 3.76%。Hobbs（1987）指出连作小麦和高粱籽粒蛋白质含量分别为 13.4%和 8.9%，而苜蓿与作物轮作的小麦和高粱籽粒蛋白质含量分别为 14.2%和 10.8%。Hesterman 等（1986）研究表明 1 年龄苜蓿地翻耕后种植玉米施氮肥可提高其产量，且比高施氮量的效果好。较多研究认为，一般随着苜蓿种植年限的延长，苜蓿生物量和翻耕土壤中的有机质、氮素量均增多，后茬作物产量也越高。Hoyt 和 Hennig（1971）研究发现 4 年龄苜蓿地翻耕种植小麦产量最高，5 年龄以上苜蓿地翻耕种植小麦产量有所下降。

苜蓿与作物轮作最显著特征是提高后茬作物特别是非豆科作物的产量和品质。不同作物、苜蓿种植年限、苜蓿后茬作物连作年限、耕作方式、施肥水平等对后茬作物产量的提高有不同的影响。

（三）苜蓿与作物轮作对后茬作物品质的影响

苜蓿与作物轮作可提高后茬作物品质。樊虎玲等（2007）研究发现，苜蓿-小麦轮作能表现出协同效应，提高小麦营养品质，增强面团筋力和强度，降低延展性，提高总氨基酸含量。并且轮作中苜蓿茬后第二年小麦的品质和氨基酸含量优于苜蓿茬后第一、第三年小麦，苜蓿茬第三年及以后种植小麦，小麦品质和氨基酸含量有下降的趋势，豆科茬口效应减弱，但仍略优于小麦连作。Hobbs（1987）试验表明，苜蓿与作物轮作的小麦和高粱籽实蛋白质含量分别高出连作 0.8%和 1.9%。据杨珍奇和兰志先（1984）报道，普通麦田连作 2 年，冬小麦籽实全糖含量 53.87%、粗蛋白 13.81%、全氮 2.226%，而苜蓿茬后连作 2 年冬小麦籽实全糖含量 59.21%、粗蛋白 14.32%、全氮 2.290%。容维中和吴国芝（1997）应用"蛋白质产量"的概念，对黄土高原旱作农业区紫花苜蓿、红豆草及百脉根介入草田轮作的产出效益分析结果表明，生长 3~5 年的苜蓿草地翻耕后进行作物轮作，可使后茬作物蛋白质产量增加 14.8%~30.3%，其中以种植 5 年苜蓿并以后茬作物马铃薯最高，蛋白质产量增加 30.3%。

（四）苜蓿与作物轮作对土壤培肥效应的影响

通过草田轮作增施有机肥料是恢复和提高地力最直接、最有效的重要措施。旱作地实行草田轮作，可用地养地相结合，并能生产优质牧草，牧草通过家畜过腹还田，可增施农家肥，培肥土壤。苜蓿是改土肥田提高土壤肥力的理想作物，将苜蓿引入作物轮作系统，实施草田轮作可以有效地改良土壤,增加土壤有机质,提高土壤肥力,提高农产品的品质。党廷辉(1998)发现与小麦连作相比,苜蓿-小麦轮作模式土壤速效磷显著增加,而全磷则没有差异。种植苜蓿对耕层土壤有机质、氮素养分有明显的累积作用,而且随着苜蓿种植年限的延长,土壤养分亦有逐年增加的趋势。王堃(2001)在甘肃省庆阳地区的试验结果表明,种植苜蓿3年后又种植2年冬小麦的土地,测定0~40cm土层的有机质和含氮量分别为1.21%和0.087%,而连作3年的小麦地0~40cm土层有机质与含氮量分别为1.03%和0.071%,苜蓿茬比小麦茬分别提高17.5%和22.5%。Campbell和王经武(1997)认为农田纳入牧草轮作制,对维持土壤肥力和保持作物产量都是重要的。据新疆玛纳斯农业试验站测定,3年龄的苜蓿茬地,积累干残体30 210kg/hm²,折合全氮465kg/hm²、全磷94.5kg/hm²、全钾1480.5kg/hm²。收获的青干草养畜后,提供干粪12 245kg/hm²。Holford和Crocker(1997)、McCallum等(2000)在澳大利亚对苜蓿与作物轮作的研究表明,苜蓿通过固氮作用可为后作小麦提供充足的土壤氮供应,并提高土壤中有效氮水平。

但Li等(2002)在研究中发现,苜蓿-小麦轮作种植土壤速效磷和全磷含量均显著低于小麦连作。Lunnan(1987)研究发现,苜蓿草地茬后轮作2年对土壤全磷没有影响,轮作后土壤速效磷含量较苜蓿草地显著增加,但其趋势并没有持续到第2年生长季结束,表明苜蓿草地转化成农田对土壤磷的影响相对于土壤氮和有机质要小得多,影响时间上也较短暂。刘沛松(2008)研究表明苜蓿草地实施草粮轮作处理后,土壤有机质、全氮、碱解氮和速效钾含量均下降,全磷有增有减,速效磷增加,pH下降。轮作马铃薯对有机碳、全氮、碱解氮、全磷和速效磷的消耗量较大,谷子次之,春小麦最少;轮作谷子对速效钾消耗量较大,马铃薯次之,春小麦最少。王俊等(2005)通过苜蓿草地轮作2年农作物的试验结果表明,与苜蓿草地相比,土壤耕层全氮、有机质下降,土壤全磷无显著变化,轮作提高了土壤氮、磷养分有效性及其活化率,不同轮作方式对土壤养分变化有显著影响,因此,有必要选择合适的轮作方式来维持土壤肥力平衡。

(五)苜蓿与作物轮作对土壤酶活性的影响

土壤酶活性是土壤新陈代谢的重要标志和土壤肥力的重要指标。草田轮作有利于改善苜蓿草地土壤干层酶活性的作用。国内外研究证明,轮作处理使土壤酶活性明显上升,不同轮作作物对土壤酶活性的影响均很明显,同连作系统相比,土壤酶活性对轮作系统效果更敏感。王晓凌等(2007)通过苜蓿与作物轮作试验认为苜蓿与作物轮作农田土壤微生物碳和氮,以及土壤蛋白酶活性显著高于常规耕作农田。与常规耕作相比,苜蓿与作物轮作系统不但土壤微生物量较高,而且土壤酶活性也较高。但樊军和郝明德(2003)在黄土高原中南部陕西省长武县十里铺村的研究表明,苜蓿草地土壤蛋白酶和脲酶活性最高,苜蓿与作物轮作次之,而小麦连作和玉米连作的最低。无论是草甸土还是黑钙土,豆科牧草对提高土壤酶活性,促进土壤各种生化反应及养料的转化有良好作用。

(六)苜蓿与作物轮作可以提高氮利用效率

氮利用效率是指农田收获物带走的氮占土壤氮及施入土壤氮总量的比例。在紫花苜蓿收获之后轮作种植玉米,氮利用效率最高,而连作种植的氮利用效率最低。与连作种植玉米相比，紫花苜蓿轮作玉米氮利用效率可提高35%，而大豆与玉米轮作氮利用效率可提高25%。紫花苜蓿、大豆与玉米轮作之所以有利于提高氮利用效率，是因为玉米可以直接从共生固氮及矿化氮中获得氮。苜蓿-小麦轮作系统中，不同生长年限的苜蓿地土壤氮含量差异不显著，但其动态变化趋势相同。

（七）苜蓿与作物轮作可以改善农田生态环境

草田轮作可改善土壤的理化性状和生物性状，对作物具有显著的增产作用。Barber（1959）在威斯康星州研究发现苜蓿可增加土壤水稳性团粒指数，4年试验期间土壤水稳性团粒指数随其种植年限延长而增加。有研究表明3年龄苜蓿地与棉花连作地相比，土壤水稳性团粒结构增加了6.5%。苜蓿地可降低土壤容重，增加土壤孔隙度，0~160cm土层苜蓿地总孔隙度为50.75%，而农作物地为48.59%。Jankauskas和Jankauskiene（2003）在丘陵地区的研究表明，与种植禾谷类作物相比，在10°~14°坡地上进行草粮作物循环种植可增加土壤团粒稳定性，从而降低土壤侵蚀度。

苜蓿根系发达、耐干旱，是重要的倒茬牧草，在培肥土壤和保持水土方面具有重要作用。草田轮作可以减少土壤水分的无效蒸发损失，可收到良好的蓄水、保水效果。因此，通过合理的草田轮作布局，适当扩大牧草种植面积，可以减少降水的无效损耗。据中国科学院水利部水土保持研究所测定，黄土高原水土流失区种植牧草，提高植被覆盖度，与不种植牧草相比，在中雨条件下减少冲刷80%~90%。种植苜蓿还可防止由地下水位上升而引起的土壤次生盐渍化，特别适用于西北地区种植以防止过量灌溉造成土壤次生盐渍化，也适用于沿海滩涂和内陆盐碱地种植。

因此，合理的轮作制度对改善土壤理化性质、保持养分平衡、提高土壤肥力水平、维持土地的可持续利用和改善生态环境、促进社会经济发展具有重要的实践意义。

（八）苜蓿与作物轮作可以防止田间病、虫、杂草危害

合理的苜蓿与作物轮作可以减少田间病、虫、杂草危害。苜蓿与作物轮作打破了害虫和病害的生活周期，并有助于杂草控制和减少农业化学物质的应用。据国内外有关报道，苜蓿茬可降低棉花黄萎病的发生，使玉米免遭根部寄生虫危害。Caporali和Onnis（1992）研究了连作6年一年生作物后再种植4年苜蓿和连作10年一年生作物后再种植葵花地的杂草量，结果发现，一年生作物连作后种植苜蓿地的杂草量明显减少。草田轮作可避免苜蓿重茬的自毒作用。如紫花苜蓿含有化感物质使其不但有自毒作用，且对其他植物也有毒害作用。Miller（1996）建议紫花苜蓿的自毒作用应通过选择轮换种植不会产生化感物质或对化感物质具有抗性作用的作物品种解决。

二、苜蓿与作物间作的效应

（一）苜蓿与作物间作系统的光、温效应

间作不仅可以提高复种指数，在时间和空间上能更好地利用光能，而且间作群体有

较高的透光率，可增加地表与根系土壤温度，有利于植物的生长发育与干物质积累。不同的间作模式可以不同程度地改善田间的光、CO_2、温度、水、肥等条件，达到提高植物光合效率和提高产量的目的。近几年，紫花苜蓿与林果草及农作物之间的间作应用较广泛。间作紫花苜蓿可利用多年生豆科牧草覆盖时间长，有效防治土壤风蚀和水蚀，并发挥其生物固氮功能，培肥地力。

苜蓿与作物间作的光效应 苜蓿与青贮玉米及饲用高粱间作，在生育期间提高了青贮玉米及饲用高粱群体中部、基部的透光率和光照强度，从而提高间作群体光能利用率和生物产量。大喇叭口期间，青贮玉米群体基部和中部光照强度分别较单作提高45.8%和52.1%，透光率增加5.3个和6.4个百分点。孕穗期，间作饲用高粱群体基部和中部光照强度分别较单作提高13.3%和15.0%，透光率增加1.3个和1.9个百分点。

紫花苜蓿与枣树间作，苜蓿田中间作的枣树所截获的光合有效辐射（PAR）远远高于玉米田中间作的枣树。茶树与苜蓿间作中，盛夏季节茶树与苜蓿间作系统大大削弱了其受到的太阳辐射。在白天光照强度最高的14:00，苜蓿与茶树间距30cm、60cm和90cm条件下，其光照强度仅为单作茶园的67.99%、62.35%和58.37%，对茶树起到较大的遮阴作用，使其生长更加符合茶树的生物学特性。

苜蓿与作物间作的温度效应 苜蓿与青贮玉米或饲用高粱间作，间作青贮玉米及饲用高粱群体0~30cm土层平均地温均大于单作，接近它们根系生长的最适温度；间作苜蓿群体土层因为青贮玉米的遮阴，地温低于单作和根系生长的最适温度。不同青贮玉米品种与紫花苜蓿的间作表明，5~30cm土层地温从上到下呈递减趋势，同一土层温度均为间作高于单作；5cm土层生育期内的平均地温间作比单作提高了1.0%~1.8%。

间作系统中，随着种植密度的增加，空气温度逐渐降低，而相对湿度升高。茶树喜温、喜湿，但不耐高温，间作改善了炎热季节群落系统的温度和湿度条件，有利于茶树在盛夏季节的生长。与纯茶园相比，茶树-苜蓿复合间作系统土壤温度的日变幅减小，土壤含水率和总孔隙度增加，而容重降低。可见间作系统土壤状况优于单作，土壤水热平衡能力较单作更强，促进了茶树的生长发育。也有研究表明，紫花苜蓿是深根系多年生牧草，适应性很强，从单植枣树、单作紫花苜蓿与其间作种植的需水量比较可以看出，枣树-紫花苜蓿间作复合系统的耗水量明显增加，枣树带内不宜种植紫花苜蓿。

（二）苜蓿与作物间作对农田土壤肥力、水分的影响

苜蓿与作物间作对土壤肥力的影响 在间作系统中，豆科与禾本科作物间作是传统农业中应用最为成功的一个组合。苜蓿与玉米间作后，土壤理化性质明显改善，主要表现在土壤有机质、有机氮和速效氮含量增加，这是由于苜蓿能增加土壤有机质的积累。另外，苜蓿根瘤菌具有较强的固氮能力。玉米与苜蓿间作在我国东北牧区比较常见，这种间作模式不仅能够改善土壤理化性质，增加土壤有机质含量，降低土壤容重，提高氮、磷、钾含量，而且能够增加土地单位面积产值，提高土地利用率，缓解农牧交错地区的草畜矛盾。

苜蓿与青贮玉米及饲用高粱间作，青贮玉米及饲用高粱对表层土壤氮素的吸收量小

于单作，间作苜蓿对表层土壤氮素的吸收量大于单作，这是由于间作群体中苜蓿的固氮作用增加了玉米 10~30cm 土壤氮含量，间作群体的竞争作用使禾本科作物根系下扎，对 30~70cm 土壤氮素的吸收量增多。

苜蓿与作物间作对土壤水分的影响　苜蓿与青贮玉米间作，间作群体对表层土壤水分的耗散量小于单作；在 10~30cm 土层，间作玉米对水分的吸收量大于单作，间作苜蓿对水分的吸收量小于单作；间作苜蓿与青贮玉米对 30~70cm 土层水分吸收量均大于单作。苜蓿与饲用高粱间作群体对 0~30cm 土层的土壤水分吸收量大于单作，对 30~70cm 土层的土壤水分吸收量小于单作。美国 3[#]苜蓿与扁杏间作系统的土壤水分为：树盘内 0~60cm 土层水分、养分状况明显好于单植扁杏；幼树冠内根系集中分布区土壤水分状况也优于单植扁杏，但深层土壤干化严重，在 120cm 左右深处，产生了明显的土壤干层；从生态效益优先原则出发，扁杏与美国 3[#]苜蓿间作系统迅速增加了植被盖度，有效地控制了新植林地的水土流失，提高了经济效益，是黄土丘陵沟壑区坡地退耕还林还草的一项行之有效的生态恢复措施。

（三）苜蓿与作物间作对产量与品质的影响

紫花苜蓿、玉米、大豆间作可增加边行优势，利用边行通风透光好和根系吸收范围广的有利条件提高产量。据报道，在不增加密度的条件下，玉米田边行比中间行可增产42%。苜蓿与不同禾本科作物间作，对复合群体形态、产量与营养品质的影响，间作青贮玉米的株高较单作提高了 2.3%~20.9%，茎粗提高了 0.4%~7.0%，叶面积指数提高了2.2%~19.6%；先后 2 次刈割，间作饲用高粱较单作的株高分别提高了 7.2%和 7.1%；先后 2 次在苜蓿初花期刈割，苜蓿混作无芒雀麦较单作的株高分别提高了 4.3%和 5.6%，叶量提高了 2.8%，展开叶提高了 3.0%；苜蓿混作苇状羊茅较单作的株高分别提高了 4.6%和 4.3%，叶量提高了 2.5%和 5.8%，展开叶提高了 6.4%和 6.2%。间作青贮玉米和饲用高粱的产量比单作提高了 28.74%和 11.93%；与玉米和饲用高粱间作的苜蓿因为遮阴产量下降，分别降低了 42.85%和 6.46%。虽然间作苜蓿产量有所下降，但苜蓿质量有所提高，表现在茎叶比减小。间作系统的玉米籽粒产量较单作也明显下降。间作青贮玉米和饲用高粱的粗蛋白比单作降低 10%，但豆科与禾本科群体粗蛋白产量为间作大于单作，粗脂肪比单作提高了 8.6%。混作群体粗蛋白比苜蓿单作降低了 14.1%~15.0%，但间作群体粗蛋白产量大于单作，粗脂肪比苜蓿单作提高了 4.8%~20.4%。紫花苜蓿与不同玉米品种间作，品种间差异明显，与青贮玉米品种科多 4 号、科多 8 号和科青 1 号间作群体的粗蛋白和粗脂肪含量比单作青贮玉米分别提高了 30.8%、37.6%、59.1%和 99.4%、109.9%、137.5%，比相同面积单作玉米和苜蓿分别提高了 23.2%、19.0%、7.2%和 28.5%、13.9%、17.0%。

（四）苜蓿与不同植物间作群体对有害生物的抑制效应

苜蓿与其他作物间作群体的抗虫性是目前研究最多的内容，已在第五章第五节"七"中进行了详述。另外，苜蓿与燕麦间作田中，蚕豆微叶蝉的成虫和若虫的种群数量都显著低于苜蓿单作田。苜蓿与其他牧草间作可以减少害虫的种群数量。与苜蓿单作相比，雀麦草和鸡脚草与苜蓿混作也可以明显减少蚕豆微叶蝉的数量。研究还发现，在杏李树不同生长发育期，间作种植紫花苜蓿和红豆草，树上天敌功能团的物种数、丰富度和多样性明显大于未间作牧草园，而优势度明显小于未间作牧草园。Mensah（2002）认为，通过农业生态系统的植物多样性，可以增加和稳定田间天敌的种群数量，这是"相生植保"中利用植物调节农田生态系统中的生物关系，达到控制害虫的目的。Godfrey 和 Leigh（1994）报道，棉田间作苜蓿，可以增加棉田中的花蝽、姬蝽的种群数量，刈割苜蓿可以使这些天敌转移至棉田。

随着苜蓿间作系统生理生态效应的逐渐揭示，苜蓿草田间作必将发挥其潜在作用。苜蓿与作物间作可以充分利用光、热、水、土和养分资源，同时减少病、虫、杂草等的发生，达到提高经济效益和生态效益之目的。

三、苜蓿与作物混作的效应

饲草的混作是提高草地生产力，改善草地质量和增加草地持久力的一项十分有效的措施。

（一）苜蓿混作的产量效应

混作牧草较单作牧草产量高而稳定。西北农林科技大学的试验结果表明，苜蓿与苇状羊茅混作，其产量比苜蓿单作增产 1.13%；苜蓿与无芒雀麦混作，较苜蓿单作增产 15.20%，较无芒雀麦单作增产 187.26%；苜蓿与鸭茅混作，其产量比苜蓿单作增产 28.31%（表 8-1）。据内蒙古农业大学试验，苜蓿与披碱草混作产草量比苜蓿单作 3 年平均增产 8%；苜蓿与无芒雀麦混作比苜蓿单作平均增产 11%。阿尔冈金苜蓿与无芒雀麦混作产量明显高于单作，比苜蓿单作增产 61.9%。陈宝书（1993，2001）在甘肃河西走廊半荒漠地区试验研究表明，苜蓿+冰草+中间偃麦草+无芒雀麦 4 个草种组合产量最高，为苜蓿单作的 128.0%。张淑艳等（2003）在通辽科尔沁地区进行了多年生禾本科牧草与紫花苜蓿的混作试验，在"苜蓿+无芒雀麦+披碱草"的混作组合中，以苜蓿占总播种量的 30%的组合效果最好，当年产量较高，禾本科牧草比例达到 50%左右，适合放牧利用。周忠义等（2003）在内蒙古牙克石市进行了无芒雀麦和紫花苜蓿混作试验研究，混作草地产草量大于单作草地。在干旱地区，苜蓿与无芒雀麦混作，在利用当年，草层中豆科牧草比例高，而禾本科牧草比例低。在以后各年中禾本科牧草逐年增多。姚允寅等（1996）研究表明，在苜蓿、牛尾草混合种植中，第二年牛尾草混作的全氮产量无明显增加，但由于苜蓿全氮产量的剧增，第二年草地的全氮产量明显大于第一年，为第一年的 2.0~3.5 倍，第二年的固氮量明显大于第一年。霍成君等（2001）研究认为，河北坝上地区，新麦草+无芒雀麦+杂花苜蓿混作人工草地的利用，以无芒雀麦生育时期为标准，在初花期刈割，留茬 5cm 为宜，不仅干物质产量和粗蛋白产量高，而且品质较好。其他研究也表明，初花期刈割比较适合，初花期单位面积营养物质产量最高。樊巍等（2004a）对苹果-紫花苜蓿的复合系统连续 5 年的测定值发现，复合系统与苹果园的清耕区比较，叶鲜重、比叶重和叶绿素含量分别提高 13.05%、12.6%和 13.3%，其苹果的硬度和可溶性固形物分别提高 10.24%和 10.56%。梨草复合系统其果实总糖量比清耕梨园增加 6.3%。在甜柿林-紫花苜蓿复合系统中，林草复合系统的糖酸含量比清耕甜柿园高 7.07%，其叶片中的氮、磷、钾含量也略高于清耕。林草、果草复合种植还可促进林木的生长，苹果-紫花苜蓿复合系统其树干周长比清耕略有增加，3 年平均新梢生长量，复合系统比清耕区增加 8.67%。

表8-1　不同混作模式产量及品质比较

模式	干草产量/（kg/hm²）	粗蛋白/%	脂肪/%
苜蓿与无芒雀麦混作	17 293	14.717	2.21
苜蓿与苇状羊茅混作	15 180	14.541	2.43
苜蓿与鸭茅混作	19 268	13.912	2.23
苜蓿单作（对照）	15 010	21.01	2.47
无芒雀麦单作（对照）	6 020	11.24	2.39
苇状羊茅单作（对照）	12 500	13.283	1.8

（二）改善种群饲草品质

豆科牧草含有较高的蛋白质和钙等营养元素，禾本科牧草含有较多碳水化合物，混作后改善了种群饲草的营养成分，粗蛋白、无氮浸出物分别比自然草场平均提高 90.5% 和 11.6%，粗纤维下降 12.6%，提高了牧草的利用率。无芒雀麦与苜蓿的混作粗脂肪、粗纤维、粗灰分、总能和可消化能均高于单作，粗蛋白、可消化蛋白低于单作苜蓿，高于单作无芒雀麦。刈割茬次和留茬高度对无芒雀麦与杂花苜蓿混作草层氮素含量有明显影响。第一茬收获草，无芒雀麦和杂花苜蓿以抽穗期刈割，留茬 7cm，粗蛋白含量最高，分别为 15.51% 和 21.18%。第二茬草，无芒雀麦和杂花苜蓿以初花刈割，留茬 7cm，粗蛋白含量最高，分别为 11.25% 和 20.77%。第三茬草，无芒雀麦和杂花苜蓿以初花刈割，留茬 3cm，粗蛋白含量最高，分别为 10.31% 和 20.85%。John 等（2004）对紫花苜蓿+无芒雀麦等混作草地施氮肥研究试验表明，施氮肥能提高草层的粗蛋白含量。不施氮肥时，单作禾本科牧草粗蛋白含量为 71~78g/kg，禾本科牧草+苜蓿混作牧草为 92~131g/kg。施氮量在 50kg/hm² 时，单作禾本科牧草粗蛋白含量为 83~97g/kg，禾本科牧草+苜蓿混作牧草为 99~133g/kg。燕麦与苜蓿混作，粗脂肪、粗纤维和粗蛋白含量混作群体均大于单作群体。其中，燕麦与苜蓿混作群体粗脂肪含量比单作群体提高 60.2%；燕麦与无芒雀麦、燕麦与苜蓿、无芒雀麦与苜蓿混作群体粗蛋白含量分别比相应单作群体提高 20.1%、15.5% 和 9.3%。

（三）混作与改土培肥

紫花苜蓿固氮量约占吸收总氮量的 91%，紫花苜蓿与鸭茅混作，在收获期变化的情况下，随着紫花苜蓿干物质产量在总量中比例的增加，紫花苜蓿固定的氮量会逐渐下降。苜蓿与老芒麦混作系统中，苜蓿的固氮效率比单作苜蓿的固氮效率提高了 19.5%。豆科植物向禾本科植物转移氮素的数量、时间直接影响混作系统的氮素效益，也是氮素能否高效利用的关键。很多研究者认为，豆科植物固定的氮素转移到禾本科植物体内，发挥着氮素肥料的作用。利用播种比例与刈割频率来研究猫尾草与紫花苜蓿混作的氮素效应，第一年和第二年猫尾草所吸收的氮素中来自紫花苜蓿转移的氮素分别占 22%和 30%。提高混作草地中紫花苜蓿的比例，有利于氮素转移到猫尾草的量的增加。在混作系统中，一方面豆科植物通过对土壤硝态氮吸收的减少，节约了土壤硝态氮，使土壤肥力得到明显的改善，为下一茬作物提供养分；另一方面豆科植物的残留物释放养分为后茬植物提供持续的氮素营养。

（四）混作比例的确定

在牧草混作中混作比例的确定，各混作成分间的相互关系，除了表现在各个种的生物学特性外，也在一定程度上表现在种的个体数量上，只有找到最适合的混作定植比例，才能得到最高的产量。不同地区必须进行定位试验来确定混作牧草中各个种的理想定植比例。宝音陶格涛（2001）进行的无芒雀麦与苜蓿混作试验结论为：无芒雀麦与苜蓿越冬苗密度比 1∶1、生物量比 1∶1（播种量：无芒雀麦 30kg/hm²，苜蓿 10kg/hm² 为优化的混作组合）为理想定植比例。张淑艳等（2003）研究表明，适合通辽科尔沁地区建植刈牧兼用型混作人工草地的适宜草种组合为：无芒雀麦 4.03%、披碱草+苇状羊茅 32.92%、紫花苜蓿 26.83%，总播种量为 37.3kg/hm²，全年总产草量可达到 18 580.12kg/hm²。

综上所述，苜蓿与其他作物或牧草的混作是提高草地生产力，改善草地质量和增加草地持久力的一项十分有效的措施。虽然目前已做了大量研究工作，但仍有许多问题需要去解决，比如适合特定区域的混作模式、混作组合、混作比例等。

第二节　黑麦草与作物复合种植模式及其效应

黑麦草是禾本科黑麦草属植物，有一年生和多年生黑麦草之分。多年生黑麦草又称宿根黑麦草，一年生黑麦草又称意大利黑麦草或多花黑麦草，原产于西欧、北非和亚洲西南。13 世纪以后传播到英国、美国、新西兰和日本等温带降雨较多的国家，现已广泛分布于世界的温带地区。我国自 1972 年以来，先后从丹麦、荷兰、英国、日本、新西兰等国家引进了 30 多个品种，主要在长江流域及以南的高海拔山区栽培，如川东、鄂西和湘西的山地，云贵高原等。多花黑麦草是一种喜温喜湿牧草，为禾本科越年生草本植物，须根发达，茎直径 0.3~0.4cm，株高 1.1m 左右，叶长 30~40cm，叶宽 1.2~1.5cm，叶背光滑有光亮，深绿色，有叶耳，穗状花序，小穗花较多，最适生长温度为 15~25℃。我国最适于在长江流域地区种植，在华南、华中和西南地区，常在冬季作物收获后实行夏播或秋播。1943 年新西兰育成了马纳瓦杂交黑麦草，其亲本是鲁安努衣多年生黑麦草和帕罗亚多花黑麦草，此后其他国家也育成新的杂交黑麦草品种。我国于 1994 年采用辐射诱变育种法育成赣选 1 号多花黑麦草之后，相继育成了多个适宜我国南方地区种植的多花黑麦草。多花黑麦草现在是我国南方地区最重要的禾本科牧草之一，多年生黑麦草现也已在我国南北方得到广泛运用，两种牧草在许多地区已形成草-果-畜、草-林-畜、草-稻-畜等种植养殖模式，这些种植养殖模式不仅提高了土地的利用率，还提高了土地的产出率。多年生黑麦草常与三叶草混作，主要用于山区较大面积的多年生人工草地建设，以放牧利用为主；而多花黑麦草则主要用于草田轮作。

近年，冬季稻闲田种植黑麦草，实行草田轮作是长江中下游地区发展较快和广泛利用的一种农牧结合模式。

一、国外黑麦草-水稻种植模式

国外对黑麦草与水稻相互作用的研究主要集中在日本，其在黑麦草与农作物的轮作方面取得了许多成功经验。日本南部地区，过去对冬闲田的利用方式多为种植紫云英作绿肥，20世纪六七十年代以来，逐渐在冬闲稻田引入了优质牧草-多花黑麦草，建立了黑麦草和水稻以及其他作物在不同季节轮换种植的粮饲轮作系统。目前，日本水田冬闲田种植作物中，黑麦草已经完全取代紫云英，并成为日本栽培面积最大的牧草。为了使黑麦草更加适应当地冬闲田种植耕作、符合水田农业的要求，日本科学家培育了一系列早熟浅根系黑麦草品种，早熟性状提供了良好的轮作适配性，并保证了在较短暂的冬闲期内获得较高的产量，浅根系性状则减少残留根系造成的水稻移栽前耕耘时的机械阻力，从而使"黑麦草-水稻"粮饲轮作系统更趋完善。

二、国内黑麦草-水稻种植模式

"黑麦草-水稻"轮作系统于1991年由中山大学完成系统的构建。30多年的理论研究与生产实践证明："黑麦草-水稻"轮作系统是一个将种植业与养殖业有机结合，高产、优质、高效粮畜生产同步，并具备可持续发展的农业耦合系统。草田轮作系统从本质上实现了种植业从"粮食-经济作物"二元结构向"粮食-经济作物-牧草饲料"三元结构的转变。用冬闲农田种植多花黑麦草，改变了过去的"早稻-晚稻"两熟制为"早稻-晚稻-黑麦草"三熟制，这是一种全新的农业耕作制度。

"黑麦草-水稻"粮饲轮作系统研究的成果表明，实施粮饲轮作一方面可以充分利用我国南方农区大量的冬闲稻田资源以及丰富的光热资源生产大量优质青饲料，从根本上解决南方农区的冬、春季家畜饲养业和水产养殖业青饲料紧缺的难题；另一方面该系统具有提高稻田土壤肥力，使后作水稻增产的良好生态效应，同时，有利于保护生物多样性，改善生态环境，维持生态平衡，防止有害生物的危害。不仅为南方农区畜牧（水产）业发展提供重要的物质基础，而且为南方地区可持续生态农业的发展提供了重要的模式。

在草田轮作系统的效益研究中，发现"黑麦草-水稻"草田轮作系统的种植模式能最大化获得效益，既保证了水稻的高产，又能提供优质的家畜饲料。所以近年对"黑麦草-水稻"草田轮作系统的研究一直处于热门，研究的方面很多，有关于轮作系统的经济、生态效益的研究，也有关于如何提高牧草产量和质量方面的研究，主要体现在以下几个方面。

（一）黑麦草种植对后作水稻的影响

由于黑麦草-水稻种植是长江中下游地区发展较快和广泛利用的一种农牧结合模式，所以，黑麦草轮作种植对后作水稻种植的影响是一个被密切关注的问题。自1989

年后，在广东、四川、广西、浙江和江苏等省区陆续开始了黑麦草-水稻轮作系统的理论研究及应用推广工作，提出早稻-晚稻-多花黑麦草或水稻-多花黑麦草的种植模式，引草入田，在不影响粮食和经济作物生产的前提下，使作物生产的时间搭配更趋合理，资源利用更充分。杨中艺等（杨中艺和潘哲祥，1995；杨中艺，1996；杨中艺等，1997c）的研究表明，在水稻生长前期黑麦草轮作种植区水稻总生物量、地上部生物量和根系生物量均低于对照区（冬闲非轮作田），尤其根系生物量，黑麦草种植区比对照区低 35.9%。但随着时间的推移，至 6 月 1 日黑麦草轮作种植区水稻总生物量和地上部生物量超过了对照区，至 6 月 13 日其根系生物量也超过了对照区，且各性状在两试验区间的差异逐渐加大，至水稻成熟期，黑麦草轮作种植区水稻总生物量、地上部生物量和根系生物量分别比对照区高 1.62%、21.2% 和 0.69%，地上部生物量的差异最大。水稻叶面积指数的变化与地上部生物量变化相似，但黑麦草轮作种植区水稻叶面积指数在生长前期受到的抑制更甚于地上部生物量。黑麦草轮作种植区水稻根系在生长前期的总数、新生根数和死根数均低于对照区，尤其新生根的出现受到了明显的抑制。水稻生长后期黑麦草轮作种植水稻死根数明显多于对照区，而新生根数也明显多于对照区，以致黑麦草轮作种植区总根数在水稻成熟期比对照区多 7.3%。黑麦草轮作种植的总分蘖数和有效分蘖数分别比对照区高 4.9% 和 10.0%，成穗率比对照区高 4.9%。黑麦草轮作种植区水稻的结实率比对照区高 1.0%，但其千粒重比对照区低 3.1%。黑麦草轮作种植区水稻产量比对照区高 7%。

我国南方还有"多花黑麦草+光叶苕子→玉米"轮作系统、"多花黑麦草+光叶苕子→高丹草（高粱与苏丹草杂交种）"轮作系统以及"黑麦草→玉米"轮作模式，还筛选出了适合我国南方稻区的"紫云英→早玉米→晚稻"等轮作系统。

对"黑麦草-水稻"草田轮作生产系统的研究，为探索草田轮作生产系统提供新的思路和出发点，但其中还有一些问题需要进一步解决。此系统研究的地域属于南亚热带双季稻区，黑麦草生长的时间比较短暂，有 3 个月左右，对于南方其他地区的应用也许具有一定的局限性。

（二）黑麦草-水稻种植模式的生态效益

黑麦草-水稻轮作系统是一个高产、优质、高效，具有可持续发展的特征，且将种植业与养殖业有机结合，使植物性生产与动物性生产同步发展的农业耦合系统。黑麦草的根系发达，地下部分残留量大，约占地上部分 50%，1hm^2 农田根残留量达 22 500kg以上，大量的根系残留为农田补充了充足的有机质，且黑麦草碳氮比大，有利于有机质的积累，促进了土壤团粒结构的形成，土壤生态效应极为显著。

国内外研究表明，冬闲田种植多花黑麦草后，土壤的有机质增加 17.0%、全氮增加 4.0%、全磷增加 29.0%、全钾增加 3.0%、速效氮增加 11.0%、速效磷增加 26.0%、速效钾增加 57.0%；土壤酶活性显著增加，其中脲酶活性提高了 2.75 倍、转化酶活性提高了 92.6%；土壤微生物总量增加了 13 倍，其中细菌数量增加了 112 倍、放线菌数量增加了 3.4 倍；后作水稻总生物量增加 16.2%，地上部分生物量增加 21.2%，根系生物量增加 6.9%，叶面积指数增加 21.2%，有效分蘖枝增加 10.0%，成穗率增加 4.9%，结实率增加 1.0%。后作早稻增产 10%~14%，晚稻增产 7%。黑麦草-水稻种植模式能够有效改良土壤，黑麦草发达的须根，在土壤表层其数量可以达到 597~1148g/m^2，改善土壤结构。这些化学成分和生物性状的改善，对提高土壤地力和促进后作水稻的生长发育具有良好的作用。

张卫建等（2001）在水稻收割前测定的土壤主要肥力指标结果显示，黑麦草-水稻种植方式下，土壤总氮、有机质、速效氮、速效磷、速效钾分别比小麦-水稻种植方式高 23.13%、27.10%、31.25%、98.37%、46.73%。土壤肥力明显提高，主要是因为稻-草生产方式下，有大量的黑麦草根系和部分后期鲜草被翻入土壤之中，增加了土壤的有机质来源。

黑麦草-水稻轮作增产肥田的原理除黑麦草可改善土壤理化性状、增加土壤酶活性和改善土壤微生物区系以外，黑麦草根茬腐解物中可能存在能刺激水稻生长的活性物质，稻田土壤微生物参与并促进了刺激黑麦草生长物质的生产过程。黑麦草使后作水稻增产的现象与黑麦草的根际活性有关。

黑麦草-水稻种植模式不仅能改良土壤，还可以抑制田间杂草的生长，减轻水稻病虫害。黑麦草-水稻轮作后，由于很多危害水稻的病虫寄生在收获后的水稻根茬和田间杂草上，水稻的某些病虫因找不到合适的寄主和失去越冬场所而大量死亡，因而能有效地减轻水稻病虫害，有利于减少后作水稻田农药、除草剂等化学物质的施用，从而降低土壤中有毒有害化学物质的残留，减少了农田污染。

黑麦草-水稻种植还有助于实现农业生态系统的能量转化。通过秸秆直接还田和畜禽"过腹还田"，有利于形成合理的养分循环，提高有限资源的利用率，促进农业持续健康发展。

（三）黑麦草-水稻种植模式的经济效益

黑麦草-水稻种植模式的经济效益包括种植饲草的直接收益和用饲草发展养殖业所带来的间接收益以及后作水稻效益。我国各地的试验研究结果表明，黑麦草干物质生产能力较强，叶片中的粗蛋白、粗脂肪、矿物质、胡萝卜素等营养成分较高，且其粗纤维含量较低。通过种植黑麦草发展养殖业取得了良好的效果。杨中艺等（1997c）研究表明利用冬闲田种植黑麦草能使早稻增产 14%、晚稻增产 7%。张卫建等（2001）通过稻-草/鹅模式和水稻-小麦模式的比较表明，虽然前者粮食单产比后者低 47.09%、粮食生产成本高 98.26%，但前者的耕地生产率和耕地生产效益分别是后者的 2.64 倍和 3.94 倍，其投入产出比也明显高于后者。

三、黑麦草与其他牧草的混作模式

20 世纪 90 年代以来，在海拔 1200~2800m 的中山地带的湖北宜昌、湖南南山、重庆巫溪、贵州威宁和云南小哨等地开展了南方草地的研究，在诸多研究中，最为成熟和完善的是多年生黑麦草+白三叶混作系统。黑麦草+白三叶组合已成为温带、暖温带的典型混作模式，这个模式的混作比例、竞争过程、利用方式等，国内外已有大量研究报道，主要研究了多年生黑麦草和白三叶混作草地地上生物量动态，留茬高度对黑麦草+白三叶混作草地牧草产量和质量的影响，不同放牧强度和管理对黑麦草和白三叶混作草地植被构成的调节和对草群密度的影响，放牧压力对杂草类、白三叶和黑麦草的竞争力影响等。这些研究对黑麦草和白三叶人工草地的合理建植及提升生产力提供了一定的依据，同时也筛选出其他的多年生优良牧草组合，如鸭茅+红三叶、鸭茅+白三叶、鸭茅+黑麦草等。另外，还在不同区域进行了混作组合筛选。华东地区研究了白三叶、草地早熟禾、多年生黑麦草的单作、混作的生产力情况，白三叶+草地早熟禾组合的牧草质量最好，白三叶+多年生黑麦草牧草组合产量最高，抗杂草能力强。在贵州南部地区筛选出理想草种组合是苇状羊茅+多年生黑麦草+扁穗雀麦+白三叶（或紫花苜蓿），是建立永久型优质人工混作草地的理想草种组合，四川农业大学周寿荣等（1997）研究了黑麦草与紫云英混作比例及生态经济效益，发现黑麦草与紫云英的混作比例以 3∶7 为好，禾本科牧草与豆科牧草混作能够显著降低豆科牧草菌核病的危害。

四、黑麦草与豆科牧草的混作技术

多花黑麦草作为一种很好的饲草作物，目前在南方地区已得到广泛的种植，但多为单作。若将黑麦草与豆科牧草，特别是短期生长的豆科牧草，如光叶苕子、紫云英混作，因豆科牧草根系发达，具有根瘤，能固定空气中的游离氮为黑麦草提供氮素，不但能够提高多花黑麦草的品质和产量，而且可以克服豆科牧草单作产量不高、营养不全面、不易调制贮存等缺点。

（一）整地播种

牧草种子很小，对土壤条件要求高。整地前先将基肥撒施地表，耕作时翻入耕作层。基肥一般以充分腐熟的人畜粪肥为主，施用量 1000~3000kg/亩。提倡施用有机肥，减少化肥。深耕整地，耕深应达 20~30cm，耙地务求精细，上松下实，同时创造良好墒情，要求土壤田间持水量 60%~80%。黑麦草与豆科牧草混作时，多花黑麦草播种量为单作时的 75%，豆科牧草为单作时的 60%，土壤肥力较好时可减少播种量，土壤肥力较差时可增加播种量。采取整地播种的，一般宜采用条播。先播种紫云英，行距 33~40cm，或光叶苕子，行距 50~60cm。紫云英一般播种量 1.5~2.0kg/亩，光叶苕子为 2.0~3.0kg/亩。豆科牧草行间撒播黑麦草。

（二）播种时期

即在水稻收割前播种，具体播种期应根据水稻生育情况而定。豆科牧草播种期选择在水稻收割前 20~25 天进行，实行撒播。播种过早，水稻与豆科牧草共生期过长，致豆科牧草幼苗瘦弱；播种过迟，则易受冻害，影响越冬率。适时播种既有利于水稻成熟，又有利于豆科牧草种子出苗和生长。如遇稻株严重倒伏，则要等待收获后，趁土壤湿润或先灌一层薄水，进行板田撒播豆科牧草。采取稻底播种，黑麦草用种量为 2.0~2.5kg/亩、紫云英为 2.0kg/亩，水稻收割时应尽量低茬割稻，以免影响豆科牧草的收割和田间管理。

（三）管理

控水保苗 为提高抗旱保苗能力，灌溉条件较差的田块，收割水稻后，趁土壤湿润时撒下一薄层稻秸（能透光）遮盖幼苗，若稻秸不足时，可用杂草、垃圾肥、谷壳等代替。如割稻后干旱导致紫云英出现紫红色或光叶苕子出现黄色弱苗时，应迅速灌水，并追施磷肥。为控制田间土壤水分，应在晚稻插秧时保留排水沟，至播种豆科牧草种子前进行全部开沟或部分开沟，水稻收割后，立即补开和修理排灌沟，做到旱能灌水、渍能排水。一般在播种前均要开好"十"字沟或"井"字沟以及田边的围沟，达到沟沟相通，排灌自如，田土沉实，田面不积水。播种后遇干旱天气，要灌一次少量的水，以保持田间湿润，既可满足豆科牧草种子对水分的要求，也能满足水稻后期对水、气的要求，有利于提高产量。

施肥 黑麦草与豆科牧草混作时，施肥以豆科牧草生长需要为目标。豆科牧草对磷肥很敏感，施用磷肥有显著的增产效果。磷肥施用量：过磷酸钙 15~20kg/亩或钙镁磷肥 20~25kg/亩。肥力较好的农田少施肥，肥力较差的农田多施肥。速效性的过磷酸钙，除用少量播种作基肥外，其余宜作冬前追肥。迟效性的钙镁磷肥，除用部分播种作基肥外，宜在晚稻最后一次耘田或孕穗时施用。如用作追肥，要先与猪粪、牛粪一起沤制，才易发挥肥效，且要早施，施肥时农田土壤要湿润，如土壤过干，必须灌少量水后施用。酸性土壤施用钙镁磷肥，微酸性及中性、碱性土壤施用过磷酸钙。在冬季、春季期间应配合施用适量钾肥，如氯化钾、硫酸钾、窑灰钾、草木灰等。在立春、雨水后，增施粪水等有机氮肥，以小肥养大肥，增产效果十分显著。

利用 黑麦草与豆科牧草混作，一般在黑麦草生长 2 个月左右（株高 30~50cm）即可开始刈割。但应注意，由于豆科牧草光叶苕子或紫云英再生性弱于黑麦草，刈割利用时应先刈割黑麦草，以利其再生，同时也促进豆科牧草的生长。豆科牧草紫云英鲜嫩多汁，干物质中蛋白质含量丰富，营养价值高，黑麦草与紫云英混作，可明显提高鲜草产量，增加鲜草的干物质含量，提高饲草质量。混作的混合鲜草除青饲外，还可调制成青贮料或干草。黑麦草与豆科牧草混作，如作农田绿肥，光叶苕子宜在盛蕾期至始花期、紫云英宜在盛花期翻压，这时生物量最高，含氮量最高。翻沤前 2~3 天灌入少量水，既有利于提高绿肥产量，又有利于犁耕。翻沤 7~10 天后插秧，肥效最好。用作秧田绿肥的，翻沤时期应服从犁沤秧田的季节。

对冬闲田种植黑麦草的研究较多，如对品种选择、播种量、播种方法、水肥管理、刈割时间等的研究颇多，栽培管理技术趋于完善。但因黑麦草生产收获期比较集中，产量高，青饲无法全部利用，如何加工贮藏成为制约生产的关键问题。一般刈割较早，水分含量较高，饲喂动物易引起腹泻。因生产出的牧草不能有效利用或完全商品化，必然造成其经济效益的大幅下降，从而影响农户种植的积极性。另外，虽然对黑麦草饲喂各种动物的效果有一些研究，但还不够深入、系统，饲养技术推广普及力度不够，黑麦草作为饲料固有的潜力尚未能完全发挥。

五、多花黑麦草与作物轮作技术

（一）多花黑麦草与饲用玉米轮作技术

1. 品种选择

（1）饲用玉米

饲用玉米一般要求生育期 100~150 天，植株高大、叶量丰富、叶片肥厚、茎秆粗壮、籽粒饱满。收获期全株干物质中粗蛋白含量达 8%以上，病虫害少、抗倒伏能力强的品种。

（2）多花黑麦草

应选择出苗整齐、早熟、冬春生长迅速、分蘖能力强，再生性好、不易倒伏、茎叶柔嫩、适口性好的品种，要求抗病能力强，年刈割 3~5 次。

2. 饲用玉米种植

（1）播前耕作及施基肥

土壤耕作　精细整地，耙平地面，犁翻、耙碎、整平，耕翻深度 20~30cm，做到土层深厚、土壤疏松、地平土碎、无残根苗茬。

基肥施用　每公顷施磷酸二铵 150 kg、尿素 150kg、硫酸钾 80~120kg 作为基肥，结合整地施入。

（2）播种

种子要求　采用经法定质量检验机构检验的合格种子，要求籽粒饱满且发芽率 95%以上。

播种期　南方地区在 4 月下旬播种为宜。

种植密度和播种量　种植密度可为 60 000~75 000 株/hm²，按种植密度确定播种量。

播种方法　点播或穴播，开穴点播 2~3 粒新鲜饱满的饲用玉米种子，行距 40~50cm，株距 20~30cm，播种深度 5~6cm，播后均匀覆土 3~5cm 并及时镇压。

（3）田间管理

间苗与定苗　3~4 叶期间苗，5~6 叶期定苗。按照去弱留壮、去小留齐、去病留健的原则，每穴至少留生长健壮、整齐一致的幼苗一株，缺苗断垄处可及时补种或补苗。

中耕除草　采用化学除草和人工除草相结合方式。6~7 叶期结合追肥进行中耕除草。

追肥　追肥以拔节期为主，占追肥量的 75%，每公顷施碳酸氢铵 750kg；其余在大喇叭口期施入，每公顷施碳酸氢铵 550kg。

病虫害防治　以预防为主，加强监测。病虫害一旦发生要立即采取措施予以控制。2~3 叶期可用杀灭菊酯类农药喷施防治地下害虫危害幼苗；播后苗前及时用玉米专用除草剂喷雾防治杂草。

刈割利用　在乳熟末期至蜡熟初期可进行刈割，采用茎基部距地面 23cm 处刈割方式。如果用于青贮则在整株刈割后及时切碎入窖青贮。

3. 多花黑麦草种植

（1）播前耕作及基肥施用

土壤耕作　饲用玉米收获后，对地面秸秆、残茬进行处理后，再行播种多花黑麦草，深耕不少于 20cm。

基肥施用　播种前每公顷施 450kg 复合肥作为基肥。

（2）播种

种子要求　采用经法定质量检验机构检验的合格种子。

播种期　在秋季饲用玉米收获后即可播种，播种期可在 9 月中旬至 10 月中下旬。

播种量　播种量为 1530kg/hm^2。

播种方法　播种方式以条播为宜，行距 20~30cm，播种深度 2cm。也可撒播，撒播则要求播种均匀。播种后覆土厚度以 2cm 为宜。播种镇压，使种子与土壤充分结合。

（3）田间管理

杂草防除　在分蘖期至拔节期阔叶杂草生长较快，可用 2,4-D 钠盐除草剂进行除杂，苗期喷洒 1~2 次即可。

追肥　每次刈割之后可进行追肥，每次可施尿素 150kg/hm^2。

病虫害防治　多花黑麦草易遭粘虫、蜾虫等危害，可及时喷洒"敌杀死"、"速杀灭丁"等进行防治。多花黑麦草也易感染锈病和黑穗病，可用三唑酮可湿性粉剂 1000~2500 倍液、12.5%特谱唑可湿性粉剂 2000 倍液等防治锈病，用三唑酮、多菌灵等杀菌剂防治黑穗病。苗期要注意地老虎和蝼蛄危害，可用氯虫苯甲酰胺、锐劲特等防治。

刈割利用　首次刈割利用应在抽穗前，以保证饲草的较高品质和一定的再生性。作为饲草刈割时，刈割高度为 30~60cm，留茬高度 5cm。

（二）多花黑麦草与紫云英轮作

1. 种子处理

（1）多花黑麦草种子

播种前，用清水浸泡 10~12h，使其吸足水分，再以细砂（土）拌种。

（2）紫云英种子

选种　采用相对密度 1.09 的盐水去除菌核病病原的菌核，用盐水选过的种子要洗净盐分，以免影响发芽，也可用过磷酸钙溶液选种。

硬实种子处理　将种子和细砂按 2∶1 的比例拌匀，放在碾米机中碾两遍。

浸种　种子处理后以清水浸泡 12~24h，使其吸足水分。

接种根瘤菌　用紫云英专用根瘤菌拌种、接种。

2. 播种

播种期　前茬为早稻时，收获后播种，最迟至 10 月下旬。前茬为晚稻时，在稻田搁田后，收货前 10~15 天，提前套种在稻行间。

基肥　前茬为早稻、中稻时，多花黑麦草播种前施基肥 450kg/hm^2（N∶P$_2$O$_5$∶K$_2$O=

8：8：9）复合肥；紫云英施磷-钾肥，适当搭配氮肥，施 300kg/hm² 左右的过磷酸钙、150kg/hm² 左右的硫酸钾。

播种方式　人工撒播。

播种量　多花黑麦草前茬为早中稻时，播种量为 22.5~37.5kg/hm²；前茬为晚稻时播种量为 30~45kg/hm²。紫云英长江以南地区播种量为 30~45kg/hm²，前茬为早中稻时，播种量为 30kg/hm²；前茬为晚稻时，播种量增加到 45kg/hm²。长江以北的淮南地区播种量适当增加。

3. 田间管理

开挖田间排水沟　根据田间排水情况，每隔 4m 左右，开挖 30cm 宽、30cm 深的田间排水沟，开沟碎土作幼苗盖土，以利于紫云英、多花黑麦草越冬。

追肥　多花黑麦草 2 月追施返青肥尿素 150kg/hm²，每次刈割后及时追施尿素 150kg/hm²；紫云英在冬至前后，施 45~60kg/hm² 钾肥，提高幼苗抗寒能力。在春后紫云英迅速生长时 2~3 月上旬施 45~75kg/hm² 尿素。平常追肥视苗情而定。

灌溉　每次追肥后及时灌溉，平常视墒情适时灌溉。

病虫害防治　多花黑麦草和紫云英作为牧草利用，生育期间无明显的病虫害发生。如有发生，在农药安全控制停药期内使用。

刈割利用　紫云英作饲料用一般在盛花期前后刈割，多花黑麦草作饲草用宜在抽穗前后刈割，留茬高度 5~10cm。

第三节　燕麦与作物复合种植模式及其效应

燕麦为禾本科燕麦属一年生草本植物。燕麦属全世界共有 29 个种，其中栽培种植较普遍的有：皮燕麦、裸燕麦、地中海燕麦和砂燕麦，其余多为野生种。燕麦是一种优良的粮饲兼用麦类作物，无论作为精饲料、青饲料还是调制干草，都具有丰富的营养物质和良好的适口性，为各类家畜所喜食。从植物学特性来看，燕麦为须根系，入土深度可达 1m 左右，株高 80~150cm。生长期因品种、栽培地区和播种期而异。一般春播燕麦早熟品种的生育期为 75~90 天，其植株较矮，籽粒饱满，适于作精饲料栽培；晚熟品种的生育期为 105~125 天，其茎叶高大繁茂，主要为青饲或调制干草；中熟品种的生育期为 90~105 天，株丛高度介于早熟和晚熟品种，属粮饲兼用型燕麦。

燕麦是一种特殊的粮、经、饲、药兼用作物，在全世界五大洲 42 个国家有栽培，其主产区为北半球的温带地区，重要产区为欧洲、北美洲、大洋洲和亚洲东部。欧洲分布最多的国家有俄罗斯、波兰、乌克兰、芬兰等，北美洲有美国、加拿大，大洋洲有澳大利亚，亚洲有中国等，在世界八大粮食作物小麦、水稻、玉米、大豆、燕麦、大麦、高粱、谷子中，燕麦总产量居第五位，已成为人们生活中不可或缺的营养保健食品。

在我国燕麦主要分布于华北、西北和西南地区海拔较高的冷凉地带，如华北地区内蒙古自治区土默特平原、阴山南北，山西大同盆地、忻定盆地、晋西北高原、太行山和吕梁山，河北省张家口坝上等地，西北地区甘肃省定西、临夏、张掖、武威，青海省海东、海西、海北、玉树、果洛等地,陕西省秦岭北麓及榆林、延安等地,新疆中西部,宁夏贺兰山及固原、海原、西吉等地,西南地区云南、贵州与四川的大小凉山和川北的甘孜、阿坝以及云南的高黎贡山等地,在长江中下游的湖北、湖南、浙江等海拔较高地带也有零星种植。我国各地燕麦籽粒单产差异较大,云南、贵州、四川较低,籽粒产量约750kg/hm²,其他地区为1000~2000kg/hm²。青海以种植有壳燕麦为主,籽粒产量2000~3000kg/hm²。自20世纪70年代,全国燕麦总产量随播种面积减少而下降,单位面积产量却逐年上升,由20世纪60年代1000kg/hm²上升到2000kg/hm²,增产1倍以上。

近年来,随着草畜矛盾的加剧和牧民定居工程的不断实施,燕麦开始在牧区大量种植,发展迅速。燕麦的适应性强,耐寒、抗旱、耐瘠薄、耐适度盐碱、施肥少及农业风险系数低,成为高寒牧区枯草季节的重要补饲草来源,是我国农业种植结构调整、西部大开发及经济欠发达地区农民脱贫致富的重要作物。高寒牧区主要进行以收获燕麦青草为目的的连作,农区和半农半牧区的部分草田轮作中都有燕麦的广泛参与。燕麦不仅可以单作,目前最常见的是将其与豆科牧草进行混作。

一、燕麦混作研究

近年来,国内外关于燕麦与豆科牧草混作的研究比较多。研究认为将燕麦与豌豆混作,在干旱气候条件下,土壤比较贫瘠的地区可以使饲草产量及品质得到较好的提高。且50%燕麦+50%豌豆混作后,可以获得较高的产草量和提高粗蛋白含量,混合饲草中酸性洗涤纤维及中性洗涤纤维的含量均比单作饲草低,这样非常有利于干草的质量。混作还可以在不同燕麦品种之间进行,能够实现燕麦的产量更加稳定,同时还可以增强耐寒、耐旱、抗病虫害等的能力。将早熟型燕麦进行混作以后,其混作处理的干草产量和产量稳定性都较单作燕麦高;但若将中晚熟燕麦品种间进行混作,则其产量与燕麦单作差异性较小。在饲草生产中,燕麦常被用于作为保护播种,尤其是半矮秆燕麦品种因为能较好地抗倒伏,更适宜作保护作物。

燕麦与豆科植物混作不仅从饲料角度提高了饲草品质,而且从土壤营养角度具有独特的效应,因此,燕麦和豆科牧草的混作具有较大的现实意义。

(一)燕麦与豆科牧草混作建植人工草地的社会效益

多年生人工草地不仅能提供数量较多的饲草,还能由于一年投入、多年利用,具有较少的投资而体现一定的经济效益,更能由于免耕和少耕技术的利用在生态脆弱的高寒牧区具有明显的生态优势。但是纵观高寒牧区燕麦的种植面积和参与的农户,燕麦人工草地还是远高于多年生人工草地,其原因很简单,燕麦草地能提供均衡而高产的干草,而在高寒地区普遍种植的披碱草型多年生人工草地大都建植生长4年后发生退化,而且第一年一般不能收获饲草,影响了牧民的积极性。近年来,青藏高原牧区饲草饲料基地的发展进一步促进了燕麦的种植。如青海省互助县通过种植业结构调整,人工饲草饲料基地的种植面积达7.3×10³hm²,主要以种植燕麦为主。2006年以来,青海省结合科技入户示范工程,进行了燕麦与箭筈豌豆混作试验推广工作,推广面积达1.2×10³hm²,燕麦混作比单作产量更高，箭筈豌豆植株生长高度增长明显，具有很好的示范辐射作用。高寒牧区燕麦种植的优势，进一步说明在生态效益和经济效益之间的矛盾中，人工草地的经济效益具有更大的现实意义。

（二）燕麦与豆科牧草混作建植人工草地的经济效应

燕麦是高寒牧区家畜冬春季补饲的主要饲草。在高山区其籽实总产量达到2250~3000kg/hm²，青干草产量达6000~9000kg/hm²，成为优势突出的当家草种之一。箭筈豌豆与燕麦混作草地平均产量较燕麦单作可提高26%。根据青海省互助县多年推广种植结果，燕麦与箭筈豌豆混作的鲜草产量达62.40~64.01t/hm²或以上，其中箭筈豌豆鲜草产量占总产量的40.56%，比单作燕麦（平均生产鲜草58.5t/hm²）增产9.41%，比单作箭筈豌豆（平均生产鲜草49.41t/hm²）增产29.55%；燕麦株茎增高5.9cm，箭筈豌豆株茎增高34.1cm。试验推广效益评价中，按平均鲜草产量64.01t/hm²计算，每千克以0.40元计，比单作燕麦增加产值2204元/hm²。另外燕麦与箭筈豌豆混作提高了燕麦植株的氮素含量，混作燕麦植株体内的氮素含量比单作燕麦提高了1.6%~6.8%，而混作箭筈豌豆植株的含氮量却比单作下降了0.6%~5.8%。

（三）燕麦与豆科牧草混作建植人工草地的土壤生理生态效应

燕麦与箭筈豌豆混作不仅可以提高燕麦的产量，而且能改善燕麦的品质。豆科植物可以通过生物固氮每季每公顷返还土壤氮49.5kg，还能改善土壤的物理性状。

虽然燕麦与箭筈豌豆混作和单作箭筈豌豆均能增加土壤全氮含量，但这并不能完全衡量土壤氮素供应能力的强弱。通过分析矿质氮（NO_3^--N 和 NH_4^+-N）含量，燕麦与箭筈豌豆混作和单作箭筈豌豆两种种植方式土壤耕层 NO_3^--N 和 NH_4^+-N 含量均有下降趋势，单作箭筈豌豆条件下土壤 NO_3^--N 和 NH_4^+-N 下降较为缓慢，混作条件下燕麦消耗土壤矿质氮素量大，其矿质氮含量下降幅度也较大。但通过箭筈豌豆固定的氮能增加土壤中 NO_3^--N 的含量，可以减缓混作系统中土壤矿质氮含量降低的现象。因此，燕麦与豆科牧草混作是提高土地持续利用和作物高产稳产的重要条件之一。

单作箭筈豌豆、燕麦与箭筈豌豆1∶2混作和燕麦与箭筈豌豆1∶3混作，三种种植方式下，土壤全氮含量均呈增加趋势，但随着混作处理中燕麦种植比例的增加，土壤矿质氮素含量逐渐下降。收获后再复种燕麦，则燕麦与箭筈豌豆1∶3混作方式的后茬燕麦的产量极显著高于燕麦单作。箭筈豌豆和一年生黑麦草混作有同样的结果，不同混作比例下均存在混作的生物量高于单作，其生物量积累模式为平稳增长型。在同一混作组合中，种间竞争力的强弱随着群落的发育而变化。杜国祯等（1993）在高寒地区对燕麦和箭筈豌豆在混作中的竞争作用做了研究，表明箭筈豌豆的生长发育严重受到燕麦的抑制，这说明箭筈豌豆与燕麦混作时表现为竞争上的弱者。

二、燕麦的主要种植模式

根据畜牧业比重的大小，可以简单地将燕麦主要种植区域划分为牧区、农区和半农半牧区三类。由于这三类地区在海拔、水热条件、种植习惯等方面的差异，形成了众多具有地域特色的燕麦种植模式。

（一）牧区燕麦种植模式

燕麦在以青藏高原为主的高寒牧区和以内蒙古为主的干旱牧区均广泛种植。

1. 燕麦饲草圈窝种植模式

圈窝种植牧草即冬季草场上圈养家畜的窝点，破坏了草原，形成了许多畜粪尿或厩肥层，夏季翻耕后种植燕麦等牧草，生产冬春季补饲草的同时，又可形成植被，恢复生态。主要特点：一是分布于高寒地区的纯牧区；二是连作不倒茬，主要收获燕麦青草。

由于高寒牧区的家畜存在着季节性游牧搬圈的现象，大量家畜在冬季草场上要放牧采食近半年时间。在圈窝中粪肥堆积，表土有机质和有效养分高，能完全满足燕麦生长期的养分需求。因此，在家畜轮牧到夏季草场时，进行圈窝种植燕麦是完全可行的。

（1）技术要点

该种植方式技术要求低，易管理。种植时间要求不甚严格，在甘肃天祝县、青海互助县4月下旬至5月上旬播种。播种方式上条播、撒播均可，以条播为好，行距10cm，这样既节约种子，又便于机械锄草和施肥；田间管理上，圈窝种植燕麦饲草，由于圈内有良好的有机肥料（羊板粪）作底肥，故不施肥，也不需追肥，刈割收获时间可在9月中旬至10月上旬，时间范围较宽。

收获饲草的便于调制贮存，其方法有2种：①晒制干草。刈割时选择晴天，防止刈割带露水的燕麦饲草，收获后的饲草经1~3天晾晒，打捆成小捆，及时送往至晒场，随时翻动，晒干后制成青干草，堆垛保存，预防雨淋和发霉变质。②冻制干草。在海拔3500m以上地区，9月下旬刈割时，燕麦水分较大，刈割后的燕麦平行铺于地面，或堆成小垛在地头上冻干脱水。冻干草和晒干草营养成分基本相同。

（2）燕麦饲草圈窝种植的优点

圈窝种植燕麦饲草产量高。种植1hm²圈窝燕麦饲草田，可收获青干草11 838kg，是天然草地产量的10~15倍，可供25个羊单位1年的饲草；同时提高了饲草质量和蛋白质含量，可缓解冬春季节饲草短缺的问题。

圈窝种植燕麦饲草投入低，见效快。圈窝种植燕麦正逢夏季，热量充足，加之圈窝地面平坦，通风向阳，土层厚，土质好，圈内羊板粪反复堆积和发酵分解，地表土层有机质含量高。燕麦在不施肥、不加任何其他特殊管理的条件下，从播种到收获只需要5个多月就可获得高产丰收。

圈窝种植燕麦饲草是科学发展草地畜牧业的需要。圈窝种植燕麦饲草是在夏秋季节牛羊远离圈舍游牧的近6个月内，利用空闲圈窝地种植饲草，是解决冬春饲草不足、增强保畜能力的一条有效措施，利用了空闲地和圈内的有机肥，达到了夏秋种植饲草、冬春圈养羊牛，一圈多用的目的。圈窝种植燕麦饲草，既美化了牧民的家园环境，又解决了冬春饲草，维护了生态平衡。

2. 燕麦青干草生产种植模式

在海拔3000m以上的青藏高原地区，以收获燕麦青干草为目的的种植最为普遍，牧民习惯称其为青燕麦。近年来，由于天然草地普遍退化，草畜矛盾加剧，这类燕麦饲草地很少轮作种植。

在 5 月中下旬开始春耕播种，为获得茎秆细、适口性好、产量较高的冬季补饲草，牧民普遍提高播种量，即 450~600kg/hm²，这大约是条播种量的 2 倍。

大面积种植燕麦时，每亩需施羊粪 1000kg，春耕时翻入土中，拔节时可撒施尿素 5kg 左右。9 月下旬严霜来临之际，达到乳熟期，刈割后在田间风干，然后运输到冬季草场堆垛，并覆盖保存。

3. 燕麦饲料与饲草兼顾生产种植模式

在海拔 3000m 以上的祁连山区，还存在一种以收获燕麦籽粒为主要目的、兼顾收获饲草的种植方式，因收获时茎秆干枯，为便于和青饲燕麦相区别，俗称为黄燕麦生产，这类地区的燕麦饲料饲草地也很少轮作种植。

在这种种植模式的长期作用下，形成了一些适应当地生境的燕麦地方品种，与外来高产燕麦品种相比，虽然产量方面略低一些，但由于具有良好的适应性，且农牧民自己繁殖种子，种子价格低廉，种源易保证，因而种植面积较大。

这种燕麦生产的种植方式，在 4 月下旬至 5 月上旬春耕播种，其播种期要比青饲燕麦生产提前 15 天左右。9 月中旬以前收割时，籽粒均能成熟。施肥方式同青饲燕麦生产种植模式，撒播时播种量略低于青饲燕麦生产，为 300~375kg/hm²。

秋季收割后堆垛，待冬闲时进行脱粒，种子产量约为 3t/hm²。青藏高原植物一般于 9 月中旬停止生长，且在 9 月以后局部地区开始降雪，如收割期太晚，降雪会造成倒伏、减产。

在海拔 3000m 的甘肃农业大学天祝高山草原试验站，不同播种期时播种的燕麦的物候期和产量见表 8-2。

表8-2　天祝地区黄燕麦生产的生育时期（日/月）与产量　　　　（单位：t/hm²）

播种期	发芽期	出苗期	分蘖期	拔节期	孕穗期	抽穗期	乳熟期	蜡熟期	风干草产量	种子产量
25/4	5/5	19/5	17/6	10/7	17/7	26/7	28/8	3/9	9.37	3.52
5/5	14/5	23/5	20/6	13/7	19/7	28/7	30/8	6/9	8.31	3.20

4. 燕麦"两耕一闲"或"三耕一闲"轮作种子模式

在青藏高原东北部的山丹军马场高寒阴湿区，饲草、饲料、油菜种植区位于海拔 2800~3000m 区域，北有横梁山，南靠祁连山。耕地分布在南北两山间的盆地内，地势平坦，气候高寒湿润，海拔 2800m 处≥0℃的积温 1328℃，年平均温度小于 0℃，无霜期小于 102 天，降水量 405~443mm，但年份间分布不均匀，冬春较旱，秋季多连阴雨，并常有地形雨、霜冻、低温冷害发生。耕地土壤为栗钙土，有机质 5%~10%、全氮 0.35%~0.52%、全磷 0.151%~0.174%、有效磷 4.3~5ppm[①]、有效钾 139.5~207ppm，pH7.7~7.8。土壤保水保肥能力强，宜耕性好。

---

① 1ppm=10⁻⁶

由于农田分布于小盆地中,土地肥沃,热量不足,所以除大面积种植饲草外,还可种植油菜、青稞、大麦、燕麦。因生长期短,常受霜冻袭击,春霜结束晚,作物苗期易受害;秋霜来临早,作物成熟不好。本区以种植饲草为主,因而大面积进行饲草连作,小面积实行油菜、青稞、大麦、燕麦的牧草、饲料和油料作物轮作。

该区主要有两耕一闲或三耕一闲的耕作制度。两耕一闲是在一块地中,第一年种植小麦,第二年种植燕麦,第三年休闲撂荒,生长杂草翻压绿肥。三耕一闲是第一年种植小麦,第二年种植燕麦,第三年种植豌豆,第四年休闲撂荒。生长杂草翻压绿肥。

5. 燕麦+箭筈豌豆混作种植模式

燕麦与箭筈豌豆混作是近年来在牧区普遍推广的一种干草生产模式,引入豆科牧草后不仅可以提高禾谷类植物的产量,还能改善禾谷类植物的品质,提高其蛋白质含量。种植豌豆通过生物固氮每季每亩返还土壤 3.3kg 氮,还能改善土壤的物理性状。

根据青海互助县多年推广种植结果,燕麦与箭筈豌豆混作,鲜草产量达 62.4t/hm²,燕麦单作鲜重产量为 54t/hm²,混作比单作增产鲜草 8.4t/hm²。

燕麦间作箭筈豌豆相比单作箭筈豌豆,土壤全氮含量呈增加状态。箭筈豌豆固定的氮被燕麦吸收利用,促进燕麦生长,同时促进了箭筈豌豆的固氮能力。禾本科与豆科牧草间作是提高土地持续利用和作物高产稳产的重要条件之一。

6. 燕麦保护播种生产模式

在干旱半干旱区的紫花苜蓿种植过程中,由于播种当年苜蓿苗比较弱,根系较浅,且因干旱胁迫难以成苗。这种现象影响了紫花苜蓿的播种质量。提出了燕麦保护播种提高苜蓿成苗率和产量的种植方式,取得了显著效果。

在 5 月初同时播种苜蓿和燕麦,在燕麦的快速生长下,为苜蓿提供遮光挡阴,保护苜蓿种子发芽和幼苗生长。于 7 月下旬,采取提高留茬高度的方法,收获燕麦,解除遮阴提高苜蓿生长速度。这种种植模式中,燕麦的种植既控制了田间杂草,又弥补了第一年因苜蓿产量低下而经济效益不高的弊端。

(二) 农区燕麦种植模式

农区农户裸燕麦(莜麦)种植面积占全国燕麦种植面积的 90% 以上,饲用燕麦主要是由饲养役畜的农户种植,由于机械化水平的提高和农作物秸秆的过剩,近年来,饲用的皮燕麦在农区大幅度减少。

1. 燕麦-小麦/马铃薯/油菜轮作

此模式主要在甘肃省陇东地区农户种植中应用,燕麦播种量为 5~7kg/亩,播种时间为 3 月下旬至 4 月上旬(与莜麦、胡麻的播种时间一致)。一般 3 月种植,生长周期为 4 个月,即 7 月种子成熟,就可收获。这时在张家川、清水等陇东地区还有 3 个多月的生长期,可种植填闲作物马铃薯或油菜。

燕麦主要在张家川县的山区种植,川区因人多地少不种植燕麦。燕麦不宜在肥沃的土地种植，否则易倒伏，产量降低。一般都在肥力较瘠薄的土地种植，每户平均种植 1~2 亩，其比例约占耕地面积的 10%，解决役畜饲草饲料问题。

春季种植的燕麦收获后，第二年轮作种植小麦、马铃薯、油菜等。小麦收获后复种燕麦，复种燕麦收获后第二年轮作玉米、胡麻等，轮作作物必须追足肥料。

早春种植的燕麦生长周期为 4 个月（3~7 月），籽粒产量 150~200kg/亩，干草 200~250kg/亩。一般情况下，燕麦施用化肥尿素，施用量为 15~25kg/亩，如果不施肥，一般不结籽。莜麦籽粒产量为 100kg/亩左右，干草 200~250kg/亩。

燕麦茬一般轮作种植马铃薯，还可种箭筈豌豆、小麦等。莜麦茬一般轮作种植糜。

2. 饲用燕麦复种模式

复种燕麦主要在甘肃省农区。甘肃省农田一般分布在海拔 1000~2000m 区域，兼之纬度偏北，故春短秋凉，复种保熟率不高，基本上是一年一熟制。为了充分利用伏热秋雨，甘肃河东地区有小麦收获后复种燕麦或复种豌豆收获青干草，供给家畜冬春补饲的做法。

为生产青绿饲料和青干草，燕麦在临夏州的康乐等县大面积种植，主要以山区种植为主。因燕麦需水量较大，在川区种植会影响次年的农作物产量。

种植时间一般在夏季作物收获后的半个月内进行，在 7 月下旬至 8 月上旬。为提高饲草产量，播种量为 30~35kg/亩。播种时一般不施肥，土地较瘠薄时，在分蘖后期、拔节前适当追施尿素。

收获时期一般在当地降第一场雪或霜降时收割，在 10 月下旬至 11 月上旬，可生产青绿草 500~1000kg/亩。

复种燕麦的前茬作物主要为冬小麦、豌豆、胡麻、大麦，后茬作物可为当归、蚕豆、油菜、马铃薯、甜菜、胡麻、大麦、玉米等。

3. 莜麦轮作种植模式

莜麦长期连作的缺点一是病害多，特别是坚黑穗病，条件适宜的年份甚至会蔓延；二是杂草多，莜麦幼苗生长缓慢，极易被杂草危害，特别是野生燕麦增多，严重影响莜麦生长；三是不能充分利用养分，莜麦是一种喜氮作物，需要较多氮素，如果常年连作会造成氮素严重缺乏，使莜麦生长不良。在水肥不足的情况下，影响更大。

莜麦属须根系作物，一般只吸收耕作层养分，便于和小麦、玉米、谷子、马铃薯、胡麻、豆类等作物轮作倒茬。其中，豆类作物是莜麦的最好前作。

我国莜麦产区多为旱作，长期以来形成了以蓄水保墒为中心的耕作制度。秋季深耕是抗旱增产的一项基础作业，土壤耕作的重点是早、深，即前作收获早，应进行浅耕灭茬并及早进行秋季深耕。若前茬收获较晚，为保蓄水分，可不先灭茬而直接进行深耕，随即耙糖保墒。土壤耕作的深度为 25cm 左右，但对坡梁地，耕深以 15~18cm 为宜，滩水地耕深为 20~25cm。为了保蓄水分，春耕深度应以不超过播种深度为宜，即应早春浅耕。

深耕虽然能够提高土壤水分，但当年不能促进土壤水稳性团粒结构的形成。因此，保水保墒必须依靠耙、糖、磙、压等整地保墒措施。秋耕以后，严寒的冬季来临，土壤自上而下冻结，冻层孔隙凝成冰屑，这时，应及时耙糖保墒，并且要多次耙糖，以使土壤保持充足的水分。春季土壤返浆后，气温升高，土壤中的含水量迅速下降，这时，必须耙糖结合镇压保墒，以使土壤下层水分提升到耕作层，增加耕作层的土壤水分。

莜麦是一种既喜肥又耐瘠的作物，根系比较发达，有较强的吸水能力，增施肥料有显著的增产效果。施肥以农家肥为主、化肥为辅，基肥为主、追肥为辅，分期分层施肥。常用的农家肥有粪肥（人畜粪尿）、厩肥和土杂肥，一般 1500~2000kg/亩，化肥可施过磷酸钙 25~30kg/亩，碳酸氢铵 15~20kg/亩。在土壤缺磷情况下，可用磷肥作基肥或与厩肥混合作基肥施用。在分蘖期、拔节期、抽穗期这 3 个关键时期需要大量的营养元素，此时应追施 1~2 次化肥，给土壤补充一定的养分，追肥宜用速效氮肥，如尿素，一般追肥尿素 15~20kg/亩。

甘肃、内蒙古、山西、河北等省区的旱作地区山地宽广，因此莜麦等小杂粮种植面积较大。莜麦适宜在降雨 340~500mm、海拔 1600~2400m、≥10℃有效积温 1980℃左右的干旱及半干旱地区种植，特别适宜于海拔 2000~2400m 气候凉爽的地区种植。

莜麦一般在 4 月上旬播种，最佳播种期为清明前后，根据土壤墒情及时抢墒播种。播深 5~7cm，播种量 90~105kg/hm²，旱坡地每公顷播种有效粒麦 330 万~375 万粒，梯田、川地每公顷播种有效粒麦 375 万~525 万粒。

莜麦种植的前一年秋季，结合整地，施优质有机肥 30 000kg/hm² 作底肥，播种时要求施入氮、磷、钾复合肥 200~300kg/hm²（氮、磷、钾肥的比例 1∶0.7∶0.7）作种肥，可获得更高产量。田间 80%以上籽粒达到蜡熟期即可收获，收获过迟或过早都会影响产量和品质。

山西大同市莜麦种植历史已长达 2000 年之久，常年种植面积在 20 万亩左右。莜麦在山西大同市等地的生育期为 70~120 天，喜欢凉爽和湿润的气候，是耐旱喜光作物。莜麦一般在 2~4℃时就可发芽，幼苗可耐-4~-3℃的低温。生长期最适宜的温度为 17~20℃，如果灌浆期温度达到 38~40℃，会导致籽粒秕瘦和瘪粒。拔节期至抽穗期是需水的关键期，如果这时发生干旱会导致大幅度减产。所以，高产栽培必须选择适合本地气候条件的莜麦品种，并将拔节期和抽穗期安排在当地的多雨期。

在莜麦产业发展较快的吉林、内蒙古等地，形成了一些莜麦高产栽培技术模式。这些地区，种植品种选择抗逆性强、产量高、品质优良的莜麦品种。其中早熟品种主要有白燕 2 号、白燕 3 号、白燕 5 号、白燕 6 号、白燕 7 号，中熟品种主要有白燕 4 号和白燕 1 号等。

莜麦播种适宜的密度范围为：每公顷产量 800~1200kg 的播种量为 100~135kg，保穗 300 万穗左右，行距一般为 15~20cm。针对北方地区春旱严重、易跑墒、保苗难的特点，要采用深种浅出的保苗措施。播后作畦的地块，播种深度为 5cm。有喷灌条件的，播种深度为 3cm。播种后要及时进行镇压，做到当天播种当天镇压，防止跑墒。最好顺播横压，以提高镇压效果。

在北方春播莜麦区，气温较高，其种植的主要作物为小麦、玉米、甜菜和莜麦，轮作方式为甜菜→小麦→玉米→莜麦，每 4 年 1 个周期，其中莜麦轮作中时序安排为两年夏茬，两年秋茬，夏秋茬口交替安排。

（三）半农半牧区燕麦种植模式

1. 荞麦-糜-小麦-燕麦模式

在半农半牧区，农作物为一年一熟制。土地开发初期，作物多为垄作，管理粗放，不施肥。为保持地力，减少草害，采取连作（3~5 年）-撂荒-再开垦的耕作制度。如黑龙江省黑河市，新垦土地采用荞麦→糜→小麦→燕麦的轮作模式。

2. 燕麦混作模式

在甘肃的陇东、陇中一带，农民在夏季作物收获后，燕麦和豌豆或几种作物混合进行撒播复种，秋季以后收割晾晒调制成冬春补饲的青干草。这种模式既解决了优质饲草缺乏问题，又利用了部分光热资源，提高了复种指数。

三、燕麦+箭筈豌豆混作生产种植技术

燕麦与箭筈豌豆混作是近年来高寒牧区应用最普遍的种植方式，尤其在青藏高原地区。

（一）混作比例

混作种群的建立是通过混合牧草种子来进行的，燕麦在混作群落中其竞争力强于箭筈豌豆，使箭筈豌豆一直处于竞争劣势地位。因此，豆科和禾本科牧草种子所占比例的大小，直接影响混作种群的生长及其表现。箭筈豌豆与燕麦混作的最适比例为甘肃漳县以 3∶7 或青海东部以 2∶3 或青藏高原地区 1∶3、1∶2 为宜，在土壤肥力较高时，适当加大燕麦比例，可获得更高的生物产量。

在河北坝上草原进行燕麦与箭筈豌豆混作时，蜡熟期和成熟期产草量高于单作燕麦产量；比较粗蛋白产量和产草量（干草、鲜草）时，混作组合燕麦 25%+箭筈豌豆 75%最好，其次是燕麦 50%+箭筈豌豆 50%。

在甘肃农业大学天祝高山草原试验站进行燕麦与豌豆混作的组合试验时，禾豆比为 1∶1 时的产量大于 1∶3 和 1∶4 两个组合。在海拔为 3200m 的青海共和县进行相似试验时，其鲜草产量也表现出了禾豆比 2∶1 和 3∶1 均大于 1∶1 的组合。其原因主要是箭筈豌豆在混作组合中比例超过 50%时，容易倒伏，影响群落产量。

燕麦与箭筈豌豆混作是饲用燕麦种植区有较大推广潜力的一种饲草种植模式，经济意义重大，其产量高于燕麦单作 9%~26%，其中豆科的固氮作用是增产的主要原因之一。普遍采用的混作比例为燕麦和箭筈豌豆=1∶1，在此基础上增加燕麦比例，草产量有增加趋势。

（二）刈割期

在河北坝上地区，马春晖和韩建国（2000）通过比较产草量、粗蛋白含量及产量、中性洗涤纤维（NDF）、酸性洗涤纤维（ADF）含量动态研究，结果证明，燕麦单作及其与混作的最佳刈割期为燕麦乳熟末期至蜡熟早期，箭筈豌豆下部豆荚充满时期，此

时刈割，其粗蛋白产量和产草量最高，而 NDF、ADF 含量较低。

第四节　光叶苕子与作物复合种植模式及其效益

光叶苕子，又名光叶紫花苕子、稀毛苕子，为豆科野豌豆属越年生或一年生草本植物。1946 年引入我国，经华东农科所（现江苏省农业科学院）试种成功，先后在江苏、安徽、山东、河南、湖北、云南等省区推广种植。其茎叶柔嫩多汁、营养丰富、耐寒耐旱性强，为各地主要的绿肥作物、冬春季节畜禽主要的青绿饲草、粮草轮作的主导饲草作物、水土保持植物、冬春绿色覆盖植物及优质的蜜源植物。目前光叶苕子种植面积不断扩大，已在西南、华南、华东地区广泛推广应用。

一、光叶苕子的植物学特征及生物学特性

光叶苕子是豆科一年生或越年生草本植物。主根肥大，入土不深，侧根发达；茎方形，中空，匍匐向上，株高 80~150cm，叶为偶数羽状复叶，顶端具卷须；花为总状花序，紫红色，着生在叶腋间，每个花梗着生小花 20~30 朵，着生在一个花簇的一侧；果为荚果，细长菱形，扁平，深黑色，长 2.5~3.5cm，内含种子 3~8 粒，种子呈球形，黑褐色，千粒重 24~28g；无休眠期，收种子时淋雨容易发芽。

光叶苕子喜冷凉湿润气候，较耐寒耐旱，能抵抗–10℃以下低温，3℃停止生长，25℃以上生长受到限制，13~21℃为最佳生长温度。光叶苕子对土壤选择不严，在 pH4.5~5.5 含盐量低于 0.2% 的各种耕作土壤上均能正常生长，生长中不耐水淹。

二、光叶苕子适宜种植区

光叶苕子在河南、山东、安徽、湖北、云南、四川及江淮、华南地区均有种植，在黄淮海地区的碱砂土、江淮地区的红壤土均生长良好。光叶苕子喜较凉而半干燥的气候，在海拔 1500~3200m 地区都能生长，其中以海拔 1800~2500m 区域最为适宜，能开花结籽。既耐寒冷气候，也耐土壤干旱。种植地以肥力中等的阳坡地、沙滩地为好。在甘肃、新疆的部分地区可以春播，但其产量不及毛叶苕子。

三、光叶苕子的种植模式

光叶苕子有适宜于不同区域的种植模式，采用短期粮草间作、套作、轮作的形式，协调光叶苕子与作物之间的时空分配，形成了许多合理的种植模式。

（一）西南多山地区光叶苕子的种植模式

在光叶苕子适宜种植地区的平坝河谷区适宜光叶苕子-烤烟轮作，光叶苕子-水稻套作，光叶苕子-果、林间作；半农半牧区适宜光叶苕子-玉米套作、光叶苕子-马铃薯轮作；高山区适宜光叶苕子-荞麦轮作（表 8-3）。不同种植模式均可在头年刈割收获牧草一次，

第二年再生草刈割收获牧草或作绿肥。

表8-3　光叶苕子种植模式

种植模式	播种量/(kg/hm²)	播种期	耕作方法	利用	适宜区域
光叶苕子-烤烟轮作	45~60	8月下旬至9月中旬	挖除烟根施肥翻耕，整地播种或将烟行挖松耙平撒播，盖土	11月上旬刈割一次，次年4月收草或作绿肥	平坝河谷区（海拔1800m以下）
光叶苕子-水稻套作	45~60	8月下旬至9月上旬	水稻收割前10~15天，稻田撤水后均匀撒播，水稻收获后及时清理残茬	11月上旬刈割一次，次年5月收草或作绿肥	平坝河谷区（海拔1800m以下）
光叶苕子-玉米套作	45~60	7月中旬至8月中旬	玉米最后一次追肥中耕时，把底肥与种子均匀播下，然后中耕玉米，让种子嵌入土中。玉米收获后及时清理残茬	11月上旬刈割一次，次年5月收草或作绿肥	半农半牧区（海拔1800~2400m）
光叶苕子-马铃薯轮作	45~60	7月中旬至8月中旬	马铃薯收获后立即施肥翻耕，碎土平整，播种、盖土	11月上旬刈割一次，次年5月收草或作绿肥	半农半牧区（海拔1800~2400m）
光叶苕子-荞麦轮作	45~60	7月中旬至8月中旬	荞麦收获后立即施肥翻耕，碎土平整，播种、盖土	11月上旬刈割一次，次年5月收草或作绿肥	高山区（海拔2400~3000m以上）
光叶苕子-果、林间作	45~60	春秋季均可	在果、林树下的空地，碎土平整、播种、盖土	适时刈割利用	山坡果林地（海拔1800m以下）

（二）南方稻田季节性光叶苕子草粮轮作模式

　　轮作在实现耕地用养结合和减轻病虫草害，实现无公害生产和农产品安全中具有重要作用。我国南方中晚稻田休闲期一般长达150~200天，利用冬闲田种植一季速生高产优质饲草，实行粮草轮作，充分利用饲草来发展养殖业，是农区发展草业最好的途径之一。南方地区冬闲地丰富，可充分利用冬闲地种植一季光叶苕子，即春季种粮、秋季种草，待粮食作物收获后播种或在农作物生长后期种植。粮草轮作方式有光叶苕子-马铃薯轮作、光叶苕子-荞麦轮作，这些轮作方式中的光叶苕子种植是在收获马铃薯、荞麦后，立即翻耕施肥，碎土平整、播种、覆土。光叶苕子播种量4kg/亩，刈割利用2次，产草量达1500~3200kg/亩。

　　在南方地区，可采用光叶苕子-烤烟轮作。烤烟是烟草植物中的主要作物，在世界上分布较广。中国是烤烟生产和消费大国，生产和消费量居世界之首。南方地区的四川、云南、贵州是全国烤烟主产省区。

　　烤烟是一种忌连作的作物，连作会增加烟草土传病害和地下害虫的危害，影响烟草植株的正常生长。合理轮作可以调节不同作物对营养元素的需要，有利于烟草的生长，特别是水旱轮作，有利于减轻地老虎、烟草根结线虫等病虫害对烤烟的危害。在烟叶生产区采用光叶苕子-烤烟轮作，烤烟7~8月收获后，清除烟根施肥翻耕，整地播种或将烟行挖松耙平播种光叶苕子，播种量3~4kg/亩，播种后光叶苕子经过充分生长，越过冬天，可完全覆盖农田，生长高度达80~100cm，到第二年3月翻耕光叶苕子作绿肥。产草量可达 2500~3500kg/亩，经过一段时间沤腐熟化，耙碎平整土壤移栽烟苗，烤烟平均产量达 160kg/亩。烤烟生产采用与光叶苕子轮作，可降低生产成本，轮作比不轮作增产 40.88%。

（三）光叶苕子粮草间作、套作模式

利用农作物行间、带状套作种植光叶苕子，充分利用空间，分层次利用。光叶苕子-玉米套作，即在 7 月中旬至 8 月中旬为玉米作最后一次追肥，中耕时将追肥与光叶苕子种子一起均匀撒入玉米行间，然后中耕玉米，让光叶苕子种子嵌入土中。玉米收获后及时清理残茬，使光叶苕子幼苗获得较多的阳光，促进光叶苕子的生长发育。

光叶苕子-水稻套作方式，即在水稻收割前 10~15 天，稻田排水后均匀撒播，水稻收获后及时清理残茬，保证光叶苕子的生长发育。稻田夏季种植水稻，冬季种植光叶苕子，能够充分利用稻田冬季空闲时间，增加稻田产出，并且还能培肥土壤，提高稻田土壤肥力，是稻田可持续高产高效的种植模式。

（四）光叶苕子-果、林间作模式

近年来，随着产业结构的调整，我国果树种植规模化发展，果业已成为我国农业经济的一大支柱，但是由于人们片面追求经济效益，盲目开垦果园，且长期沿用传统的清耕管理方式，使得果园建设和生态保护严重脱节，并导致水土流失、土壤贫瘠等问题。特别是我国南方红壤区，80%以上为丘陵山地，大量红壤丘陵地被开发建成以人工或机修梯田、台地为主的山地果园，但由于立地条件差，导致山地果园土壤保水性能和地力衰退的现象。因此，迅速增加地表植被有效覆盖、改善果园生态环境，已成为果园水土流失治理和果树生产中亟待解决的问题，为了解决这一问题采取了果草间作的模式。

苹果、桃、梨等果树均在 10~11 月落叶，次年 4 月生叶，果园内土壤长达 5 个多月的时间处于空置状态。在果、林园的空闲地里秋季播种光叶苕子，可充分利用闲置的光、热、水、肥资源，一方面涵养土壤水分，提高果树抗冻能力；另一方面每亩可以收获 2500~3500kg 鲜草，用于解决草食家畜冬春季节缺草的问题。果树间作光叶苕子对杂草有抑制作用，可以大大减少防除杂草投入的工作量，节约投资，相对增加了农民收入。

四、光叶苕子种植模式的效益

（一）光叶苕子培肥地力的效果

光叶苕子的根系十分发达，通过固氮，可增加土壤氮和有机质含量。据测定，1hm^2 光叶苕子根部干物质重量为 1000kg 左右，可积累氮素 31.2kg，相当于 67.5kg 尿素。除满足自身需要外，相当于给土壤施了一季氮肥，可使作物产量提高 20%以上。卯升华等（2007b）在贵州威宁高海拔地区的小黄泥灰泡土地，连续 2 年（秋末-春初）停种光叶苕子，第三年粮食作物收获后种植光叶苕子，绿肥刈割后取土壤样品进行化验，结果表明小黄泥灰泡土在冬闲季节种植光叶苕子后，土壤有机质含量由 2.97%增加至3.25%，氮素含量由 0.163%增加至 0.190%，含水量由 11.4%增加至 17.7%，分别增加了 0.28 个、0.027 个和 6.30 个百分点（表 8-4）。土壤结构性状也因光叶苕子根系的生理活动形成有利环境，导致微生物类群结构优化和腐殖质土壤水分增加，土壤质地由坚实变得疏松，既方便耕作又利于后续作物的生长发育，表明种植光叶苕子有明显增加土壤肥力的效果。

表8-4　种植光叶苕子土壤的理化性状指标

土壤	有机质/%	全氮/%	全磷/%	速效磷/(mg/kg)	速效钾/(mg/kg)	pH（水提液）	土壤含水量/%	土壤松紧度
种植田	3.25	0.190	0.071	11	129	6.4	17.7	松
未种植田	2.97	0.163	0.077	16	132	6.4	11.4	紧

（二）光叶苕子对后续作物产量的影响

利用前作为光叶苕子的土地或光叶苕子作绿肥的土地种植玉米，玉米籽粒产量比前作冬闲地提高 870kg/hm²，且株高、茎粗、穗长、穗粗及千粒重都有所提高，秃顶率有所下降。前作为光叶苕子或光叶苕子作绿肥的土地种植马铃薯，马铃薯产量比前作冬闲地提高 6.95t/hm²，平均株高比冬闲地高 12.3cm，大型薯块比例明显提高，而中型薯块和小型薯块比例明显下降；植株平均分枝数减少（表 8-5）。

表8-5　光叶苕子后茬作物玉米、马铃薯产量及相关性状指标

处理	玉米产量及相关性状指标							马铃薯产量及相关性状指标					
	株高/cm	茎粗/cm	穗长/cm	穗粗/cm	秃顶/cm	千粒重/g	产量/(t/hm²)	株高/cm	分枝数	大型薯块（>100g）/%	中型薯块（50~100g）/%	小型薯块（<50g)/%	总产量/(t/hm²)
前作光叶苕子并作绿肥	212	2.4	22.8	5.2	1.8	364.6	6.63	70.5	4.1	46.59	40.05	13.36	38.49
前作冬闲地（对照）	210	1.8	19.0	4.4	3.2	315.1	5.76	58.2	5.3	24.20	52.40	23.40	31.54

（三）光叶苕子草产量及种子产量

刘云霞等（2002）在四川省会东县平坝河谷区、二半山地区、高山地区对光叶苕子草产量、种子产量的测定表明（表 8-6），光叶苕子在上述地区均生长良好，二次刈割鲜草总产量分别为 56 728.35kg/hm²、59 529.75kg/hm²、61 330.65kg/hm²（高山区未接种根瘤菌）和 74 537.25kg/hm²（高山区接种根瘤菌）。种子产量分别为 740.4kg/hm²、

830.4kg/hm^2、860.4kg/hm^2（高山区未接种根瘤菌）和1060.5kg/hm^2（高山区接种根瘤菌）。秋季种植亩可育肥肉羊4只。

表8-6 不同区域光叶苕子草产量和种子产量

种植区域	鲜产草量			种子产量/（kg/hm^2）
	第一次刈割/（kg/m^2）	第二次刈割/（kg/m^2）	总产量/（kg/hm^2）	
平坝河谷区	2.31	3.36	56 728.35	740.4
二半山地区	2.41	3.54	59 529.75	830.4
高山地区（一般播种）	2.52	3.61	61 330.65	860.4
高山地区（接种根瘤菌）	3.13	4.32	74 537.25	1060.5

据四川凉山州草原站统计资料，2009年凉山州光叶苕子粮草轮作、间作、套作种植面积达11.43万hm^2，按中等平均产量计算，可产干草83 500万kg，按18kg干草转化生产1kg羊活重，则可生产4638.9万kg羊活重。相当于凉山州当年牧业总产值的5%。按2kg干草相当1kg粮食计算，相当于41 750万kg粮食，相当于种植荞麦（200kg/亩）13.92万hm^2，同等面积种植光叶苕子比种植粮食作物的生产量高出21.78%。另据凉山州测定，羊冬春季因缺草掉膘率为4.8%，采用粮草轮作解决冬春补饲，变冬瘦为冬肥，养畜效果十分明显。冬闲田种植光叶苕子可提供500万~700万个羊单位的冬春补饲草需要，控制牲畜冬春掉膘，确保畜牧业稳定发展，是帮助农牧民脱贫致富的重要途径。

在贵州毕节地区，农民普遍用光叶苕子草粉喂猪和饲养家禽，"一瓢草粉加一瓢玉米粉"已成为家庭养殖的习惯。光叶苕子干物质中粗蛋白含量在20%以上，氨基酸、矿物质、维生素比较丰富，消化能（DE）：牛12.4MJ/kg、猪11.9MJ/kg，代谢能（ME）：鸡10.7MJ/kg；在肉牛精料中用光叶苕子草粉代替全部麦麸，平均日增重92g，饲料利用率提高9.5%；在肉猪日粮中用光叶苕子草粉代替20%配合饲料，平均日增重81g，饲料利用率提高13.16%，在肉鸡日粮中用光叶苕子草粉代替10%~15%配合饲料，肉鸡增重提高252g/只，饲料利用率提高12.8%（夏先林等，2005）。

（四）生态效益

高寒山区由于气候寒冷，无霜期长，冬春气候干燥。未进行粮草轮作时，冬春季节寒风呼啸，尘土飞扬，一片荒凉。大面积进行粮草轮作，由于光叶苕子耐低温，耐干旱，即使不施肥、灌水，在自然条件下仍有一定的产量。光叶苕子种植区，冬春季节仍是一片绿色，改善了种植区的气候条件，形成了良好的生态环境。实行粮草轮作、果林套作种植光叶苕子，既不与粮、林争地，又充分利用土地资源，肥地养地，有利于改良土壤，既美化了环境、减少了风沙尘土、净化了空气，又提高了复种指数、提供了大量优质牧草、缓和了粮草矛盾和林牧矛盾，有力地促进了草地生态农业的发展。

利用光叶苕子轮作、间作、套作种植模式，充分利用冬闲地，既能加大土壤覆盖、防风固沙和减轻风对土壤的侵蚀，又能改良土壤结构和增加土壤肥力，起到固氮和提高后续作物产量及增加单位面积生物量的作用。既缓解了粮草争地矛盾，又解决高寒山区冬春缺草的草畜矛盾，使畜牧业生产逐步由粗放型向效益型转变。轮作、间作、套作种植光叶苕子是一举多得的种植模式，是一种生态型草地农业生产模式。

　　在提高地区山区冬闲地综合产出的同时，控制水土流失，改良土壤，提高肥力，实现农业的可持续发展。粮食作物与牧草轮作、间作、套作是实现高效农业的现实途径。南方山区海拔高，耕地类型多样，加之种植制度和生产生活习惯不同，为了促进各种种植模式的发展，需要适应不同的农业和生态类型区域的种植模式，一是加强培训，逐步扩大光叶苕子种植面积和栽培利用技术；二是继续深入研究不同粮草轮作、间作、套作的种植模式、栽培技术和土壤培肥方式；三是提高光叶苕子的利用率和经济效益，加强牧草的综合高效利用研究，对光叶苕子可采取分部位使用，上部用于养猪、养鸡，中部用于养牛养羊，下部用于肥田，在有条件的情况下，可在调制干草前提取叶蛋白；四是发展养殖业，提高光叶苕子的利用程度，生产绿色畜产品；五是研究畜禽粪便的高效利用技术，以培肥土壤，发展农业清洁生产，发展沼气，实现农业-畜牧业-生态环境的循环利用模式，为新农村建设和农村经济的可持续发展提供技术支持。

第九章 林草复合系统

第一节 林草复合系统的概念及意义

一、林草复合系统的概念

林草复合系统，又称林牧复合系统，泛指由森林和草地在空间上的有机结合形成的复合人工植被或经营方式，是我国干旱与半干旱地区农林复合的主要模式之一。它属于复合农林业系统的一大类，主要包括：由树组成的树篱和长有乔、灌木的草地系统。草原学把它划归为林草型草地。事实上我国林业上常用的林草间作、牧场防护林、饲料林、果树和经济林培育中的生草栽培等都属于林草复合系统的范畴。

张久海等（1999）将林草复合系统归纳为两类：①林-牧型。由饲料树种组成，包括树篱系统，其幼嫩枝叶可被家畜直接采食或采割后做家畜饲料。这种类型的复合生态系统中林下很少或没有草本植被，其最大的特征是乔木林或灌木，由饲料树种组成，并且在这个系统中林木是饲料的主要提供者。②林-草-牧型。指乔木或灌木下生长有牧草（天然或栽培），牧草收获后可喂养家畜或直接放牧。这种类型的林草复合生态系统还包括在原有的草原或草地牧区系统上种植乔木或灌木等木本植物所构成的复合系统。与裘福庚和方嘉兴（1996）提出的林-牧复合经营系统以及王晓江（1996）提出的牧用林业概念是一致的。

近年来，随着林草业的相互渗透及对生态环境综合治理的需要，林草复合经营日益受到国内外的重视。林草复合可以在多层次上利用光能，生产多种产品，增加收入，缓解林牧矛盾，同时还可以提高土壤有机质，改良土壤结构，给林木提供氮素营养，为林业健康稳定的发展创造条件。

林草复合发展的草地农业必须遵循一定的原则，即①生态与可持续发展原则；②充分发挥生物学效益的原则；③时间镶嵌原则；④空间扩展原则；⑤种间搭配原则；⑥物能流畅原则；⑦科学管理原则。

二、建立林草复合系统的意义

林草复合系统，是一种传统的复合农林业模式，属复合农林业系统的一大类。作为一种林草牧系统在世界范围内有着广泛的应用，欧洲、北美，澳大利亚、新西兰及北非地区的林草牧复合系统已成为当地农业经济的支柱，主要指由林木和草本植物结合形成的多层次人工植被，林业上称为林草混交、林草间作。林草复合系统是一种土地利用系统和工程应用技术的复合名称，是有目的地把多年生木本植物与农业、牧业用于同一土地经营单位并采取时空分布或短期相间的经营方式。草类作为生态系统中的初级生产者之一，在退化生态系统恢复重建和环境污染治理等工程中的作用日益受到重视。在退耕还林还草中，草类以其生态效益、经济效益良好显得尤为重要。林草复合模式不仅可以保持水土、提高林地土壤肥力、改善土壤物理结构、促进林木生长，而且还可利用林内"冬春温暖"的小气候环境，利于牧草安全越冬、提早返青、增加牧草产量和质量，最终实现林草互生互利、共同发展。林草复合模式是基于长期效益和短期效益相结合的高效模式。生态退化耕地退耕后，植树种草改变土壤利用结构，恢复植被，减少水土流失，改善生态环境，并通过割草养畜，促进畜牧业发展，短期可获得良好的经济效益。山仑（2000）认为人工植树种草是使黄土高原生态环境与农业发展步入良性循环的一个关键步骤，人工种草是防止水土流失和发展地方经济的最佳结合点之一。

（一）林草复合系统生态效益明显

目前，林草复合生态系统中关于生态效益的研究最集中。汪万福等（2004）研究发现在风沙防治区域，林草结合中的林木可使周围的气流场重新分布，改变近地表风沙流结构，从而起到防风固沙的作用。林草结合克服了单纯栽植林木见效慢的缺点，林下草本植物迅速生长，在较短时间内覆盖地表，在很大程度上改善了林地微环境，为林木生长创造了适宜的条件，更为重要的是草本植物的短周期生长对林地土壤结构，土壤养分的快速循环与积累提供了可能。宫渊波等（2004）及韩永伟等（2004）证实了林草复合生态系统在涵养水源、保持水土、改善土壤结构、提高土壤肥力等方面具有积极的作用。王建江和杨永辉（1996）在研究太行山区林草复合生态系统效益时发现，在林木生长的初期，幼林间种植牧草能显著提高干物质产量和光能利用率。

（二）经济效益最优化

林下（林间）种植牧草具有较强的经济目的，这在很大程度上促进林地农业以耕作种草代替林木抚育，合理施肥。因此，会进一步促进林草复合生态系统生态学过程的良性循环和经济效益的迅速提高。李文华（2003）认为，可持续发展的核心是生态建设与经济发展的统一，生态建设必须把环境建设与农村的脱贫致富结合起来。小流域综合治理、生态农业建设、农林草复合经营等是注重发展农、林、草、牧相结合的复合生态系统，通过小流域综合治理和组织大农业深度开发，逐步建立起结构合理、功能齐全、优势产业明显的农村生态经济系统。在生态环境治理过程中，常将治理与开发结合起来，即在营造和培育林草植被改善生态环境的同时，将林草植被建设的经济效益和生态效益结合起来。经济效益是林业经营者追求的最终目标，同时也是最能激发林业经营者积极性的因素。因此，经济效益的发挥程度直接影响着林草植被建设进展。目前，林草复合种植模式的经济效益研究常常和农业产业结构调整，发展循环经济联系起来，已经成为生态经济学研究领域的热点之一。

（三）社会效益综合化

林草复合系统的社会效益其实是一个综合评价指标，是生态效益与经济效益的综合，可以归结为资源最大限度地被利用，生态环境质量明显得到改善，林业经营者生活殷实，社会和谐稳定等方面。林草复合种植模式是土地集约经营，资源分级多层利用，产出多样化的生产方式，从生态经济学的观点来讲属于互相协同进化发展的生态经济系统演替方式，能充分利用传统农区的劳动力资源，缓减农村就业压力，拓展生态农业的产业尺度，发展农业产业化生产链，实现生态农业的产业化经营，有效地促进人与自然协调发展。

近些年来，随着我国西部开发、生态环境建设，以及林、牧业发展的需要，林草牧复合系统在我国日益受到重视。国家在实施退耕还林还草工程中规定，林下不准间作种植农作物、蔬菜，只能间作种植牧草、中药材。如何选择退耕还林还草模式，在确保生态目标实现的同时，解决好农民的收入问题，真正做到退得下、稳得住、能致富、不反弹，就成了一个大问题。单一实施林草间作或经济林林下生草栽培，虽有显著的生态效益，但直接经济效益欠佳，因此，农民不愿意接受，从一定程度上影响到这些技术的推广。如果能引入草食性畜禽，以草养畜，以粪肥树，形成良性循环，不但可以保证生态效益，同时可以产生较大的经济效益，又可保证林地的养分平衡。因此，在退耕还林草工程区实行林草牧复合经营，发展草食性畜禽，延长产业链条，发挥最大的生态经济和社会效益将成为重要的经营模式。随着畜牧业的发展，我国每年有近亿吨的饲草缺口，而且以苜蓿为主的优质饲草有着广阔的国际市场。另外，实行生草栽培也是当前经济林和果树栽培的一项新技术，特别是发展无公害果品、有机果品，实行果草间作、果草牧结合、绿肥还田的生态栽培技术模式是当前产业的迫切需求。

第二节　建立林草复合系统的理论基础

林草复合种植模式是生态工程的重要组成部分，遵循生态工程学的基本理论。王礼先（1998）把现代生态学与景观生态学理论、生态经济学理论、系统科学与系统工程学理论、可持续发展理论、环境科学理论、水土保持学原理、防护林学理论作为生态工程的理论基础。王治国等（2000）指出生态工程的基础理论是生态学和环境学理论，应用理论基础是林草培育理论，规划设计方法论是系统科学理论，规划设计评价的基础理论是生态经济理论。综合评估的准则是可持续发展理论。

（一）生态系统理论

"生态系统"这一概念是由英国著名植物生态学家坦斯利（A. G. Tansley）1935 年首先提出的，此后经美国生态学家林德曼（R. L. Lindeman）和奥德姆（E. P. Odulm）继承和发展形成。生态系统的含义可以表述为在一定的空间内，生物与非生物成分通过物质循环、能量流动和信息传递而相互作用、相互依存所构成的一个生态功能单元。地球上的生态系统多种多样，而且尺度可大可小，然而它们都有一系列共同特征，包括系统结构和功能特征、相互作用与相互联系特征、稳定平衡特征以及动态特征等。对林草复合系统的建立具有直接指导意义的是生态系统平衡与生态稳态理论。中国生态学会于 1981 年确定的生态平衡的定义是：生态系统在一定时间内结构与功能的相对稳定状态，其物质和能量的输出、输入接近相等。在外来干扰下能通过自我调节（或人为控制）恢复到原初稳定状态。当外来干扰超越自我调节能力，而不能恢复到原初状态时谓之生态失调或生态平衡破坏。生态平衡是动态的，维护生态平衡不仅是保持其原初状态。生态系统在人为有益的影响下，可以建立新的平衡，到达更合理的结构，更高效的功能和更好的效果。

　　生态系统平衡主要是通过系统的反馈能力、抵抗力和恢复力实现的。

（二）环境科学理论

　　环境科学理论中环境要素，又称环境基质，是指构成人类环境整体的各个独立的、性质不同的而又服从整体演化规律的基本组成成分，如水、大气、生物、岩石、土壤等。环境要素自身属性中，与林草复合植被建设有紧密关系的是最小限制定律，该定律首先由李比希于1804年提出，20世纪初布克来曼发展完善，即整体环境的质量，不能由环境要素的平均状态决定，而是由受环境诸要素中那个与最优状态差距最大的要素控制。在系统建立初期，环境要素相互作用对林草复合系统的影响占主导地位，但是当林草复合系统达到结构合理、功能完善、动态稳定的状态时，系统对环境要素的影响明显增加，而且系统对环境要素具有一定的改造作用。

（三）系统科学与系统工程理论

　　系统科学（system science）是研究系统性、复杂性和多样性的科学，是自然科学、数学科学、社会科学三大基础科学之外，形成的一个新的学科。它融会贯通了两方面的内容，一是从工程实践中提炼出来的技术科学，即运筹学、控制论和信息论；二是来自数学和自然科学的系统理论成果，如 Von Bertalanffy 提出的一般系统论和理论生物学。系统工程（system engineering）是处理系统性、复杂性和多样性的工程技术，是系统科学指导下的工程实践，着重于工程的开发、设计、模拟、优化等。系统是由两个或两个以上相互联系、相互制约、相互作用的事物和过程组成的具有整体功能和综合行为的统一体。林草复合种植模式作为一种复合系统，其基本组成元素乔木灌木与草本通过物种选优、合理配置，形成不同空间结构，从而达到对资源分级多层利用的效果。林草复合系统必然遵循系统论的基本原则，即系统的整体性原则、系统的相关性原则、系统的自组织性原则与动态性原则、系统的目的性原则和系统的优化原则。

（四）生态经济学理论

　　生态经济学是研究社会再生产过程中生态系统和经济系统之间物质循环、能量转化和价值增值规律及其应用的科学，是生态学和经济学相互渗透和有机结合而形成的一门新兴的交叉边缘学科，研究生态—经济复合系统的结构和运动的边缘学科。生态经济系统演替是社会经济系统演替与自然生态系统演替的统一。它突出表现为社会经济主导下的急速多变的演替过程。林草复合种植模式是现代农林业发展的集约经营方式，在生态经济学规律中表现为由经济占主导地位的掠夺型的生态经济演替向生态与经济同等重要的协调型的生态经济演替转变。协调型的生态经济演替是经济系统通过科技手段与生态系统结合，形成高效、高产、低耗、优质、多品种输出、多层次互相协同进化发展的生态经济系统演替方式，也就是经济社会持续发展阶段的生态经济特征。林草复合种植模式是生态环境建设的主体，同时也是现阶段调整农业产业结构，发展农村经济，提高农民收入的重要途径，完全符合生态经济学理论，在经济迅速发展与多元化发展的今天，林草复合种植模式属于协调型生态演替模式，在解决资源、环境和经济发展的矛盾中发挥着重要的作用。

（五）生态工程学原理

循环再生原理是生态工程学的核心原理之一。林草复合生态系统之所以得到广泛的推广与应用，重要原因就在于其运用自生原理，通过自我组织、自我优化、自我调节、自我再生和自我设计等一系列机制，使物质得以循环和再生，资源得到多层次分级利用，维护系统相对稳定的结构、功能和动态的稳定以及可持续发展，符合生态工程学理论。生态工程学的生物学原理是生态环境建设（以生物措施为主导）的重要指导理论。林草复合系统各生物间有多种相互作用，对复合系统整体的生产率有直接的影响。黄文丁和王汉杰（1992）将生物间关系总结为中性互作、竞争性互作、偏利偏害类互作、利害互作以及相益互作等 5 类。林草复合系统种群互作已成为现代林草复合系统研究的核心内容之一。一个优化的复合结构模式必须使系统各种群具有广泛的生态位分化，在结构设计时要充分减少种群复合经营的负互作，提高正互作，并从时、空、量、序 4 个方面进行系统调控促进模式优化与系统的持续稳定。一般而言，生物间互利共生及中性互作原理是林草物种选择所必须遵循的基本原理，而生态位原理是林木与牧草复合生态系统物种对资源多级分层利用的基础，物种多样性原理是系统稳定与健康的重要保障。

（六）水土保持学原理

水土保持是生态环境建设的重要内容，我国西部进行的生态环境建设基本上围绕水土保持与荒漠化治理而开展，而林草复合植被建设正是水土保持与荒漠化治理的有效途径。因此，林草复合种植模式必须建立在这一基础之上。水土保持林草复合植被措施习惯上常称为生物措施，这是相对于工程措施而言的，有时也称为植被措施，是与水土保持工程措施、水土保持农业技术措施构成水土保持三大措施的系统工程。林草复合植被主要通过冠层截留，改变降水的再分配以及减缓暴雨对地表的直接打击，降雨截留率视植被类型及其郁闭度、降雨量、降雨强度而不同，一般降雨截留率在 12%~35%；下层地被物保持水土主要是通过地被物层截蓄降水、滞留地表径流、抑制土壤蒸发、消除土壤溅蚀、增强土壤抗侵蚀性等作用。根系—土壤系统表现在提高土壤渗透性、贮水量和增强根系对土壤的固持作用。植被对土壤的固持作用来自于根系在土壤中的穿插、缠绕、网络、固结，增强了土壤抗侵蚀能力，从而增强了土壤的抗冲击、抗侵蚀和抗剪切强度，其固持力强弱与土壤结构、根量和根系抗拉力大小有关。李勇等（1990）研究表明根系提高土壤抗冲击效应主要由小于 1mm 的毛细根密度决定。

（七）可持续发展理论

21 世纪初，可持续发展已经成为世界上大多数国家的共识和主导潮流。可持续发展理论的核心思想是"当今人类的经济和社会发展，必须既满足当代人的需要，又不对后代人满足其需要的能力构成危害"。目前，世界各国政府和学者已经完全清醒地认识到资源与环境的重要性，世界各国的发展战略也从过去的资源掠夺型开始转向集约综合利用型。王治国等（2000）认为可由资源的承载能力、区域的生产能力、环境的缓冲能力、进程的稳定能力和管理的调节能力等 5 个方面决定可持续发展的水平。可持续发展强调的是环境与经济的协调发展，追求的是人与自然的和谐。林草复合生态系统结构、功能和动态正是符合这一要求的系统。

第三节　林草复合系统的发展与研究现状

一、林草复合系统的发展

复合经营体系是以生态效益、经济效益和社会效益的综合发展为目标，通过调整系统的组成和时空结构提高生产力。国际农林牧复合研究委员会（ICRAF）于 1977 年在国际发展研究中心（IDRC）的资助下成立，农林复合也进入了研究的热潮。1982 年创办了国际性刊物《农林业系统》（*Agroforestry system*），同时，国际农林牧复合研究委员会于 1982~1987 年在发展中国家对已经存在的农林复合系统类型和模式进行了广泛的调查。农林复合系统的经营管理始于原始农业时期，但从科学的角度把这些复杂多样的生产方式进行总结提高并予以推广仅有半个世纪的历史。Nair（1985）根据农林复合经营实践的普查为基础提出了分类的综合指标体系：①系统组分的产业结合；②组分的时空结构；③组分的功能；④对农业-生态所适应的环境；⑤系统的社会-经济和管理水平。同时，在此基础上，将农林复合系统分为农林系统、林牧系统、农林牧系统和其他特殊系统，林牧系统就是现在林草复合的一种表现形式。近年来，农林复合系统研究不断得到重视。不少学者大力提倡发展农林（林草）复合生态系统，以增加森林覆盖率。而各个国家在社会、经济以及自然条件方面存在差异，因而研究重点有所不同。

林草复合系统作为一种有效的可持续发展途径已在世界各地引起普遍重视。从概念的提出到目前这一领域的蓬勃发展，经历了仅四五十年。一方面是由于国际上有关机构的关键作用，另一方面各国政府对林草复合系统的研究和实施也给予了大力的支持和推动。由于林草复合系统有助于改善农业的自然环境条件，也有助于减缓人们对珍稀资源（如热带雨林）的破坏速度，所以一些发展中国家如中国、印度、巴基斯坦、印度尼西亚、巴西、尼日利亚都在林草复合系统方面投入了相当多的人力和财力。有些国家设置了专门管理机构和研究机构，有的国家成立了研究网络，有的国家制定了有关的法规条例，从而形成了从研究到组织实施的一整套管理体系，成果十分引人注目，这反过来又大大提高了林草复合系统的接受程度，使之真正形成一种发展趋势。

由于发达国家与发展中国家在经济、社会和自然条件等方面有着明显的差异，所以在林草复合系统的研究和实施方面有不同的侧重点。发展中国家更多地注重粮食生产，较多地倾向于农田防护林、水土保持林、林粮间作、林草间作的研究，形成林-农-草型为主的经营系统。发达国家则重点充分利用闲置土地生产木材和发展畜牧业。除了林草牧结合的经营外，还进行了较多的野生动物保护和景观美学方面的研究。

目前，林草复合无论是针对动植物个体生理生态还是动植物群体及整个系统的长期动态变化，无论是针对林草复合系统的分析还是规划设计，都已开始应用先进的技术手段。但是，从以往的工作来看，由于发展中国家经济基础薄弱，研究方法和技术设备较落后，所做的研究大多局限于试验观测和一般性的描述，理论研究、研究工具的开发、信息系统的开发、交流及培训等还有不足。

世界各地的区域环境条件千变万化，相对于现在的数千种具体的林草复合系统以及将要派生和创造出的新系统，以往进行的研究，特别是定量化试验研究还远远不够。如何提供简便、合理、有效的研究方法至关重要，包括数据收集、分析、规划设计等。

二、国内外林草复合系统的状况研究

（一）美洲林草复合研究

在美洲已有不少复合农林业系统的研究报道，其主要类型是乔木与经济作物或灌木混种、林牧系统和农田防护林系统等。美国在复合农林业系统的研究方面比较深入，绝大多数复合农林业系统的博士论文都出自美国的大学。华盛顿的一项调查结果显示，94%的农场主知道 agroforestry（农林业）这一名词，57%的农场主实际上从事着复合农林业系统实践。Bandolin 和 Fisher（1991）根据组成和功能将北美的复合农林业系统分为 6 个大区，其经营的重点是减少投入、增加木材和家畜、保护土壤以及增加景观美学价值等。北美的林草复合经营研究内容十分广泛，主要包括基本理论、水肥动态、生物生产力、生物多样性、土地资源优化利用与设计、经济风险和社会可持续发展等。

美国加利福尼亚大学 1989 年底出版了《林草复合生态系统大全》，佛罗里达大学等机构于 1990 年开发出了一个初步的林草复合经营专家系统，康奈尔大学整理林草复合生态系统资料以便选出精华部分编辑出版，供研究和教学使用。

（二）非洲林草复合研究

非洲林草复合生态系统的研究主要集中在南部地区，主要种植模式包括：条带式混交系统、庭园式林草复合生态系统、农田防护林系统、田间零星植树、林牧系统等。非洲在林草复合经营系统方面研究较好，已有林草复合经营系统研究网络（AFRENA）、热带非洲林草复合经营网络（AFNETA）、东部及南部非洲牧草网络（PANESA）等较大的国际合作机构。

（三）大洋洲林草复合研究

澳大利亚和新西兰国家把林草复合系统的研究重点放在农林牧的结合上面。澳大利亚的复合农林业系统研究起步较晚。主要有防护林和林牧结合等类型，目前正在加紧研究和推广。主要研究方面包括以造林和其他生物措施控制土壤的盐渍化、树木产品的潜在经济价值、复合农林业系统的生物生产力、牧草和林草复合经营的模型程序等。

新西兰从 20 世纪 60 年代末开始针对典型的林牧复合系统进行观测研究，主要有 3 种林牧复合系统：用材和防护兼用林带、林场中进行林下放牧及草场上栽植树木以较低投入获得林牧双重收益。新西兰对辐射松-羊（牛）复合系统的研究较为深入，包括生理生态和生产力，并开发出了辐射松复合农林业系统的模拟程序包，用以指导复合农林业系统工作。

（四）欧洲农林复合研究

欧洲的复合农林业系统虽然有较长的历史，但系统深入的研究也只是近十几年才兴起的。欧洲现有的复合农林业系统的类型较为简单，主要分布在地中海附近地区。几十年前，地中海沿岸地区有着丰富多彩的复合农林业类型，这些复合经营类型对变化无常的地中海气候具有灵活的适应性。如在摩洛哥和法国疏林荒原、矮林和疏林地带，人们通常按"饲料日程"安排放牧，充分利用了各类饲料资源，其中木本饲料和灌木饲料的利用达到家畜全年饲料的 75%。英国于 20 世纪 80 年代中期成立了一个非正式组织"复合农林业系统研究会"，并于 1986 年组织建立了规模遍及全国的林牧结合研究基地，其主要复合农林业系统类型有防护林、林粮间作、林牧复合系统等，但这些复合农林业系统没有形成大的规模。复合农林业系统的研究包括植物生理、环境影响、社会经济、生产力、防护效能和林木结合等。

英国在 20 世纪 80 年代末成立了林草复合生态系统研究讨论会（AFRUKDF），1989年牛津大学的研究人员也开始重视林草复合生态系统。英国主要的林草复合生态系统类型有防护林和林粮间作、林牧复合系统等，研究包括植物生理、环境影响、社会经济、生产力、防护效能和林牧结合等，但都以试验研究为主，还没有形成大的规模。意大利在农田里栽植少量杨树，在不影响粮食生产的同时，获得可观的木材收入。法国自 1988年以来在地中海干旱地区建立了复合农林业系统田间试验网，探讨干旱地区复合农林业发展的新途径。

（五）亚太地区林草复合研究

在泰国，农民在生产实践中创造了多种以农场为基本经营单位的林草复合生态系统，1989 年联合国粮农组织亚太地区办事处出版的一本题名为《林草复合生态系统-泰国农民的首创》一书中就有详细阐述。近年来亚太地区根据当地自然-社会-经济条件发展了多种林草复合模式，如马来西亚的胶园畜牧复合系统，泰国的森林村庄建设，越南和斯里兰卡的林牧渔蜂复合系统等。目前亚太地区在林草复合生态系统方面急需开展的研究包括：系统中的营养元素循环，物种稳定性，林草复合生态系统对水土流失的作用，合理轮作期，林草复合生态系统管理、环境效应、经济效应、外延模型、不利影响等。

（六）中国林草复合研究

我国林草复合种植并非从现代开始的，它的思想自古就有，总体上可以划分为三个时期。1978 年以前为萌芽期，传统的农林、林牧思想主要表现在对林草复合系统的研究停留在表面的观察。1978~1988 年，是林草间作的诞生期，主要研究集中在对传统农林业（包括林牧业）的摸底调查及林牧复合生态系统的结构设计、物种搭配、效益等方面。1988 年以后为成熟期，在林草复合系统整体优化设计，物种选择与搭配，物种生态位及在水分、营养、时空上的关系，饲料树种的选择，饲料加工工艺以及放牧对林草复合系统影响等方面都有了进一步的发展，但我国许多研究仍集中在系统效益上。1990 年邹晓敏等在农林业系统分类中，按照中国农林业系统分类法则，将农林业系统分为林草业系统和农林草业系统两类，把林业和草业结合起来。李文华（1994）、朱清科和朱金兆（2003）

等结合我国的具体情况,对农林复合经营系统分类原则、分类体系和指标进行系统阐述,提出了中国农林复合经营系统分类体系,将林草复合系统列为农林复合的第二级。日前我国对林草复合系统的研究主要集中在多用途树种、系统结构特征及作用关系、林草复合系统作用特征、林草复合经营效益、林草复合系统功能评价等方面。

三、林草复合生态系统的特征研究

(一)林草复合系统的小气候特征

林木的引入,改变了草地下垫面的性质,必然引起草地微气候的改变,已有大量研究证实,树木在有效防护区内具有降低风速、减少蒸发、提高空气湿度、稳定温度等方面的作用。

Feldhake(2001)在西弗吉尼亚观测了刺槐和牧草间作系统土壤水分、光合有效辐射、红光/远红光比率、土壤表面温度等微气候效应,结果表明林木可以减少草地系统光合有效辐射、土壤温度的极端出现,为牧草生长创造良好的小气候。苏联的研究表明,由2~3行胡颓子及榆树组成的牧场防护林网与空旷地相比,平均减少风速61%,进而提高了空气温度、土壤温度和空气湿度,同时增加了积雪及土壤水分。McNaughton(1983)综述了防护林带因对湍流交换的影响,分析了林带附近的 CO_2 浓度、空气湿度、温度、空气饱和差及蒸发等小气候要素的变化特征。

韩启定等(1989)的研究表明林草间作可以使夏季地温降低0.5℃左右,1月份地温提高0.2℃左右;河北省林业科学研究所在太行山区的研究表明林草间作可使9月份土壤水分蒸发量减少1.7mm;在热带、亚热带地区经济林和果园生草覆盖栽培的大量研究也证明了林草复合可改善小气候、调节温湿度、减缓果园高温干旱胁迫,从而促进经济林和果树生长的作用。

(二)林草复合对林木及其产品的影响

林草复合可以增加林木的光能利用率,提高林产品的品质,增加经济林的产量,促进林木生长。梨草间作其果实总糖比清耕园增加6.3%,在甜柿林-紫花苜蓿的复合系统中,林草间作的糖酸比清耕区高7.07%,其叶片中的氮、磷、钾含量也略高于清耕区。林草间作还可促进林木的生长,苹果-紫花苜蓿间作其树干周长比清耕区略有增加,复合系统新梢生长量比清耕区增加8.67%。林木间种草木犀,林木树高比纯林地增加15.1%,胸径增加9.54%。

(三)林草复合系统对土壤物理性状的影响

林草复合系统对土壤的机械组成和质地具有很好的改善作用。林草复合种植主要是通过林草根系的作用来增加土壤腐殖质、防止土壤侵蚀的发生等方式对土壤物理性质产生影响。

研究证明,根系的生长能够增加土壤的孔隙度,尤其是非毛管孔隙度和深层土壤孔隙度,从而为土壤气体的交换和渗透提供有利条件。林草复合种植模式的枯枝落叶能提高土壤有机质含量，促进有机无机复合胶体的形成，加之草类的有效覆盖避免了表层土壤直接受到雨水的冲刷，有利于良好土壤结构的形成。土壤孔隙直接反映着土壤的构造情况，是土壤养分、土壤空气和水分的储存库，也是植物根系和微生物活动的重要场所。

相关研究表明，与单一果园相比，果草间作种植方式下，0~30cm 土层的土壤毛细管孔隙度、毛细管贮水量、饱和含水量、土层贮水量分别增加了 9.9%、7.2%、10.4%和 300t/hm^2；土壤容重比单一果园种植模式减少了 0.11g/cm^3，土壤总孔隙度、非毛细管孔隙度提高了 6%和 3.9%，其可能的原因是牧草的种植增加了土壤中植物根系的分布，从而形成较多的空隙。同时，土壤有机质的增加、土壤动物和微生物活动的增强，也有助于土壤物理性质的改善。可见，合理设计的林草复合种植模式能改善土壤空隙、降低土壤容重，从而促进土壤肥力的提高。

（四）林草复合系统对土壤水分含量及土壤水土流失的影响

对土壤水分的影响是林草复合生态系统研究的热点和重点之一。在黄土高原渭北地区苹果园生草，改善了 0~60cm 土层的贮水能力。0~20cm 土层土壤水分年平均值稍低于清耕地，但该土层水分变异系数及标准差明显小于清耕地，且土壤水分下降较慢。20~40cm 土层生草区水分变异系数及标准差高于清耕地，水分竞争强烈。苹果园生草，6~7 月可以增加田间持水量 7.19%，缓解夏季干旱给林草生长带来的不良影响。

林草复合生态系统对表层土壤水分还具有一定的缓冲调蓄作用，干旱季节能够保持一定的土壤水分质量分数，但 20~40cm 土壤由于根系分布集中，水分竞争激烈，在林草复合种植中，应选择好林草搭配模式，充分考虑林木和牧草的根系分布特点，减少二者对土壤水分的竞争。同时，在幼龄果园中植被覆盖度低，水土流失率高达 80%以上，但间作牧草后的果草生态系统水土保持率可以提高 50%~80%，而且随着牧草种植年限的增加，其径流量明显降低。幼龄果园间作牧草平均土壤侵蚀量比梯田裸露地土壤侵蚀量减少 73.46%，平均地表径流量比梯田裸露地径流量低 47.47%。林草复合系统其年径流量和冲刷量比纯林种植模式减少率平均达 37.25%和 69.4%。

（五）林草复合系统对土壤营养的影响

林草复合系统使土壤中根系数量增加，增加土壤腐殖质的含量，提高土壤营养元素的活性，培肥地力。苹果园生草能显著增加 0~20cm 土层有机质，果园种植禾本科牧草每年可增加 0.1%有机质，种植豆科牧草每年可增加 0.15%有机质。同时，生草能提高 0~40cm 土壤水解氮、速效磷、速效钾的含量，0~40cm 土壤有机质、全氮、NH$_4^+$都高于纯林地。对幼龄果园间作牧草其土壤有机质、土壤全氮、全钾、有效氮、有效钾和阳离子交换量与清耕园土壤相比都有提高。在 32 年龄的梨园中采用果园间作牧草，果草间作与清耕相比其土壤有机质增加 45.1%。在芒果园间作柱花草使土壤全氮增加 43.92%，速效磷增加 78.16%。林草复合能增加土壤肥力，提高土壤营养元素的活性，有利于林木对营养元素的吸收，同时刈割间作牧草还可以减轻林木和牧草对土壤肥力的竞争，促进林木生长。

（六）林草复合系统的环境效益

林草复合系统植物高矮搭配，能充分利用立体空间，增加系统内光能利用率，减缓内部环境的变化。苹果-紫花苜蓿构成的林草复合系统平均日光反射率高于单作苹果系统，平均透射率较单作苹果系统低2个百分点。林草复合系统可以截获和吸收更多的光能，提高林草复合系统对光能的利用率。林草复合系统不仅可以提高光能利用率，而且夏季生草区土壤湿度比清耕区高3%~4%，夏季0~20cm土层土壤温度明显低于清耕区，冬季比清耕区温度高1℃左右，生草区土壤温度较清耕区变化平稳。林草间作可有效缓解温度的剧烈变化和对林木、牧草生长的影响。

（七）林草复合系统对病虫害的自然调控效应

林草复合可以调整系统内部的食物链结构，可有效控制系统内部病虫害的发生。枣树-牧草间作园中，害虫多样性和均匀度明显大于单作枣园，而个体数则显著（$P<0.05$）小于单作枣园，捕食性天敌种类也明显多于单作枣园。捕食性天敌个体数与害虫个体数的比值，捕食性天敌的时空二维生态位平均宽度、不同发育阶段牧草间作枣园捕食性天敌与害虫的时空二维生态位平均重叠程度，牧草间作枣园明显大于单作枣园。生草园天敌对主要害虫具有较强的时空追随效应和控制作用。刘德广等（2001）对广东东莞荔枝-牧草复合系统研究发现，其复合系统的节肢动物群落与荔枝单作系统相比，其数量、物种丰富度及均匀性都有所增加，多样性提高。复合系统中各类群的多样性几乎在一年中的任何时期都比单作系统要高，而且比较稳定。

林草复合不仅有效利用了空间和自然资源，增加了生物多样性，改善了林草复合内部的生态环境，而且提高了捕食性天敌的种群数量，同时增加捕食性天敌控制害虫的稳定性和可持续性，提高生物之间互生互利作用。

（八）林草复合系统的经济效益

由于林木生长周期较长，在短期内较难获得经济效益，但在幼龄林地间作牧草，牧草生长周期短，当年就可获得收益。林草间作系统除林产品收益外，还可收获一定的优质牧草，并增加土壤鲜根量，培肥地力，提高单位面积林草产品的产量和质量。在32年龄梨园中采用果园间作牧草，果草间作比清耕园果实单产增加8.1%，总收益增加了54.6%。在海南半干旱区芒果与柱花草间作其经济效益比芒果单作增加达98.53%。刘蝴蝶等（2003）对苹果园生草栽培的经济效益研究表明，生草栽培可使单位面积经济效益提高15.17%~36.22%。李绍密和裴大凤（1992）在湖北省柑橘、茶园间作白三叶发现，种植牧草区柑橘产量比清耕区每株提高3.69kg，种植牧草区每20m² 茶叶产量比清耕区提高1.6kg。彭鸿嘉等（2004）研究发现，林草复合系统的生态效益和经济效益也高于林农复合系统。

总之，在林间间作牧草，实行林草复合经营，在生态林区发展草业，在原有生态林范围内间作牧草，前期以草为主，以草促林，以草肥林，提高林木的生长速度，改善单作林木生长年限长，生态效益见效慢的特点。同时可以充分利用土地等自然资源，降低林地的管理成本。林草复合使单作林木生态系统过渡到林-草二元结构或林-草-牧三元结构的复合生态系统，取得良好的经济、生态效益。

第四节 林草间作

一、林草间作的相互影响

（一）草对林的影响

在幼林地或疏林地种植牧草，特别是豆科牧草，能显著促进林木的生长，提高郁闭度，缩短郁闭时间，增加乔木的总根量和根系总长度，提高林地的生产力。火炬松人工林内栽植牧草，松树 5 年龄木材生长量比纯火炬松林高 5.4m³/hm²。丘陵地林草复合林可提前一年郁闭。日本柳杉和红花车轴草间作，林的平均生产量比纯日本柳杉林高 8.7%。3 年龄林-草型桤柏混交林，桤木比纯林桤木高 3%，胸径大 15.4%，郁闭度高 30%。落叶松间作沙打旺，树高较纯林增加 9.1%，树径增加 11.2%，冠幅增加 5.3%，单株落叶松根幅增加 15.9%，总根量增加 12%，根系总长度增加 75.3%。同时，间作牧草明显减少中华鼢鼠对落叶松的危害。

（二）林对草的影响

在天然草场栽种乔木防护林，研究发现，优质牧草种类增加，乔木林区牧草产量比天然草场的牧草产量提高 55.49%，不仅幼羊取食优质牧草的机会显著增加，而且不像天然草场放牧那样过多奔走，对促进幼羊生长发育大有益处。在经济林内间作牧草可以抑制杂草生长，柑橘或茶间作三叶草，多数杂草被抑制。河北坝上杨树间作沙打旺或白花草木犀后，提高了牧草的株高、产量，同时改善了牧草的质量，粗蛋白增加 3.3%~3.4%。

二、林草间作的生态效益

（一）提高光能利用率

林草间作能分层、多级利用光能资源，提高光能利用效率。太行山区山地幼林地种植多年生豆科牧草紫花苜蓿、红豆草，间作系统光能利用率提高 0.62%~0.67%。日本柳杉间作红花车轴草，光能利用率是纯林作的 1.15 倍。幼林橘园间作多年生黑麦草，间作期光能利用率提高 0.82%~1.02%，全年光能利用率提高 0.36%~0.45%；幼林橘园间作紫云英（Astragalus sinicus），光能利用率提高 0.13%~0.25%，全年平均提高 0.36%~0.45%。

（二）改善土壤含水量

合作杨与紫花苜蓿林草间作地土壤含水量，除 0~5cm 表土层外，其余土壤层含水量均低于单纯林地。经济林内间作牧草，不论是冬季还是夏季其土壤湿度均高于纯林地，起到了保持水分的作用。季志平等（1997）对油茶复合林与纯林进行比较，发现复合林地不仅提高了土壤的持水性能，而且对水分的散失具有"缓冲性"，即月际变化幅度小。

（三）调整土壤温度，改善林内环境

林草间作，由于草本植物的遮阴、风障作用，减少了太阳对地面直接辐射，使日光、风速、地温都有所下降，不改变土壤温度随气温变化的趋势，但对温度值的大小、秋冬土温下降幅度及春季土温的回升速度均产生较大影响。吴建军和李全胜（1996）对幼龄橘园间作黑麦草、紫云英的研究结果表明，林草间作具有冬季保暖作用，这种保暖作用在晴天早晨更为明显，这对我国红壤区幼龄橘园免遭冻害有重要意义。王建江等（1996）的研究表明，夏季在相同盖度下种植牧草，一年后地表 3cm、5cm、10cm地温分别降低了 5.8℃、0.6℃和 0.5℃。在 7 月高温季节，由于林的作用，削弱了林内外能量交换，林地只能获得较少太阳辐射，使林内土温比林外低；而在寒冷季节，空旷地热量散发较快，林内降低风速、削弱近地表层的乱流交换，使林内土温高于林外。这些都有利于牧草顺利越冬或越夏。

林草间作可明显改善林内水、热状况，夏季可以提高林内湿度，降低温度；冬季可以阻挡风寒，延长青草绿期，减轻或阻止草本植物的日灼现象。我国南方红壤区柑橘园内栽植香根草，采割后的香根草覆盖树盘、柑橘园树冠内外部相比，高温伏旱期树冠部日平均气温降低 2.8℃，空气相对湿度提高 4.3%，这种降温保湿作用在高温期对柑橘的生长很有益处。王晓江等（1998）在牧用林业的研究中指出，树冠可以缓冲温度和湿度的急剧变化，减少晚间热量散失，在我国的北方可使草地返青提前 3~5 天，无霜期延长 1 周左右，冬春可给草场增加积雪，尤其是灌丛内及背风处积雪更加明显，使土壤水分显著提高。

（四）改良土壤肥力状况

林草间作，乔木或灌木的枯枝落叶和草本植物的有机碎屑为土壤提供大量有机质，增加土壤肥力，间作地上层土壤氮素含量提高，有机质含量多，覆盖度大，使地面增温较小，硝化作用相应较弱，因此土壤中有机氮素的分解少，土壤氮相应增加。

田间柳杉间作红三叶，在 0~25cm 土层，土壤有机质含量提高 30.16%，氮素含量提高 21.23%，红三叶固氮作用也较明显。林草间作提高土壤氮、磷的含量，但许多文献报道林草间作土壤钾含量下降。河北坝上杨树与豆科牧草间作，提高土壤中全氮、全磷、速效氮、速效磷的含量，但全钾、速效钾的含量有所下降。吴建军等（2001）也报道橘园间作紫云英、黑麦草后速效钾的含量呈下降趋势；作物与紫花苜蓿间作，土壤各层钾含量均下降；茶园间作白三叶，土壤速效钾含量也有降低。

（五）提高表土抗冲刷能力

森林能有效减少土壤流失，林草混交减少土壤流失更为明显，因为林木和草本都能够截留降水，而且草本植物生长迅速，可以尽快覆盖地面，减轻雨滴直接击溅，同时草本植物根系密集，能固结土壤，并能提供大量有机质和氮素，改善土壤结构，从而增强土壤渗透性和蓄水能力。研究表明，在幼林橘园内间作黑麦草和紫云英，土壤流失量为对照的 15.92%，单独间作黑麦草土壤流失量为纯橘林园的 16.89%，单独间作紫云英土壤流失量为纯橘园林的 33.86%。

（六）林草间作具有显著的经济和生态效益

林草间作的种植模式，在我国丘陵和山地得到了大面积应用。2009 年王致平等对黄土丘陵沟壑区试验表明，经过 3~5 年的林草间作种植，可使牧草产量提高 5~7 倍，近期可获得牧草收益，远期可获得林果收益，能够发挥出长短期相结合的经济效益。林草间作种植模式，既可除杂施肥、改良土壤、提高林果单位面积产量，又可收获牧草饲养家畜。同时，林草间作模式不仅增加了林草的种植面积，也促进了牧草加工业的形成和发展。王焕龙（2005）对安徽省中部寿县的林业现状分析研究认为，林草间作能提高光能利用率，同时可改善林地小气候，套种的林地比没有套种的林地温差减小，能增加土壤肥力，促进树木的生长，并能进一步改善土壤结构，有效地减少地表径流和养分流失，起到涵养水源、防风固土等作用。另外，林草间作的牧草种类因种植模式的目的而异，李晓锋等（2006）通过研究筛选出了适合南方水库区种植的优质高产牧草种类及水土保持的牧草种类：优质高产牧草有多花黑麦草、墨西哥玉米、高丹草、杂交狼尾草、菊苣、紫花苜蓿、白三叶、红三叶、多花木兰等，其中前 4 种为一年生牧草，后 5 种为多年生牧草。用于水土保持、且适合低山区种植的牧草为百喜草，适合中高山区种植的有三叶草、鸭茅、苇状羊茅等；多花木兰的适应范围很广，但因属于豆科小灌木，需连片种植，才能达到应有的效果。

三、林草间作模式

（一）林带型高效草地模式

农区林业主要以生态林、防风林、果业为主，可采取不同树种间作不同牧草。郁闭度大的林区种植耐阴牧草，如三叶草、红豆草、无芒雀麦、鸭茅、黑麦草；疏林地带可间作苜蓿、甘草、苏丹草、小黑麦、鸭茅、饲用甜菜、胡萝卜、抗盐小麦、小黑麦等，也可混作苜蓿。

在草地生境条件良好的区域，林草间作模式要求树种能防风固沙、生物排水、调节农田小气候、经济效益高、耐盐碱等，所以选择的树种以高大乔木及经济果木为主。营建林网带保证四季具有防护的效果，常绿树种应搭配其他落叶树种，适宜树种有新疆杨、箭杆杨、二白杨、小叶杨、银白杨、胡杨、旱柳、白蜡、国槐、刺槐、紫穗槐、沙枣、柽柳、梭梭、白榆、梨、杏、桃、枣、巴丹杏、苹果、葡萄、侧柏、油松、樟子松、云杉等；草种宜选择三叶草、毛苕子、草木犀、箭筈豌豆、苜蓿、沙打旺等高产型牧草。

（二）荒漠化治理模式

在干旱荒漠地区，风蚀沙化现象突出，宜加大灌木和草本的比例，有效减少耗水，采用以耐干旱瘠薄的柠条、杏、旱柳、小叶杨造林为主。在低平的沙荒地带，采取网带状造林，带间间作牧草、药材等；在较陡荒原地带，采取环等高线，修建鱼鳞坑、水平沟，点播造林，成林后形成环状生物埂，林间间作耐旱、耐瘠薄的碱毛、羊茅、狐茅、赖草等，以供放牧家畜，并综合开发柠条产业，如柠条纸浆、纤维板等。

（三）盐碱地改良模式

在次生盐碱化较为突出的地区，应选用耐盐碱的林草间作模式效果较好，如沙枣、枸杞与草类间作，采用莳状台式整地栽植，行距 2m，株距 1.5m，对角配置，带距视盐碱化程度确定，一般在 5~25m。施有机肥或改良剂对重盐碱地进行土壤改良，从而提高苗木的成活率和生长量，带内种植灰绿藜、碱蓬、碱茅、羊茅、鸭茅等耐盐碱牧草。

（四）河道、库淖周边绿化模式

河道和库淖周围一般地形起伏、土壤沙化、植被稀少、水土流失严重，每逢集中降雨，泥沙滚滚，形成较大地表径流，并因蒸发量大，周围多形成次生盐渍化。两岸营建杨、柳、松、沙棘、枸杞等护岸林并间作草木犀、苜蓿、三叶草、冰草、羊茅、鸭茅、黑麦草等，形成草层植被，可减少风沙，防止河道冲刷改道而冲毁农田、草场、村庄等。另外，在河道上游集水地带，营造高大乔木型水土保持林，间作耐牧、生长快、产草量高的牧草，净化水土，减缓冲刷。在河道、库淖周围，根据生境条件营造稀疏片林，林间间作牧草，减缓土壤次生盐渍化的进程，通过河道、库淖水系水土保持林草、护岸林草复合植被建设，可大大提高水资源的利用率，增强防护植被的生态效益。

（五）城镇、乡村庭院绿化、美化模式

随着城市化进程加快和人民生活水平的提高，城镇绿化美化，乡村庭院美化和环城、环村防护林带体系建设与完善是时代的发展要求。首先，绿化街道、公园、公路和乡村道路，建植绿色林带、绿地草坪、观赏树木、花卉和乔、灌、草复合绿地植被作为美化、绿化的框架主体。其次，在城镇、乡村周围，尤其在主害风方向地带，营造一定比例的环城林草带或环村林草带或片林，采取乔灌草结合，用材林、经济林、薪炭饲料林和牧草、作物、药材间作，合理搭配形成整齐、美观、适用的环城、环村防护外形。第三，在楼前楼后、房前屋后及庭院内见缝插针，栽植经济林、观赏林和各种花卉、草坪，使城镇、乡村庭院绿化、美化体系更加完善。

四、林草间作的类型与技术

（一）林草间作的类型

依据林木与牧草间作共存时间的长短，将林草间作模式分为以下类型：

1）长期间作型：通过采取一定的措施，控制树木与牧草之间的不良竞争，使牧草与树木长期共存的林草间作类型。

2）前期间作型：在造林后到幼林郁闭前，利用树行间的土地种植牧草，获得牧草收益，当牧草开始影响树木生长或林下环境变得不适应牧草生长时逐步铲除牧草的暂时性间作类型。

（二）林草间作的原则、规划与技术

1. 林草间作的原则

果树间距大时，重点考虑间作高产优质牧草和机械化要求，适宜刈割饲喂为主养殖牛羊；果树间距小时适宜间作种植多年生牧草以放牧为主，节省劳动力，以鸡、鸭、鹅放牧养殖为主。

林草长期间作型要林草并重，复合经营，通过综合运用定植技术、园艺措施、加强土肥水管理等方法，缓解树木与牧草争夺水分、肥料、光照的矛盾，使林草和谐相处，长期共存。林草前期间作型要以树为主、以草为副，逐步清除影响树木生长的牧草。

2. 林草间作的规划

（1）林草长期间作型规划

林草长期间作型规划要综合考虑林木生长规律、经营目的、牧草生长所需条件、树木和牧草根系分布特点等因素，确定适宜的树木栽植密度和牧草间作宽度及两者间不产生严重竞争的安全距离。树冠较小、大部分根系分布较浅的枣树、石榴、花椒等树种，株行距可采用 2m×（4~6）m 或 3m×（4~5）m 栽植，间作紫花苜蓿、白三叶、黑麦草等牧草；树冠较小、大部分根系分布较深的柿树等树种，株行距可采用 2m×（4~6）m 或 3m×（4~5）m 栽植，间作百脉根、白三叶、黑麦草等牧草；树冠较大的杨树、核桃、银杏等，株行距可采用 2m×（6~8）m 或 3m×5m 栽植，间作紫花苜蓿、白三叶等比较耐阴的牧草。在林下种植白三叶、黑麦草等浅根性牧草时，树下留出的营养带宽度以 1~1.2m 为宜；在行间种植紫花苜蓿、百脉根等深根性牧草时，树下留出的营养带应为 1.2~1.5m 为宜。

核桃、杏子、梨子等树种间距大、郁闭度高、根系深，适合间作种植苜蓿、三叶草、红豆草、黑麦草，无芒雀麦、鸭茅、苏丹草等，这类饲草与果树不争肥且反而能提高肥力、减少病虫害，可减少农药使用量、提高座果率。红枣新枣园可种植抗盐小麦、苏丹草、鸭茅、小黑麦、苜蓿、红豆草。

（2）前期间作型规划

按照林木生长规律、林木经营的目的、牧草根系分布特点、林木根系生长速度等因素，确定适宜的树木栽植密度和牧草间作宽度以及牧草对树木不产生竞争威胁的安全距离。无论何种树木，树木间距宽度大于 3m 的株间、行间均可间作牧草，间作浅根性牧草时要在树下留出 1~1.5m 的营养盘，间作深根性牧草时要在树下留出 2~2.5m 的营养盘，防止牧草与树木争肥争水。

（3）牧草间作种植时间规划

牧草根系的生长速度比林木根系要快，为了防止牧草对新栽幼树的成活构成威胁，种植牧草的时间一般应在树木成活发芽后进行。在干旱地区播种深根性牧草，一般要错开一个生长季节，以秋播为主，在有灌溉条件的地方可适当提前，在树木萌芽时进行播种牧草。

（4）树木栽植技术

苗木要选优质壮苗，枝条发育充实，根系完整，主根系长20cm以上，有0.1cm以上的侧根5条以上，无病虫害。尽量缩短苗木离土后的放置时间，苗木根系要蘸泥浆，用塑料袋包装，苗木要及时定干短截并进行树体封蜡。树穴要在墒情好时开挖，随挖随回填土，保持树穴内的水分，挖穴时表土与底层生土分开堆放，定植穴规格一般为长、宽、深各80cm。回填土时树穴内施入15kg的农家肥、0.8kg的复合肥和0.2kg的保水剂，与表土充分混合回填。栽植时先在穴中央挖40~50cm见方的小穴，浇水5~6kg，在水未完全下渗时拌成稀泥浆栽植，扶正苗木并使根系舒展，覆上表土踏实，再浇水5~10kg，修整树盘，覆盖1m²的地膜，细致平整周围的土地。

（5）牧草播种技术

整地 牧草种子细小，播前要精细整地，达到上松下实、地面平整无土块，要结合翻耕整地每亩施入3000kg左右的有机肥。

播种时期 紫花苜蓿、百脉根、白三叶、黑麦草等春、夏、秋均可播种，一般以春播和秋播为好，5~15天即可出齐苗。夏播要在下透雨后地表不太干燥时抢播。秋播不宜过迟，以9~10月份为宜，播种时间太晚不利于牧草幼苗安全越冬。

播种方法 一般采用条播，也可点播、撒播。每亩播种量0.5~1.5kg，播种深度1~2cm，播种前可先将种子晒1天，然后浸泡24h，以提高发芽率。

（6）管理技术

土肥水管理 林草间作后，土壤要同时供应树木和牧草生长所需的养分和水分。因此，必须加强土肥水管理，树木营养带（盘）在秋季全面深翻或逐年向外扩穴改土。深翻、扩穴时要根据树木生长需要施入适量的基肥。牧草苗期生长十分缓慢，要及时除去杂草。牧草在每次刈割后要及时追施速效磷、钾肥和适量的氮肥，并注意清除杂草。在天气长期干旱时要进行必要的灌溉，尤其是前期间作型的树木营养带要浇透水，防止牧草与树木争夺水分。

树木的整形修剪 对长期间作型的柿树、枣树、杏树、花椒、苹果、李树、石榴、樱桃等树种宜采用自由纺锤形、小冠疏散分层形、开心形等小冠丰产树形，要综合运用长放、疏枝、开心、回缩、别枝、抹芽、除根蘖等修剪方法，控制冠幅，既要保证树木丰产又要为牧草留出必要的光照空间。

（7）适时刈割牧草

牧草一般每年能刈割2~4次，紫花苜蓿在第一孕花出现到1/10花开放时刈割，黑麦草在抽穗期刈割，百脉根、白三叶等在植株叶层高度达到30cm时刈割。

（8）牧草更新与铲除

多年生牧草一般6~8年更新一次，为防止紫花苜蓿、百脉根等深根性牧草与林木发生较为严重的争肥、争水现象，要缩短牧草的更新周期，一般以4~6年更新一次为宜。对前期间作型要结合深翻改土逐年向外铲除牧草，限制牧草根系向树木营养带（盘）内生长，防止牧草与树木竞争养分、水分。

（9）病虫害防治

牧草的主要病虫害有蚜虫、潜叶蛾、霜霉病、锈病、菌核病等。要在牧草刈割后用氯氰菊酯、波尔多液等高效低毒农药进行防治。对树木上的病虫害，可采用涂药环、树干注射、喷高效低毒农药等方式进行防治，也可在牧草刈割后喷洒一部分残留期不超过25天的农药，要防止牧草上残留的农药对人、畜造成危害。

五、典型林草间作模式案例——杨树与紫花苜蓿间作

林草间作多见于林木苗期间作牧草，而成林期因树木郁闭度大，林草间作并不多见。杨树与紫花苜蓿间作仅在杨树苗栽植初期进行。

（一）间作模式

宽林带型：以草为主，杨树株距3m，行距30~50m，每公顷植树67~111株。行间种植紫花苜蓿。

片林型：以杨树为主，杨树行距为5m×5m或6m×6m，每公顷栽植杨树278~400株。林下间种紫花苜蓿。由于紫花苜蓿高产期为2~4年，第五年后生产力下降，与杨树林逐年郁闭相吻合，所以栽植紫花苜蓿最为适宜。

（二）紫花苜蓿播种

注意整地，进行深耕，深度以20~25cm为宜。深耕后平整地面，并施入有机肥。同时开沟、作畦，宽1.5~2.5m，沟宽0.4m，深0.2m。播种前应进行选种、浸种、催芽、消毒等。春播最宜，有利于越冬。紫花苜蓿播种量11.2~30.0kg/hm^2，一般采用条播，行距20cm，播种深度1.5~3.0cm。

（三）杨树栽植

栽植杨树时，应选择主干通直的树苗，以春季栽植为主，也可进行雨季造林。栽植时树穴应灌足水，然后按照"三埋、两踩、一提苗"的要求，扶正、培土、踏实。

（四）管理要点

1. 中耕除草

清除杂草，杨树造林前2年，树木营养盘应保持1m^2，以免杨树与紫花苜蓿争夺水分。

2. 施肥

1~2年龄幼树，每株施尿素0.6~1.5kg。同时，每株追施磷肥1.0kg、钾肥0.1kg，在5月、6月和7月下旬分3次进行。紫花苜蓿苗期追肥2次，刈割后每次追施磷肥375kg/hm^2、钾肥30kg/hm^2。

3. 灌溉

紫花苜蓿从孕蕾到开花前需水量很大，是灌溉的关键期。每次在牧草刈割后及入冻前均应灌水。

（五）病虫害防治

杨树病虫害有溃疡病、桑天牛、草履蚧等。紫花苜蓿病虫害主要有菌核病、霜霉病、锈病、蚜虫、蓟马等。可使用波尔多液、石硫合剂、多菌灵、甲基托布津等进行防治。

第五节　果园生草

一、果园生草的概念及意义

果园生草是指果树行间（株间）长期种植多年生豆科或禾本科牧草作为覆盖物的土壤管理措施。

根据调查表明，中国目前果树种植普遍延续传统的清耕制。清耕制会对果园土壤造成潜在的负面危害，如土壤板结、有机质下降等。除此之外，由于清耕制下果园种植需要大量消耗化学肥料和农药，会造成土壤营养元素（氮、磷等）的富集，而这些富集的营养元素随着降雨由地表径流带走可进一步导致水体的富营养化，从而影响环境安全。而农药的大量使用会产生农药残留，影响果实品质及危害人们的健康安全。此外，由于农药中含有部分种类的重金属元素（铅、砷等），会对果园土壤造成重金属污染，且清耕制种植结构单一，不能充分利用光照、水分和土壤等环境因子来实现产出的最大化，经济效益普遍较低。由于清耕制存在种种缺点，近年来国家一直提倡发展生态农业，农林草复合系统因而得到快速发展。农林草复合系统就是在立体的空间上根据光照、热量、大气、水分、土壤等环境因子的差异，由高至低，因地制宜进行不同层次的利用，从而改变清耕制下单一的种植结构，使各种环境因子得到充分利用并实现最大的经济效益。

生草法作为一种优良的果园地面管理措施，符合当代所倡导的生态农业和可持续发展战略，虽然国内外有关果园生草的研究较多，但由于树种，土壤质地、环境条件和试验条件等不同，研究结果也往往不同。因此，应选择适应不同气候条件，土壤条件的草种，进行生草栽培对果园土壤作用机理的研究，加强生草栽培条件和果园技术研究，以期为生草栽培的肥水管理提供理论依据和技术基础。

果园生草覆盖地面或果园种植各种绿肥植物，作为培肥地力的一种生态栽培模式，包括绿肥压青、割覆树盘等。种植和利用绿肥作为我国农业生产的传统经验之一，早在公元 6 世纪，绿肥覆盖在果园生产中已得到应用，但果园广泛推广应用绿肥则是在 20 世纪 60 年代以后，特别是 70 年代全国各地开展了试验和示范推广，并于 1980~1991 年中国绿肥网组织了 39 个省市开展了"果桑园覆盖绿肥的种植和利用"联合试验研究。

果园覆草泛指利用各种秸秆、杂草、树叶、牲畜粪便等有机物覆盖果园地面的一种生态栽培措施，有树盘、行间、全园覆盖等方式。《齐民要术》（卷三）的《种胡荽》篇中有"十月足霜，乃收之。取子者，仍留根，间拔令稀，以草覆上"的记载，说明我国公元 6 世纪前已开始覆草栽培，但早期的覆草目的在于果园防寒。到 20 世纪 80 年代后期才开始进行果园覆草技术，并对杏、苹果、核桃、柑橘等生理生态效应等方面进行了相关的研究。日本、美国、澳大利亚、英国等国家对果园覆草也做了大量的研究，并把经常性覆草作为果园土壤管理的重要措施。

果园间作是在果树行间种植花生、豆类及蔬菜等农作物的果园生态栽培方式，多数在幼龄果园实行间作，目的在于提高果园早期的土地利用率和效益。枣间作是我国枣区传统的栽培方式，苹果、柑橘、桃等幼龄果园也经常采取果草间作栽培。欧洲、非洲、东南亚和中美洲等国家将果农间作作为一种重要的土地利用制度。地膜覆盖是随着塑料工业的迅速发展应用到果园作为地面覆盖的果树栽培方式。

果园不同的地面管理模式，在改善果园生态、栽培等条件、促进果品高产优质方面发挥了重要的作用，为果园的持续发展创造了条件。据统计，目前欧美及日本实施生草果园面积占果园总面积的55%~70%以上，有的国家达90%以上，其中免耕的果园占20%，覆盖和清耕果园仅占10%。因此，果园生草栽培已成为果树生产发达国家果园地面管理的主流模式。

果园生草主要有两种方式，即人工种草和自然生草，同时根据生草规模的不同可分为全园生草和行间生草两种模式。人工种草就是选择适合的草种种植在果园之中以达到生草的目的；自然生草是指果园自然生长出各种的草之后，有选择的去除一些有害杂草，保留适合的草种自然生长。全园生草指在果园里全部种植牧草；行间生草只是在果树行间种植牧草，其余部分保持清耕制。不同地区由于气候环境的不同适合的生草制度模式也不同，如在北方干旱地区，由于水分稀缺，果园中就不适合全园生草，以免加剧牧草与果树之间的竞争，应该采用行间种草而其余部分清耕的制度。而在南方降雨充足，水资源丰富的地区，可以实行全园生草制度，防止果园水土流失。

果园生草对所选草种有比较严格的要求，并不是每种草都适合在果园种植。目前世界上已经发现5000多种草类，其中仅有1000多种适合种植在果园之中。

适合于果园种植的草种应具备以下特点：一是对果树根系无不良影响，且与果树的水分和养分的竞争较小；二是水土保持效果好，能够减少果园的水土流失；三是适应力强，应具有较强的耐阴能力，耐刈割，耐践踏；四是牧草本身不易感染病虫害，或是能够吸引果树的害虫，从而减轻果树病虫害，进而减少农药使用；五是有较高的生物量。有很多种牧草适合在果园中种植，目前在我国研究较多的是禾本科和豆科两大类，主要种类包括：紫花苜蓿、白三叶、百脉根、鸭茅、草地早熟禾、百喜草、多年生黑麦草等。不同果园可以结合本地气候环境因素选择适合的草种进行生草，如北方寒冷地区需要抗寒性较强的草种，而亚热带果园则需要耐热性良好，能迅速覆盖地面的草种。

在我国传统的果园管理中，常将清耕除杂，保持果园的"清洁"作为夺取丰产的手段。但这种耕作制度费工耗资，产出单一，综合效益并不理想。人们把牧草引入果园，模拟植物自然群落结构，建立果草复合生物群落，改变果园单一种植为林草结合的立体生态系统势在必行。

二、果园生草研究现状

（一）果园生草发展阶段研究

果园生草指在果树行间或全园种植草本植物，或果园自然生草（剔除恶生性杂草）作为覆盖作物的一种土壤管理模式，是近年来我国发展较快的一种农林复合系统，是针对由于清耕制所带来的对果园土壤产生潜在的负面危害而推广的一项果园土壤管理措施，主要目的是为了解决长期果园清耕所导致的诸如土壤板结、有机质下降等果园土壤退化等一系列问题。果园生草以果树生产为中心，遵循"整体、协调、循环、再生"生态农业的基本原理，借助生态学、生态经济学及相关学科的研究成果，把果树生产视为一个开放型生产系统及若干个相互联系的微系统，其栽培措施不仅针对果树生产本身，还需考虑果园的草本、动物和土壤微生物及其相互作用的共生关系，充分利用果园生态系统内的光、温、水、气、养分及生物资源，保护系统的多样性、稳定性，改善系统环境，创造合理生态经济框架，形成多级多层次提效增值结构，建立一个投入少、效能高、抑制环境污染和地力退化的可持续发展果园生产体系，达到生产出高营养、无污染、安全性强的无公害绿色果品的目的。系统在运行过程中，通过系统内层次、要素、结构与功能的优化调控，通过果树栽培、果树生物学及果树生态工程技术的运用，一方面提高系统内部光能、生物能的利用率及代谢能的循环利用率，提高系统生产力，实现系统本身的物质循环与能量转化及生物种群之间的长期稳定平衡；另一方面在外部介入系统条件下，系统能够实现无废料循环的自身运转及经济高效的转化效率。因此，果园生草栽培是具有可持续发展能力的果树生产模式。根据张玉萍和牛自勉（2001）的划分法，果园生草的发展大致可划分以下三个阶段。

1. 生草探索阶段

在 19 世纪末到 20 世纪 40 年代，果园地面管理主要以清耕为主，实行人力手工除草。同时，也开始了果园覆草的研究报道，但只有零星报道，处于探索性阶段。

2. 生草制度建议阶段

在 20 世纪 50~70 年代，果园管理开始了运用生态学的观点解决清耕制管理模式中所面临的问题，期间果园管理开始普遍使用除草剂。但有关除草剂残留导致土壤水分污染，加剧环境破坏等方面的报道越来越多，引起人们的普遍关注，迫使人们去寻找一种新的途径来有效管理果园。期间开展了大量果园生草试验研究，结果表明果园生草能够改善果树的生长环境，提高果实品质，强烈建议利用果园生草制来替代传统的果园管理方式，极大地推动了果园生草制的迅速发展。

3. 生草制度应用阶段

从 20 世纪 70 年代至今，果园管理逐渐形成了以生态园建设为主体的模式，其中在法国、美国加利福尼亚州及我国台湾地区形成苹果、草莓等生态型果园，减少或排斥了化肥的应用，以地面秸秆覆盖或生草覆盖等方式维持果树土壤肥力平衡，满足公众对绿色食品、有机食品的需求，形成了以生态体系稳定平衡为基础，以优质高效生产为目标的现代果树生态栽培体系。期间果园生草已作为果园常规管理的重要措施之一，在世界各地迅速推广，应用范围不断扩大，而且成为生态果园建设的主流模式。

（二）果园生草生态环境效应研究

1. 小气候效应

有关小气候在农业上的应用研究历来受到人们的重视，由于小气候的变化影响植物生长发育和病虫害的发生规律，所以，良好微环境能够为植物高产优质创造条件，提高植物产量与品质。任中兴等（1999）、王忠林（1995，1998）对不同的农林复合系统的研究表明，复合系统的实施有利于改善农田的微环境，植物的产量与品质得到提高和改善。李全胜等（1996）、李会科等（2005）研究不同林农栽培模式也得到类似的结论，认为不同林茶栽培均可不同程度地提高茶树的产量与质量。然而，小气候的变化与下垫面状况有着密切关系，果园生草后，由于增加了地面草类地被物，形成了"土壤-牧草-大气"下垫面环境新态势，改变了传统清耕式果园"土壤-大气"下垫面环境，从而使近地层光、热、水、气等生态因子发生明显变化。

在清耕制果园中，地表温度变化不仅受土壤本身热状况的影响，而且由于直接和大气接触，强烈受近地层对流和湍流作用，因此地表温度日变化较大，而对生草制果园，草类地被物下垫面的存在，导致土壤容积热容量增大，其土壤每升温 1℃ 所需的热量大于清耕，而夜间长波辐射减少，使生草区的夜间能量净支出小于清耕区，因而生草果园的土壤温度日变幅小于清耕区，从而缩小果园土壤的年温差和日温差。李国怀（2001）通过全园种植白三叶、百喜草、清耕三种不同土壤管理方式对红壤橘园小气候研究指出，橘园实行生草栽培后夏季能够降低表层及亚表层土壤温度和树冠空气温度，旱季提高树冠空气相对湿度，减轻高温干旱对柑橘树体和果实生长发育的不利影响，但生草栽培春季土温回升减缓，可能对柑橘树体根系生长产生一定影响，由于夏季高温干旱是柑橘生产中存在的主要问题之一，故橘园生草调节温湿环境的整体效应良好。吴建军等（1998）、陈凯等（1993）对红壤丘陵区柑橘园套种黑麦草研究结果表明，2~4 月土温略低于清耕区，生草对橘园土温回升产生一定影响，但生草能较大幅度降低夏季、秋季高温季节土温及树冠空气温度，缓解极端高温对柑橘发育的影响，且秋季降温幅度低于夏季，增强了果树的抗逆能力。刘殊等（1996）研究表明，在寒冷季节，生草可提高冠下气温 0.2~0.5℃，提高叶温 0.1~1.0℃，提高地表温度 2~3℃，提高根际土温 1~2℃；在炎热季节，可降低气温 0.5~0.8℃，降低叶温 0.4~1.7℃，降低根际土温 2.5℃，可促进根系生长与吸收。惠竹梅等（2003）在葡萄园种植牧草，使葡萄园中气温、土温稳定，形成一个有利于葡萄生长发育的小气候环境。

果园自然生草和人工种草具有类似的效应。

2. 土壤效应

多数研究表明，传统的清耕法导致土壤板结、氧扩散减少、结构破坏、理化性状变差。有关生草的研究指出，果园生草可明显改善土壤物理性状，使土壤容重降低，提高土壤总孔隙度、毛管孔隙度和非毛管孔隙度。草莓园生草可改善土壤结构，减少土壤侵蚀。红壤幼龄龙眼园生草可降低表层、亚表层土壤容重 0.68% 和 0.63%，增加总空隙度 0.52% 和 1.29%，增加毛管孔隙度 8.16% 和 4.48%，改良了土壤物理结构。与清耕园相比，橘园香根草覆盖 4 年后，土壤容重降低 0.09g/cm³，土壤孔隙度增加 8%，且干旱季节土壤含水量提高 0.6%~3.4%，持续干旱时期土壤水势下降速度减慢。苹果、梨园、桃园实行生草栽培后，土壤物理性状也均有不同程度的优化。

许多研究也认为，果园生草增加土壤有机质含量，增加量随土壤和环境条件而变化，增加最多的是表层，向下依次减少。刘长全等（2003）在红壤幼龄龙眼园行间生草、套种绿肥，结果表明，土壤有机质、腐殖质含量均有提高，表层增幅大于亚表层。田明英等（2002）在红富士苹果园经过 3 年的生草试验，认为白三叶可明显提高土壤养分，与清耕地相比，有机质含量平均提高 32%，以 0~20cm 最为显著，是清耕区的 1.5 倍。陈恩海等（2003）对红壤生态果园套种圆叶决明草，生草使 0~20cm 土层土壤有机质含量提高 74.0%。黄显淦和杜建鹏（2004）报道，在绿肥压青的果园中，0~20cm 土层中有机质比清耕地增加 0.22%。Haynes 和 Goh（1991）研究认为，生草使土壤腐殖质逐渐积累。李华等（2004）报道，葡萄园行间种植紫花苜蓿和多年生黑麦草，使 0~60cm 土层有机质平均含量升高，其中以种植多年生黑麦草增幅最大。但也有研究认为，果园生草使 20~40cm 土层有机质含量的增幅大于表层土壤。陈清西等（1996）认为，在红壤幼龄龙眼园种植格拉姆柱花草和苜蓿，增加了土壤有机质的含量，其中格拉姆柱花草种植区增幅为 6.2%。从不同土层来看，表层土壤有机质含量减少，而 20~40cm 土层有机质含量增加。王淑媛（1991）在苹果行间生草，行间种植百脉根和苜蓿均能提高表层及亚表层土壤有机质含量，是由于牧草通过根系更新及茎叶的枯落增加了土壤中的有机质含量，从而提高了土壤肥力，百脉根比清耕区表层和亚表层土壤分别提高 56.0% 和 61.9%，苜蓿比清耕区表层和亚表层土壤分别提高 36.3% 和 42.4%，增幅亚表层土层高于表层。也有研究认为，生草可使土壤深层有机质含量明显增加，不同层次的有机质增加幅度与牧草根系的分布关系密切，与生草年限也有联系，连续生草土壤有机质的增加量与生草投入量成极显著的正相关，不同年限对土壤有机质的增加幅度不一，生草早期土壤有机质甚至降低。牛自勉（1998）通过试验得出，生草园第一年土壤有机质并没有增加，第二年开始有所增加，到 3~4 年土壤有机质增加幅度较为明显。然而也有研究表明长期生草并没有提高有机质的含量，可能是由于草残留物快速分解之故。

3. 土壤养分与酶活性

许多研究表明，生草对土壤酶具有一定的活化作用，且对土壤表层酶的活化作用明显，而对深层土壤作用较弱，但对不同酶活性影响表现不一。李发林等（2002）通过果园生草、套种绿肥、清耕三种不同土壤管理方式对红壤幼龄龙眼园土壤酶活性和养分研究指出，果园生草栽培可改善土壤酶活性，激活土壤中微生物的活动，改善土壤根际微域环境条件（水分、养分和酶活性）。傅金辉等（1998）通过试验认为果园生草可以明显提高行间表层和冠下表层土壤脲酶活性，脲酶活性相对清耕地提高了 107.1%，且随着生草年限的增加，酶活性均呈上升趋势，清耕却有所下降。而酸性磷酸酶活性对亚表层影响较大，增幅为 60.7%。且果园生草区行间酸性磷酸酶活性上升趋势明确。果园生草区转化酶活性也有比较明显的上升趋势，表层和亚表层土壤氧化酶活性分别比原始土壤增加了 22.5%和 17.3%。Panigai（1995）在法国香槟地区进行了 10 年关于不同土壤管理技术对葡萄生态系统影响的研究，发现不同技术改变了土壤中微生物和昆虫的群落结构和相互作用。也有研究认为，生草增加了土壤过氧化氢酶的活性，但在深层其酶活性低于清耕土壤，认为生草可降低土壤脲酶的活性是由于土壤暂时固定了土壤养分，但对防止土壤养分流失有积极的作用。

由于试验条件不同，有关果园生草对土壤营养影响的研究结果往往不同，一般认为生草提高了土壤全氮、全钾、全磷的含量，其速效养分含量也有明显增加或认为生草是由于提高了土壤有机质的含量从而提高了土壤常量元素的含量，而且生草有利于土壤全氮、全磷、全钾在表层土壤中的富集，尤其是种植豆科植物效果最为明显。陈清西等（1996）通过果园生草对幼龄龙眼园土壤肥力的影响研究表明，生草能提高土壤全氮和缓效钾含量，其中全氮含量表层和亚表层增幅明显，分别达 54.1%和 27.5%，可使 0~20cm 土壤有机质含量提高 0.039%~0.700%、速效钾提高 5.0~6.8μg/g、速效磷提高 1.2~27.5μg/g、水解氮提高 6.7~36.0μg/g。苹果园连续生草后，有效氮、有效磷和有效钾含量分别比清耕地高出 448.2%、255.6%和 77.8%。兰彦平等（2000）报道，石灰岩山区苹果园生草区土壤全氮含量增加，为清耕区的 1.09~1.15 倍。Rupp 等研究认为，永久生草的葡萄园会引起氮的适度矿化和固定。李华等（2004）研究认为，葡萄园行间生草使 0~60cm 土层全氮平均含量升高，碱解氮降低。关于生草对土壤磷、钾等其他矿质元素含量的影响，一般认为，生草有利于速效磷、钾的提高。陈清西等（1996）报道土壤中速效磷、钾和缓效钾分别比生草前有所提高，全磷和全钾比生草前有所下降。李会科等（2007）通过渭北地区种植不同牧草对土壤肥力的研究结果表明，生草对土壤 0~40cm 养分的影响较大，0~40cm 土层全氮、全磷、全钾均低于清耕地。但生草提高了 0~40cm 土层生草区水解氮、速效磷、速效钾的含量，认为生草后能够改善土壤库氮、磷、钾实际供给能力，具有活化有机态氮、磷、钾的功能，有利于果树对氮、磷、钾营养元素的吸收利用。Deist 等发现生草增加深层土壤磷含量。Haynes和 Goh（1991）报道新西兰果园生草可使钾每年增加 321~608kg/hm^2。杨朝选等（2000）在酸樱桃园生草的研究结果表明，生草地 10cm 以下土壤中磷、钾含量较高，生草地 0~10cm 土层中钾含量低于清耕地，而磷含量不受影响。

4. 水分效应

在果树发育周期内，适宜的水分管理，可以促进果树新梢生长，果实增大，提高产量，增加品质。龙眼园、苹果园、梨园、橘园等生草研究指出，果园生草具有涵养水分的作用，能缓解降雨的直接侵蚀，减少地表径流，防止冲刷，可提高水分沉降与渗透速率，减少土壤蒸发，提高水分利用效率，且生草覆盖对降低土壤容重、增加土壤渗水性和持水能力有显著的促进作用。Merwin 和 Walke（1994）研究认为，生草覆盖土壤持水量明显高于清耕土壤，土壤微细孔隙量高于清耕土壤。清耕土壤地表容易形成结层，不利于自然降雨的入渗。关于果园生草对土壤含水量的影响，不同水果产地种植不同类型草种，结果不一。兰彦平等（2000）研究指出，石灰岩旱地果园生草可提高土壤含水量，但也发现牧草与果树存在争夺水分的现象，在干旱较重的季节生草区土壤水分下降值大于清耕区。李振吾（1999）研究报道，旱地果园连续生草可抑制水分蒸腾，生草区 0~20cm

土层含水量比清耕区高 3.5%，20~40cm 土层含水量高 2.4%，40~60cm 土层含水量高 3.4%。果树叶片总蒸腾速率降低 42.6%~74.4%。徐明岗等（2001）研究认为，红壤丘陵区果园种植牧草使 0~80cm 土层含水量比裸地高，尤其 0~20cm 土层高。但在高温干旱的 7~9 月份丘陵区果园 0~80cm 土层的水分含量明显低于梯田果园。Blake（1991）认为山地葡萄园，生草会减轻水分胁迫。苹果、梨园、桃园实行生态栽培后，土壤含水量也均有不同程度的提高。但果园生草初期生草会降低土壤水分的含量，特别是在干旱季节表现尤为明显，一般地禾本科对土壤水分的消耗大于豆科植物。章家恩和段舜山（2000）研究发现生草相比清耕水质量系数降低，但同时认为牧草本身含有大量的水分。李怀有（2001）也认为，生草降低了土壤含水率，是由于牧草生长消耗了一部分土壤水分，在春夏季与果树存在争水、争肥现象，在无灌溉条件的旱作果园尤其明显。且表层土壤水分下降与草本植物根系多分布于土壤表层且蒸腾旺盛有关。由此可见生草对土壤水分的影响，由于生草条件的不同和生草种类及年限的不同，结果也不尽相同。

（三）果园生草的发展前景

果园生草不仅具有较高的经济效益，还具有巨大的生态效益。正是由于这些优点，目前果园生草已经成为世界相关专家研究的热点问题。目前除了果园生草的大量研究，许多国家建立了果园生草研究试验站，爱丁堡大学已经建立了果树和牧草的生长模拟模型，澳大利亚开发了果园生草经营的模型程序包。有研究认为，随着社会的发展，果园生草将会朝着立体式生态农业发展，由单一模式（生草养地）向复合模式（生草结合养殖业和畜牧业）发展。果园生草模式能够更加充分的利用各种环境资源，如草禽复合生态系统、果草鱼复合系统和牧沼果草生态果园复合模式等。果园生草后在上面放养鹅、鸡、牛羊等禽畜，不仅产生更高的经济效益，而且禽畜粪便、枯枝落叶可以返还土壤，增加土壤肥力，提高生态效益。而牧沼果草生态果园模式更是一种极具发展前景的高效节能的复合模式，以沼气池为纽带将果草畜禽相结合构建复合式的立体生态果园，不仅解决了生活用能和果园有机质短缺、肥力不足的问题，而且降低了生产成本，减少环境污染，提高果园综合经济效益。

基于果园生草制度的种种优点，依据区域气候、环境特点及果树生长特点，开展果园生草栽培的系统研究，加强果园生草生态环境效应作用机理的研究，加强果园生草栽培综合技术研究，对于协调果树生产与环境间的关系，建立高产优质，环境友好的果园生产体系，推动果树的有机生产，促进区域果树产业健康持续发展具有重要的理论和现实意义。

三、果园生草技术

果园生草是一种技术类型，与林草间作的作用、效果及技术基本一致。同样可提高土地空间和光能利用率，保持土壤疏松肥沃，改良土壤，培肥地力，抑制杂草，以短养长和以园养园。果园生草模式（图 9-1），即在果园中间作紫花苜蓿、黑麦草、白三叶等，该模式可以与果树扩穴、深翻压绿肥、饲养家畜等灵活结合，一举多得，形成产业链条，收获鲜草、青贮草和加工草粉。

枣园‖苜蓿间作（刘忠宽 供）

核桃‖苜蓿间作（程积民 供）

苜蓿‖杏树间作（师尚礼 供）

苜蓿‖柠条间作（师尚礼 供）

果草间作草地放牧鸡（张新全 供）

图9-1　果园生草模式（另见彩图）

（一）果园生草类型

果草类型　果园种植红三叶、白三叶、毛苕子、黑麦草等牧草，牧草饲养家畜家禽，家畜家禽粪便追施果树，解决了养畜饲料和果园用肥，形成以园种草，以草养畜，以畜造肥，以肥养园的良性循环。

果药类型　果园、橘园种植黄芪、板蓝根等药材，效果和效益很好。

果肥类型　种植绿肥用作秋天翻园压绿的肥料和树盘覆盖的材料。

果粮间作　有水灌溉的果园内间种马铃薯、红薯、黄豆、饭豆、蚕豆、豌豆、花生等矮生和豆科作物。

果菜间作　夏季间作辣椒、茄子、山芋等，秋天间种萝卜，冬天间种白菜、青菜、莲花和菜豌豆等。

果苗间作　在果树行间培育桃、梨、苹果、板栗等果苗或花卉、绿化苗。

（二）生草技术

1. 植物选择

选择种植植物种类一定要因地制宜、适地适树、因树选种，即选择种植株体矮小、生命周期短、不带果树病虫害的植物，不能种植玉米、高粱、葵花、串叶松香草、狼尾草、王草等挡风遮光强的高秆植物，也不能种植缠绕果树的南瓜、刀豆、四季豆等藤本攀缘植物，更不能种植吸水吸肥力极强的小麦、甜菜、萝卜、白菜和蓝花子。据观察，桃园种植小麦，开花发叶推迟，果小，且多呈蒜瓣式的畸形果；苹果、梨、桃园种植玉米、高粱或葵花，果小味淡，叶薄色浅，枝细节长，发育不充实，花芽分化不良，玉米螟、天牛危害重；种植油菜和蓝花子，蚜虫特别严重。

2. 树行留盘

不能满栽满种，一定要"树行留盘"，即把种植植物种在行间，留下树冠下直径 2~3m 的树盘不种生草植物，以免生草植物同果树争水夺肥和果树遮挡生草植物风和光。

3. 换茬轮作

不同植物品种从土壤中吸收不同种类和数量的营养元素，所以生草栽培时一定要轮作，如当年种植箭筈豌豆，次年种植黑麦草，不能连作，以免造成土壤中某些元素的缺乏或过剩，不利于果树和生草植物的生长发育而影响产量和品质。

4. 翻园压绿

在耕作层渗透后，在行间播种毛苕子、苜蓿、箭筈豌豆或柽麻，到即将开花时，结合翻园施基肥，将生草植物填入基肥坑中或直接翻埋土中，并将把园地耙细整平，由于豆科绿肥含氮磷钾和有机质较丰富，固氮能力强，所以对增加土壤养分和有机质效果非常明显。

5. 树盘覆盖

在雨季接近结束或刚刚结束时，中耕树盘，以主干为圆心，培成直径 1.5~2m，四周高 15~18cm，中间平的盆形盘，盘上覆盖 8~10cm 厚绿肥、杂草、秸秆（切碎）或腐殖质土，其上再覆盖 3~4cm 厚细土，可有效改善土壤水肥气热条件，使果树顺利越冬和休眠。同时覆盖物腐烂后，又变成了肥料和有机质，比覆地膜效果好。

果园尤其是枣园生草，不宜种植紫花苜蓿和鲁梅克斯牧草，其原因有二：①招致绿盲蝽大量发生和危害。绿盲蝽是杂食性害虫，在枣树、葡萄、苹果、梨、桃等果树上发生严重危害。而这两种牧草是绿盲蝽的重要寄主，适宜其栖息繁殖。据调查，种植这两种牧草的枣园，枣花蕾受其危害脱落的达95%以上。绿盲蝽夜间上树危害，不利于防治；牧草上施药，又影响家畜。②这两种牧草均为深根性多年生牧草，适应能力强于果树，生长期争水争肥矛盾突出，对果树生长及结果实影响较大。

（三）果园生草案例

1. 果园内冬季填闲种植冬牧70黑麦

模式 于10月上中旬在苹果、梨、桃、杏和葡萄等果园冬季填闲种植冬牧70黑麦，次年4月中旬收割牧草。

原理 苹果、桃、杏和梨等均在10~11月落叶，次年4月发芽生叶，果园内土地在长达5个多月的时间内均处于闲置状态。冬牧70黑麦属于冷季型牧草，0~4℃以上可缓慢生长，10~15℃为最佳生长温度。在果园内种植冬牧70黑麦可充分利用闲置的光、热、水和养分资源，一方面可涵养土壤水分，提高果树的抗冻能力；另一方面还能收获3000~4000kg鲜草，用于饲养草食畜禽。

高产措施 冬牧70黑麦是需氮肥较多的牧草品种，播种时要施足底肥，刈割后及时追肥。为了保证果草双丰收，要在果树枝叶繁茂前将冬牧70黑麦清除，并及时深翻土地，施足基肥，保证果树的正常生长。

2. 枸杞园间作种植紫花苜蓿

（1）枸杞种植及株行距配置

枸杞园整平后，起畦开沟，选择健壮枸杞苗，沟植沟种，1沟定植2行，株距1.2m，梅花型定位。沟距5.8m，畦面宽4.3m，定植密度2700~2800株/hm²。

（2）紫花苜蓿种植

1）播前准备

土壤准备 紫花苜蓿根系发达，但耐涝能力差，间作苜蓿应选择土层深厚、平整、排水条件好的肥沃沙壤土。因间作苜蓿播种在枸杞行间的畦面上，要求播前将畦整平、整细，畦边起肩，便于灌水，积蓄水分，确保苜蓿出苗均匀，为苜蓿增产增效打下基础。

施基肥 基肥以磷肥为主，秋耕时进行全层施肥，用磷酸二铵350~450kg/hm²、尿素150kg/hm²、腐熟厩肥22~25kg/hm²培肥地力。

防除杂草 苜蓿播种前，使用除草剂对土壤进行封闭处理。常用克无踪、普施特、灭草猛、氟乐灵、地乐安等广谱性杀除草剂。

2）播种方式

苜蓿的播种方式分条播和撒播。条播省工省力，出苗率高，便于中耕、除草和施肥。撒播可尽快形成覆盖，抑制杂草生长，产草量较高，但撒播苜蓿出苗率较低。综合利弊，在核定单位播种量的基础上，采用条播，行距15~20cm，实现密垄稀植。

3）严格控制苜蓿播种深度

苜蓿种子细小，出土能力差，播深不宜出苗。一般播种深度掌握在1.0~1.5cm，播后立即镇压1次，有利于保墒，促使苜蓿种子尽快吸水、发芽、出苗。

4）抢抓播种时间

虽然苜蓿一年四季可全天候播种，但以春季墒情较好时播种最易保苗。

3. 果园间作种植鸭茅

（1）鸭茅特征特性

鸭茅为多年生草本植物。疏丛型、须根系，茎直立或基部膝曲，高 120~150cm。适宜湿润而温暖的气候条件，对土壤的适应范围较广泛。但在肥沃的壤土和黏土上生长最好。耐阴性较强，阳光遮蔽条件下生长正常，是长寿命多年生牧草，一般可利用 6~8 年，多者可达 15 年，以第 2~3 年产量最高，刈割后再生能力很强。鸭茅虽喜湿喜肥，但不耐长期浸淹，也不耐盐渍化。耐酸性较强，可在 pH4.5~5.5 的酸性土壤上生长。鸭茅是一种开花早，草质柔嫩，叶量多，营养丰富，适口性好及耐寒性强的优质牧草，适于大田轮作或饲料轮作。与高光效牧草或作物间作、套种，可充分利用光照增加单位面积产量。由于其耐阴性强，适宜在果园种植。在果树行间种植对改善土壤结构，提高土壤肥力，防止杂草滋生，降低果树病虫害发生具有很好的作用。

（2）栽培技术

鸭茅适宜于在一定郁闭度的果园中种植，春、秋均可播种，每亩播种量为 1.2~1.5kg。可与其他豆科类牧草红三叶、白三叶或多年生黑麦草混合播种。播前翻耕整地，彻底除草，施农家肥 1500kg/亩、磷肥 20kg/亩作底肥，应保证土壤细碎、肥力均匀、墒情好，方可播种。以条播为好，行距 15~20cm，播种深度 1~2cm，且稍加覆盖。幼苗期加强管理，适当中耕除草，施肥灌水。在生长季节和每次刈割后要追施速效氮肥。一年可刈割 3~4 次，青贮宜在抽穗前进行，作为刈割干草，收获期不迟于抽穗盛期。由于春季返青早，秋季绿期长，因此放牧利用季节较长，放牧可在草层高 25~30cm 时进行。

4. 果园套种黑麦草、白三叶、小冠花、毛苕子或箭筈豌豆

果园套种生草主要用于地面覆盖和改良果园土壤，具有明显的生态优势。

（1）套种草种

适宜果园套种生草的牧草品种以再生性强、耐践踏、根系浅的豆科牧草为宜，主要有多花黑麦草、白三叶、小冠花、毛苕子、箭筈豌豆等。

（2）种植技术

果园套种牧草前，应先整地。根据地形状况，对地块进行翻耕，翻耕前施有机肥 2000~3000kg/亩，将有机肥均匀撒施在地面上，翻耕深度 25~35cm，之后仔细平整。

播种白三叶、小冠花等，春、秋两季均可播种，黑麦草、毛苕子、箭筈豌豆等在秋季播种。春季 3 月下旬至 4 月气温稳定在 15℃以上即可播种，秋季播种期以 8 月中旬至 9 月中旬为宜。播种前清除园内杂草，耕深 20~30cm，平整后即可播种，撒播或条播，条播行距 15~20cm，白三叶、小冠花、毛苕子、箭筈豌豆播深 0.5~3.0cm，黑麦草播深 1.5~2.0cm，墒情不足时应灌水补墒。

田间管理，苗期应酌情施氮肥，施尿素 6~10kg/亩，促苗早发。及时清除杂草，遇干旱时及时浇水。成坪后白三叶、小冠花、毛苕子、箭筈豌豆可不再施用氮肥，注重施用磷、钾肥。当白三叶、小冠花、毛苕子、箭筈豌豆生长到 30cm 以上，多花黑麦草生

长到 50cm 以上时，及时刈割利用，留茬高度以 10cm 左右为宜。

更新连续多年生草的果园，土壤表层易因草类根系盘根错节形成"板结层"，影响果树根系生长，此时及时更新。更新可采用除草剂除草或深耕灭草，闲置 1~2 年后再重新种植牧草。

5. 苹果树间作种植多年生黑麦草或紫羊茅

1）种植：苹果树行距为 4m，株距为 3m，定植 825 株树/hm² 和间留 1.0~1.5m 空道，道外行间宽 2.5~3.0m，可种植 5~6 行紫羊茅或多年生黑麦草，行距为 50cm。

2）田间管理：苹果树按其田间管理正常进行。牧草春、夏、秋三季均可播种，以夏末秋初播种最好。

3）经济效益：第五年苹果产量可达 2.21 万 kg/hm²，牧草种子产量达 360~740kg/hm²。

6. 梨树（4~6 年）间作种植紫羊茅

1）种植：梨树行距为 4m，株距为 3m，定植密度为 825 株/hm²，树道宽 1.5~2.0m，树盘宽 2.0m 左右，种植 4~6 行紫羊茅，行距为 40cm，夏末秋初播种。

2）经济效益：4~6 年龄梨树，平均产量达 1.8 万 kg/hm²，紫羊茅种子产量达 810kg/hm²。

3）模式优点：该种植模式光资源利用率高，空间利用层加厚，种间结构与资源匹配合理。

参 考 文 献

阿地力，艾尼-库尔班. 2005. 优良牧草的混播技术. 新疆畜牧业，（1）：53-55.

阿瓦耶夫，徐治. 1953. 牧草田轮作制. 上海：中华书局.

艾希珍，于贤昌，王绍辉. 1999. 低温胁迫下黄瓜嫁接苗与自根苗某些物质含量的变化. 植物生理学通讯，35（1）：45-49.

安成孝. 1986. 燕麦与箭筈豌豆混播对产草量的影响. 草与畜杂志，（4）：9-10.

安静，邓波，韩建国，等. 2009. 土壤有机碳稳定性研究进展. 草原与草坪，（2）：82-87.

安瞳昕，贺佳，吴伯志，等. 坡耕地甜玉米间作模式水土保持效应研究. 水土保持学报，2007，21（5）：18-20，24.

巴吐尔·阿不都热和曼. 2009. 牧草混播的优越性及混播牧草的选择原则. 新疆农业科技，188（5）：67-68.

白淑娟，周卫星，李增位. 2003. 特"高黑"麦草饲喂泌乳牛试验. 草业科学，20（12）：33-36.

包成兰. 2003. 多年生牧草混播试验初报. 青海畜牧兽医杂志，33（2）：18.

宝音陶格涛，陈敏，关世英，等. 1997. 披碱草（*Elymus dahuricus*）与苜蓿（*Medicago sativa*）混播试验研究. 内蒙古大学学报（自然科学版），28（2）：222-228.

宝音陶格涛. 2001. 无芒雀麦与苜蓿混播试验. 草地学报，9（1）：73-76.

毕成刚，徐健，单林. 2006. 杨树与紫花苜蓿间种技术. 养殖技术顾问，（2）：17.

边巴卓玛. 2006. 西藏高寒农区草田轮作效益研究. 西北农林科技大学硕士学位论文.

蔡承智，陈阜，张风华. 2002. 农作制度的层次结构探讨. 耕作与栽培，（5）：15-16.

蔡虹，刘金铜，王建江. 1999. 太行山低山丘陵区牧草引种的气候生态适应性研究. 生态学杂志，18（2）：22-25.

蔡维华，谢遵秀，余昌蛟，等. 2004. 不同处理方式混播优良牧草对草地改良效果的比较. 贵州畜牧兽医，28（6）：3-4.

蔡小艳，管淑艳，赖志强，等. 2007. 我国农区种草养畜的现状及其发展方向与前景. 上海畜牧兽医通讯，（4）：59-60.

曹利民. 2010. 草田轮作在黄土高原丘陵沟壑区旱作农业中的作用研究-以天水市为例. 兰州大学硕士学位论文.

曹隆恭，咸金山. 1985. 我国北方旱地用养结合的历史经验. 中国农史，（4）：63-77.

曹敏建. 耕作学. 2002. 北京：中国农业出版社：133-263.

曹仲华. 2007. 西藏农区箭筈豌豆与一年生禾草混种效应的研究. 西北农林科技大学硕士学位论文.

柴继宽. 2012. 轮作和连作对燕麦产量、品质、主要病虫害及土壤肥力的影响. 甘肃农业大学博士学位论文.

常根柱，李世航. 1991. 燕麦与箭筈豌豆在甘肃卓尼的混播试验. 草业科学，（6）：37-41.

常生华，侯扶江，于应文，等. 2004. 黄土丘陵沟壑区三种豆科人工草地的植被与土壤特征. 生态学报，24（5）：932-937.

陈宝书. 1993. 豆科和禾本科牧草之间的竞争. 牧草与饲料，（4）.23-27.

陈宝书. 2001. 牧草饲料作物栽培学. 北京：中国农业出版社：142-145，416-420.

陈恩海，郭维贤，黄毅武. 2003. 红壤山地生态果园的技术与应用效果. 广西热带农业，89（4）：1-4.

陈阜，梁志杰. 1997. 多熟制的发展前景. 世界农业，（6）：18-20.

陈阜. 1998. 耕作学科跨世纪发展的认识. 面向二十一世纪的中国农作制. 石家庄：河北科学技术出版社.

陈阜. 2000. 农作制度及其发展趋势展望中国集约型农作制度可持续发展. 南昌：江西科学技术出版社：32-34.

陈功，贺兰芳. 2005. 燕麦箭筈豌豆混播草地某些生理指标的研究. 草原与草坪，（4）：47.

陈功，周青平. 1999. 青海环湖地区燕麦品种生产性能比较研究. 国外畜牧业（草原与牧草），（3）：20-22.

陈家振. 2001. 牧草的轮作、套种、混播高产栽培模式. 北京农业，（9）：31.

陈家振. 2002. 牧草高产栽培模式. 湖南农业，（22）：17.

陈家宙，何圆球，吕国安. 2003. 红壤丘岗区林草生态系统土壤水分状况. 水土保持学报，17（2）：122-152.

陈凯，戴俊文，吴年忠，等. 1993. 江西省临川县果业结构调整与合理布局的初探. 南京农业大学学报，16（4）：107-112.

陈立军，朱月山，葛宪生. 2002. 梨园生草技术总结. 浙江柑橘，19（4）：38-39.

陈明，罗进仓，李国. 2011. 刈割苜蓿助迁天敌对棉田棉蚜种群动态的影响研究. 草地学报，19（6）：922-926.

陈明，周昭旭，罗进仓. 2008. 间作苜蓿棉田节肢动物群落生态位及时间格局. 草业学报，17（4）：132-140.

陈清西，廖镜思，郑国华，等. 1996. 果园生草对幼龄龙眼园土壤肥力和树体生长的影响. 福建农业大学学报，（4）：429-432.

陈三有，梁正之，郑森发，等. 2000. Tetragold多花黑麦草的生产适应性研究. 草业科学，（2）：23-25.

陈三有，杨中艺，辛国荣. 2001. 黑麦草-水稻草田轮作系统研究与应用. 草原与草坪，（1）：148-153.

陈三有，杨中艺. 2000. 黑麦草、水稻草田轮作系统研究与应用. 草原与草坪，（1）：32-34.

陈三有. 2000. 从广东草业生产模式看牧草在可持续发展中的战略地位. 草业科学，（1）：75-78.

陈欣，唐建军，方治国，等. 2003. 高温干旱季节红壤丘陵果园杂草保持的生态作用. 生态学杂志，22（6）：38-42.

陈玉香，周道玮，张玉芬. 2004. 玉米、苜蓿间作的产草量及光合作用. 草地学报，（2）：107-112.

陈玉香，周道玮. 2003. 玉米-苜蓿间作的生态效应. 生态环境，12（4）：467-468.

陈钟佃，黄勤楼，刘明香，等. 2009. 南方山地小流域牧草种植及其在养殖上的效益分析. 草原与饲料，29（4）：47-48.

成红, 杜峰, 赵克学, 等. 2002. 宁南山区苜蓿生产现状与产草量提高途径. 草地学报, 10 (3): 231-236.

成升魁, 钟志明. 2000. 耕作学的成就、面临挑战及相应策略-中国集约型农作制度可持续发展. 南昌: 江西科学技术出版社.

程积民, 万惠娥, 王静, 等. 2004. 黄土丘陵区沙打旺草地土壤水分过耗与恢复. 生态学报, 24 (12): 2979-2983.

程积民, 万惠娥, 王静. 2005. 黄土丘陵区苜蓿生长与土壤水分变化. 应用生态学报, 16 (3): 435-438.

迟凤琴, 宿庆瑞, 王英, 等. 1993. 松嫩平原西部粮草轮作技术途径与效应的研究. 草业科学, 10 (6): 23-24, 63.

褚贵新, 沈其荣, 张娟, 等. 2003. 用 ^{15}N 富积标记和稀释法研究旱作水稻/花生间作系统中氮素固定和转移. 植物营养与肥料学报, 9 (4): 385-389.

崔茂盛, 匡崇义, 薛世明. 2006. 云南冬春农田种植的优良豆科牧草——云光早光叶紫花苕. 草业与畜牧, (7): 60-61.

崔鲜一, 彭玉梅. 1997. 豆科牧草引种试验研究 (1988-1994). 内蒙古草业, (21): 28-34.

戴治平, 龚述明, 杨科祥. 2002. 改革稻田耕作制度, 提高农业生产效益. 作物研究, (2): 81-83.

党廷辉. 1998. 黄土旱塬区轮作培肥试验研究. 土壤侵蚀和水土保持学报, 4 (3): 44-47.

邓玉林, 陈治谏, 刘绍权, 等. 2003. 果牧结合生态农业模式的综合效益试验研究. 水土保持学报, 17 (2): 24-27.

邓云飞. 2011. 苦竹+牛鞭草模式中草地斑块的土壤养分动态及牧草的生长特性. 四川农业大学硕士学位论文.

丁飞, 曹国瑶, 耿培. 2008. 玉米间作对辣椒产量和品质的影响. 安徽农业科学, 36 (25): 0824-0825.

丁松爽, 苏培玺, 严巧娣, 等. 2009. 不同间作条件下枣树的光合特性研究. 干旱地区农业研究, 27 (1): 184-189.

董宽虎, 沈益新. 2003. 饲草生产学. 北京: 中国农业出版社: 226-234.

董宽虎, 张瑞忠, 李连友, 等. 2010. 不同耕作方式对麦茬复种饲草干草产量的影响. 中国草地学报, 32 (2): 103-107.

董世魁, 马金星, 蒲小鹏, 等. 2003. 高寒地区多年生禾草引种生态适应性及混播组合筛选研究. 草原与草坪, (1): 38-41.

杜国祯, 王刚, 赵松岭. 1993. 两种一年生植物在替代试验中的相互竞争关系. 草业学报, (1): 6-14.

杜灵敏, 张显耻, 聂青平. 1991. 高寒牧区豌豆与燕麦混播组合的研究. 青海畜牧兽医杂志, 21 (6): 18-19.

杜欣. 2011. 关中地区燕麦与苜蓿混间条播模式对产量和品质的影响. 西北农林科技大学硕士学位论文.

段舜山. 1988. 草地农业与生态农业浅识. 中国草业科学, 5 (4): 43-47.

多立安, 赵树兰. 2001. 几种豆禾牧草混播初期生长互作效应的研究. 草业学报, 10 (2): 72-77.

尔古木支, 吉多伍. 2002. 光叶紫花苕种植和干草调制技术. 中国畜牧杂志, 38 (4): 62-65.

樊虎玲, 郝明德, 李志西. 2007. 黄土高原旱地小麦-苜蓿轮作对小麦品质和子粒氨基酸含量的影响. 植物营养与肥料学报, 13 (2): 640-647.

樊江文, 高永革. 1994. 混播草地中豆科牧草的固氮作用. 中国草地, (6): 64-69, 73.

樊江文. 1997. 在不同压力和干扰条件下鸭茅和黑麦草的竞争研究. 草业学报, (3): 15-20.

樊军, 郝明德. 2003. 黄土高原旱地轮作与施肥长期定位试验研究 I. 长期轮作与施肥对土壤酶活性的影响. 植物营养与肥料学报, 9 (1): 9-13.

樊巍, 高喜荣. 2004. 林草牧复合系统研究进展. 林业科学研究, 17 (4): 519-524.

樊巍, 孔令省, 阴三军, 等. 2004a. 干旱丘陵区苹果-紫花苜蓿复合系统对苹果生长、产量和品质的影响. 河南农业大学学报, 38 (4): 423-426.

樊巍, 阴三军, 田子涛, 等. 2004b. 干旱丘陵区果草复合经营综合效应的研究. 河南科学, 22 (6): 802-804.

樊巍, 赵勇, 闫玉信. 1995. 生态林业的理论与技术. 北京: 中国农业出版社.

樊巍. 2004. 果草牧复合系统物质生产、养分循环与能量流动研究. 中南林学院博士学位论文.

范亚娜, 赵国栋. 2007. 陇东地区设施蔬菜连作土壤性质变化趋势. 水土保持通报, 27 (6): 116-119

房增国. 2004. 豆科/禾本科间作的氮铁营养效应及对结瘤固氮的影响. 中国农业大学博士学位论文.

冯安忠, 唐永明, 孙厚超, 等. 2006. 枸杞地间作紫花苜蓿. 新疆农垦科技, (3): 17-18.

冯明祥, 王继青, 姜瑞德, 等. 2002. 苹果园种草对节肢动物群落的影响研究. 烟台果树, 77 (1): 9-10.

付登伟, 林超文. 2010. 苹果园种草对节肢动物群落的影响研究. 中国农业科技导报, 26 (7): 273-278.

付登伟. 2010. 四川紫色丘陵区不同粮草种植模式效应研究. 西南大学硕士学位论文.

傅金辉, 李发林, 刘长全, 等. 1998. 土壤管理对红壤幼龄果园土壤酶活性变化的影响初探. 福建农业学报, (S1): 90-95.

富象乾. 1980. 内蒙古地区的绿肥牧草资源. 内蒙古农业科技, (1): 10-16.

甘德欣, 黄璜. 2002. 浅析湖南"稻-草"轮作制的发展前景. 耕作与栽培, (14): 15-17.

甘延东, 李俊良, 陈永智, 等. 2008. 寿光市耕层土壤养分现状分析. 中国农学通报, (7): 260-265.

高崇岳, 江小蕾, 冯治山, 等. 1996. 草地农业中的几种优化种植模式. 草业科学, 13 (5): 24-29.

高菊生, 徐明岗, 秦道珠. 2008. 长期稻-稻-紫云英轮作对水稻生长发育及产量的影响. 湖南农业科学, (6): 25-27.

高玲, 刘国道. 2007. 绿肥对土壤的改良作用研究进展. 北京农业, (36): 21-33.

高琼, 陈晓阳, 杜金友. 2005. 不同种和种源胡枝子的耐旱性差异研究. 北华大学学报 (自然科学版), 6 (3): 257-260.

高旺盛, 梁志杰, 崔勇. 2000. 美国可持续农作制度的主要技术途径. 世界农业, 11: 6-7.

高旺盛. 2007. 论保护性耕作技术的基本原理与发展趋势. 中国农业科学, 40 (12): 2702-2708.

高阳, 段爱旺, 刘浩, 等. 2007. 冬小麦、春玉米间作条件下作物需水规律. 节水灌溉, (3): 18-25.

郜庆炉. 2003. 设施农作制. 北京: 中国农业科学技术出版社.

耿华珠, 吴永敷, 曹致中. 1995. 中国苜蓿. 北京: 中国农业出版社: 25-58.

宫永铭, 宫金华, 林文彬, 等. 2001. 浅谈果园生草技术. 植保技术与推广, 21 (10): 23-24.

宫渊波, 麻泽龙, 陈林武, 等. 2004. 嘉陵江上游低山暴雨区不同水土保持林结构模式水源涵养效益研究. 水土保持学报, 28 (3): 28-32.

龚晨, 安萍莉, 琪赫, 等. 2007. 阴山北麓地区农作制度演变历程及演变规律研究. 干旱区资源与环境, 21 (2): 66-70.

苟文龙, 张新跃, 何光武. 2006. 刈割时期对光叶紫花苕生产性能的影响. 中国草地学报, 28 (3): 35-38.

苟文龙, 张新跃, 李元华, 等. 2007. 多花黑麦草饲喂奶牛效果研究. 草业科学, 24 (12): 72-75.

谷安琳, Holzwort L, 云锦凤, 等. 1998. 几种豆科牧草旱作条件下的牧草产量分析. 中国草地, (5): 26-30.

官会林, 郭云周, 张云峰, 等. 2010. 绿肥轮作对植烟土壤酶活性与微生物量碳和有机碳的影响. 生态环境学报, 19 (10): 2366-2371.

郭芳彬. 1993. 美国的饲料生产. 世界农业, (3): 43-44.

郭胜利, 吴金水, 党廷辉. 2008. 轮作和施肥对半干旱区作物地上部生物量与土壤有机碳的影响. 中国农业科学, 41 (3): 744-751.

郭文韬. 1982. 中国古代的农作制和耕作法. 北京: 农业出版社.

郭文韬. 2001. 中国古代土壤耕作制度的再探讨. 南京农业大学学报 (社会科学版), 1 (2): 17-29.

郭孝, 刘太宇. 2005. 优良牧草与花生间作套种的研究. 中国农学通报, 21 (1): 149-152, 229.

郭孝. 2004. 无芒雀麦与紫花苜蓿混播草地生长动态的研究. 家畜生态, 25 (2): 29-32.

郭玉霞, 南志标, 李春杰, 等. 2004. 黄土高原区苜蓿与小麦轮作系统根部入侵真菌研究. 生态学报, 24 (3): 486-493.

韩方虎, 沈禹颖, 王希, 等. 2009. 苜蓿草地土壤氮矿化的研究. 草业学报, 18 (2): 11-17.

韩建国, 马春晖, 毛培胜, 等. 1999. 播种比例和施氮量及刈割期对燕麦与豌豆混播草地产草量与质量的影响. 草地学报, 7 (2): 87-95.

韩建国, 孙启忠, 马春晖, 等. 2004. 农牧交错带农牧业可持续发展技术. 北京: 化学工业出版社: 180-186.

韩建国. 2007. 草地学. 北京: 中国农业出版社.

韩丽娜. 2012. 草田轮作对土壤水肥特性及作物生长的影响. 西北农林科技大学硕士学位论文.

韩茂莉. 2000. 中国古代农作物种植制度略论. 中国农史, (3): 91-94.

韩启functions, 熊德配, 范贵, 等. 1989. 林草药牧人工生态系统的研究. 林业科技通讯, (5): 17-21.

韩学明. 2000. 化隆县燕麦与箭筈豌豆适宜混播比筛选试验. 青海草业, 9 (1): 12.

韩永伟, 韩建国, 张蕴薇, 等. 2004. 农牧交错带草地植被的水土保持作用研究. 水土保持学报, 18 (4): 24-28.

郝淑英, 刘蝴蝶, 牛俊玲, 等. 2003. 黄土高原区果园生草覆盖对土壤物理性状、水分及产量的影响. 中国土壤与肥力, (1): 25-27.

何光武, 黄海, 傅平. 凉山光叶紫花苕原种生产技术. 四川草原 2006 (5): 62.

何静, 尚以顺, 舒建虹. 毛花雀稗混播草地建植技术初探. 四川草原牧草科学, 2005, (4): 17-19.

何明祝, 穆龙. 苜蓿与米谷套种技术. 农村科技, 2009, (8): 29.

何萍, 傅平, 敖学成. 刈割次数对光叶紫花苕产草量和产种量的观察试验. 中央民族大学学报 (自然科学版) 2004, 13 (2): 150-153.

何双琴. 2004. 贵南县禾豆混播及牧草产量测定. 青海草业, 13 (2): 18-20.

何翔舟. 2000. 从粮食经济到草业经济的创新-甘肃中部地区农业结构调整研究. 草业科学, 17 (5): 45-48.

洪绂曾, 吴义顺, 白永和. 1993. 根蘖苜蓿与羊草混播试验研究. 牧草与饲料, (2): 1-5.

洪绂曾. 2011. 中国草业史. 北京: 中国农业出版社.

侯凌生, 李学敏. 1990. 旱薄地夏玉米间隔翻相配套技术研究. 土壤肥料, 2: 36-39.

呼天明, 边巴卓玛, 曹中华, 等. 2005. 施行草地农业推进西藏畜牧业的可持续发展. 家畜生态学报, 26 (1): 78-80.

胡良军, 邵明安. 2002. 黄土高原植被恢复的水分生态环境研究. 应用生态学报, (8): 1045-1048.

胡明文, 文石林, 徐明岗. 2009. 南方红壤丘陵农区畜牧业发展战略研究. 中国农学通报, 25 (16): 219-224.

胡自治. 1995. 世界人工草地及其分类现状. 国外畜牧学-草原与牧草, (2): 1-8.

胡自治. 2000. 人工草地在我国 21 世纪草业发展和环境治理中的重要意义. 草原与草坪, 8 (8): 12-15.

华北农业科学研究所编译委员会. 1951. 苏联大土壤学家威廉士学说的理论及其成就. 上海: 中华书局.

黄宝龙, 黄文丁. 1991. 林农复合经营生态体系的研究. 生态学杂志, 10 (3): 27-32.

黄高宝, 郭清毅, 张仁陟, 等. 2006. 保护性耕作条件下旱地农田小麦-豆双序列轮作体系的水分动态及产量效应. 生态学报, (4): 1176-1185.

黄国勤, 熊云明, 钱海燕, 等. 2006. 稻田轮作系统的生态学分析. 土壤学报, 43 (1): 69-48.

黄国勤. 2006. 中国南方稻田耕作制度的发展. 耕作与栽培, (3): 1-6.

黄开红, 朱普平. 2000. 稻-草-禽 (渔) ——水乡生态农业发展之评述. 江苏农业学报, 16 (1): 57-60.

黄文丁, 王汉杰. 1992. 林草复合经营技术. 北京: 中国林业出版社.

黄文惠, 郑卓杰. 1997. 建立我国农区三元结构生产体系的可能及设想. 草地学报, (3): 148-153.

黄显淦, 杜建鹏. 2004. 我国果园绿肥现状及其发展前景. 果业论坛, (5): 9-10.

黄炎和，杨学震，沈林洪，等.2000.侵蚀劣地果园套种绿肥对地温和气温的影响.水土保持研究，7（3）：222-225.
黄毅斌，应朝阳，郑仲登，等.2001.生态牧草筛选及其在生态果园应用的研究.中国生态农业学报，9（3）：48-51.
黄正林.2007.清至民国时期黄河上游农作物分布与种植结构变迁研究.古今农业，（1）：83-99.
惠富平，牛文智.1999.中国农书概说.西安：西安地图出版社：67-70.
惠文森.2000.冬小麦与一年生豆科牧草复种试验.西北民族学院学报（自然科学版），21（3）：52-54.
惠竹梅，张振文，李华.2003.葡萄园生草制的研究进展.陕西农业科学，（1）：22-25.
霍成君，韩建国，洪绂曾，等.2001.刈割期和留茬高度对混播草地产草量及品质的影响.草地学报，（12）：257-264.
季尚宁，肖玉珍，田慧梅，等.1996.土壤灭菌对连作大豆生长发育的影响.东北农业大学学报，27（4）：326-329.
季志平，李思锋，李军超，等.1997.油茶复合林的功能特征研究Ⅰ.辐射能量垂直分配.经济林研究，（5）：16-19.
贾恒义，穆兴民，雍绍萍.1996.水肥协同效应对沙打旺吸收氮磷钾的影响.干旱地区农业研究，14（4）：17-21.
贾麟.2005.白三叶在庆阳市苹果园生态系统中的重要作用.草业科学，10（22）：82-84.
贾慎修.1987.中国饲用植物志（第1卷）.北京：农业出版社：309-313.
贾玉山，张秀芬，格根图.1998.不同刈割技术对沙打旺草粉质量的影响.内蒙古草业，（2）：33-35.
蒋建平.1990.农林业系统工程与农林间作的结构模式.世界林业研究，3（1）：32-38.
蒋小军，何顺成，周政华，等.2005.稻田种草-养鹅模式初探.草业科学，22（1）：44-45.
焦彬.1985.中国农业年鉴.北京：农业出版社.
焦伟华，陈源采，隋鹏，等.2007.保护性耕作技术适宜性区划的指标体系初探-以免耕为例.中国农学通报，23（10）：77-81.
金涛.2005.西藏农业发展粮草免耕复种技术初探.西藏农业科技，27（4）：22-27.
金涛.2006.西藏制作制度的变革.西藏农业科技，28（2）：31-35.
晋艳，杨宇虹，段玉琪.2004.烤烟轮作、连作对烟叶产量质量的影响.西南农业学报，（17）：267-271.
景辉，曾昭海，焦立新，等.2006.不同青贮玉米品种与紫花苜蓿的间作效应.作物学报，32（1）：125-130.
瞿明仁，欧阳克蕙，杨食堂，等.2010.南方丘陵地区种草养牛效益分析.江西畜牧兽医杂志，（1）：19-20.
康敬国，罗六伟，杜利勤，等.2005.林草间作技术研究.河南林业科技，25（2）：12-13.
孔建，王海燕，赵白鸽，等.2001.苹果园主要害虫生态调控体系的研究.生态学报，21（5）：790-794.
孔祥兰.2003.紫苜蓿与无芒雀麦混播高产栽培技术.现代农业，（7）：16.
孔艳琴，张荣学.2003.果园间套牧草新品种金牧5号鸭茅.四川农业科技，（11）：7.
寇建村，杨文权，胡自治.2006.禾草混播人工草地早期主要杂草种子库研究.草业科学，23（8）：53-56.
寇明科，王安禄，徐占文，等.2003.高寒牧区当年生人工混播草地建植试验.草业科学，20（5）：6-8.
赖永其.2009.福建宁德稻田耕作制度的现状与发展.闽东农业科技，（1）：13-16.
兰兴平，王峰.2004.禾本科牧草与豆科牧草混播的四大优点.四川畜牧兽医，（12）：4-6.
兰彦平，曹慧，解自典，等.2000.无芒雀麦对石灰岩旱地果园的保水效应.落叶果树，（6）：15-16.
兰彦平，牛俊玲.2000.石灰岩山区果园生草对果树根系生态系统的效应.山西农业大学学报，20（3）：259-261.
黎国喜，李厚金，杨中艺，等.2008."黑麦草-水稻"草田轮作系统的根际效应Ⅴ.多花黑麦草（Lolium multiflorum）根茬腐解物中存在促水稻生长活性物质的证据.中山大学学报（自然科学版），47（4）：97-102.
李宝筏，杨文革，王勇，等.2004.东北地区保护性耕作研究进展与建议.农机化研究，（1）：9-13.
李纯.2006.新形势下耕作制度发展动向及信阳市实证分析.华中农业大学硕士学位论文.
李发林，黄炎和，刘长全，等.2002.土壤管理模式对幼龄果园根际土壤养分和酶活性影响初探.福建农业学报，17（2）：112-115.
李锋瑞，Elgersma A.1998.气候因子和非气候因子对白三叶草叶片生长的影响.植物生态学报，22（1）：8-22.
李锋瑞，高崇岳.1994.陇东黄土高原若干轮作技术方案水保效能评价分析.生态学杂志，13（4）：51-54.
李锋瑞.2000.刈割频率与品种对混播草地白三叶叶片出生率及扩展期的影响.草业学报，9（4）：74-79.
李凤民，张振万.1991.宁夏盐池长芒草和苜蓿人工草地水分利用研究.植物生态与地植物学报，15（4）：319-329.
李福岭.1993.鲁北滨海地区三县苜蓿引种、推广草田轮作初报.草业科学，10（1）：30-34.
李福生，石岩生，许毅洪，等.2003.发展草业是促进农牧交错带经济发展的重要途径.草业科学，20（4）：86-87.
李阜慄，赵常宝.1995.低山丘陵地区林草结合立体开发模式调查浅析.草业科学，12（6）：68-70.
李根前，唐德瑞.1996.杜仲三叶草间作系统基本特征研究.西北林学院学报，11（1）：24-29.
李光晨，王炳义，王茂兴.1996.生草对灌溉果园土壤水分及其蒸散的影响.中国果树，（1）：18-19.
李广运，刘日忠，高山，等.1993.种植紫花苜蓿综合效益分析.黑龙江畜牧兽医，（1）：19-20.
李国怀.2001.百喜草及其在南方果园生草栽培和草被体系中的应用.生态科学，20（1）：23-26.
李海.2005.苜蓿与禾本科作物间混作增产机制.内蒙古农业大学硕士学位论文.
李华，惠竹梅，张振文，等.2004.行间生草对葡萄园土壤肥力和葡萄叶片养分的影响.农业工程学报，20（增刊）：116-119.
李红.2000.21世纪我国草地科学研究展望.黑龙江牧畜科技，（3）：40-44.
李怀有.2001.高塬沟壑区果园土壤管理制度试验研究.干旱地区农业研究，04：32-37.
李会科，赵政阳，张广军.2005.果园生草的理论与实践-以黄土高原南部苹果园生草实践为例.草业科学，22（8）：34-37.

李会科, 张广军, 赵政阳, 等. 2007. 生草对黄土高原旱地苹果园土壤性状的影响. 草业学报, 16 (2): 32-39.

李慧成, 郝明德, 杨晓, 等. 2009. 黄土高原苜蓿草地在不同种植方式下的土壤水分变化. 西北农业学报, 18 (3): 141-146.

李军, 陈兵, 李小芳, 等. 2007a. 黄土高原不同类型旱区苜蓿草地水分生产潜力与土壤干燥化效应模拟. 应用生态学报, 18 (11): 2418-2425.

李军, 陈兵, 李小芳, 等. 2007b. 黄土高原不同干旱类型区苜蓿草地深层土壤干燥化效应. 生态学报, 27 (1): 75-89.

李军, 高苹, 陈艳春, 等. 2008. 华东地区耕作制度对积温变化的响应. 生态学杂志, 27 (3): 361-368.

李军. 2011. 黄土高原不同降水类型区苜蓿-粮食作物轮作效应模拟与比较研究. 西北农林科技大学硕士学位论文.

李莉. 2005. 兴安胡枝子发芽及生长研究. 东北师范大学硕士学位论文.

李立军. 2004. 中国耕作制度近50年演变规律及未来20年发展趋势研究. 中国农业大学博士学位论文: 16-20.

李丽霞, 郝明德, 张春霞. 2005. 不同种植方式下苜蓿地上部N、P、K含量的动态变化. 干旱地区农业研究, 23 (1): 90-94.

李琪. 1992. 陇东紫花苜蓿现状. 草地科学, 9 (5): 7-11.

李全胜, 吴建军, 严力蛟, 等. 1996. 桃园套种黑麦草对土壤热状况的影响及其模拟研究. 应用生态学报, 7 (增刊): 39-44.

李润枝, 陈晨, 张培培, 等. 2009. 我国燕麦种质资源与遗传育种研究进展. 现代农业科技, (17): 44-45.

李绍密, 裘大凤. 1992. 经济林间作牧草的效益研究. 草业科学, 9 (1): 23-25.

李守德. 1991. 美国的牧草资源研究与利用. 世界农业, (2): 47-49.

李铜山. 2008. 国外节约型农业发展模式及其启示. 世界农业, (5): 1-2.

李伟忠, 马振良, 李晶, 等. 2006. 高寒地区一年生牧草及饲料作物混播群体研究. 黑龙江农业科学, (3): 72-75.

李文华, 赖世登. 1994. 中国农林复合经营. 北京: 科学出版社.

李文华. 2000. 我国西南地区生态环境建设的几个问题. 林业科学, 36 (5): 10-11.

李文华. 2003. 生态农业-中国可持续农业的理论与实践. 北京: 化学工业出版社.

李文西, 鲁剑巍, 鲁君明, 等. 2009. 苏丹草-黑麦草轮作中氮磷钾配施对饲草产量与养分积累的影响. 草原与草坪, (6): 5-11.

李翔宏, 刘斌. 2006. 黑麦草与豆科牧草混播技术. 江西畜牧兽医杂志, (4): 24.

李向东, 陈源泉, 隋鹏, 等. 2007. 中国南方集约多熟稻田保护性耕作制度. 生态学杂志, 26 (10): 1653-1656.

李晓锋, 陈明新, 陈仕耀, 等. 2006. 三峡库区林草间作及肉羊高效养殖模式探讨. 湖北农业科学, 02: 226-228.

李学敏. 1991. 半湿润易旱区夏玉米、辣椒间作效益研究. 耕作与栽培, (1): 10-13.

李艳春, 黄毅斌, 翁伯琦. 2009. 果茶园套种牧草的生态和经济效益研究. 草业与畜牧, (5): 54-57.

李勇, 吴钦孝, 朱显谟, 等. 1990. 黄土高原植物根系提高土壤抗冲性能的研究- I. 油松人工林根系对土壤抗冲性的增强效应. 水土保持学报, 4 (1): 1-5.

李玉山. 2001. 黄土高原森林植被对陆地水循环影响的研究. 自然资源学报, 16 (5): 427-432.

李玉山. 2002. 苜蓿生产力动态及其水分生态环境效应. 土壤学报, 39 (3): 404-411.

李元华, 张新跃, 宿正伟, 等. 2007. 多花黑麦草饲养肉兔效果研究. 草业科学, 24 (11): 70-72.

李兆勇. 2007. 多花黑麦草、肉鹅高效种养配套技术. 中国农村小康科技, (3): 77-78.

李振吾. 1999. 苹果园种植覆盖作物的生态效应. 重庆师专学报, 18 (2): 19-20.

李正民, 尹郁苏. 1998. 黑麦草喂鱼效果好. 江西畜牧兽医杂志, (1): 40-41.

厉为民. 1999. 我国农业的国际竞争力. 科学对社会的影响, (1): 12-22.

梁维岗. 2001. 美国农作制度与可持续农业对我们的启示. 山西农业科学, 29 (1): 92-96.

梁智, 周勃, 邹耀湘, 等. 2007. 土壤湿热灭菌对连作棉花生长发育的影响. 西北农业学报, 16 (2): 87-89.

廖桂平, 官春云. 2001. 不同播期对不同基因型油菜产量特性的影响. 应用生态学报, 12 (6): 853-858.

廖维来. 2001. 利用冬闲田种植多花黑麦草的意义和作用. 广西畜牧兽医, 17 (1): 10-12.

林超文, 庞良玉. 2007. 四川农区草业发展现状及对策建议. 四川农业科技, (12): 7-8.

林大仪. 2002. 土壤学. 北京: 中国林业出版社.

林慧龙, 董世魁. 2003. 高寒地区多年生禾草混播草地种间竞争效应分析. 草业学报, 12 (3): 79-82.

凌新康. 2004. 光叶紫花苕种植技术及经济价值. 四川草原, (7): 59-62.

刘长全, 傅金辉, 李发林, 等. 2003. 果园生草、套种绿肥对红壤幼龄果园肥力影响的研究. 福建农业学报, 18 (增刊): 96-101.

刘成龙, 王静, 郭亚男. 2007. 草田轮作粮食增产效果分析. 内蒙古农业科技, (6): 58-61.

刘大同. 1953. 实行草田轮作中的几个具体问题. 农业科技通讯, (8): 353-356.

刘德广, 熊锦君, 谭炳林, 等. 2001. 荔枝-牧草复合系统节肢动物群落多样性与稳定性分析. 生态学报, 21 (10): 1596-1601.

刘发万, 宋泽州, 钟利, 等. 2009. 辣椒、玉米、芋头间套作对辣椒主要病害的控制及增值效应. 西南农业学报, 22 (3): 659-662.

刘芳, 李向林, 白静仁, 等. 2006. 川西南农区高效饲草生产系统研究. 草地学报, 14 (2): 147-151.

刘芳. 2004. 西南农区高效饲草生产系统研究. 中国农科院畜牧研究所硕士学位论文.

刘广才. 2005. 不同间套作系统种间营养竞争的差异性及其机理研究. 甘肃农业大学硕士学位论文.

刘国栋, 曾希柏. 1999. 营养体农业与我国南方草业的持续发展. 草业学报, 8 (2): 1-7.

刘国一. 2005. 西藏中部农区冬小麦套种箭筈豌豆研究. 西藏农业科技, 27 (1)：27-30.

刘海泉, 黄文惠. 1991. 放牧强度、放牧草丛高度对多年生黑麦草、白三叶混播草地产量及草地组成的影响. 草地学报, 1 (1)：100-105.

刘洪岭, 李香兰. 1998. 禾本科及豆科牧草对黄土丘陵区台田土壤培肥效果的比较研究. 西北植物学报, 18 (2)：287-291.

刘蝴蝶, 郝淑英, 曹琴, 等. 2003. 生草覆盖对果园土壤养分、果实产量及品质的影响. 土壤通报, 34 (3)：184-186.

刘慧. 2008. 燕麦与不同作物间混作生态效应的研究. 内蒙古农业大学硕士学位论文.

刘慧涛, 朱平. 1997. 环坡深耥大垄豆禾混播治理风蚀穴试验. 中国沙漠, 17 (4)：453-455.

刘建平, 李彩之, 梁新民. 2004. 草田轮作、种草养畜效应研究. 云南畜牧兽医, (3)：16-18.

刘景辉, 曾昭海, 焦立新, 等. 2006. 不同青贮玉米品种与紫花苜蓿的间作效应. 作物学报, 32 (1)：125-130.

刘军和. 2009. 美国杏李园间种紫花苜蓿和间作红豆草对天敌影响评价. 河南师范大学学报(自然科学版), 37(5)：119-121, 173.

刘连成, 张国庆. 2000. 中国土地退化与法律保障对策. 国土资源科技管理, (1)：15-19.

刘隆旺, 黄国勤, 叶方, 等. 1999. 不同种植方式旱玉米田害虫及其天敌的种类和数量组成研究. 江西植保, 22 (1)：28-29.

刘念民, 王晶. 2001. 美国饲草业近期动态. 现代化农业, (8)：33.

刘沛松, 贾志宽, 李军, 等. 2008a. 宁南山区紫花苜蓿(Medicago sativa)土壤干层水分动态及草粮轮作恢复效应. 生态学报, 28 (1)：183-191.

刘沛松, 贾志宽, 李军, 等. 2008b. 宁南旱区草粮轮作系统中紫花苜蓿适宜利用年限研究. 草业学报, 17 (3)：31-39.

刘沛松, 贾志宽, 李军, 等. 2008c. 宁南旱区不同草粮轮作方式中前茬对春小麦产量和土壤性状的影响. 水土保持学报, 22 (5)：146-152.

刘沛松. 2008. 宁南苜蓿草田轮作土壤环境效应研究. 西北农林科技大学博士学位论文.

刘殊, 廖镜思, 陈清西, 等. 1996. 果园生草对龙眼果园微生态气候和光合作用的影响. 福建农业大学学报, 251(4)：429-432.

刘爽. 2007. 基于水资源安全的节水高效种植制度评价研究——以河南洛阳为例. 中国农业科学院硕士学位论文：21-27.

刘天学, 张绍芬, 赵霞, 等. 2008. 我国玉米主要间作技术研究进展. 河南农业科学, (5)：14-17.

刘文臣, 宋加全, 马作民, 等. 2006. 冬小麦夏玉米周年性一体化节本高效栽培技术. 山东农业科学, (3)：89-90.

刘文清, 王国贤. 2003. 沙化草地旱作条件下混播人工草地的试验研究. 中国草地, 25 (2)：69-71.

刘献明, 张学辉. 2005. 枣园不宜间作紫花苜蓿和鲁梅克斯牧草. 北方果树, (5)：51.

刘晓英, 陈琴. 2010. 牧草混播技术简介. 草业与畜牧, (11)：61-62.

刘秀芬. 2002. 化感物质对土壤硝化作用的影响. 中国生态农业学报, 10 (2)：60-62.

刘巽浩, 高旺盛, 陈阜, 等. 2005. 农作学. 北京：中国农业大学出版社.

刘巽浩. 1982. 耕作制度. 北京：农业出版社.

刘巽浩. 1996. 耕作学. 北京：中国农业出版社.

刘彦威. 1999. 我国古代稻田土壤培肥方式述略. 沈阳农业大学学报(社会科学版), 1 (2)：166-170.

刘玉兰. 2009. 黄土高原地区水土保持耕作措施区划探讨. 西北农林科技大学硕士学位论文.

刘云霞, 段瑞林, 康永槐. 2002. 会东县光叶紫花苕种植技术及配套组装与推广应用. 四川畜牧兽医, (8)：41-42

刘振邦. 1993. 当代世界农业. 郑州：中原农民出版社：1-20.

刘振兴, 张树林, 刘自华, 等. 2004. 冬小麦夏玉米种植模式一次性底肥的产量和效益分析. 北京农学院学报, 19(4)：13-15.

刘忠宽, 曹卫东, 秦文利, 等. 2009. 玉米-紫花苜蓿间作模式与效应研究. 草业学报, 18 (6)：158-163.

刘自学. 2002. 中国草业的现状与展望. 草业科学, 19 (1)：6-8.

刘宗超, 陈永贵, 孙陶生, 等. 2000. 效益农业的理论与实践-从生态农业到规模效益农业. 北京：改革出版社：1-15.

刘宗超, 于法稳. 2000. 加入世贸后中国农业亟待改革的根本性问题. 科技报, (6)：25-28.

龙伟, 周珺, 陈勇, 等. 2007. 云南黑麦草-水稻草田轮作研究进展. 草业与畜牧, 135 (2)：1-3.

泷岛. 1983. 防治连作障碍的措施. 日本土壤肥料科学杂志, (2)：170-178.

娄运生, 杨玉爱. 2001. 氮磷钾、硼水平对不同基因型油菜吸收硼及某些生物学性状的影响. 应用生态学报, 12(2)：213-217.

卢良恕. 2002. 21世纪我国农业和农村经济结构调整方向. 中国农业资源与区划, 23 (2)：1-3.

卢娜. 2009. 施肥和混播对云南季节性草田轮作中植物和土壤营养元素的影响. 甘肃农业大学硕士学位论文.

卢琦, 赵体顺, 师永全. 1999. 农用林业系统仿真的理论与方法. 北京：中国环境科学出版社.

芦满济, 杨志爱. 1994. 冷温半干旱黄土丘陵区荒坡地沙打旺系统生态效能的调查研究. 草业科学, 11 (2)：48-51.

芦思佳. 2010. 土壤有机碳的影响因素研究进展. 安徽农业科学, 38 (6)：3078-3080.

鲁鸿佩, 孙爱华, 马绍慧. 2003. 高寒地区箭筈豌豆+燕麦混播复种试验研究. 草业科学, 20 (8)：37-39.

鲁鸿佩, 孙爱华. 2003. 草田轮作对粮食作物的增产效应. 草业科学, 20 (4)：10-13.

鲁化文, 李美俊, 李林梅. 2006. 优质豆科牧草混播技术. 内蒙古林业调查设计, 29 (6)：28.

路海东. 2010. 坡地粮草带状间作模式的水土保持效果与作物的生理生态效应. 西北农林科技大学博士学位论文.

罗爱兰, 李科云. 1995. 中国南方草业发展模式研究. 地理学与国土研究, 11 (2)：39-42.

罗天琼, 龙忠富, 莫本田, 等. 2001. 梨园秋冬季种草及利用试验. 草业科学, 18 (5)：11-15.

罗珠珠, 黄高宝, 张仁陟, 等.2010. 长期保护性耕作对黄土高原旱地土壤肥力质量的影响. 中国生态农业学报, 18 (3): 458-464.

马春晖, 韩建国, 李鸿祥, 等.1999a. 播种比例、施氮量和刈割期对混播草地牧草产量和质量的影响. 中国草地, (4): 9-16.

马春晖, 韩建国, 李鸿祥, 等.1999b. 冬牧 70 黑麦+箭筈豌豆混播草地生物量、品质及种间竞争的动态研究. 草地学报, 8 (4): 56-64.

马春晖, 韩建国, 李鸿祥, 等.1999c. 一年生混播人工草地生物量和品质以及种间竞争的动态研究. 草地学报, 7 (1): 62-71.

马春晖, 韩建国, 张玲.2001. 高寒牧区一年生牧草种间竞争的动态研究. 草业科学, 18 (1): 22-24.

马春晖, 韩建国.1999. 一年生混播草地生物量和品质以及种间竞争的动态研究. 草地学报, 7 (1): 62-71.

马春晖, 韩建国.2000. 高寒地区燕麦及其混播草地最佳刈割期的研究. 塔里木农垦大学学报, 12 (3): 15-19.

马春晖, 韩建国.2001. 高寒地区种植一年生牧草及饲料作物的研究. 中国草地, 23 (2): 49-54.

马海天才, 周寿荣.1992. 豆科禾本科牧草混播比例的研究. 四川草原, (3): 13-15, 36.

马进.2000. 我国饲草饲料资源开发及其利用前景. 四川草原, (1): 17-21.

马克争.2004. 小麦-苜蓿间作对麦长管蚜及其主要天敌的种群动态的影响. 西北农林科技大学硕士学位论文.

马效国, 樊丽琴, 陆妮, 等.2005. 不同土地利用方式对苜蓿茬地土壤微生物生物量碳、氮的影响. 草业科学, 22 (10): 13-17.

毛凯, 周寿荣, 王四敏.1997. 箭筈豌豆混播黑麦草生物量和种间竞争的研究. 草地学报, (1): 8-13.

毛凯, 周寿荣.1995. 一年生豆禾牧草混播种群研究. 草业科学, 12 (2): 32-34.

卯升华, 董恩富, 胡建华.2007a. 高海拔地区光叶紫花苕鲜草高产栽培技术研究. 现代农业科技, (12): 8-9.

卯升华, 董恩富, 彭瑶.2007b. 光叶紫花苕对土壤肥力及后续作物产量的影响. 现代农业科技, (11): 102-104.

孟军江, 唐成斌, 钱晓刚.2005. 喀斯特山区退耕坡地紫花苜蓿引种栽培试验. 贵州农业科学, 33 (6): 51-53.

孟平, 宋兆民.1996. 农林复合系统水分效应研究. 林业科学研究, 9 (5): 443-448.

孟平, 张劲松, 尹昌君, 等.2003. 太行山丘陵区果-草复合系统生态经济效益的研究. 中国生态农业学报, 11 (3): 12-15.

孟庆辉, 柳茜, 罗燕, 等.2001. 德昌县实施烟草畜结合烟地轮作光叶紫花苕调查. 草业与畜牧, (8): 8-10.

莫兴荣, 伍贤军.2000. 黑麦草养鹅的试验效果. 中国畜牧杂志, 36 (4): 40, 48.

牟正国.1993. 我国农作制度的新进展. 耕作与栽培, (3): 1-4.

牟正国.2000. 耕作学回顾-中国集约型农作制度可持续发展. 南昌: 江西科学技术出版社.

内蒙古农牧学院.1981. 牧草及饲料作物栽培学. 北京: 农业出版社.

牛书丽, 蒋高明.2004. 人工草地在退化草地恢复中的作用及其研究现状. 应用生态学报, 15 (9): 1662-1666.

牛自勉.1998. 日本苹果栽培管理经验与启示. 山西果树, (2): 3-5.

钮溥.1990. 北方旱农地区农业生态类型及综合开发途径. 干旱地区农业研究, (1): 1-11.

农一师四团生产科.1983. 坚持草田轮作 20 年——农一师四团一连坚持草田轮作的经验. 新疆农垦科技, (4): 10-12.

欧阳绍兰.2011. 牧草在果园的套种技术. 江西畜牧兽医学志, (1): 48.

潘继兰.2011. 鱼类饲料的解决途径一种草养鱼. 江西饲料, (3): 41-42.

潘正武, 卓玉璞.2007. 高寒牧区多年生人工草地混播组合试验. 草业科学, 24 (11): 53-55.

彭鸿嘉, 莫保儒, 蔡国军, 等.2004. 甘肃中部黄土丘陵沟壑区农林复合生态系统综合效益评价. 干旱区地理, 27 (3): 367-372.

彭科林, 周孟辉.2004. 大力发展草业生产, 促进红壤开发利用. 中国农学会耕作制度分会 2004 年学术年会: 518.

蒲小朋, 董世魁, 阎宝生, 等.2001. 高寒地区豆科牧草引种试验. 中国草地, 23 (3): 17-21.

钱学森.1984. 创建农业型的知识密集产业-农业、林业、草业、海业和沙业. 农业现代化研究, (5): 1-6.

钱学森.1986. 草原、草业和新技术革命. 中国草原与牧草, 3 (1): 1-2.

且沙此咪.2006. 布拖县光叶紫花苕丰产试验研究. 四川草原, (12): 16-18.

青山.2001. 草田轮作技术. 致富之友, (2): 35-36.

裘福庚, 方嘉兴.1996. 农林复合经营系统及其实践. 林业科学研究, 9 (3): 318-322.

任继周, 葛文华.1987. 草地农业生态系统的研究综合报告. 庆阳黄土高原试验站论文集 (1): 5-18.

任继周, 侯扶江.1999. 改变传统粮食观, 试行食物当量. 草业科学, (8): 55-75.

任继周, 林慧龙.2009. 农区种草是改进农业系统保证粮食安全的重大步骤. 草业学报, 18 (5): 1-9.

任继周, 南志标, 林慧龙.2005. 以食物系统保证食物 (含粮食) 安全-实行草地农业, 全面发展食物系统生产潜力. 草业学报, 14 (3): 1-10.

任继周, 南志标.2000. 草业系统中的界面论. 草业学报, 9 (1): 1-8.

任继周, 张自和.2000. 草地与人类文明. 草坪与牧草, (1): 5-9.

任继周.1997. 草地农业系统持续发展的原则理解. 草业学报, 6 (4): 1-5.

任继周.2002a. 藏粮于草施行草地农业系统-西部农业结构改革的一种设想. 草业学报, 11 (1): 1-3.

任继周.2002b. 西部大开发应推行"藏粮于草". 广西粮食经济, (1): 11.

任继周.2004. 中国农业史的起点与农业对草地农业系统的回归-有关我国农业起源的浅议. 中国农史, (3): 3-7.

任继周.2005. 节粮型草地畜牧业大有可为. 草业科学, 22 (7): 44-48.

任天志，Grego S. 2000. 持续农业中的土壤生物指标研究. 中国农业科学，33（1）：68-75.

任中兴，刘克长，陈雨海. 1999. 不同沟麦种植方式小气候效应的研究. 山东农业大学学报，30（2）：133-138.

容维中，吴国芝. 1997. 旱农区草田轮作研究报告. 甘肃畜牧兽医，27（2）：14-17.

山仑，陈国良. 1993. 黄土高原旱地农业的理论与实践. 北京：科学出版社：256-280.

山仑，徐炳成. 2009. 黄土高原半干旱地区建设稳定人工草地的探讨. 草业学报，18（2）：1-2.

山仑. 2000. 怎样实现退耕还林还草. 林业科学，36（5）：2-3.

尚永成，马福. 2000. 燕麦与毛苕子混播试验初报. 青海草业，9（2）：9-10.

邵新庆. 2000. 两个新品种豌豆与冬牧70黑麦燕麦混播试验. 甘肃农业大学学报，35（3）：320-325.

沈建凯，黄璜，傅志强，等. 2010. 规模化稻鸭生态种养对稻田杂草群落组成及物种多样性的影响. 中国生态农业学报，18（1）：123-128.

沈洁，董召荣，朱玉国，等. 2005. 茶树-苜蓿间作条件下主要生态因子特征研究. 安徽农业大学学报，32（4）：493-497.

沈景林，王敬东，冯晓松，等. 2002. 北方农区栽培牧草品种比较及营养品质研究. 草原与牧草，22（4）：45-48.

沈善敏. 1995. 长期土壤肥力试验的科学价值. 植物营养与肥料学报，1（1）：1-9.

沈学年，刘巽浩. 1983. 多熟种植. 北京：农业出版社.

沈禹颖，南志标，高崇岳，等. 2004. 黄土高原苜蓿-冬小麦轮作系统土壤水分时空动态及产量响应. 生态学报，24（3）：640-647.

盛良学，贺喜全. 2003. 牧草和饲料作物的引种选育及其发展趋势. 草业科学，20（5）：14-17.

盛颂德. 2003. 玉米混播苜蓿种植技术. 新疆农机化，（6）：12.

师江澜. 2002. 黄土高原适地适草和利用模式研究. 西北农林科技大学硕士学位论文.

师尚礼，吴劲锋，柳小妮. 2002. 甘肃省极干荒漠区草地农业现状及前景分析. 甘肃农业大学学报，37（3）：351-355.

石凤翎，王明玖，王建光. 2004. 豆科牧草栽培. 北京：中国林业出版社：253-256.

石见发. 2005. 复种牧草对耕地生产效能影响研究. 甘肃农业科技，（10）：38-39.

石永红. 2000. 半荒漠地区绿洲混播牧草层落稳定性与调控研究. 草业学报，9（3）：1-7.

史蒂文森F J，闵九康，沈育芝，等. 1989. 农业土壤中的氮. 北京：科学出版社：201-210.

史俊通，刘孟君. 1998. 论复种与我国粮食生产的可持续发展. 干旱地区农业研究，16（1）：51-57.

四川省草原工作总站. 2002. 四川农区牧草模式与技术. 四川畜牧兽医，29（4）：135.

四川省农业厅土肥生态处. 2003. 稻田保护性耕作技术模式. 四川农业科技，（6）：39.

宋湛庆. 1987. 我国古代的大豆. 中国农史，（3）：50-57.

苏加义，赵红梅. 2003. 国外人工草地. 草食家畜，119（2）：65-66.

苏培玺，解婷婷，丁松爽. 2010. 荒漠绿洲区临泽小枣及枣农复合系统需水规律研究. 中国生态农业学报，18（2）：334-341.

孙爱华，鲁鸿佩，马绍慧. 2003. 高寒地区箭筈豌豆+燕麦混播复种试验研究. 草业科学，20（8）：37-38.

孙波，赵其国. 1997. 土壤质量与持续环境Ⅲ. 土壤质量评价的生物学指标. 土壤，（5）：225-234.

孙福忱. 2002. 试论农区种草的意义. 黑龙江畜牧兽医，（8）：53.

孙光闻，陈日远，刘厚诚. 2005. 设施蔬菜连作障碍原因及防治措施. 农业工程学报，（Z2）：184-188.

孙剑，李军，王美艳，等. 2009. 黄土高原半干旱偏旱区苜蓿-粮食轮作土壤水分恢复效应. 农业工程学报，25（6）：33-39.

孙渠. 1981. 耕作学原理. 北京：农业出版社：70-72.

孙醒东. 1954. 草田耕作制度及其在我国的试行情况. 生物学通报，1954：1-5.

孙秀丽，许信旺，薛芳. 2009. 增加农田土壤碳汇效应研究进展. 池州学院学报，23（3）：80-83.

孙雪，卢鹏林，辛国荣，等. 2011. 冬种黑麦草对农田杂草及其种子库的影响. 草业科学，28（6）：1035-1040.

孙艳艳，蒋桂英，刘建国，等. 2010. 加工番茄连作对农田土壤酶活性及微生物区系的影响. 生态学报，30（13）：3599-3607.

谭超夏，李继云. 1957. 晋南的苜蓿栽培与轮作. 农业学报，8（3）：314-327.

汤少云，李逵吾. 2002. 改革稻田耕作制度，推进农业结构调整. 湖南农业科学，（3）：1-2.

唐劲驰，Mboreha I A，佘丽娜，等. 2005. 大豆根构型在玉米/大豆间作系统中的营养作用. 中国农业科学，38（6）：1196-1203.

田福平，师尚礼，洪绂曾. 2012. 我国草田轮作的研究历史及现状. 草业科学，29（2）：320-326.

田丽丽，宋鲁彬，姚元涛. 2009. 茶树间作研究进展. 落叶果树，（4）：36-39.

田明英，许淑桂，刘倩. 2002. 果园生草技术研究. 中国水果与蔬菜，（1）：20.

万素梅，贾志宽，韩清芳，等. 2008. 黄土高原半湿润区苜蓿草地土壤干层形成及水分恢复. 生态学报，28（3）：1045-1051.

万素梅，贾志宽，郑建明. 2009. 黄土高原地区不同生长年限苜蓿光合作用的日变化规律研究. 自然资源学报，24（6）：992-1002.

汪立刚，梁永超. 2008. 坡耕地粮草间作的培肥保土效果及生态环境经济效益. 中国农学通报，24（10）：482-486.

汪万福，王涛，李最雄，等. 2004. 敦煌莫高窟崖顶灌木林带防风固沙效应. 生态学报，24（11）：2492-2500.

汪玺，胡自治，师尚礼，等. 2010. 中国草业教育发展史：4. 少数民族草业教育. 草原与草坪，30（4）：1-7.

汪玺. 2004. 天然草原植被恢复与草地畜牧现代技术. 兰州：甘肃科技科技出版社：138-144.

王保善. 1987. 全省草田轮作种草养畜试验示范现场汇报会在西和召开. 甘肃农业科技，（2）：26.

王春风，陈洪发，修志学. 2002. 牧草混播参考比例. 养殖技术顾问，（7）：5.

王大平. 2000. 苹果园植被结构对害螨和天敌群落组成的影响. 重庆师专学报, 19（1）：71-74.

王德. 1954. 在草田轮作中栽培多年生牧草的技术. 上海：中华书局.

王德猛. 2006. 光叶紫花苕种植方法. 四川畜牧兽医, 33（1）：44.

王栋. 1953. 草田轮作的理论与实施. 北京：畜牧兽医出版社.

王栋. 1955. 草原管理学. 南京农学院交流讲义.

王海霞, 殷秀琴, 周道玮. 2003. 松嫩草原区农牧林复合系统大型土壤动物生态学研究. 草业学报, 12（4）：84-89.

王宏广. 2005. 中国耕作制度70年. 北京：中国农业出版社.

王华, 黄宇, 阳柏苏, 等. 2005. 中亚热带红壤地区稻-稻-草轮作系统稻田土壤质量评价. 生态学报, 25（12）：3271-3281.

王焕龙. 2005. 对林草间作几种模式初探. 现代农业科技, （9）：1.

王辉, 屠乃美. 2006. 稻田种植制度研究现状与展望. 作物研究, 20（5）：498-503.

王继红, 孟凡胜, 王宇, 等. 2002. 岗平地黑土草田轮作的生态效应. 吉林农业科学, 27（4）：26-28.

王加华. 2009. 民国时期一年两作制江南地区普及问题考. 中国农史, （2）：22, 32-38.

王建江, 杨永辉, 张万军, 等. 1996. 太行山干旱山区林草复合生态系统效益分析. 生态农业研究, 4（1）：62-64.

王建江, 杨永辉. 1996. 太行山干旱区林草复合生态系统效益分析. 生态农业研究, 4（1）：62-64.

王建文, 赖志强. 2012. 冬季豆禾牧草混播研究进展. 草业与畜牧, 195（2）：22-24.

王进波, 齐莉莉, 刘建新. 2004. 黑麦草替代部分精料对生长肥育猪胴体组成和肉质的影响. 中国畜牧杂志, 40（9）：21-23.

王景才. 2009. 旱地高产优质裸燕麦定莜5号的选育及高产栽培技术. 农业科技通讯, （10）：139-140.

王俊, 李凤民, 贾宇, 等. 2005. 半干旱黄土区苜蓿草地轮作农田土壤氮、磷和有机质变化. 应用生态学报, 16（3）：439-444.

王俊, 李凤民, 贾宇, 等. 2009. 旱地高产优质裸燕麦定莜5号的选育及高产栽培技术. 应用生态学报, （10）：139-140.

王俊, 刘文兆, 李凤民, 等. 2006. 半干旱黄土区苜蓿草地轮作农田土壤氮素变化. 草业学报, 15（5）：32-37.

王俊, 刘文兆, 李凤民. 2004. 半干旱地区不同作物与苜蓿轮作对土壤水分恢复与肥力消耗的影响. 土壤学报, 44（1）：179-183.

王俊, 刘文兆, 李凤民. 2007. 半干旱区不同作物与苜蓿轮作对土壤水分恢复与肥力消耗的影响. 土壤学报, 44（1）：179-183.

王俊伶. 2009a. 互助县燕麦与箭筈豌豆混播技术试验推广研究. 甘肃畜牧兽医, （2）：2-21.

王俊伶. 2009b. 燕麦+箭筈混播及燕麦单播青干草饲喂陶赛特肉羊育肥增重试验. 畜牧与兽医, 41（8）：107-108.

王俊鹏, 蒋骏. 1999. 宁南半干旱地区春小麦农田微集水种植技术研究. 干旱地区农业研究, 17（2）：8-13.

王堃. 2001. 苜蓿产业化生产技术. 北京：中国农业科技出版社.

王礼先. 1998. 林业生态工程学. 北京：中国林业出版社.

王立祥, 李军. 2003. 农作学. 北京：科学出版社.

王立祥, 王龙昌, 史俊通, 等. 1998. 论我国耕作制度演进与农业可持续发展. 中国耕作制度研究会, 面向21世纪的中国农作制. 石家庄：河北科学技术出版社.

王龙昌. 2001. 宁南旱区应变型种植制度的机理与技术体系构建. 西北农林科技大学博士学位论文.

王美艳, 李军, 孙剑, 等. 2009. 黄土高原半干旱区苜蓿草地土壤干燥化特征. 生态学报, 29（8）：4526-4534.

王明进, 李雷, 李宣敏, 等. 2013. 乌蒙山区粮烟草轮作模式推广. 科技与推广, （20）：62-64.

王明泽, 周淑丽, 叶富省, 等. 2010. 披碱草与羊草混播栽培技术. 内蒙古草业, 22（3）：63-64.

王平. 2006. 半干旱地区禾-豆混播草地生产力及种间关系研究. 东北师范大学博士学位论文.

王琦, 师尚礼, 曹文侠. 2013. 国际草田耕作制度研究进展. 草原与草坪, 33（2）：85-91.

王启亮, 潘自舒, 刘冠江. 2004. 金顶谢花酥梨果草间作增效试验. 河南农业科学, （9）：59-60.

王庆华. 2005. 天祝县高寒牧区人工草地的建植与利用. 甘肃农业, （6）：32.

王庆锁, 张玉发, 苏加楷, 等. 1999. 苜蓿-作物轮作研究. 生态农业研究, 7（3）：35-38.

王世强. 2009. 北方燕麦高产栽培技术. 科学种养, （2）：14-15.

王淑媛. 1991. 果园生草制的研究. 北方果树, （3）：34-38.

王树起, 韩晓增, 乔云发, 等. 2009. 寒地黑土大豆轮作与连作不同年限土壤酶活性及相关肥力因子的变化. 大豆科学, 28（4）：611-615.

王婷, 包兴国, 胡志桥. 2010. 河西绿洲灌区对玉米间作绿肥高效种植模式研究. 甘肃农业科技, （8）：3-6.

王威, 宋伟, 关忠仁. 2006. 羊草与草木樨混播栽培技术. 畜牧兽医科技信息, （7）：96.

王卫卫, 胡正海. 2003. 几种生态因素对西北干旱地区豆科植物结瘤固氮的影响. 西北植物学报, 23（7）：1163-1168.

王无怠. 1988. 草田轮作的现实作用. 中国草业科学, 5（1）：1-3.

王先明. 1994. 西藏农业自然条件与资源特点. 西藏科技, 65（3）：36-52.

王小春, 杨文钰, 雍太文. 2009. 西南丘陵旱地农作现状及旱地新3熟"麦/玉/豆"发展优势分析. 安徽农业科学, 37（9）：3962-3963, 3982.

王晓江, 呼和, 段玉玺, 等. 1998. 牧用林业对草地畜牧业持续发展的作用. 资源科学, 20（2）：39-45.

王晓江. 1996. 试论牧用林业在草地畜牧业持续发展中的作用. 草业科学, 13（5）：30-34.

王晓凌, 陈明灿, 李凤民, 等. 2007. 苜蓿草地土壤干层对土壤脲酶活性和土壤蛋白酶活性的影响. 水土保持研究, 4（14）：

445-448，450.

王晓凌，李凤民. 2006. 苜蓿草地与苜蓿-作物轮作系统土壤微生物量与土壤轻组碳氮研究. 水土保持学报，20（4）：132-135，142.

王兴祥，张桃林，戴传超. 2010. 连作花生土壤障碍原因及消除技术研究进展. 土壤，（4）：505-512.

王旭，曾昭海，胡跃高，等. 2007. 豆科与禾本科牧草混播效应研究进展. 中国草地学报，29（4）：92-98.

王旭，曾昭海，胡跃高，等. 2009a. 燕麦间作箭筈豌豆效应对后作产量的影响. 草地学报，17（1）：63-67.

王旭，曾昭海，朱波，等. 2009b. 燕麦与箭筈豌豆不同混播模式对根际土壤微生物数量的影响. 草业学报，18（6）：151-157.

王彦龙，马玉寿，施建军，等. 2010. 黄河源区"黑土滩"混播草地牧草植物量及营养动态初探. 草业科学，27（5）：19-22.

王勇. 2008. 由耕作制度谈生态农业. 现代农业科技，（18）：294-295.

王宇涛，辛国荣，陈三有，等. 2008a. 意大利黑麦草对肉鹅和兔的增重效果研究. 牧草与饲料，2（3）：35-37.

王宇涛，辛国荣，陈三有，等. 2008b. 意大利黑麦草饲喂奶牛效果. 草业科学，25（10）：118-123.

王宇涛，辛国荣，杨中艺. 2010. 多花黑麦草的应用研究进展. 草业科学，27（3）：118-123.

王远敏，王光明. 2006. 三峡库区耕作制度现状分析及其调整途径. 耕作与栽培，（6）：38-40.

王运亨. 2003. 发展"苜蓿型奶牛业"在我国农业结构调整中的地位和作用. 中国奶牛，（2）：8-10.

王志敏，王树安. 2000. 集约多熟超高产-21世纪我国粮食生产发展的重要途径. 农业现代化研究，21（4）：193-196.

王志敏，王树安. 2002. 发展超高产技术，确保中国未来16亿人口的粮食安全. 中国农业科技导报，2（3）：8-11.

王志敏. 2004. 迈向新的绿色革命-全球粮食高产研究动向. 中国农业科技导报，6（4）：3-9.

王志强，刘宝元，路炳军. 2003. 黄土高原半干旱区土壤干层水分恢复研究. 生态学报，23（9）：1944-1950.

王治国，张云龙，刘徐明，等. 2000. 林业生态工程学-林草植被建设的理论与实践. 北京：中国林业出版社.

王致萍，周文涛，张晓霞. 2009. 黄土丘陵沟壑区林草间作种植效益评估. 草原与草坪，137（6）：62-65.

王忠林. 1995. 渭北旱原农林复合生态系统生产力研究. 西北林学院学报，10（增）：79-83.

王忠林. 1998. 渭北旱源混农林体系小气候环境与光合生产研究. 西北林学院学报，13（1）：10-15.

王自能. 2007. 多花黑麦草与野生杂草饲喂肉鹅对比试验初报. 现代农业科技，（8）：99.

魏窦兴，杨萍. 2009. 高寒牧区牧草混播效应研究. 柴达木开发研究，（2）：57-58.

魏广祥，冯革尘. 1994. 半干旱风沙区人工牧草沙打旺需水规律的研究. 草业科学，11（5）：46-51.

魏军，曹仲华，罗创国. 2007. 草田轮作在发展西藏生态农业中的作用及建议. 黑龙江畜牧兽医，（9）：98-100.

魏玉琴，姜振宏. 2009. 甘肃省燕麦产业现状及发展途径. 甘肃农业，（7）：59-60.

温随良，李生福. 1990. 三年三区轮作制中草木樨对提高土壤肥力的研究. 中国草地，（4）：64-65.

闻章辉，郑美容，傅俊璋. 2004. 几种牧草的轮作复种模式. 农业科技通讯，（4）：37.

翁伯琦，王义祥. 2009. 福建山区草地农业生产模式与发展对策. 草业科学，26（9）：183-189.

吴大付，高旺盛. 2000. 黄淮海平原农业集约化与可持续化的对立统一. 农业现代化研究，21（3）：134-137.

吴凤芝，孟立君，王学征. 2006. 设施蔬菜轮作和连作土壤酶活性的研究. 植物营养与肥料学，12（4）：554-558.

吴凤芝，赵凤艳，刘元英. 2000. 设施蔬菜连作障碍原因综合分析与防治措施. 东北农业大学学报，31（3）：241-247.

吴刚，秦宜哲. 1994. 果粮间作生态系统功能特征研究. 植物生态学报，18（3）：243-252.

吴国芝. 1994. 适宜黄土高原三荒地的混播牧草组合. 四川草原，（2）：13-14.

吴会熹. 1997. "粮草、果草、林草"套种，发展农牧业生产. 草与畜杂志，（2）：30-31.

吴建军，李全胜，严力蛟，等. 2001. 幼龄桔园间作牧草的土壤生态效应及其对桔树生长的影响. 生态学杂志，21（6）：926-931.

吴建军，李全胜，严力蛟. 1998. 柑桔园套种及其效益分析. 生态农业研究，6（2）：48-50.

吴建军，李全胜. 1996. 幼龄桔园间作牧草的土壤生态效应及其对桔树生长的影响. 生态学杂志，15（4）：10-14.

吴建军，严力蛟，李全胜. 1996. 桔园间作牧草的生态效益及其管理技术. 农村生态环境，12（2）：54-57.

吴钦孝，杨文治. 1998. 黄土高原的植被建设及其可持续发展. 北京：科学出版社.

吴勤. 1995. 红豆草草地上生物量动态规律的研究. 草业科学，12（1）：29-32.

吴天龙，马丽，隋鹏，等. 2008. 太行山前平原不同轮作模式水资源利用效率评价. 中国农学通报，24（5）：351-356.

吴文革，张健美，张四海，等. 2008. 保护性耕作和稻田免耕栽培技术现状与发展趋势. 中国农业科技导报，10（1）：43-51.

吴永常. 2002. 中国耕作制度15年演变规律研究. 中国农业大学博士学位论文：12-15.

吴赞育. 1996. 果园生草制栽培雏议. 福建热作科技，21（2）：36-38.

吴自立. 1987. 草原生态化学实验指导书. 北京：农业出版社：43-101.

武卫国. 2007. 巨桉林草复合种植模式初期土壤水分生态研究. 四川农业大学硕士学位论文.

夏锦慧，邓英，陈明华，等. 2004. 黔中地区坡耕地水土流失及坡面防护技术研究. 贵州农业科学，32（1）：39-40.

夏先玖，梁小玉. 2007. 粮经饲三元结构是发展营养体农业的突破口. 饲草饲料，34（3）：43-44.

夏先林，汤丽琳，龙燕，等. 2004. 光叶紫花苕草粉作为肉鸡饲料原料的饲用价值研究. 贵州畜牧兽医，28（4）：5-6.

夏先林，汤丽琳，熊江林，等. 2005. 光叶紫花苕的营养价值与饲用价值研究. 草业科学，22（2）：52-56.

向佐湘，肖润林，王久荣，等. 2008. 间种白三叶草对亚热带茶园土壤生态系统的影响. 草业学报，17（1）：29-35.

肖金香，罗威年，董闻达，等. 2000. 果园百喜草覆盖及敷盖对小气候的影响. 生态农业研究，8（1）：64-66.

肖靖秀, 郑毅. 2005. 间套作系统中作物的养分吸收利用与病虫害控制. 中国农学通报, 21 (3): 150-154.

肖秦. 2012. 水稻冬闲田多花黑麦草氮磷钾配合施肥效果研究. 兰州大学硕士学位论文.

肖焱波, 李隆, 张福锁. 2003. 水稻冬闲田多花黑麦草氮磷钾配合施肥效果研究. 中国农业科技导报, 5 (6): 44-49.

谢京湘, 于汝元, 胡涌. 1988. 农林复合生态系统研究概述. 北京林业大学学报, 10 (1): 104-108.

辛国荣, 李雪梅, 杨中艺. 2004. "黑麦草-水稻" 草田轮作系统根际效应研究Ⅳ黑麦草根际土壤性状及其对水稻幼苗生长的影响. 中山大学学报 (自然科学版), 43 (1): 62-66.

辛国荣, 杨中艺. 2004. "黑麦草-水稻" 草田轮作系统研究Ⅶ. 黑麦草残留物的田间分解及营养元素的释放动态. 草业学报, 13 (3): 80-84.

辛国荣, 岳朝阳, 李雪梅, 等. 1998a. "黑麦草-水稻" 草田轮作系统的根际效应Ⅱ. 冬种黑麦草对土壤物理化学性状的影响. 中山大学学报, 37 (5): 78-82.

辛国荣, 岳朝阳, 李雪梅, 等. 1998b. "黑麦草-水稻" 草田轮作系统的根际效应Ⅲ. 黑麦草根系对土壤生物性状的影响. 中山大学学报 (自然科学版), 37 (6): 94-96.

辛国荣, 郑政伟, 徐亚幸, 等. 2002. "黑麦草-水稻" 草田轮作系统的研究 6. 冬种黑麦草期间施肥对后作水稻生产的影响. 草业学报, 11 (4): 21-27.

辛业全, 山仑, 孙纪斌. 1990. 宁南山区旱地农业增产技术体系的研究. 水土保持学报, 4 (2): 33-39.

邢福, 周景英, 金永君, 等. 2011. 我国草田轮作的历史、理论与实践概览. 草业学报, 20 (3): 245-255.

邢新海, 田魁祥. 1992. 河北省黑龙港地区首信发展与水分生态系统分析. 农业现代化研究, 13 (4): 218-222

熊文愈. 1991. 生态系统工程与现代混农林业生产体系. 生态学杂志, 10 (1): 21-26.

熊文愈. 1994. 中国农林复合经营的研究与实践. 南京: 江苏科学技术出版社.

熊先勤, 尚以顺, 刘凤霞, 等. 2007. 草-烟轮作高效栽培技术试验初报. 贵州农业科学, 35 (5): 40-43.

徐丙奇, 亓军红. 2009. 论民国华北地区环境因素与以小麦为核心的轮作复种技术. 古今农业, (2): 98-106.

徐炳成, 山仑, 黄占斌, 等. 2004. 沙打旺与柳枝稷单、混播种苗期水分利用和根冠生长的比较. 应用与环境生物学报, 10 (5): 577-580.

徐炳成, 山仑, 李凤民. 2005. 苜蓿与沙打旺苗期生长和水分利用对土壤水分变化的反应. 应用生态学报, 16(12): 2328-2332.

徐炳成, 山仑. 2004. 无芒雀麦单播和与沙打旺带状间作下的生产力与土壤水分比较研究. 中国农学通报, 20 (6): 159-161, 171.

徐长林, 张普金. 1989. 高寒牧区燕麦与豌豆混播组合的研究. 草业科学, 6 (5): 31-33.

徐明岗, 文石林, 高菊生. 2001. 红壤丘陵区不同种植模式的水土保持效果与生态环境效应. 水土保持学报, 15 (1): 77-80.

徐双才, 黄琦, 吴应松, 等. 2000. 不同钙镁磷用量对混播放牧草地的影响. 草业科学, (21): 13-17.

徐伟慧, 王志刚, 郭天文. 2010. 韭菜连作自毒效应研究. 江苏农业科学, (4): 158-159.

徐云天, 李英法. 1991. 嘉兴稻田冬绿肥紫云英与黑麦草混播技术. 浙江农业科学, (4): 196-198.

许明宪. 1998. 干旱地区果树栽培技术. 北京: 金盾出版社.

许鹏. 2005. 中国草地资源经营的历史发展与当前任务. 草地学报, (21): 1-4.

杨朝选, Sadowski A, Jadczuk E. 2000. 增施氮肥和地面管理对酸樱桃园土壤营养状况的影响. 果树科学, 17 (1): 27-30.

杨春峰. 1996. 西北耕作制度. 北京: 中国农业出版社: 10-16.

杨春华. 2004. 扁穗牛鞭草与混生种互作的生理生态机理研究. 四川农业大学博士学位论文.

杨殿林, 王农, 乌云格日勒. 2007. 农牧耦合生态农业发展对策与建议. 黑龙江畜牧兽医, (11): 1-3.

杨发林, 胡自治. 1996. 高寒牧区燕麦人工草地的营养物质产量及其光能转化率. 草地学报, 1 (1): 106-111.

杨风娟, 吴焕涛, 魏珉, 等. 2009. 轮作与休闲对日光温室黄瓜连作土壤微生物和酶活性的影响. 应用生态学报, 20 (12): 2983-2988.

杨改河. 1993. 旱区农业理论与实践. 北京: 世界图书出版社: 166-167.

杨光立, 李林, 刘海军. 2002. 调整种植业结构, 建立粮、经、饲三元种植结构技术体系. 作物研究, (2): 22-25.

杨晶, 沈禹颖, 南志标, 等. 2010. 保护性耕作对黄土高原玉米-小麦-大豆轮作系统产量及表层土壤碳管理指数的影响. 草业学报, 19 (1): 75-82.

杨俊生, 康占秋. 1998. 苜蓿草与小麦套种试验报告. 黑龙江畜牧兽医, (3): 20.

杨文治, 邵明安. 2000. 黄土高原土壤水分研究. 北京: 科学出版社.

杨文治. 2001. 黄土高原土壤水资源与植树造林. 自然资源学报, 16 (5): 433-438

杨晓红. 2001. AM 真菌特性及其对柑桔生长影响的研究. 西南农业大学博士学位论文.

杨星伟, 马世昌. 2000. 用优良牧草混播改良黄河河滩地草场试验. 宁夏农林科技, (3): 23-25.

杨允菲, 傅林谦, 朱琳. 1995. 亚热带中山黑麦草与白三叶混播草地种群数量消长及相互作用的分析. 草地学报, 3 (2): 103-111.

杨珍奇, 兰志先. 1984. 紫花苜蓿在陇东农牧业生产中的地位. 甘肃农业科技, (2): 42-45.

杨知建, 肖从慧, 肖静, 等. 2012. 我国南方草地农业发展模式探讨. 作物研究, 26 (1): 65-69.

杨志民. 2004. 开发冬闲田资源加快种草养畜步伐. 云南草业, (1): 1-5.

杨中艺, 辛国荣. 1998. "黑麦草-水稻" 草田轮作系统的根际效应Ⅲ. 黑麦草根系对土壤生物性状的影响. 中山大学学报, 37

（6）：94-96.

杨中艺, 潘哲祥. 1995. "黑麦草-水稻"草田轮作系统的研究Ⅲ. 意大利黑麦草引进品种在南亚热带地区集约栽培条件下的生产能力. 草业学报, 4（4）：52-57.

杨中艺, 辛国荣, 岳朝阳, 等. 1997a. "黑麦草-水稻"草田轮作系统的根际效应Ⅰ. 接种稻田土壤微生物对黑麦草生长和氮素营养的影响. 中山大学学报（自然科学版）, 36（2）：1-5.

杨中艺, 辛国荣, 岳朝阳. 1997b. "黑麦草-水稻"草田轮作系统应用效益初探. 草业科学, 14（6）：35-39.

杨中艺, 岳朝阳, 辛国荣, 等. 1997c. 稻田冬种黑麦草对后作水稻生长的影响及机理初探. 草业科学, 14（4）：20-24.

杨中艺, 辛国荣. 2000. 黑麦草-水稻草田轮作系统研究与应用. 草原与草坪, （1）：32-34.

杨中艺, 余玉林, 陈会智. 1994. "黑麦草-水稻"草田轮作系统的研究Ⅰ. 多花黑麦草引进品种在南亚热带地区集约栽培条件下的生产能力. 草业学报, 3（4）：20-26.

杨中艺. 1996. 黑麦草-水稻草田轮作系统研究Ⅳ. 冬种意大利黑麦草对后作水稻生长和产量的影响. 草业学报, 5（2）：38-42.

姚允寅, 张希忠, 陈明. 1996. 苜蓿、牛尾草混种模式的探讨及其固氮评估. 同位素, （5）：70-75.

姚支春, 柳怀孝. 1992. 多年生牧草混播试验研究. 中国草地, （4）：23-26.

叶和才, 刘含莉. 1948. 绿肥对于麦田硝酸氮含量之影响. 中国土壤学会会志, （1）：29-32.

叶莉, 裘立斌, 刘春静, 等. 2004. 玉米与草木樨间作的推广试验研究. 草原与草坪, 106（3）：60-62.

叶志华, 侯向阳. 2002. 我国草业发展的现状、问题及科技对策. 中国农业科技导报, 4（2）：69-73.

尹福泉, 贾汝敏, 王润莲, 等. 2009. 生长鹅对多花黑麦草营养成分利用率的研究. 中国草食动物, 29（2）：37-39.

雍太文, 杨文钰, 樊高琼, 等. 2009. "麦/玉/豆"套种植模式氮肥周年平衡施用初步研究. 中国土壤与肥料, （3）：31-35.

于春英, 张立彬. 2010. 清末民国时期东北地区粮食种植结构与布局的变迁. 历史教学, （4）：27-31.

于法稳, 尚杰. 2002. 耕作制度变革与畜牧业的可持续发展. 中国畜牧杂志, 32（8）：3-4.

于风玲. 2006. 克服设施蔬菜连作障碍几种有效方法. 中国蔬菜, （11）：51-52.

于海林, 范瑞兰. 1991. 玉米草木樨间种效应研究. 耕作与栽培, （2）：14-16.

于应文, 梁天刚, 陈家宽. 2003. 气候因子对混播草地不同种群生长及其个体消长的影响. 应用与环境生物学报, 9（5）：474-478.

于应文, 徐震, 苗建勋, 等. 2002. 混播草地中多年生黑麦草与白三叶的生长特性及其共存表现. 草业学报, 11（3）：34-39.

余东. 2005. 桔园生草栽培中它感效应的研究. 西南农业大学博士学位论文.

余深凯. 2012. 早稻-玉米-紫云英轮作高产栽培技术. 福建农业科技, （8）：37, 39.

余晓华, 刘一, 张惠霞, 等. 2007. 广东地区冬种多花黑麦草的生产特性. 仲恺农业技术学院学报, 20（1）：19-23.

喻景权, 松井久佳. 1999. 豌豆根系分泌物自毒作用的研究. 园艺学报, 2（3）：175-179.

袁宝财, 达海莉, 王琛. 2001. 宁夏经济的新亮点-苜蓿. 内蒙古畜牧科学, 22（2）：33-35.

袁福锦, 吴文荣, 徐驰, 等. 2008. 中亚热带冬季牧草引种和混播组合试验草业与畜牧, （2）：18-20, 31.

昝亚玲, 王朝辉. 2010. 不同轮作体系土壤残留硒锌对小麦产量与营养品质的影响. 农业环境科学学报, 29（2）：235-238.

曾馥平, 王克林, 李玲, 等. 2003. 新建果园几种作物间种模式生态系统结构及功能研究. 应用生态学报, 14（4）：497-501.

曾继光, 沈梅香, 黄建亮, 等. 1994. 黑麦草喂肉兔的效果观察. 福建畜牧兽医, （A12）：72-73.

曾艳琼. 2008. 花椒林-牧草间作对牧草生长、光合特性及土壤理化性质的影响. 北京林业大学硕士学位论文.

曾昭海, 胡跃高. 2000. 加速建设我国农区草业的认识. 草业科学, 17（5）：45-48.

翟允褆. 1957. 从"农言著实"一书看关中旱原地上小麦、谷子、豌豆、苜蓿等作物的一些栽培技术. 西北农学院学报, （1）：57-71.

张成娥, 杜社妮, 白岗栓, 等. 2001. 黄土源区果园套种对土壤微生物及酶活性的影响. 土壤与环境, 10（2）：121-123.

张春霞, 郝明德, 魏孝荣, 等. 2004. 黄土高原沟壑区苜蓿地土壤水分剖面特征研究. 植物营养与肥料学报, 10（6）：604-607.

张光辉, 梁一民. 1996. 植被盖度对水土保持功效影响的研究综述. 水土保持研究, 3（2）：104-110.

张桂国. 2011. 苜蓿玉米间作系统饲料生产潜力及其机理的研究. 山东农业大学博士学位论文.

张国珍, 刘锋. 1997. 草牧场防护林幼龄阶段对春季小气候的作用. 东北林业大学学报, 25（6）：71-73.

张洪刚, 张国正, 钟小仙. 2008. 不同粮草复种方式生态效益分析. 江苏农业科学, （2）：158-161.

张建华, 马义勇, 王振南, 等. 2006. 间作系统中玉米光合作用指标改善的研究. 玉米科学, 14（4）：104-106.

张健. 2007. 三峡库区牧草种植区划及适生牧草栽培利用技术研究. 西南大学博士学位论文.

张洁莹. 2013. 间套作模式与秸秆还田对菜田连作障碍的减缓效果及机理. 山东农业大学硕士学位论文.

张金旭, 马玉寿, 施建军, 等. 2010. 刈割对江河源区混播草地牧草产量及品质的影响. 草业科学, 27（1）：92-96.

张劲松, 孟平, 宋兆民, 等. 1996. 农林复合模式耗水特征的数值模拟——模型的建立与检验. 林业科学研究, 9（4）：331-337.

张久海, 安树青, 李国旗, 等. 1999. 林牧复合生态系统研究评述. 中国草地, （4）：52-60.

张明峰. 1994. 美国饲草饲料生产及加工工业发展特点和趋势. 国外畜牧学-草原与牧草, （4）：15-19.

张世煌, 徐志刚. 2009. 耕作制度改革及其对农业技术发展的影响. 作物杂志, （1）：1-3.

张淑艳, 张永亮, 张丽娟, 等. 2003. 科尔沁地区禾豆混播草地生产特性分析. 中国草地, 25（5）：5-10

张卫建, 谭淑豪, 江海东, 等. 2001. 南方农区草业在中国农业持续发展中的战略地位草业学报, 10（2）：1-6.

张文军，卢宗凡，齐艳红. 1993. 草粮间轮作水土保持效益的决策评价. 草业科学，10（2）：28-30.
张先来. 2005. 果园生草的生态环境效应研究. 西北农林科技大学硕士学位论文.
张鲜花，穆肖芸，董乙强，等. 2014a. 刈割次数对不同混播组合草地产量及营养品质的影响. 新疆农业科学，51（5）：951-956.
张鲜花，朱进忠，丁红领. 2014b. 豆禾混播草地不同建植方式对草地生产性能的影响. 新疆农业科学，34（1）：44-48.
张鲜花，朱进忠，穆肖芸，等. 2012. 豆科、禾本科两种牧草异行混播草地当年建植效果的研究. 新疆农业科学，49（4）：765-770.
张新时. 2010. 我国必须走发展人工草地和草地农业的道路. 科学对社会的影响，（3）：18-21.
张新跃，何丕阳，何光武，等. 2001. "饲用玉米-黑麦草"草地农业系统的研究Ⅰ. 饲用玉米的品种比较与生产性能. 草业学报，10（2）：33-38.
张新跃，叶志松. 2001. 多花黑麦草饲喂肉猪效果的研究. 草业学报，10（3）：72-78.
张新跃. 2004. 四川农区高效草地农业系统研究进展. 草业科学，21（12）：7-14.
张艳娟，沈益新. 2010. 南方农区紫花苜蓿发展潜力与种植模式研究进展. 草原与草坪，30（1）：84-88.
张耀生，赵新全，周兴民. 2001. 高寒牧区三种豆科牧草与燕麦混播的试验研究. 草业学报，10（3）：13-19.
张义丰，王又丰，刘录祥，等. 2002. 中国北方旱地农业研究进展与思考. 地理研究，21（3）：305-312.
张英俊. 2003. 农田草地系统耦合生产分析. 草业学报，12（6）：10-17.
张永亮，胡自治，赵海新，等. 2004a. 刈割对混播当年生物量及再生速率的影响. 草地学报，12（4）：308-312.
张永亮，郑春芳，胡自治. 2004b. 施肥对无芒雀麦+紫花苜蓿混播草地组分种产量的影响. 草原与草坪，（4）：33-38.
张玉萍，牛自勉. 2001. 我国果树业的发展历程回顾与展望. 中国农学通报，17（3）：101-103.
张越. 2005. 牧草轮作和种草养畜模式. 科学养殖，（7）：25.
张蕴薇. 2002. 美国的牧草生产及利用. 北京农业，（12）：34-35.
张正明，张梅梅. 2002. 明清时期山西农业生产方法的改进. 经济问题，（12）：75-77.
张志刚，崔同华，谷艳蓉. 2007. 6 种多年生牧草对幼龄果园的影响. 草原与草坪，124（5）：57-59.
张子仪. 2000. 试论我国三元结构农业的内涵改造. 国外畜牧科技，27（1）：1-3.
张自和. 1999. 白俄罗斯的土壤改良和草地经营. 国外畜牧学-草原与牧草，84（1）：45-46.
章家恩，段舜山，骆世明，等. 2009. 赤红壤坡地幼龄果园间种不同牧草的生态环境效应. 土壤与环境，9（1）：42-44..
章家恩，段舜山，骆世明，等. 2001. 赤红壤坡地果园间种不同牧草的适应性及其持续利用研究. 中国草地，23（2）：42-45.
章家恩，段舜山. 2000. 赤红壤坡地幼龄果园间种不同牧草的生态环境效应. 土壤与环境，9（1）：42-44.
章健，金旺枝，承河元. 2002. 稀土积累与油菜菌核病发生的关系研究. 应用生态学报，13（5）：589-592.
章铁，谢虎超. 2003. 低丘果园生草栽培复合效应. 经济林研究，21（1）：56-57.
章熙谷. 1982. 耕作制度基本原理. 南京：江苏科学技术出版社.
赵秉强，李凤超，王成超. 1997. 我国间套作持续发展之对策. 耕作与栽培，15（1）：2-3.
赵粉侠，李根前. 1996. 林草复合系统研究现状. 西北林学院学报，11（4）：84-86.
赵丰，夏爱林，周彬. 1986. 新疆六区草田轮作制的研究. 干旱地区农业研究，（1）：20-31.
赵钢，赵秀芬. 2010. 果园种草生态效应的研究. 广东农业科学，37（8）：68-69.
赵哈林. 1990. 甘肃人工草地的栽培制度及其展望. 中国草地，（5）：45-48.
赵景丰. 1989. 草田轮作技术简介. 内蒙古畜牧业，（6）：15-16.
赵举，郑大玮，妥德宝. 2002. 阴山北麓农牧交错带带状留茬间作轮作防风蚀技术研究. 干旱地区农业研究，20（2）：5-9.
赵美清，刘建宁. 1997. 混播草地禾草及土壤主要养分变化研究. 中国草地，（5）：45-48.
赵宁，赵秀芳，赵来喜，等. 2009. 不同燕麦品种在坝上地区的适应性评价. 草地学报，17（1）：68-73.
赵强基. 1998. 高产高效持续农作制度是农业可持续发展的基础. 江苏农业学报，14（3）：188-192.
赵全利，高二俊. 1992. 草田轮作及带状间作初探. 水土保持通报，12（6）：78-82.
赵庭辉，李树清，邓秀才，等. 2010. 高海拔地区光叶紫花苕不同生育时期的营养动态及适宜利用期，中国草食动物，30（3）54-56.
赵秀芬，刘学军，张福锁. 2009. 燕麦/小麦轮作和混作对小麦锰营养的影响. 中国农学通报，25（12）：155-158.
赵永敢. 2011. 西南地区资源节约型农作制模式研究. 西南大学硕士学位论文.
赵勇，侯建平，汪源泉. 2004. 南非草原生态恢复与"三化"草地治理考察报告. 四川草原，100（3）：5-7.
郑金武，王淑缘. 1993. 果园生草技术概述. 落叶果树，25（4）：34.
中国生产力学会. 2009. 中国草产业发展研究报告. 2007-2008 中国生产力发展研究报告. 北京：中国统计出版社.
中国畜牧业年鉴编辑部. 2008. 中国畜牧业年鉴. 北京：中国农业出版社.
钟小仙. 2005. 南方集约农区牧草周年供应种植模式及栽培利用技术研究. 南京农业大学博士学位论文.
周宝同. 2000. 土地资源可持续利用评价研究. 西南农业大学博士学位论文.
周禾，董宽虎，孙洪仁. 2004. 农区种草与草田轮作技术. 北京：化学工业出版社.
周建明. 1993. 美国对紫花苜蓿的研究与利用. 草食家畜，（6）：34-36.
周世朗. 1998. 加拿大的牧业现状及特色. 牧业纵横，100（8）：58-59.

周寿荣, 毛凯, 王国权, 等. 1997. 亚热带低山区填闲混播冬性一年生牧草与水稻轮作的经济生态效益. 四川农业大学学报, 15 (2): 199-204.

周寿荣, 乌韦. 西蒙. 1996. 亚热带低山丘陵区混播冬性牧草-水稻短期草田轮作系统的研究. 生态农业研究, 4 (4): 17-20.

周寿荣, 余云高. 1992. 稻田单播和混播豆禾牧草与水稻轮作的经济生态效益研究. 四川草原, (3): 2-8.

周兴祥, 高焕文, 刘晓峰. 2001. 华北平原一年两熟保护性耕作体系试验研究. 农业工程学报, 17 (6): 81-84.

周尧治. 2003. 粮饲轮作系统中牧草生态适应性及能量转化效益研究. 湖南农业大学硕士学位论文.

周志翔, 李国怀. 1997. 果园生态栽培及其生理生态效应研究进展. 生态学杂志, 16 (1): 45-52.

周忠义, 刘冬燕, 王会中, 等. 2003. 无芒雀麦和紫花苜蓿混播试验研究. 内蒙古草业, 15 (3): 43-44.

朱栋斌, 罗富成, 文际坤, 等. 2006. 西南地区农田主要种植草种及种植模式探讨. 草原与草坪, (3): 17-19.

朱丽霞, 章家恩, 刘文高. 2003. 根系分泌物与根际微生物相互作用研究综述. 生态环境, 12 (1): 102-105.

朱练峰, 江海东, 金千瑜, 等. 2007. 不同粮草复种方式下土壤养分动态研究. 土壤, 39 (4): 643-642.

朱练峰. 2004. 六种不同粮草复种方式的生产力和效益比较研究. 南京农业大学硕士学位论文.

朱梅芳, 李仕坚, 申晓萍, 等. 2010. 南方地区草田轮作黑麦草饲养奶水牛的探索与实践. 饲料工业, 31 (13): 57-60.

朱清科, 沈应柏, 朱金兆. 1999. 黄土区农林复合系统分类体系研究. 北京林业大学学报, 21 (3): 36-40.

朱清科, 朱金兆. 2003. 黄土区退耕还林还草可持续经营技术. 北京: 中国林业出版社.

朱树秀, 杨志忠. 1990. 紫花苜蓿和老芒麦混播组合与产草量研究初报. 新疆畜牧业, (1): 27-32.

朱忠秀, 杨志忠. 1992. 紫花苜蓿与老芒麦混播优势的研究. 中国农业科学, 25 (6): 63-68.

祝廷成, 李志坚, 张为政, 等. 2003. 东北平原引草入田、粮草轮作的初步研究. 草业学报, 12 (3): 34-43.

祝廷成, 李志坚, 张为政. 2010. "粮食、牧草和经济作物"三元结构草田轮作的初探. 见: 中国畜牧业协会. 第三届中国苜蓿发展大会论文集. 北京: 3-7.

祝廷成, 王昱生. 1989. 实行草田轮作建立草地生态工程. 中国科技报, (6): 2.

孜来汗·依明. 2012. 林草间作的分析研究报告要点. 林业科技, (12): 362-363.

紫良植, 刘世铎, 李得举. 1997. 大力发展间作套种提高灌区综合效益. 干旱地区农业研究. 15 (2): 37-43.

邹超亚, 陈颖. 1991. 玉米大豆间作群体结构与生产力探讨. 耕作与栽培, (6): 1-5.

邹文能, 董建强, 朱辉鸿. 2009. 试谈光叶紫花苕在高寒贫困山区的推广应用. 云南畜牧兽医, (1): 35-36.

邹养军, 邱凌, 聂俊峰. 2003. 牧沼果草生态果园模式及关键技术探讨. 陕西农业科学, (2): 29-31.

邹应斌. 2004. 国外作物免耕栽培的研究与应用. 作物研究, 18 (3): 127-132.

左新, 杨子能. 2006. 大理州一年生特高黑麦草、青贮玉米饲喂奶牛效果观察试验. 云南畜牧兽医, (2): 16-28.

大久保隆弘. 1982. 作物轮作技术与理论. 巴恒修, 张清沔译. 北京: 农业出版社.

Adatns W E, Morris H D, Darson R N. 1970. Effect of cropping systems and nitrogen levels on corn yields in the southern piernount region. *Agronomy Journal*, 62 (5): 655-659.

Anginga N. 2003. Role of biological nitrogen fixation in legume based cropping systems: A case study of West Africa farming systems. *Plant and Soil*, 252 (1): 25-39.

Annicchiarico P, Proietti S. 2010. White clover selected for enhanced competitive ability widens the compatibility with grasses and favours the optimization of legume content and forage yield in mown clover-grass mixtures. *Grass and Forage Science*, (65): 31.

Aslan A. Gulcan H. 1996. The effects of cutting time to herbage yield and some agricultural characters on the mixtures of common vetch and barley grown as fallow crop under southeaster Anatolia region Turkey. *3rd Rangeland and Forage crops Congress, Erzurum, Turkey*, (6): 341-354.

Badaruddin M, Meyer D W. 1989. Forage legume effects on soil nitrogen and grain yield and nitrogen of wheat. *Agronomy Journal*, 81: 419-424.

Bandick A K, Dick R P. 1999. Field management effects on soil enzyme activities. *Soil Boil & Biochem*, 31: 1471-1479.

Bandolin T H, Fisher R F. 1991. Agroforestry systems in North America. *Agroforestry Systems*, 16: 95-115.

Barber S A. 1959. The influence of alfalfa, bromegrass, and corn on soil aggregation and crop yield. *Soil Sic Am Proc*, 23: 258-259.

Basbag M, Gul I, Saruhan V. 1989. The effect of different mixture rate on yield and yield components in some annual legumes and cereal in Diyarbakir conditions. *Bruks Forking*, (1): 61-70.

Blake P. 1991. Measuring cover crop soil moisture competition in north coastal California vineyard. The proceedings of an international conference (USA). *Soil and Water Conservation Society*, 1991: 39-40.

Boller B C, Nosber J. 1987. Symbiotically fixed nitrogen from field-grown white and red clover mixed with ryegrasses at low levels of 15 N-fertilization. *Plant and Soil*, 104 (2): 219-226.

Bolton E E, Dirks V A, Aylesworth J W. 1959. Some effects of alfalfa, fertilizer, and lime on corn yield in rotations on clay soil during a range of seasonal moisture condition. *Can J Soil Sci*, 56: 21-25.

Brady N C, Athwal D S, Hill E F. 1973. Proposal for Broadening the Mission of the International Rice Research Institute. *Los Banos: Philippines*: 37.

Brundage A L, Klebesadel L J. 1970. Nutritive value of oat and pea components of a forage mixture harvested sequentially. *Journal* of Dairy Science, 53: 793-796.

Bruulsema T W, Christie B R. 1987. Nitrogen contribution to succeeding corn from alfalfa and red clover. Agronomy journal, 79: 96-100.

Bullied W J, Entz M H. 1999. Soil water dynamics after alfalfa as influenced by crop termination technique. Agronomy Journal, 91 (3): 294-305.

Caballero R, Goicoechea E L, Hernaiz P J. 1995. Forage yields and quality of common vetch and oat sown at varying seeding ratios and seeding rates of common vetch. Field Crops Res, 41: 135-140.

Campbell C A, 王经武. 1997. 长期不施肥生产下作物对土地肥力的相对反应. 麦类作物, 17 (5): 36-39.

Cantero-Martinez C, Leary G J, Connor D J. 1995. Stubble retention and nitrogen fertilization in a fallow-wheat rainfed cropping system: soil water and nitrogen conservation, crop growth and yield. Soil and Tillage Res, 34: 79-94.

Capinera J L, Weissling T J, Schweizer E E. 1985. Compatibility of intercropping with mechanized agriculture: effects of strip intercropping of pin to beans and sweet corn on insect abundance in Colorado. Econ Entomol, 78: 354-357.

Caporali F, Onnis A. 1992. Validity of rotation as an effective agroecological principle for a sustainable agriculture. Agriculture, Ecosystems and Environment, 41: 101-113.

Carr P M, Horsley R D, Poland W W. 2004. Barley, oat and cereal-pea mixtures as dryland forages in the Northern Great Plains. Agronomy, 96: 677-684.

Carr P M, Poland W W, Tisor L J. 2005. Natural reseeding by forage legumes following wheat in western north Dakota. Agronomy Journal, 97: 1270-1277.

Celebi S Z, Kaya l, Sahar A K. 2010. Effects of the weed density on grass yield of Alfalfa (Medicago sativa L.) in different row spacing applications. African Journal of Biotechnology, 9 (41): 6867-6872.

Chakwizira E, Moot D J, Scott W R. 2009. Effect of rate and method of phosphorus application on the growth and development of (Pasja) crops. Proceedings of the New Zealand Grassland Association, 71: 101-106.

Charlton J F L. 1991. Some basic concepts of pasture seed mixtures for New Zealand farms. Proceedings of the New Zealand Grassland Association, 53: 37-40.

Chen H S, Shao M A, Wang K L, et al. 2005. Desiccation of deep soil layer and soil water cycle characteristics on the Loess Plateau. Acta Ecologica Sinica, 25 (10): 2491-2498.

Cockayne A H. 1914. Seeds mixtures for bush burns. New Zealand Journal of Agriculture, 8: 233-261.

Cockayne A H. 1917. The laying down of pasture. New Zealand Journal of Agriculture, 15: 241-247.

Contreras-Govea F E, Muck R E, Albrecht K A. 2009. Yield, nutritive value and silage fermentation of kura clover-reed canarygrass and Lucerne herbages in northern USA. Grass and Forage Science, 64, 374-383.

Cop J, Vidrih M, Hacin J. 2010. Influence of cutting regime and fertilizer application on the botanical composition, yield and nutritive value of herbage of wet grasslands in Central Europe. Grass and Forage Science, 64 (2): 454-465.

Corad L, 陈礼伟. 1991. 巴西热带豆科牧草种质资源的收集. 国外畜牧学-草原与牧草, (3): 9.

Cosgrove D R. 1996. Effect of phytopthora resistance levels and time of planting on alfalfa autotoxicity. Proc Amer Forage and Grass Conf Vancouver, B C: 73-76.

Crookston K, Nelson W. 2003. The University of Minnesota'S Koch Farm. University of Damage and yield of Collards in the highlands of Kenya. African Crop Science Journal, 11 (1): 35-42

David J, Kelner J, Kevin V, et al. 1997. The nitrogen dynamics of l-, 2- and 3-year stands of alfalfa in a cropping system. Agriculture Ecosystems and Environment, 64: 1-10.

De Faria S M, Lewis G P, Sprent J I, et al. 1989. Occurrence of nodulation in the leguminosae. New Phytologist, 111: 607-619.

Degooyer T A, Pedigo L, Rice M E. 1999. Effect of alfalfa-grass intercrops on insect Populations. Environmental Entomology, 28 (4): 703-710.

Deng X, Joly R J, Hahn D T. 1990. The influence of plant water deficit on distribution of ^{14}C-labelled assimilates in cocoa seedlings. Annals of Botany, 6: 211-217.

Dhima K V, Lithourgidis A S, Vasilakoglou I B, et al. 2007. Competition indices of common vetch and cereal intercrops in two seeding ratio. Field Crops Research, 100: 249-256.

Droushiotis D N. 1989. Mixtures of annual legumes and small-grained cereals for forage production under low rainfall. Journal of Agricultural Science, 113: 249-253.

Elgersma A, Schleppers H, Nassiri M. 2000. Interactions between perennial ryegrass (Lolium perenne L.) and white clover (Trifolium repens L.) under contrasting nitrogen availability: productivity, seasonal patterns of species composition. N fixation, N transfer and N recovery. Plant Soil, 221: 281-299.

Ennik G C. 1981. Grass-clover competition especially in relation to N fertilization. In: Wright C E. Plant Physiology and Herbage Production. UK: Proceedings of Occasional Symposium, British Grassland Societ, 13: 169-172.

Feldhake C M. 2001. Microclimate of a natural pasture under planted Robinia pseudoacacia in central Appalachia, West Virginia. Agroforesty Systems, 53: 297-303.

Ffery R, Williams. 1990. Risk analysis of tillage alternatives with government programs. *Amer J Agr Ecom February*, 72 (1): 172-181.

Folkins L P, Kaufman M L. 1974. Yield and morphological studies with oats for forages and grain production. *Canadian Journal of Plant Science*, 54: 617-620.

Foltze J, Hohn C, Martin M A. 1993. Farm-level economic and environmental impacts of eastern corn belt cropping systems. *Journal of Production Agriculture*, 6 (2): 290-296.

Fred E B, Baldwin I L, McCoy E. 1932. Root and Nodule Bacteria and Leguminous Plants. *Madison: University of Wisconsin Press*.

Freddy A. 2001. Common bean response to tillage intensity and weed control strategies. *Cropping System*, 93: 556-563.

Fribourg H A, Bartholornew W V. 1956. Availability of nitrogen from crop residues during the first and second seasons after application. *Soil Sci Soc Am Proc*, 20: 505-508

Gao Y, Duan A, Qiu X, et al. 2010. Distribution of roots and root length density in a maize /soybean strip intercropping system. *Agricultural Water Management*, 98 (1): 199-212

Ghosh P K, Misra A K, Acharya C L, et al. 2006. Interspecific interaction and nutrient use in Soybean/Sorghum intercropping system. *Agronomy Journal*, 98: 4.

Giacomini S J, Aita C, Vendruscolo E R O. 1993. Dry matter, C/N ratio and nitrogen, phosphorus and Grime J P. Stress, competition, resource dynamics and vegetation processes. *In*: Fowden L, Mansfield T, Stoddart J. Plant Adaptation to Environmental Stress. *London: James and James Ltd*: 351-377.

Godfrey L D, Leigh T F. 1994. Alfalfa harvest strategy effect on Lygus bug (Hemiptera: Miridae) and insect predator population density: implications for use as trap crop in cotton. *Environmental Entomology*, 23 (5): 1106-1118.

Grace P R, Oades J M, Keith H, et al. 1995. Trends in wheat yields and soil organic carbon in the permanent rotation trial at the Waite Agricultural Research Institute, South Australia. *Australia Journal of Experimental Agriculture*, 35 (7): 857- 864.

Grime J P. 1993. Stress, competition, resource dynamics and vegetation processes. *In*: Fowden L, Mansfield T, Stoddart J. Plant Adaptation to Environmental Stress. *London: James and James Ltd*: 351-377.

Guenzi W D, McCalla T M. 1966. Phytotoxic substances extracted from soil. *Soil Sci Soc Amer Proc*, (30): 214-216.

Guretzky J A, Biermacher J T, Cook B J, et al. 2011. Switchgrass for forage and bioenergy: harvest and nitrogen rate effects on biomass yields and nutrient composition. *Plant Soil*, 339: 69-81.

Hajek J, Polakova S. 2010. The impact of cutting, liming and fertilizing on characteristics of abandoned upland meadows in the Czech Republic. *Grass and Forage Science*, 65 (4): 410-420.

Hanson J C E, Lichtenberg A M. 1993. Profit-ability of no-tillage corn following a hairy vetch cover crop. *Prod Agric*, 6: 432-437.

Hao Y, Lal R, Owens L B, et al. 2002. Effect of cropland management and slope position on soil organic carbon pool at the Appalachian Experimental Watersheds. *Soil Tillage Res*, 68 (3): 133-142.

Hardarson G, Atkins C. 2003. Optimising biological N2 fixation by legumes in farming systems. *Plant and Soil*, 252 (6): 41-54.

Hauggaard-Nielsen H, Jesen E S. 2001. Evaluating pea and barley cultivars for complementarity in intercropping at different levels of soil N availability. *Field Crops Research*, 72: 185-195.

Haynes R J, Goh K M. 1991. Some effects of orchard soil management on sward composition, levels of available nutrients in the soil, and leaf nutrient content of mature"Golden Delicious"apple trees. *Sci Food Agric*, 55: 37-38.

Heard J W, Porker M J, Armstrong D P, et al. 2012. The economics of subsurface drip irrigation on perennial pastures and fodder production in Australia. *Agricultural Water Management*, 111: 68-78.

Helenius J. 1990. Plant size, nutrient composition and biomass productivity of oats and faba bean in inter-cropping and the effect of controlling rhopalosiphum padi on these properties. *Journal of Agricultural Science in Finland*, (1): 21-23.

Hellners G A, Langemier M R, Atwood J. 1986. An Economic Analysis of alternative cropping systems of east central Nebraska. *American Journal of Alternative Agriculture*, 1: 153-158.

Herridge D F, Marcellos H, Felton W L, et al. 1995. Chickpea increases soil N fertility in cereal systems through nitrates paring and nitrogen fixation. *Soil Biology and Biochemistry*, 27: 545-551.

Hesterman O B, Sheaffer C C, Barnes D K, et al. 1986. Alfalfa dry matter and nitrogen production, and fertilizer nitrogen response in legume-corn rotations. *Agron J*, 78 (1): 19-23

Hobbs J A. 1987. Yields and protein contents of crop in various rotations. *Agron J*, 79: 832-836.

Hodgson H G. 1956. Effect of seeding rates and time of harvest on yield and quality of oat-pea forage. *Agronomy Journal*, 48 (1): 87-90.

Hofmann L, Kam J F. 1981. Production response of Russian wildrye (*Elymus junceus* Fish.) to fertilizer and clipping. *Proc of the XIV Intern Grassland Congr*: 595-598.

Hogh-Jensen H, Schjoerring J K. 1997. Interactions between white clover and ryegrass under contrasting nitrogen availability: N2 fixation, N fertilizer recovery, N transfer and water use efficiency. *Plant and Soil*, 197: 187-199.

Holford I C R, Crocker G J. 1997. A comparison of chickpeas and pasture legumes for sustaining yields and nitrogen status of sub-sequent wheat. *Australian Journal of Agricultural Research*, 48: 305-315.

Hopkins A. 2000. Grass-its Production and Utilization. *London: Blackwell Science Press*: 1-12.

Hoveland C S, Anthony W B, McGuire J A, et al. 1978. Beef cow-calf performance on coastal bermudagrass overseeded with winter annual clovers and grasses. *Agronomy Journal*, 70: 418-420.

Hoyt P B, Hennig A M F. 1971. Effect of alfalfa and grasses on yield of subsequent wheat crops and some chemical properties of a gray wooded soil. *Gan J Soil Sci*, 51: 177-183.

Hoyt P B, Leitch R H. 1983. Effects of forage legume species on soil moisture, nitrogen and yields of succeeding barley crops. *Can J Soil Sci*, 63: 125-136.

Jankauskas B, Jankauskiene G. 2003. Erosion-preventive crop rotations for landscape ecological stability in upland regions of Lithuania. *Agriculture, Ecosystems and Environment*, 95 (1): 129-142.

Jedel P E, Salmon D F. 1995. Forage potential of spring and winter cereal mixture in a short-season growing area. *Agronomy Journal*, 87 (4): 731-736.

Jennings J A, Nelson C J. 1998. Influence of soil texture on alfalfa autotoxicity. *Agron J*, 90: 4-58.

Jeon B T, Lee S M, Moon S H. 1996. Studies on the mixed cropping with forage rye (*Secale cereale* L.) and red clover (*Trifolium pretense* L.). *Journal of Grassland Science*, 16 (3): 199-207.

Jeranyama P, Hesterman O B, Waddington S R, et al. 2000. Relay-intercropping of sunnhemp and cowpea into a small holder maize system in Zimbabwe. *Agronomy Journal*, 92 (2): 239-244.

Joanne M, John C. 2010. Strategies for scaling out impacts from agricultural systems change: the case of forages and livestock production in Laos. *Agric Hum Values*, 27: 213-225.

John D B, James F K, John R H. 2004. Nutritive quality of cool-season grass monocultures and binary grass-alfalfa mixtures at late harvest. *Agronomy Journal*, 96 (4): 951-962.

Jordan D, Rice C W, Tiedje J M. 1993. The effect of suppression treatments on the uptake of ^{15}N by intercropped corn from labeled alfalfa. *Biology and Fertility of Soils*, 16 (3): 221-226.

Karadağ Y, Büyükburç U. 2003. Effects of seed rates on forage production, seed yield and hay quality of annual Legume Barley mixtures. *Turk Agric*, 27: 169-172.

Karadağ Y, Büyükburç U. 2004. Forage qualities, forage yields and seed yields of some legume-triticale mixtures under rainfed conditions. *Acta Agriculturae Scandinavica, Section B- Soil & Plant Science*, 54 (3): 140-148.

Klebesadel L J. 1969. Chemical composition and yield of oats peas separated from a forage mixture at successive stages of growth. *Agronomy Journal*, 61: 713-716.

Knörzer H. 2010. Designing, modeling, and evaluation of improved cropping strategies and multilevel interactions in intercropping systems in the North China Plain.*Universit ä tsbibliothek der Universit Hohenheim*.

Knörzer H, Graeff-Hönninger S, Guo B Q, et al. 2009. The rediscovery of intercropping in China: a traditional cropping system for future Chinese agriculture-a review. *Climate Change, Intercropping, Pest Control and Beneficial Microorganisms*, (2): 13-44.

Komarek P, Pavlu V, Hejcman M. 2010. Effect of depth and width of cultivation and sowing date on establishment of red clover (*Trifolium pratense* L.) by rotary slot-seeding into grassland. *Grass and Forage Science*, 65 (2): 154-158.

Kroontje W, Kehr W R. 1956. Legume top and root yields in the year of seeding and subsequent barley yields. *Agron J*, 48: 127-131.

Lal R. 2001. World cropland soils as a source or sink for atmospheric carbon. *Adv Agron*, 71 (1): 145-191.

Lamp W O. 1991. Reduced *Empoasca fabae* (Homoptera: Cicadellidae) density in oat-alfalfa intercrop systems. *Environ Entomol*, 20: 118-126.

Lattaa R A, Cocks P S, Matthews C. 2002. Lucerne pastures to sustain agricultural production in southwestern Australia. *Agricultural Water Management*, 53: 99-109.

Levy E B. 1923. The grasslands of New Zealand grass seed mixtures for various soils and conditions. *New Zealand Journal of Agriculture*, 26: 263-279.

Levy E B. 1933. Strain development in herbage plants. *Proceedings of the New Zealand Grassland Association*, 2: 72-75.

Leyshon A J, Camph C A. 1992. Effect of timing and intensity of first defoliation on subsequent production of pasture species. *J Range Managt*, 45 (4): 379-384.

Li F R, Gao C Y, Zhao H L, et al. 2002. Soil conservation effectiveness and energy efficiency of alternative rotations and continuous wheat cropping in the Loess Plateau of northwest China. *Agriculture Ecosystems and Environment*, 91: 101-111.

Lin R H, Liang H B, Zhang R Z, et al. 2003. Impact of alfalfa/cotton intercropping and management on some aphid predators in China. *Appl Ent*, 127: 33-36.

Lithourgidis A S, Vasilakoglou I B, Dhima K V, et al. 2006. Forage yield and quality of common vetch mixtures with oat and triticale in two seeding ratios. *Field Crops Research*, 99: 106-113.

Lowe K F. 2009. The use of temperate species in the Australian subtropics. *Proceedings of the New Zealand Grassland*

Association, 71: 9-15.

Lu Y-C, Watkins B, Teasdale J. 1999. Economic analysis of sustainable agricultural cropping systems for Mid-Atlantic States. *J Altern Agric*, 15 (2/3): 77-93.

Lucero D W, Grieu P, Guckert A. 1999. Effects of water deficit and plant interaction on morphological growth parameters and yield of white clover(*Trifolium repens* L.)and ryegrass(*Lolium perenne* L.)mixtures. *European Journal of Agronomy*, 11: 167-177.

Lunnan T. 1987. Mixtures of barley and legumes for green feed. *Nordisk Jordbrugs Forskning*, (2): 293.

Malcolm B, Sale P, Egan A. 2004. Agriculture in Australia. *New York: Oxford University Press*: 2-12.

Malhi S S, Zentner R P, Heier K. 2002. Effectiveness of alfalfa in reducing fertilizer N input for optimum forage yield, protein concentration, returns and energy performance of bromegrass-alfalfa mixtures. *Nutrient Cycling in Agroecosystems*, 62 (3): 219-227.

Malhi S S, Lemke R. 2007. Tillage, crop residue and N fertilizer effects on crop yield, nutrient uptake, soil quality and nitrous oxide gas emissions in a second 4-yr rotation cycle. *Soil and Tillage Research*, 96 (4): 269-283.

Martin M A, Marvin M S, Jean R R, *et al*. 1991. The economics of alternative tillage systems, crop rotation, and herbicide use on three representative East-Central Corn Belt farms. *Central Com Belt Farms Weed Science*, 39: 299-307.

McCallum M H, Connor D J, O'Leary G J. 2001. Water use by lucerne and effect on crops in the Victorian Wimmera. *Aust J Agric Res*, 52: 193-201.

McCallum M H, Peoples M B, Connor D J. 2000. Contributions of nitrogen by field pea (*Pisum sativum* L.) in a continuous cropping sequence compared with a Lucerne (*Medicago sativa* L.) based pasture ley in the Victorian Wimmera. *Aust J Agric Res*, 51: 13-22.

McCormick J S S, Barker R M, Beuerlein D J, *et al*. 2006. Yield and nutriTive value of Autumn-seeded winter-hardy and winter-sensitive annual forages. *Crop science*, 46 (5): 50-60.

Mcdowell R W, Houlbrooke D J. 2009. The effect of DCD on nitrate leaching losses from a winter forage crop receiving applications of sheep or cattle urine. *Proceedings of the New Zealand Grassland Association*, 71: 117-120.

McNaughton K G. 1983. The direct effect of shelter on evaporation rates: Theory and an experimental test. *Agric Meteorol*, 29: 125-136.

Mensah R K. 2002. Development of an integrated pest management programme for cotton. 1: Establishing and utilizing natural enemies. *International Journal of Pest Management*, 48 (2): 87-94.

Merwin I A, Stiles W C. 1994. Orchard groundcover management impacts on apple tree growth and yield. *Hort Science*, 119: 209-215.

Merwin I A, Walke J T. 1994. Orchard groundcover management impact on soil physical properties. *Hort Science*, 119 (2): 216-222.

Miller D A. 1996. Allelopathy in forage crop systems. *Agron J*, 88 (6): 854-859.

Minton M S, Mack R N. 2010. Naturalization of plant populations: the role of cultivation and population size and density. *Oecologia*, 164: 399-409.

Moreira L D, Fonseca D M, Vitor C M T, *et al*. 2005. Renewing the degraded *Melinis minutiflora* pasture by introduction of tropical forages fertilized with nitrogen or under mixture cropping system. *Brazilian Journal of Animal Science*, 34: 442-453.

Moreira N. 1987. The effect of seed rate and nitrogen fertilizer onthe yield nutritive value of oat-vetch mixture. *Journal of Agricultural Science*, 112 (1): 57-66.

Moreira N. 1989. The effect of seed rate and nitrogen fertilizer on the yield nutritive value of oat vetch mixture. *Journal of Agricultural Science*, 112 (1): 57-66.

Mushagalusa G N, Ledent J-F, Draye X. 2008. Shoot and root competition in potato/maize intercropping: Effects on growth and yield. *Environmental and Experimental Botany*, 64 (2): 180-188.

Nair P K R. 1985. Classification of agroforestry system. *Agroforestry System*, 3 (02): 383-394.

Nassiri M, Elgersma A. 1998. Competition in perennial ryegrass white clover mixtures under cutting. Leaf characteristics light interception and dry matter production during regrowth. *Grass and Forage Science*, (2): 367-379.

Nichols P G H, Loi A, Nutt B J, *et al*. 2007. New annual and short-lived perennial pasture legumes for Australian agriculture 15 years of revolution. *Field Crops Research*, 104: 10-23.

Nishio M, Kusano S. 1973. Fungi associated with roots of continuously cropped upland rice. *Soil Science and Plant Nutrition*, 19 (3): 205-217.

Nojoroge J M, Kimemia J K. 1995. Economic benefits of intercropping young arabica and robusta coffee with food crop in Kenya. *J Alter Agric*, 24 (1): 27-34.

Ogindo H O, Walker S. 2005. Comparison of measured changes in seasonal soil water content by rainfed maize-bean intercrop and component cropping systems in a semi-arid region of southern Africa. *Physics and Chemistry of the Earth*, 30: 799-808.

O'Hara G W. 1998. The role of nitrogen fixation in crop production. *Journal of Crop Production*, (1): 115-138.

Olanite J A, Anele U Y, Arigbede M, *et al*. 2010. Effect of plant spacing and nitrogen fertilizer levels on the growth, dry-matter yield and nutritive quality of Columbus grass (*Sorghum almum* Stapf) in southwest Nigeria. *Grass and Forage Science*, 65: 369-375.

Olasantan F O. 1998. Effects of preceding maize (*Zea mays*) and cowpea (*Vigna unguiculata*) in sole cropping and intercropping on growth, yield and nitrogen requirement of okra (*Abelmoschus esculentus*). *Journal of agricultural science*, 131: 293-298.

Olorunnisomo O A, Ayodele O J. 2010. Effects of intercropping and fertilizer application on the yield and nutritive value of maize and amaranth forages in Nigeria. *Grass and Forage Science*, 65 (2): 413-420.

Onillon B, Durand J L, Gastel F, *et al.* 1995. Drought effects on growth and carbon partitioning in a tall fescue sward grown at different rates of nitrogen fertilization. *European Journal of Agronomy*, 4: 91-99.

Ostrem L, Rapacz M, Jorgensen M, *et al.* 2010. Impact of frost and plant age on compensatory growth in timothy and perennial ryegrass during winter. *Grass and Forage Science*, 65 (2): 15-22.

Ott S L, William L H. 1989. Profits and risks crimson clover and hairy vetch cover crops in no-till corm production. *American Journal of Alternative Agriculture*, 4 (2): 65-70

Panigai L. 1995. Viticulture soil management and its effects on the environment. *Phytoma*, 478: 50-52.

Papastylianou I. 2004. Effect of rotation system and N fertilizer on barley and vetch grown in various crop combinations and cycle lengths. *The Journal of Agricultural Science*, 142 (01): 41-48.

Paton B A, Piggot G J. 2009. Reinvasion by kikuyu grass after regrassing on a dairy farm. *Proceedings of the New Zealand Grassland Association*, 71: 35-37.

Pats P, Ekbom B, Skovgard H. 1997. Influence of intercropping on the abundance, distribution and parasitism of *Chilo* spp. (Lepidoptera: Pyralidae) eggs. *Bulletin of Entomological Research*, 87: 507-513.

Phiri A D K, Kanyama-Phiri G Y, Snapp S. 1999. Maize and sesbania production in relay cropping at three landscape positions in Malawi. *Agroforestry Systems*, 47: 151-162

Polhill R M, Raven P H, Stirton C H. 1981. Evolution and systematics of the Leguminosae. *In*: Polhill R M, Raven P H. Advances in Legume Systematics Part 1. *Kew: Royal Botanic Gardens*: 1-26.

Prasifka J R, Prasifka J R, Krauter P C , *et al.* 1999. Predator conservation in cotton: Using grain sorghum as a source for insect predators. *Biological Control*, 16 (2): 223-229.

Qamar I A, Keatinge J D H, Mohammad N A, *et al.* 1999. Introduction and management of common vetch/barley forage mixtures in the rainfed areas of Pakistan: Residual effects on following cereal crops. *Agric Res*, 50: 21-27.

Roberts C A, Moore K I, Johnson K D. 1989. Forage quality and yield of wheat-vetch at different stages of maturity and vetch seeding rates. *Agronomy Journal*, 81: 57-60.

Rodn O G, Meji E Z, Gonza V A. 2003. Allelopathy and microclimatic modification of intercropping with marigold on tomato early blight disease development. *Field Crops Research*, (83): 27-34.

Ross S M, King J R, O'Donovan J T, *et al.* 2004. Intercropping berseem clover with barley and oat cultivars for forage. *Agron*, 96: 1719-1729.

Rumball W. 1983. Breeding for dryland farming. *Proceedings of the New Zealand Grassland Association*, 44: 56-60.

Rumball W. 1984. New plants for New Zealand pastures. *Proceedings of the New Zealand Institute of Agricultural Science*, 18: 127-129.

Russelle M P. 1992. Nitrogen cycling in pasture and range. *Journal of Production Agriculture*, 5: 13-23.

Simon U, 周寿荣, 毛凯. 四川盆地丘陵区冬性豆科牧草小麦不同间作系统评价. 草地学报, 1996, 4 (3): 201-205.

Sleugh B, Moore K L, Georgeet J R, *et al.* 2000. Binary legume-grass mixtures improve forage yield, quality, and seasonal distribution. *Agronomy Journal*, 92 (1): 24-29.

Smolik J D, Thomas L D, Diane H R. 1995. The relative sustainability of alternative, conventional, and reduced-till farming system. *J Altern Agric*, 10: 25-35.

Stickler F D, Shrader W D, Johnson I J. 1959. Comparative value of legume and fertilizer nitrogen for corn production. *Agron J*, 51: 157-160.

Strizler N P, Pagella J H, Jouve V V, *et al.* 1996. Semi-arid warm-season grass yield and nutritive value in Argentina. *J Range Manage*, 49 (2): 121-125.

Sulc R M, Tracy B F. 2007. Integrated crop-livestock systems in the US corn belt. *Agronomy Journal*, 99 (2): 335-345.

Sumberg J. 1990. The logic of fodder legumes in Africa. *Food Policy*, 27 (3): 285-300.

Ta T C , Faris M A. 1987. Effects of alfalfa proportions and clipping frequencies on timothy alfalfa mixtures. *Agronomy Journal*, 79 (5): 817-824.

Tekriti E L. 1959. Effect of sowing methods on the chemical composition of forage from a barley-vetch Thompson R K, Day A D. Spring oats for winter forage in the Southwest. *Agronomy Journal*, 51: 9-12.

Tessema Z K, Mihret J, Solomon M. 2010. Effect of defoliation frequency and cutting height on growth, dry-matter yield and nutritive value of Napier grass (*Pennisetum purpureum* (L.). *Grass and Forage Science*, 65 (4): 421-430.

Tingle C H , Chandler J M. 2004. The effect of herbicides and crop rotation on weed control in glyphosate- resistant crops. *Weed*

Technology, 18（4）: 940-946.

Triplett G B, Haghiri Jr F, Van Doren D M. 1979. Plowing effect on corn yield response to N following Alfalfa. *Agron J*, 71（5）: 801-803.

Tsvetanova K. 1995. Comparative examination of different companion crops under the condition of northern Bulgaria. *Rastenive dni-Nauki*, 32（5）: 202-204.

Tucker B B, Cox M B, Eck H V. 1971. Effects of rotation, tillage methods, and N fertilization on winter wheat production. *Agron*, 63: 699-702.

Tukel T, Yilmaz E. 1987. Research on determining the most suitable ratios of vetch（*Vicia sativa* L.）+barley（*Hordeum vulgare* L.）mixtures grown under dry condition of Cukurova. *Turk Tarim Ormancilik Dergisi*, （1）: 171-178.

Tukel T, Hasar R, Hatipoglu R. 1997. Effect of mixture rates and cutting dates on the forage yield and quality of vetch-triticale mixtures and their seed yields under lowland conditions of Cukurova. *18th International Grassland Congress*: 25-26.

Tuna C, Orak A. 2007. The role of intercropping on yield potential of common vetch（*Vicia sativa* L.）/oat（*Avena sativa* L.）cultivated in pure stand and mixtures. *Journal of Agricultural and Biological Science*, 2: 2.

Turemen T, Saglamtimur T, Tansi V, *et al*. 1990. Performance of annual ryegrass and common vetch in association under different ratios. *C Uni J of Fac Agric*, 5（1）: 69-78.

Velazquez-Beltran L G, Felipe-Perez Y E, Arriaga-Jordan C M. 2002. Common vetch（*Vicia sativa*）for improving the nutrition of working equids in campesino systems on hill slopes in central mexico. *Tropical Animal Health and Production*, 34（2）: 169-179.

Visser M, Belgacem A O, Neffati M. 2010. Reseeding mediterranean dryland cereal fallows using *Stipa lagascae* R. & Sch: influence of cutting regime during the establishment phase. *Grass and Forage Science*, 65（1）: 1365-2494.

Walker T W, Adams A F R. 1958. Competition for sulphur in a grass-clover association. *Plant and Soil*, 9（4）: 353-366.

Wells A T, Chan K T, Cornish P S. 2000. Comparison of conventional and alternative vegetable farming systems on the properties of a yellow earth in New South Wales. *Agriculture Ecosystems and Environment*, 80（12）: 47-60.

West C P , Wedin W F. 1985. Dinitrogen fixation in alfalfa orchardgrass pastures. *Agronomy Journal*, 77（1）: 89-94.

Whipps J M. 2001. Microbial interactions and biocontrol in the rhizosphere. *Journal of Experimental Botany*, 52: 487-511.

Whiter J, Hodgson J. 1999. New Zealand Pasture and Crop Science. *New York: Oxford University Press*: 1-10.

Yilmaz S E, Gunel O D, Saglamtimur T. 1996. Determination of the most suitable seeding rates and cutting times of common vetch（*Vicia sativa* L.）+ barley（*Hordeum vulgare* L.）mixture under Hatay ecological condition. *3rd Rangeland and Forage Crops Congress, Erzurum, Turkey*, 17: 355-361.

YoneyamaT, Nambiar P T C, Lee K K, *et al*. 1990. Nitrogen accumulation in three legumes and two cereals with emphasis on estimation of N_2 fixation in the legumes by the natural ^{15}N-abundance technique. *Biology and Fertility of Soils*, 9（1）: 25-30

Yu J Q, Matsui Y. 1994. Phytotoxic substances in root exudates of cucumber（*Cucumis sativus* L.）. *J Chem Ecol*, 20（1）: 21-31.

Yu J Q, Yoshihism M. 1993. Extraction and identification of phytotoxic substances accumulated in nutrient solution for hydroponic culture of tomato. *Soil Science and Plant Nutrition*, 39（4）: 691-700.

Yu J Q. 1999. Autotoxic potential in vegetables crops. *In*: Narwal S S. Allelopahy Update: Basic and Applied Aspects. *Enfield: Science Publishers, Inc*: 149-162.

Zhang J, Romo J T. 1994. Defoliation of northern wheat grass community: Above-and belowground phytomass productivity. *Journal of Range Management*, 47: 279-284.

彩 图

图 4-2 紫花苜蓿播种间歇时间的作用效果

苜蓿地翻耕后，立即播种（a）、4周后播种（b）以及1年后播种（c），所建苜蓿群丛受自毒作用的影响程度

（资料来源：Cosgrove，1996，威斯康星大学河瀑分校）

图 5-1 玉米‖拉巴豆间作（林超文 供）

图 5-2　苜蓿→冬小麦→夏玉米轮作（左）和苜蓿‖春玉米间作（右）（刘忠宽 供）

图 5-3　饲用谷子 - 毛叶苕子套种（刘忠宽 供）

图 5-4　红豆草 / 玉米套种（上左）（程积民 供）、
苜蓿 - 玉米套作（上右）（程积民 供）、苜蓿 - 高丹草套作（下）（李源 供）

燕麦+箭筈豌豆混作（刘文辉 供）

燕麦+箭筈豌豆混作（祁娟 供）

玉米+扁豆混作（孙启忠 供）

甜燕麦+毛苕子混作（马玉寿 供）

红豆草+燕麦混作（师尚礼 供）

红豆草+苜蓿混作（师尚礼 供）

披碱草+红豆草混作（师尚礼 供）

红豆草+紫花苜蓿+红三叶+鸭茅+
无芒雀麦+猫尾草混作（师尚礼 供）

图 6-3　不同混作模式

林+草模式（祁娟 供）　　　　　　　　　林+灌+草模式（祁娟 供）

图 7-1　林 + 草模式

金露梅灌丛草地（祁娟 供）　　　　　　杜鹃灌丛草地（祁娟 供）

图 7-2　灌丛 + 草地模式

老芒麦草地（祁娟 供）　　　　　　　　　　燕麦草地（祁娟 供）

红三叶草地（师尚礼 供）　　　　　　　　　小冠花草地（师尚礼 供）

苜蓿草地（师尚礼 供）　　　　　　　　　串叶松香草草地（师尚礼 供）

无芒雀麦草地（师尚礼 供）　　　　　　　　扁穗冰草草地（师尚礼 供）

图 7-3　草地模式

苹果‖紫羊茅间作（程积民 供）　　　　　苹果‖白三叶间作（程积民 供）

图 7-4　果园＋草模式

玉米‖鹰嘴紫云英‖油菜模式（师尚礼 供）　　　蚕豆‖玉米模式（师尚礼 供）

图 7-5　草地农业模式

图 7-6　工程措施＋草模式（师尚礼 供）

苜蓿+饲用玉米（李源 供） 苜蓿+黄豆+玉米（祁娟 供）

图 7-7　农作物＋草模式

水稻冬闲田复种多花黑麦草（张新全 供） 春玉米复种箭筈豌豆（刘忠宽 供）

图 7-8　南方复种模式

枣园‖苜蓿间作（刘忠宽 供）

核桃‖苜蓿间作（程积民 供）

苜蓿‖杏树间作（师尚礼 供）

苜蓿‖柠条间作（师尚礼 供）

果草间作草地放牧鸡（张新全 供）

图 9-1　果园生草模式